I0046260

VOYAGE MÉTALLURGIQUE EN ANGLETERRE.

RECUEIL DE MÉMOIRES

SUR LE GISEMENT, L'EXPLOITATION ET LE TRAITEMENT DES MINERAIS DE FER, ÉTAIN, PLOMB, CUIVRE ET ZINC,

DANS LA GRANDE-BRETAGNE,

MM. DUFRÉNOY, ÉLIE DE BEAUMONT, COSTE ET PERDONNET,

Anciens Élèves de l'École Polytechnique, Ingénieurs des Mines.

SECONDE ÉDITION,

[illegible]

TOME PREMIER.

PARIS,
BACHELIER, IMPRIMEUR-LIBRAIRE,
QUAI DES AUGUSTINS, N° 55.

1837

S 1301
A. b. 1.
(L'Atlas est
inv. 4° S
5781-82)
20301

VOYAGE
MÉTALLURGIQUE
EN ANGLETERRE.

Se vend aussi :

A BORDEAUX,

Chez GASSIOT, Libraire, fossés de l'Intendance, n° 61.

ET A LEIPSIG,

Chez MICHELSEN.

IMPRIMERIE DE BACHELIER,
rue du Jardinet, 12.

VOYAGE MÉTALLURGIQUE EN ANGLETERRE,

OU

RECUEIL DE MÉMOIRES

SUR LE GISEMENT, L'EXPLOITATION ET LE TRAITEMENT DES MINÉRAIS DE FER, ÉTAIN, PLOMB, CUIVRE ET ZINC,

DANS LA GRANDE-BRETAGNE;

PAR

MM. DUFRÉNOY, ÉLIE DE BEAUMONT, COSTE ET PERDONNET,

Anciens Élèves de l'École Polytechnique, Ingénieurs des Mines.

SECONDE ÉDITION,

CORRIGÉE ET CONSIDÉRABLEMENT AUGMENTÉE.

TOME PREMIER.

BIBLIOTHÈQUE ROYALE

PARIS,
BACHELIER, IMPRIMEUR-LIBRAIRE,
QUAI DES AUGUSTINS, Nº 55.

1837

PRÉFACE.

Lorsque la première édition du *Voyage métallurgique* parut, il y a déjà quelques années, les procédés suivis en Angleterre pour le traitement des minerais de fer au coke, et pour l'affinage de la fonte dans les fours à réverbère, commençaient seulement à se répandre en France. Le *Voyage métallurgique* renfermant une description de ces procédés, jointe à celle des méthodes usitées dans la Grande-Bretagne pour le traitement des minerais de plomb, de cuivre et d'étain, et à une description géologique des principaux terrains d'où l'on extrait ces minerais, fut accueilli favorablement par le public. Les *Mémoires métallurgiques* publiés peu de temps après, comme faisant suite au *Voyage*, obtinrent aussi quelque succès.

Invités par le Libraire à lui fournir les matériaux d'une seconde édition, les Auteurs, pour éviter les répétitions et présenter un exposé en même temps plus succint et plus complet, ont jugé convenable de fondre en un seul les deux ouvrages, et d'en augmenter l'étendue. C'est le résultat de ce travail qu'ils livrent aujourd'hui à la publicité.

Cette seconde édition n'est donc pas une simple réimpression de la première; c'est un ouvrage presque entièrement nouveau, qui contiendra deux fois autant de matière que l'ancien. Deux des Auteurs y ont consigné les observations recueillies dans un nouveau voyage qu'ils ont fait récemment en Angleterre, et un troisième, devenu directeur d'une des plus belles usines de France, l'a enrichi des fruits de son expérience.

Dans la première édition, on avait à peine mentionné les procédés d'exploitation de la houille. Dans cette dernière, ils ont été brièvement exposés. De nombreuses additions ont été faites aussi à la description des terrains carbonifères.

Tous les perfectionnemens apportés dans les procédés de fabrication du fer, ont été soigneusement relatés. Les plus importans de tous, l'*emploi de l'air chaud dans les hauts-fourneaux*, et celui de la houille en nature, sont devenus l'objet d'un chapitre particulier. M. Dufrénoy, qui s'est occupé spécialement de cette partie de l'ouvrage, ne s'est pas borné à reproduire le rapport qu'il a adressé au Directeur-Général, au retour de la mission qu'il avait reçue, d'étudier en Angleterre les nouveaux procédés, il y a joint quelques détails sur les applications de l'air chaud en France et en Allemagne.

L'article relatif aux machines a été refait entièrement, et n'a plus guère que le titre de commun avec celui de la première édition.

La gravure de la première édition laissait beaucoup à désirer; le Libraire n'a rien épargné pour que les nombreuses planches qui sont ajoutées à cette publication, soient mieux exécutées, et il a fait graver de nouveau plusieurs de celles qui accompagnaient la première édition. On a ajouté une carte géologique de l'Angleterre et de l'Écosse, afin que les lecteurs puissent suivre plus facilement les détails relatifs aux bassins houillers et aux gisemens des différens minerais; cette carte devait paraître avec le premier volume, mais comme la gravure n'en est pas terminée, elle sera jointe au second.

Enfin, l'ouvrage sera terminé par un vocabulaire des mots techniques employés dans les mines et usines d'Angleterre, et par un exposé des progrès que l'industrie métallurgique aurait pu faire pendant l'impression de ce livre.

Les Auteurs espèrent que cette seconde édition sera accueillie avec la même bienveillance que la première; ils seront heureux s'ils peuvent contribuer, en la publiant, aux progrès d'une branche d'industrie qui chaque jour acquiert en France un plus grand développement, et qui est destinée à jouer un rôle si important chez les nations civilisées.

VOYAGE MÉTALLURGIQUE.

PREMIÈRE PARTIE.

FABRICATION DE LA FONTE ET DU FER EN ANGLETERRE,

PRÉCÉDÉE

DE NOTIONS SUR LE GISEMENT DU CHARBON DE TERRE, D'UNE NOTICE SUR LES DIFFÉRENS DÉPÔTS HOUILLERS DE LA GRANDE-BRETAGNE, ET D'UN MÉMOIRE SUR L'EXPLOITATION DE LA HOUILLE ET DES MINERAIS DE FER.

INTRODUCTION.

Vers la fin du siècle dernier, la fabrication du fer a éprouvé, en Angleterre, une révolution très importante par la substitution de la houille (1)

(1) D'après les renseignemens que nous avons recueillis en Angleterre, il existait encore en 1824, dans le Lancashire, trois hauts-fourneaux qui marchaient au charbon de bois.

au charbon de bois, seul combustible employé précédemment dans cette opération. Cette substitution a eu l'avantage non-seulement de diminuer beaucoup les frais de fabrication, mais encore de fournir au commerce une fonte douce et propre à beaucoup d'usages nouveaux à cette époque. Elle a en même temps donné à ce genre d'industrie un développement immense, qui lui a fait faire de nouveaux progrès, parmi lesquels on doit compter au premier rang l'établissement des machines ingénieuses au moyen desquelles on façonne le fer en barres, de toutes formes, avec autant d'économie que de célérité.

La grande abondance de la houille, et surtout sa réunion avec le minerai de fer des houillères, appelé en anglais *iron-stone* (fer carbonaté terreux ou lithoïde), ont, jusqu'à ce jour, procuré à l'Angleterre une supériorité marquée, dans ce genre de fabrication, sur toutes les autres contrées de l'Europe; mais il est permis d'espérer que la France ne restera pas toujours étrangère à cette nouvelle source de prospérité. Il y a déjà quarante ans qu'on a établi, pour la première fois, près de la mine de houille du Creusot, département de Saône-et-Loire, des hauts-fourneaux, dans lesquels, depuis lors, on fond, au moyen du coke, des minerais de fer, soit d'alluvion, soit extraits du terrain de calcaire, à Gryphées. Depuis longtemps des hommes, chargés par l'État de veiller au développement de l'industrie minérale de la

France, ont pressenti les avantages qu'elle pourrait retirer de l'introduction complète ou partielle des procédés anglais. En 1802, M. de Bonnard, maintenant inspecteur général au Corps royal des Mines, fit un voyage en Angleterre, dans le but principal d'y étudier les nouveaux procédés de la fabrication du fer. Un Mémoire, qu'il inséra dans le tome XVII, page 245, du *Journal des Mines*, fit le premier connaître à la France cette industrie presque nouvelle. Depuis la paix, les ingénieurs et les maîtres de forges français ont essayé de la naturaliser en France; et c'est à la persévérance de feu M. de Gallois, l'un des membres les plus distingués du Corps royal des Mines, que nous devons l'établissement de Saint-Étienne, le premier dans lequel on ait essayé de reproduire complétement la méthode anglaise pour la fabrication du fer. Plus tard, on a établi de vastes usines, du même genre, dans d'autres parties de la France.

Ayant été à portée, dans le voyage que nous avons fait en Angleterre et en Écosse, d'étudier le travail des métaux avec quelque détail, nous nous faisons un devoir de publier les données que nous avons recueillies, dans l'espérance que, tout incomplètes qu'elles sont, elles pourront être de quelque utilité aux maîtres de forges français.

Dans la première édition de cet ouvrage, nous avons fait précéder la description du travail du fer par quelques aperçus sur les différens terrains houillers que possède l'Angleterre, et par une description succinte de ceux qui, contenant une grande abondance de minerai, alimentent un grand nombre d'usines. Nous désirions, avant tout, donner une idée exacte de la disposition du minerai de fer des houillères, presque le seul employé dans les usines de la Grande-Bretagne (1). Conservant dans cette seconde édition les détails que nous avons publiés sur ce sujet dans la première, nous en ajouterons de nouveaux qui compléteront le tableau que nous avons voulu présenter de la richesse minérale de la Grande-Bretagne; nous y joindrons, en faveur de ceux de nos lecteurs qui sont peu familiarisés avec l'étude de la Géologie, des notions générales sur la manière d'être des couches de houille dans le sein de la terre, et nous donnerons une description détaillée des différentes méthodes d'exploitation usitées en Angleterre.

Division du travail.

Notre travail sera divisé de la manière suivante :

Notions générales sur la manière d'être (le gi-

---

(1) On emploie comme auxiliaire, dans quelques usines, du fer hématite rouge du Lancashire; mais il paraît que nulle part, dans la Grande-Bretagne, on ne traite en ce moment les minerais que présentent la formation oolithique, celle du grès ferrugineux et du grès vert, et les dépôts d'alluvion.

sement) des couches de houille dans le sein de la terre, et sur leur contexture;

Notice sur les différens bassins houillers de l'Angleterre et de l'Écosse;

Note historique et statistique;

Travaux d'exploitation.

Une grande partie des détails que nous donnerons sur les travaux d'exploitation, seront empruntés à un excellent Mémoire de M. Bald, ingénieur anglais, sur ce sujet.

NOTIONS GÉNÉRALES SUR LE GISEMENT DES COUCHES DE HOUILLE, SUR LEUR CONTEXTURE, ET SUR LA NATURE DES CHARBONS.

§ 1er. — *Gisement.*

La houille se trouve toujours dans le sein de la terre en couches : jamais ses gîtes ne présentent les caractères de ceux que les géologues appellent *filons*, et qui sont ordinairement composés de substances métallifères. Nature des gîtes de houille.

Les combustibles fossiles ne se rencontrent jamais dans les terrains cristallisés (granits, etc.); mais ils existent à différens étages dans les divers terrains de sédiment dont se compose l'écorce du globe. La houille véritable appartient à un terrain particulier nommé, par cette raison, *terrain houiller*, et composé principalement de couches de houille, couches de grès, couches de schiste et quelquefois couches de minerai de fer. Nature du terrain qui les renferme.

Le mineur donne le nom de *toît* à la couche qui recouvre celle qu'il exploite, et celui de *mur* à la couche sur laquelle celle-ci repose.

Les couches de houille se montrent rarement isolées. Un même terrain en contient ordinairement un certain nombre, qui sont parallèles et séparées par des bancs de grès ou de schiste.

Si l'on ne considère une couche de houille que sur une petite étendue, elle paraîtra comprise entre deux plans parallèles; mais en l'étudiant sur une grande portion de terrain, on ne tardera pas à reconnaître que les surfaces, qui d'abord nous avaient paru parfaitement planes, sont courbes et repliées dans tous les sens.

Les bancs de grès de poudingue ou de schiste, dans lesquels la houille se trouve intercalée, présentent les mêmes inflexions.

Ce qu'on entend par bassin houiller.

Les couches de houille paraissant le plus communément moulées sur une dépression, on a donné aux dépôts carbonifères le nom de *bassins houillers*.

Contournement des couches.

Outre le contournement si fréquent des couches, le terrain houiller présente encore d'autres accidens qui apportent souvent des obstacles à l'exploitation; ils sont fréquemment traversés par des fentes, par suite desquelles une portion des couches supérieures à ce plan aurait glissé parallèlement à elle-même, à une profondeur plus ou moins considérable.

Failles, dykes.

Ou la fente n'a pas d'épaisseur appréciable, et

elle prend le nom de *faille* (du mot allemand *fallen*, tomber); ou bien elle a une certaine épaisseur, elle est généralement remplie, soit d'une roche ignée, que l'on peut supposer injectée à l'état liquide ou pâteux de bas en haut, soit de débris des terrains avoisinans, et elle s'appelle *dyke*. Quelquefois aussi l'on donne le nom de faille aux dykes qui ne sont pas d'une grande épaisseur, et qui ne contiennent que des débris des terrains voisins.

Effets des failles et des dykes sur les couches.

Les dykes rejettent une portion des couches comme les failles, si ce n'est quand ils sont perpendiculaires à leurs plans. Dans ce dernier cas, ils les interrompent simplement comme de grands murs intercalés. Les failles, même lorsqu'elles sont perpendiculaires au plan des couches, les rejettent.

Si la couche n'était pas rejetée, la fente cesserait de porter le nom de faille; ce serait une simple fissure.

Les fig. 1 et 2, pl. I, sont des coupes de portions de terrain houiller, avec des dykes et des failles qui dérangent les couches de terrain, comme nous venons de l'indiquer.

La fig. 3 est une coupe d'une partie du terrain houiller de Newcastle, disloquée par de nombreux dykes et failles.

Les fig. 4 et 4 *bis* nous présentent une coupe et un plan idéaux de l'ensemble d'un terrain houiller, subdivisé par des dykes ou des failles qui le traversent dans différentes directions, et le subdivisent ainsi en portions courbes.

La coupe passe suivant la ligne ponctuée AB du plan qui correspond à la ligne d'inclinaison des couches.

Les mêmes objets sont indiqués par les mêmes lettres dans le plan et la coupe.

Nous avons supposé deux couches de charbon seulement, afin de rendre le dessin le moins compliqué possible; les dislocations éprouvées par ces couches le sont aussi par les couches pierreuses qui les contiennent.

Le terrain houiller est bordé au nord par des terrains de transition plus élevés.

A, est un terrain houiller sous forme de bassin courbe, dont les couches *a*, *b* plongent vers l'intérieur, comme l'indiquent les flèches. L'inclinaison, dans le voisinage du terrain de transition, participant, à celle de ce terrain est plus forte que vers le milieu du bassin, et bien que les couches se trouvent à égale distance les unes des autres, lorsqu'on mesure cette distance sur la perpendiculaire commune, leur distance sur la figure est moins grande, parce qu'elle se présente en projection.

Au sud du terrain houiller A, la faille B rejette les couches de haut en bas, et forme un nouveau terrain, un nouveau champ d'exploitation (*coal field*), qui contient les mêmes couches que le terrain A, avec la même inclinaison. La faille D, au sud du terrain C, rejette les couches de haut en bas, et forme un troisième terrain E, où se trouvent les couches du terrain C. Une troisième faille F forme un quatrième terrain G, comme les précédens, au-dessous du troisième, contenant toujours les couches *a*, *b*. Ici les couches sont relevées par une proéminence du terrain inférieur, et se repliant sur cette proéminence sous forme de *selle*, prennent une inclinaison en sens contraire de celle qu'elles avaient.

C'est ainsi que les couches de houille s'étendent par une série de rejets ou de contournemens dans le sens de l'inclinaison, sur une grande portion du terrain qui les renferment, en présentant des accidens qui varient avec la position relative des failles. Les failles, ou les ondulations de terrain, que nous venons d'indiquer sur la figure, produisent cet effet suivant une direction qui se confond généralement avec celle des couches. D'autres failles ou ondulations, qui coupent les premières obliquement, produisent une diffusion analogue des couches dans le sens de leur direction.

Les dykes séparent les couches sans les rejeter; d'autres les rejettent parallèlement à elles-mêmes. Si ce rejet a lieu de haut en bas, la portion de couche exploitable comprise entre la crête et le dyke, augmente; si au contraire le rejet a lieu de bas en haut, elle diminue.

K*c* est une faille qui, en rejetant les couches de

haut en bas vers l'est, forme le terrain M. K*d* est une faille qui rejette vers le bas, à l'ouest, et forme le terrain N ; K*e* une faille qui, tendant à rejeter les couches vers le haut, à l'ouest, les interrompt complétement ; K*f* une faille qui, rejetant les couches vers le haut, à l'est, repousse les crêtes en arrière ; K*g*, rejetant les couches vers le bas, à l'ouest, repousse les crêtes en avant ; K*g* et K*i*, rejetant vers le bas, à l'ouest, produisent le même effet que dans le dernier cas ; K*k*, rejetant les couches vers le haut, à l'ouest, repousse en arrière les couches de charbon ; K*t* les interrompt.

Les fig. 5 et 5 *bis*, pl. I, représentent la coupe et le plan, faits d'après nature, d'un terrain houiller dans le Clackmannanshire, en Écosse. Le bassin est subdivisé en trois portions, par deux grandes failles.

Les fig. 6 et 6 *bis* nous indiquent la forme d'un petit bassin elliptique, à Blairengone, dans le comté de Perth, sans aucune dislocation.

Malgré les dislocations et les contournemens que présentent les couches de houille, l'exploitant les considère toujours comme étant comprises entre deux plans inclinés. Il se rapproche ainsi beaucoup de la vérité, lorsqu'il ne considère la couche que sur une petite étendue.

Etendue des rejets opérés par les dykes ou les failles.

Le glissement des couches près des failles s'opère sur des hauteurs qui varient de quelques pouces jusqu'à plusieurs centaines de pieds. Lorsque la hauteur du glissement ne dépasse pas l'épaisseur de la couche, la faille produit un simple ressaut (*hitche* ou *step*).

Les rejets opérés par les dykes, varient également entre quelques pouces et des centaines de mètres.

Direction dans laquelle s'opère le rejet.

Le plan du dyke ou de la faille étant incliné à celui de la couche, l'expérience apprend qu'il faut toujours rechercher la couche rejetée dans l'angle obtus formé par ces deux plans; mais elle ne fournit aucune donnée sur la distance à laquelle les couches ont été rejetées, et qui est variable.

Les failles perpendiculaires aux plans des couches, les rejettent indifféremment d'un côté ou de l'autre.

Altération dans l'inclinaison des couches, produite par les dykes.

Les dykes altèrent quelquefois l'inclinaison des couches, tout en les rejetant. C'est ce que montre la fig. 7, pl. I, qui représente le dyke principal, dit *main-dyke*, dans le terrain houiller de Newcastle, et une couche qu'il rejette.

La fig. 8, pl. I, qui est une coupe en travers de deux autres dykes, dans le même terrain, nous en offre un nouvel exemple.

Altération dans l'épaisseur.

Les couches ne conservent pas toujours la même épaisseur des deux côtés d'un dyke. C'est ce que l'on verra en étudiant la fig. 9, pl I, qui représente une coupe du terrain dans la mine de Butterknowle.

Altération dans la nature.

Cette coupe nous présente, en outre, certaines circonstances particulières dans le gisement du charbon, que nous allons signaler.

En C, une couche de charbon a été remplacée, sur une certaine étendue, par une couche de trapp mélangée intimement de charbon décomposé. Cette couche de trapp forme appendice au dyke, dont elle paraît être une branche. Une galerie de recherche, représentée dans la figure, l'ayant atteint, on l'a trouvée tellement dure, qu'on a renoncé à prolonger la galerie au même niveau. On a poussé le percement en montant dans le toît, et on l'a continué ensuite au-dessus de la couche de trapp, jusqu'à ce qu'il rejoignît le dyke qu'il a traversé, ainsi qu'un autre dyke parallèle.

Au contact de la couche du toît et du dyke, on a trouvé, comme cela arrive ordinairement, une mince bande de charbon décomposé (*a leader*), accompagnant le dyke.

Le percement d'un puits P, à quelque distance des deux dykes signalés, a fourni l'occasion de constater un nouveau phénomène, non moins curieux que le précédent. Parvenu à la couche n° 2, dont la puissance, à gauche du dyke, est d'environ 1 fathom, on n'a trouvé qu'une assise de houille, épaisse d'environ 8 pouces, puis au-dessous une couche de 10 pieds d'épaisseur, composée, de l'un des côtés du puits et sur environ moitié de sa largeur, de trapp, et de l'autre côté de charbon carbonisé. Ces deux portions distinctes d'une même couche, étaient séparées par une fente large d'environ 3 pouces, tapissées des deux côtés de cristaux de carbonate de chaux et de pyrites. L'assise de charbon de 8 pouces, était à peine altérée dans le voisinage du trapp, qu'elle recouvrait.

Dykes d'espèce particulière (*riders*).

Certaines parties du terrain de Newcastle sont dérangées par des crevasses fort irrégulières, que l'on range dans la classe des dykes, et qui cependant ne rejettent les couches qu'en certains points, et de quelques pouces seulement. On les désigne par le nom particulier de *riders*. Cet accident a été étudié dans la houillère de Whitehaven, et décrit par M. Williamson Peile, dans les Mémoires de la Société de Newcastle.

Les fig. 10 et 10 *bis*, pl. I, présentent deux coupes ou profils de l'une de ces crevasses, prises sur les parois, à droite et à gauche d'une galerie d'exploitation qui l'a traversée, et qui n'avait que 4 yards de largeur.

On remarquera combien cette crevasse est irrégulière, puisque ces deux coupes voisines nous la montrent sous un aspect si différent.

Elle renferme les substances suivantes :

a.a.a., grès de couleur grise, plus ou moins compacte, mais généralement très dur et très pesant, mélangé de fragmens de charbon de toutes formes et toutes dimensions, qui ont généralement conservé leur qualité et leur éclat, qui brûlent facilement, et ne paraissent en aucune manière différer du charbon que l'on exploite dans la couche. Dans d'autres morceaux, le charbon avait subi une altération ; il avait perdu toute sa dureté, était devenu onctueux au toucher, et ressemblait à du bois qui aurait été enterré et décomposé dans une terre humide. Au reste, ce n'était pas exclusivement auprès ou dans l'intérieur des *riders*, que se manifestait cette altération dans la nature du charbon. Elle avait lieu aussi dans d'autres parties de la couche.

b.b.b., argile schisteuse noire, en petits fragmens qui se sont détachés du toît et ont pénétré dans le grès sur une épaisseur d'environ 12 pouces. Sa couleur est quelquefois altérée.

c.c.c., substance particulière, probablement très alumineuse. Elle s'est introduite dans toutes les fissures naturelles ou clivages du charbon, et offre une surface polie à son contact avec le combustible minéral. Dans quelques cas, la chaux et même le grès en ont pris la place, et présentent également des surfaces polies.

La masse de grès, au centre du dyke, ne contient pas de charbon mélangé; c'est principalement dans la partie à droite, et près du toît, que le charbon se montre en grande quantité. La substance alumineuse se retrouve dans des fissures que l'on voit à droite du dyke, dans la couche, et qui lui sont parallèles.

Il a été constaté que ces crevasses traversent deux couches de charbon et 9 toises de couches de grès, qui les séparent. M. Peile suppose même qu'elles coupent le terrain houiller dans toute son épaisseur. Elles se rencontrent dans une portion de couche comprise entre deux dykes proprement dits, et n'en sont peut-être que des branches.

On en a reconnu plusieurs qui suivent toutes la même direction.

Les dykes s'étendent, à travers le bassin houiller, dans toutes les directions : quelques-uns prennent une direction rectiligne sur une longueur de plusieurs milles; d'autres, une direction sinueuse, mais sans jamais s'infléchir sous des angles aigus. Il est rare que l'on rencontre un grand nombre de dykes de dimensions considérables dans un même district; mais cela arrive souvent avec les dykes plus petits. — Direction des dykes et failles, etc.

Les dykes de grunstein ou de trapp résistant plus long-temps, par leur excessive dureté, aux causes de décomposition, que les roches encaissantes, se montrent souvent à la surface sous forme de crêtes saillantes. Les autres ne paraissent ordinairement au jour, qu'au fond des rivières.

Les failles se montrent, comme les dykes, dans toutes les directions.

L'épaisseur des dykes varie entre quelques pouces et plusieurs mètres, et ils pénètrent dans les couches jusqu'à la plus grande profondeur que le mineur ait pu atteindre. — Épaisseur des dykes.

Les différentes matières qui entrent dans la composition des dykes sont :

1°. Des roches ignées, telles que grunstein, trapp, amygdaloïdes et argile porphyrique mêlé de spath calcaire ; — Matières composantes.

2°. Des débris des différentes assises du terrain houiller;

3°. Des caillous roulés;

4°. Du terrain d'alluvion.

Les dykes *proprement dits* ne renferment que la première : ceux qui contiennent les dernières prennent plus particulièrement, en anglais, le nom de *gashes*.

Les dykes de sable sont fort dangereux, par les amas d'eau qu'ils renferment; ils sont fréquemment la cause d'inondations, qui exigent des moyens d'épuisement très puissans.

C'est aussi en approchant des failles, que souvent on trouve de grands amas d'eau ou de gaz inflammables. Quelquefois, au moment où l'on atteint la faille, des amas d'eau considérables pénètrent dans les travaux, et l'on a des exemples de mines qui n'avaient jamais donné de gaz avant que l'on parvînt à un dyke ou à une faille.

Altération du charbon près des dykes.

Lorsque les dykes sont composés de débris du terrain houiller, de galets, de gravier, de sable coulant ou d'argile, il est rare que le charbon qui les avoisine soit notablement altéré : il devient seulement un peu plus tendre ou un peu plus dur dans le voisinage du dyke, parce que les fissures naturelles qui le divisent, quelquefois très larges, se remplissent de sulfate de chaux et de pyrites ou de sable et d'argile.

Les dykes de grunstein, trapp, etc., produisent dans la nature du charbon des altérations plus sensibles, dont il sera question plus loin, lorsque nous traiterons spécialement des altérations du charbon.

Le voisinage des dykes, surtout lorsqu'ils sont de grandes dimensions, s'annonce ordinairement par de nombreux ressauts et par des ondulations du toit ou du mur.

Ils sont fréquemment accompagnés de pyrites, qui remplissent les fissures du charbon, soit en cristaux cubiques brillans, qui ont quelquefois un demi-pouce de côté, et se subdivisent en lames minces (*finely laminated*), soit mélangés si intimement avec le charbon, que le combustible minéral se convertit en une masse fort lourde, d'une texture singulière.

D'autres accidens, qui dérangent les bassins houillers, prennent le nom de *brouillages*. Ces brouillages non-seulement rendent l'exploitation du charbon plus difficile, mais ils en détériorent la qualité, souvent à un tel point, qu'il cesse de pouvoir se vendre. Brouillages.

Les brouillages ne se présentent ordinairement que sur une partie limitée des couches, et sont compris sous les dénominations suivantes : Différentes espèces.

1°. Pierres en bancs irréguliers;
2°. Contact du toit et du mur (*nip*);
3°. Charbon tendre (*shaken coal*);
4°. Charbon pourri (*foul coal*);
5°. Charbon pyriteux (*brassy coal*);
6°. Charbon spathique (*sparry coal*);

7°. Charbon pierreux (*stoney coal*);
8°. Charbon noir (*black coal*);
9°. Charbon suyeux (*sooty coal*);
10°. Charbon altéré par les dykes (*burnt coal, humphed coal, dyke coal*);
11°. Fentes polies (*glazed backs*);
12°. Brouillages dans le toît et dans le mur.

Nous allons les passer en revue.

1°. *Pierres en bancs irréguliers.* Ce genre de brouillage se montre d'abord comme une simple division horizontale, dans le charbon, à peine perceptible. Bientôt l'épaisseur de la fissure, remplie de matière pierreuse, croît de manière à rendre la couche presque inexploitable.

Dans une couche épaisse de charbon, nous avons vu l'épaisseur de ces bancs de pierres, qui d'abord n'était que d'une ligne, atteindre plusieurs mètres; et alors les portions de couches séparées par le banc, ou sont abandonnées comme étant sans valeur, ou sont exploitées isolément. Leurs épaisseurs réunies sont ordinairement égales à l'épaisseur totale de la couche, dans les parties où elle n'est pas interrompue par des brouillages.

On ne donne pas le nom de *brouillages* aux bandes régulières de pierre ou d'argile qui souvent subdivisent les couches de charbon.

2°. *Contact du toît et du mur* (nips). Cette espèce de dérangement fort remarquable, est très rare. Elle a lieu lorsque le toît et le mur se rapprochent graduellement l'un de l'autre, de telle façon que la couche de houille finit par disparaître entièrement, et elle s'étend sur des surfaces qui varient de quelques mètres carrés à plusieurs hectares. La projection horizontale d'un *nip* est très irrégulière, et l'on ne peut nullement en prévoir l'étendue. Il arrive souvent que si le toît et le mur de la couche sont argileux, ils disparaissent avec la couche de charbon, de telle façon que les couches supérieures et inférieures de grès viennent à se toucher suivant un joint que l'on peut à peine distinguer.

La fig. 11, pl. I, représente les coupes verticales et horizontale d'un *nip*.

3°. *Charbon tendre*. Le charbon perd sa compacité, et par conséquent sa valeur, dans toute l'épaisseur de la couche. Le toît et le mur restent d'ailleurs parallèles, et les couches avoisinantes ne subissent aucune altération. Ce charbon a l'apparence d'une masse hétérogène de charbon mélangé de petits morceaux cubiques de bonne houille, telle qu'on en rencontre dans les tas de déblais auprès des mines. Il est ordinairement tellement tendre, qu'on peut pénétrer dans la portion de la couche où il se montre avec une pointe de fer.

4°. *Charbon pourri*. On donne ce nom à toute espèce de charbon, tel, par exemple, que le charbon mélangé de substances hétérogènes, qui est détérioré au point de ne pouvoir être d'aucun usage.

5°. *Charbon pyriteux.* On appelle ainsi le charbon qui contient une telle quantité de pyrites, que l'industrie ne peut l'employer. Cette dénomination ne s'applique pas aux charbons qui renferment des pyrites sous forme lenticulaire, faciles à séparer par le triage.

6°. *Charbon spathique.* Le charbon est quelquefois traversé, en différens sens, par des fissures remplies de chaux sulfatée, qui en altèrent la qualité. Il prend alors le nom de *charbon spathique.*

7°. *Charbon pierreux.* Tel est le charbon intimement mélangé de petits bancs de pierre, dont on ne peut effectuer la séparation qu'en le pulvérisant. Ce charbon pierreux se débite ordinairement avec la pierre qu'il renferme; mais alors il se vend naturellement fort mal.

8°. *Charbon noir.* Ce genre d'accident affecte plutôt l'aspect du charbon que sa qualité. C'est ordinairement immédiatement après un ressaut souvent très faible, que le charbon compact et brillant devient tout-à-coup mat, sans perdre toutefois sa compacité et sa dureté. Le charbon noir, quoique aussi bon réellement que le charbon brillant, se vend moins cher, par cette seule raison qu'il porte une livrée moins éclatante.

9°. *Charbon suyeux.* Lorsqu'on approche d'un dyke ou d'une faille, le charbon devient souvent friable et tendre, sans que le mur ou le toit éprouvent de dérangemens. Il prend alors le nom de *sooty coal*. Cet accident ne se montre jamais que sur des portions de couche peu étendues.

10°. *Charbon brûlé*. Ainsi se nomme le charbon altéré au contact des dykes de grunstein, de trapp ou d'argile porphyrique. L'altération du charbon commence à une certaine distance du dyke : il perd alors son aspect brillant, en passant à l'état de charbon noir, puis acquiert graduellement l'apparence du charbon brûlé, qui, auprès du dyke, se montre sous forme d'une masse à structure contournée remplie de cavités irrégulières, et présentant plus d'analogie avec une substance pierreuse noire, qu'avec le charbon véritable.

Ce charbon brûlé, placé dans un fourneau, ne peut jamais s'enflammer; il rougit, et lorsqu'on éteint le feu, il se refroidit comme le feraient des pierres chauffées de la même manière. Il est mélangé quelquefois de morceaux d'anthracite de l'espèce la plus pure, très brillans et tellement durs, qu'on ne peut les rayer avec un canif

Ce charbon est rempli de nombreuses veines d'une matière pierreuse blanche. Ce genre d'accident non-seulement se montre dans le voisinage des dykes ci-dessus désignés; mais il altère quelquefois la nature du charbon sur des portions considérables d'une couche, et quoique aucun changement ne se soit manifesté dans le toit ou dans le mur, le charbon devient tout-à-fait impropre aux usages industriels, et cesse de pouvoir brûler;

son aspect n'est pas exactement le même que celui du charbon qui avoisine les dykes : il conserve même sa texture stratifiée, et ne prend pas celle d'une masse contournée criblée de cavités irrégulières.

Le charbon ordinaire se change aussi, dans certaines circonstances, graduellement en charbon sec (anthracite), qui brûle avec une flamme bleue et sans fumée. Il ne faut pas confondre ce charbon sec avec le charbon brûlé.

11°. *Fentes polies*. Ce sont de petites fissures enduites d'argile, que l'on doit évidemment considérer comme de très petites failles, bien qu'on ne puisse distinguer aucuns dérangemens dans le toît ou dans le mur. Leur direction est généralement oblique au toît ou au mur, rarement perpendiculaire. Le charbon pénétré de ces fissures perd sa consistance, et lorsqu'elles sont nombreuses, l'exploitation devient très dangereuse.

12°. *Brouillages dans le toît et le mur de la couche*. Ces accidens se présentent ordinairement à l'approche d'une dislocation des couches : toutefois, on les trouve aussi dans d'autres parties des couches. La surface du toît se convre d'aspérités ou d'ondulations plus ou moins rapprochées ; celle du mur, de protubérances dont la forme rappelle celle des vagues. Tantôt le charbon avoisinant devient plus dur ; d'autres fois, au contraire, il perd sa ténacité.

Un accident assez singulier dans le toît, porte

le nom de *fond de pot* (pot bottom), *fond de chaudron* ou de *cul-de-lampe* (cauldron bottom). Le diamètre de ces culs-de-lampe varie de quelques pouces jusqu'à plusieurs pieds.

La fig. 12, pl. I, en donne une idée.

Le mineur qui exploite le charbon s'aperçoit ordinairement qu'il en approche, par la dureté et la compacité qu'acquiert le combustible fossile; dureté qui se maintient jusqu'à ce qu'on ait dépassé la partie altérée du toit.

a, fig. 12, est la couche de charbon; *b*, le cul-de-lampe; *d* est une bande de charbon dont l'épaisseur varie généralement entre un demi-pouce et un pouce. Ce charbon diffère, par sa texture et son aspect, de la couche dont il fait partie, et se réduit en petits morceaux brillans. Quelquefois il est tout-à-fait de la nature de l'anthracite. La pierre *b*, composant le cul-de-lampe, est souvent de même nature que celle qui compose le toit; plus souvent encore, c'est de l'argile réfractaire de bonne qualité. Les faces du cul-de-lampe en *d*, sont généralement aussi unies que du verre, et sillonnées dans la direction verticale, de telle façon que le cul-de-lampe adhère très faiblement au toit : aussi arrive-t-il, surtout lorsque cette masse argileuse ou pierreuse est d'un volume un peu considérable, qu'elle donne lieu, par sa chute, à des accidens graves. Ce qu'il y a de particulièrement remarquable, dans ce cas, c'est l'altération dans la nature du charbon sous le cul-de-lampe.

§ 2. — *Contexture et nature des couches de charbon.*

La contexture des couches de charbon n'est pas sans influence sur les méthodes d'exploitation ; il est par conséquent essentiel d'en parler.

Différens systèmes de fentes qui traversent les couches de charbon (*cleavages*).

Les couches de charbon, ou du moins la plupart de celles qui sont exploitées en Angleterre, ne présentent pas une masse entièrement solide et uniforme dans sa texture, de qualité homogène dans toutes ses parties. Elles sont, comme les assises pierreuses qui les accompagnent, partagées par des fentes régulières (*partings*), qui se montrent dans différentes directions. Ainsi, la ligne de séparation entre une couche de houille et son toît et son mur, est quelquefois presque imperceptible ; d'autres fois, le joint est nettement indiqué par une mince couche d'une substance sèche et pulvérulente, ou d'argile, qui peut avoir de un douzième à un huitième de pouce d'épaisseur.

Outre ces fentes, qui se montrent au contact de la couche de charbon avec le toît ou le mur, on en observe d'autres, souvent en grand nombre, plus ou moins rapprochées les unes des autres, qui leur sont parallèles et subdivisent la couche de charbon elle-même en plusieurs assises, dont l'épaisseur, quelquefois à peine appréciable, s'élève jusqu'à un demi-pouce. Elles sont généralement remplies d'une substance fibreuse brillante, que l'on appelle *charbon minéral* (*mineral carbon*), qui est tendre et noircit fortement les mains. D'autres systèmes de fissures régulières se montrent dans le charbon, perpendiculairement à ceux dont nous venons de parler.

Un premier système, dont les plans laissent sur le mur des traces qui se rapprochent de la direction de la couche, ou se confondent avec elle, et que nous appellerons, par cette raison, le *système des fissures de direction* (en anglais, *backs*). Un second système, dont les plans suivent une autre direction, tout en restant perpendiculaires au toît et au mur, et que nous appellerons *joints d'inclinaison* (*cutters*).

Les Anglais comprennent toutes ces fissures sous le nom général de *clivages* (*cleavages*), que l'on donne aussi aux fissures régulières que l'on observe dans les minéraux cristallisés.

La masse d'une couche de charbon est ainsi subdivisée en solides de différentes dimensions, de forme cubique ou rhomboïdale, selon la direction relative des deux systèmes des joints de direction et d'inclinaison. Le parallélisme des premières fissures avec le plan de séparation au toît et au mur, n'est troublé que dans le cas d'accidens ou dislocations de la couche. Les deux derniers systèmes de fissures se coupent plus souvent à angles aigus ou obtus, qu'à angles droits. Le charbon minéral ne se trouve jamais que dans les fissures parallèles au toît ou au mur.

Outre ces fentes habituelles dans les couches de charbon, on en trouve accidentellement d'autres, suivant différentes directions, qui toutefois se rapprochent beaucoup de celles des fissures de direction. Ces dernières prennent le nom de *fentes polies* (*glazed backs*), à cause de la surface polie qu'elles présentent. Elles donnent souvent lieu à des accidens.

Quand ces deux systèmes de fentes régulières comprises entre le toît et le mur sont de *bonne nature*, comme disent les mineurs, on les considère comme facilitant beaucoup l'exploitation des couches de charbon, surtout lorsque ces couches sont épaisses et que le charbon est dur; elles sont moins utiles lorsque le charbon est moins dur et collant, comme dans le nord de l'Angleterre. Le charbon dur se réduisant en fragmens prismatiques de grandes dimensions, dont les faces sont bien unies, les déchets ou la proportion de *menu*, sont très faibles.

Si les joints réguliers sont de *mauvaise nature*, le charbon se détériore, et il se produit beaucoup de menu. Si les joints parallèles au toît sont *mauvais*, le mineur dit que la couche n'a ni toît ni mur; si les autres joints sont irréguliers, le charbon se brise aussi en morceaux fort irréguliers, et le mineur dit qu'il est dentelé (*teethy*).

On remarque encore, dans certaines couches de houille, une foule de fentes irrégulières qui s'entrecroisent, et cela de telle façon, que lorsqu'on brise le charbon avec force, il se subdivise en petits fragmens cubiques, surtout lorsqu'il appartient à l'espèce des charbons flambans ou collans, désignés, par cette raison, sous le nom de *charbons cubiques*.

Dans les couches de charbon schisteux (*splint coal or slatey coal*), les fissures parallèles au toît et au mur sont prédominantes.

On verra plus loin, par les coupes que nous donnerons de quelques terrains houillers d'Angleterre, qu'une même couche de houille se subdivise souvent en assises, qui fournissent des charbons de différente nature.

Nature du toît et du mur des couches de charbon.

Le toît des couches peut être formé de l'une quelconque des assises pierreuses qui composent le terrain houiller. On dit que le toît est de *bonne nature* quand il ne rompt pas, pendant l'exploitation du charbon, et même se maintient longtemps encore après l'extraction du combustible. Le mur est ordinairement argileux.

§ 3. — *Nature des charbons.*

Avant de commencer la description des bassins houillers, il ne sera pas inutile de donner quelques notions sur les différentes espèces de charbons qu'ils produisent.

On distingue, en Angleterre :

Nature.

1°. Le charbon cubique (*cubical coal*), dont on reconnaît deux variétés, la variété collante (*caking coal*) et la variété flambante (*open-*

burning coal, ou aussi *rough coal*, *cherry-coal*, *cload-coal*).

2°. Le charbon esquilleux ou schisteux (*slatey coal*, *splint-coal*), dont les différentes variétés sont généralement flambantes.

3°. Le charbon-chandelle *cannel-coal*, en Angleterre, et *parrot* ou *bottle-coal*, en Écosse.

4°. Le charbon sec ou anthracite, *glance coal* ou *anthracite*, en Angleterre; *blind-coal*, en Écosse; *stone-coal*, dans le pays de Galles, et *kilkenny coal*, en Irlande.

5°. Le lignite (*bovey-coal*).

Le charbon cubique est d'un beau noir brillant, compacte et médiocrement dur : il se brise en masses quadrangulaires, et lorsqu'on le réduit en petits morceaux, ses fragmens sont encore cubiques.

La variété collante, semblable à celle qui provient de nos mines de Saint-Étienne, brûle en subissant une demi-fusion. Les fragmens se collent et s'agglutinent ensemble.

La variété flambante, analogue aux charbons de Mons, brûle plus rapidement que la première, et donne beaucoup de flamme et de chaleur.

Le charbon esquilleux est d'un noir mat, compacte, à structure feuilletée, et beaucoup plus dur que le charbon cubique. Quand on l'exploite, il tombe par grandes masses quadrangulaires, qui se divisent en lames comme des ardoises. Il produit en brûlant beaucoup de flamme et de fumée, et laisse plus de cendres que le charbon cubique.

Les qualités inférieures brûlent avec difficulté, et laissent souvent beaucoup de cendres; ce qui tient à l'interposition du schiste dans le charbon.

Le charbon-chandelle est d'un beau noir, mais a peu d'éclat : il ne tache pas les doigts comme les autres espèces. Quand on le brise, il se réduit en prismes à quatre faces; sa cassure est conchoïdale dans toutes les directions. Il s'enflamme très aisément, et brûle avec une flamme brillante; il décrépite et jette de vives étincelles à de grandes distances.

On donne, à une des variétés du *cannel-coal*, le nom de *pitch-coal*, ou *charbon poix*.

L'anthracite ou charbon sec, est noir, avec l'éclat métallique; il brûle difficilement avec une flamme bleue, et en dégageant une très grande chaleur. Il ne produit pas de fumée, et laisse peu de cendres.

Le lignite offrant encore la structure du bois, de la décomposition duquel il paraît provenir, donne peu de chaleur et brûle avec une odeur désagréable, à cause du soufre qu'il contient habituellement.

Le nom de *culm-coal*, ou simplement *culm*, n'appartient à aucune variété : on le donne aux fragmens de toutes les variétés.

Les charbons flambans, cubiques ou schisteux, sont employés avec avantage pour le chauffage Usages.

des chaudières, et sont également bons pour la fabrication du coke.

Les charbons collans sont employés pour la forge : ils donnent un coke léger.

On estime beaucoup, pour la fabrication du fer, certains charbons du pays de Galles, parce que, contenant une moins grande quantité de matières volatiles que ceux des autres parties de l'Angleterre ou de l'Écosse, ils réduisent, sous un poids donné, une plus grande quantité de minerai.

Le *cannel-coal* ne sert que pour les usines à gaz, qui le préfèrent à toute autre espèce, et pour les usages domestiques.

Le lignite est rarement employé en Angleterre, où l'on trouve en abondance de meilleures espèces de charbon.

NOTICE SUR LES DIFFÉRENS BASSINS HOUILLERS DE L'ANGLETERRE ET DE L'ÉCOSSE.

MM. Philipps et Conybeare, dans leur excellent ouvrage sur la Géologie de l'Angleterre (1), divisent les dépôts houillers de ce pays en trois groupes. Nous adopterons également cette classification, qui en facilite l'étude, et nous ajouterons un qua-

(1) L'un de nous, M. Dufrénoy, a fait depuis plusieurs années une traduction de cet ouvrage, que des circonstances n'ont pas encore permis d'imprimer.

trième groupe, celui des dépôts houillers de l'Écosse.

Le terrain houiller de l'Écosse comprend trois bassins principaux :

Celui du Clackmannanshire, au nord d'Édimbourg ;

Celui de Glasgow, auprès de cette ville;

Et celui de Dalkeith, près d'Édimbourg.

Des bassins houillers de moindre importance sont exploités dans le Perthshire et le Stirlingshire, au nord de Glasgow; le Renfrewshire, le Dumfrieshire, l'Ayrshire, le Sutherlandshire, etc. Nous nous attacherons principalement à la description des trois bassins principaux, et parmi les bassins d'importance secondaire, nous ne parlerons que des bassins du Stirlingshire et du Renfrewshire, qui présentent des circonstances particulières, et sont d'ailleurs les seuls sur lesquels nous possédions des renseignemens assez détaillés.

En Angleterre, les différens terrains formant des bandes assez suivies, qui courent du nord-est au sud-ouest, et dont les couches plongent au sud-est, et les environs de Londres étant composés de dépôts tertiaires et de dépôts secondaires très récens, on conçoit que les différens dépôts houillers existent à l'ouest et au nord de cette ville.

Des trois groupes que distinguent MM. Philipps et Conybeare, le premier, qu'on peut appeler celui du nord de l'Angleterre, comprend tous les 1er groupe.

dépôts houillers au nord des rivières du Trent et de la Mersey, et s'étend jusqu'aux frontières de l'Écosse.

Ces dépôts sont disposés sur les flancs est, sud et ouest d'une chaîne de montagnes de transition, désignée sous le nom de *chaîne penine* par M. Conybeare, et qui s'étend du nord au sud, depuis les frontières de l'Écosse jusqu'au centre du Derbyshire.

Le terrain houiller ne forme pas autour de cette chaîne une ligne continue, mais une série de bassins détachés, dont plusieurs ont une étendue assez considérable. On peut en distinguer sept, qui sont :

1°. Le grand dépôt houiller des comtés de Northumberland et de Durham, connu sous le nom de *dépôt houiller de Newcastle*.

2°. Quelques petits bassins houillers, dans le nord du Yorckshire ;

3° Le grand dépôt houiller du sud du Yorckshire et des comtés de Nottingham et de Derby ;

4°. Le bassin du nord de Staffordshire ;

5°. Le grand bassin de Manchester, ou du sud du Lancashire ;

6°. Le bassin du nord du Lancashire ;

7°. Le bassin de White-Heaven.

Il existe en outre quelques indices de houille auprès d'Ashborne et au pied du Cross-Fell, dont nous ne ferons pas mention.

2e groupe. Nous désignerons le second groupe sous le nom

de *groupe houiller central*. Il comprend trois bassins :

1°. Celui qui existe sur les confins du Leicestershire et du Staffordshire ;

2°. Celui du Warwickshire;

3°. Celui du sud du Staffordshire ou de Dudley, à 2 lieues ouest de Birmingham.

Le troisième groupe comprend les différens bassins houillers qui sont disposés autour des terrains de transition du pays de Galles. Il se divise en trois groupes différens :

1°. Celui du nord-ouest, renfermant les bassins de l'île d'Anglesey et du Flintshire ;

2°. Ceux à l'ouest ou du Shropshire, comprenant le bassin houiller de la plaine de Shrewsbury, et ceux de Coal-Brook-Dale, de Clee-Hills et de Billingsley ;

3°. Enfin, ceux au sud-ouest, comprenant les trois bassins houillers importans du sud du pays de Galles, du Montmouthshire et celui du sud du Glocestershire et du Sommersetshire.

Outre ces nombreux dépôts houillers situés dans l'intérieur même de l'Angleterre et en Écosse, de fort importans existent aussi en Irlande. L'exploitation de ces derniers n'a pas encore pris une grande activité. Bassins houillers en Irlande.

Tous ces bassins houillers, riches en houille, ne le sont pas, à beaucoup près, autant en fer carbonaté lithoïde, et l'abondance de ce minerai n'est en relation ni avec la puissance des couches Tous les bassins houillers ne contiennent pas le minerai de fer en abondance.

houillères ni avec l'étendue du bassin dans lequel on le rencontre. Nous appuyons sur cette circonstance, parce qu'en France, où l'industrie du fer prend de jour en jour plus d'extension, nous voyons souvent des spéculateurs fonder l'espérance d'établissemens importans sur quelques indices de minerai de fer que présentent les bassins houillers, persuadés qu'il doit toujours s'y trouver en abondance. Mais ce minerai est, comme la houille elle-même, un membre du terrain houiller qui peut manquer dans certains cas.

Importance des bassins de Dudley, du pays de Galles et de Glasgow.

Parmi tous les bassins houillers que nous venons de citer, il en est deux qui fournissent à eux seuls plus des trois quarts de la fonte que fabrique l'Angleterre. Ce sont ceux de Dudley et du nord du pays de Galles. L'extraction du minerai et du charbon auprès de Glasgow a déjà pris une grande importance et s'accroît chaque année. Plusieurs autres dépôts carbonifères alimentent quelques hauts-fourneaux, et la plupart ne paraissent pas donner une quantité de sminerai uffisante pour que l'on puisse y établir des usines de ce genre, ainsi qu'on peut le conclure du tableau des usines à fer.

Bassin du Clackmannanshire; étendue.

Le bassin houiller de Clackmannanshire est le plus septentrional des bassins d'Écosse. On n'a pas trouvé de couches de houille exploitable au nord de la rivière Forth, à une distance de plus d'un mille à l'ouest d'Alloa. Cette limite septentrionale du terrain houiller d'Écosse, partant d'un point situé près de Saint-Andrew, dans le comté de Fife, passe à quelques milles au sud de Kinroz, suit le flanc des montagnes Ochill, dans le Clackmannanshire, passe à l'ouest du Craig-Forth, au-delà du château de Stirling, et de là suit les collines de Campsie jusqu'à Dumbarton, sur la rivière Clyde.

Le terrain houiller est recouvert par deux terrains, que M. Bald distingue sous le nom de *terrain d'alluvion ancien*, et *terrain d'alluvion moderne*. Terrains recouvrant le terrain houiller.

Le terrain d'alluvion moderne, formé par les rivières Forth et Devon, remplit le fond des vallées. Le terrain d'alluvion ancien constitue la partie la plus élevée du district.

Le terrain houiller du Clackmannanshire se compose de couches de schiste, de grès, houille et minerais de fer argileux. Il ne contient ni couches de calcaire ni roches ignées intercalées. Ces différentes assises placées les unes au-dessus des autres à stratification concordante, sont ordinairement distinctement séparées par une fente contenant souvent une couche très mince d'argile et de sable désagrégé. Composition du terrain houiller.

On a constaté dans ce terrain la présence de vingt-quatre couches de houille, dont l'épaisseur totale s'élève à 59 pieds 4 pouces; la couche la plus mince n'a que 2 pouces; la plus épaisse a 9 pieds. Nombre et épaisseur des couches de houille.

Nature de la houille.

La houille est généralement de bonne qualité ; elle appartient à la variété cubique ou à la variété schisteuse ; elle brûle aisément et est fort collante : le plus souvent les couches contiennent un mélange de variétés cubique et schisteuse. On n'y rencontre pas de houille sèche.

Mur des couches de houille.

Les couches de houille reposent généralement sur une assise d'argile réfractaire excellente pour la fabrication des briques. Ce fait se reproduit dans le plus grand nombre des bassins houillers de la Grande-Bretagne. Cette couche d'argile est plus ou moins épaisse. Lorsqu'elle est épaisse, elle contient une grande quantité de vestiges organiques, et quelques morceaux de minerai de fer en rognons.

Une partie des bancs de grès est colorée en rouge par l'oxide de fer; ce qui a entraîné plusieurs géologues à le confondre avec le vieux grès rouge. Il contient des grains de quartz blanc ; on trouve souvent des blocs d'un grès d'une dureté extraordinaire, empâtés dans les couches de grès moins dur.

Fossiles végétaux et animaux.

Les bancs de grès contiennent un grand nombre d'impressions végétales, mais jamais de coquilles; les débris animaux se sont accumulés dans le minerai de fer, ou, s'ils se trouvent dans le schiste, c'est à l'état de minerai dans lequel ils se sont convertis. Le minerai de fer est quelquefois entièrement composé de coquilles.

La couche de houille, qui a 9 pieds d'épaisseur,

est régulièrement recouverte, dans toute l'étendue du terrain, d'une couche de schiste bitumineux avec de nombreuses impressions de coquilles comprimées. Ce schiste contient des couches de minerais de fer.

Les couches de minerai de fer ne sont pas très nombreuses; cependant elles alimentent une usine à fer (*the Devon iron works*). Minerai de fer peu abondant

Le bassin houiller du Clackmannanshire (fig. 5 et 5 *bis*, pl. I) est elliptique et séparé en trois portions par deux grandes failles. Failles.

Les couches qui le composent se relèvent pour s'appuyer contre le terrain de transition dont sont formées les Ochill Mountains. Terrain de transition inférieur.

La première couche de ce terrain de transition contre laquelle le terrain houiller est adossé, se compose de grunstein. Voici d'ailleurs une coupe du terrain houiller.

Coupe du terrain.

	yards.	pieds.	pouc.
1. Terre végétale.	1	1	»
2. Grès rouge..	22	2	4
3. Argile schisteuse..	1	1	9
4. Minerai de fer.	»	»	3
5. Argile schisteuse avec grès gris schisteux.	2	2	2
6. Charbon cubique..	»	1	6
7. Argile réfractaire avec banc de grès.. .	1	1	»
8. Grès.	3	»	6
9. Argile schisteuse.	2	»	5
10. Charbon cubique..	»	1	8
11. Argile schisteuse..	»	1	»

	yards.	pieds.	pouc.
12. Grès.	9	»	3
13. Charbon cubique.	»	2	»
14. Argile réfractaire.	»	2	5
15. Grès.	5	»	8
16. Argile schisteuse avec minerai de fer. .	2	»	4
17. Grès.	3	»	4
18. Charbon cubique.	»	»	2
19. Argile réfractaire.	3	»	8
20. Charbon cubique.	1	»	6
21. Argile réfractaire.	3	1	»
22. Minerai de fer.	»	»	3
23. Grès.	13	2	»
24. Argile schisteuse.	2	»	»
25. Grès schisteux.	2	»	»
26. Argile réfractaire.	3	»	»
27. Argile schisteuse.	1	»	»
28. Charbon cubique.	1	»	»
29. Argile réfractaire.	»	1	6
30. Grès.	6	2	9
31. Argile schisteuse.	»	2	»
32. Charbon schisteux.	1	2	2
33. Argile réfractaire.	»	»	9
34. Charbon cubique.	1	»	1
35. Argile réfractaire.	8	»	4
36. Grès avec minerai de fer.	1	1	7
37. Charbon cubique.	»	2	»
38. Argile réfractaire.	»	»	2
39. Charbon cubique.	»	2	2
40. Grès.	5	3	10
41. Charbon cubique.	»	2	»
42. Argile réfractaire.	»	1	1
43. Grès.	1	»	»
44. Argile schisteuse avec minerai de fer. .	»	1	11
45. Argile réfractaire.	»	1	5

	yards.	pieds.	pouc.
46. Grès schisteux.	7	1	4
47. Charbon cubique.	»	»	5
48. Argile réfractaire.	»	1	8
49. Grès.	2	»	»
50. Argile schisteuse avec minerai de fer.	»	2	5
51. Argile bitumineuse avec minerai de fer.	»	»	8
52. Charbon esquilleux et cubique.	3	»	»
53. Argile réfractaire.	»	2	11
54. Grès gris schisteux.	9	1	6
55. Argile schisteuse.	»	1	6
56. Charbon cubique.	»	2	8
57. Argile réfractaire.	»	2	4
58. Argile schisteuse.	»	1	5
59. Charbon pierreux.	»	»	5
60. Argile réfractaire.	1	»	3
61. Grès.	1	1	4
62. Argile schisteuse.	»	1	8
63. Charbon cubique.	»	1	4
64. Argile réfractaire.	1	1	7
65. Grès.	3	1	3
66. Grès très dur.	»	2	11
67. Argile schisteuse avec minerai de fer.	3	2	7
68. Charbon cubique.	»	»	6
69. Argile réfractaire.	1	1	10
70. Grès schisteux.	7	»	1
71. Grès avec veines de charbon.	2	1	10
72. Argile schisteuse.	4	1	7
73. Grès avec une assise d'une dureté extraordinaire.	3	1	9
74. Argile schisteuse.	2	2	9
75. Charbon cubique.	»	1	7
76. Grès.	»	»	11
77. Argile schisteuse.	»	1	3
78. Argile réfractaire.	1	1	3

	yards.	pieds.	pouces
79. Grès..	»	1	2
80. Argile schisteuse...	»	1	3
81. Minerai de fer..	»	»	7
82. Argile schisteuse.	1	2	6
83. Argile réfractaire.	2	1	7
84. Argile schisteuse avec houille.	»	2	3
85. Argile schisteuse.	1	1	1
86. Grès schisteux..	»	2	10
87. Argile schisteuse..	»	1	5
88. Charbon cubique.	2	1	9
89. Argile réfractaire.	2	1	8
90. Grès schisteux..	18	»	4
91. Charbon esquilleux cubique.	1	2	3
92. Argile schisteuse et grès..	2	2	»
93. Argile schisteuse.	»	1	10
94. Grès.	»	»	7
95. Argile et grès.	»	1	11
96. Charbon esquilleux.	»	2	9
97. Argile réfractaire.	»	1	6
98. Argile schisteuse.	»	2	5
99. Grès.	»	»	5
100. Argile schisteuse.	»	1	10
101. Grès.	»	2	4
102. Argile et grès..	»	»	6
103. Argile schisteuse avec veines de charbon..	»	2	6
104. Argile réfractaire.	1	2	6
105. Grès.	2	»	3
106. Argile schisteuse.	»	1	6
107. Grès..	»	1	9
108. Argile schisteuse.	2	»	4
109. Grès.	2	1	»
110. Argile schisteuse.	»	»	9
111. Grès.	»	1	10

	yards.	pieds.	pouc.
112. Argile schisteuse.	»	1	2
113. Grès.	1	»	2
114. Argile schisteuse.	1	»	4
115. Grès.	»	2	9
116. Argile schisteuse.	»	»	11
117. Grès.	1	»	10
118. Argile schisteuse.	1	»	1
119. Charbon cubique.	»	2	2
120. Argile réfractaire.	1	1	1
121. Argile schisteuse et charbon.	1	»	8
122. Argile réfractaire.	1	»	9
123. Grès.	»	»	5
124. Argile schisteuse et grès.	2	»	11
125. Grès.	»	1	»
126. Argile schisteuse et grès.	»	2	5
TOTAL.	237	2	9

Le petit bassin houiller du Stirlingshire commence à se montrer à l'est entre la ville de Dumbarton et le village de Dryman et il s'étend vers l'est et le nord-est sur une longueur d'environ 22 milles, sa largeur est variable. Au centre du district elle est d'environ 10 milles anglais. Elle diminue vers ses extrémités occidentales et orientales. Ce bassin est borné au sud par le Dumbartonshire et au nord par un terrain ondulé qui occupe l'espace compris entre la ville de Stirling et le village de Dryman.

Bassin houiller du Sterlingshire; étendue.

Le terrain carbonifère se présente sous forme de bassin elliptique. L'intérieur du bassin est occupé par des bancs calcaires que recouvrent des bancs

Forme et roches recouvrant le terrain houiller.

épais de trapp. De grandes coupures divisent ces derniers en une série de collines qui portent le nom de *Campsie Hills*. Le charbon exploité seulement vers les limites du bassin à peu de distance de la crête des couches est généralement de mauvaise qualité; il est très sulfureux.

Nature du charbon.

Minerai de fer.

Les minerais de fer se présentent dans deux états différens; une première espèce se trouve en couches minces de 4 à 14 pouces d'épaisseur, séparées par des bancs d'argile bleue très tenace; la seconde espèce se montre en rognons lenticulaires, dans de l'argile bleue ou dans le schiste dans le voisinage du charbon. Les rognons sont disposés en couches régulières. Ils reposent sur leur partie aplatie et se présentent presque toujours par lignes. Ils sont rarement assez rapprochés pour se toucher. Les rognons de chaque ligne sont généralement de mêmes dimensions, les plus gros se trouvent dans les couches les plus profondes. Les plus grands ont ordinairement un pied de diamètre, d'autres n'ont pas au-delà d'un quart de pouce.

Le minerai en rognons produit une meilleure qualité et une plus grande quantité de fer que celui en couches.

Bassin de Glasgow; étendue.

Le bassin houiller de Glasgow a été étudié sur une longueur d'environ 20 mille anglais; sa largeur est variable.

Nombre de couches de houille.

Les puits ou sondages ont rencontré dans ce terrain sept couches de houille.

Ces couches sont séparées par des bancs de grès et de schiste, contenant un banc subordonné de calcaire coquiller et plusieurs couches de minerai de fer carbonaté.

Position du minerai de fer en couches.

La position véritable du minerai de fer en couche est principalement à la base de tout le terrain houiller. Il y forme des bancs épais et réguliers qui alternent avec des couches d'un calcaire bleu rempli de *productus*, de *spirifer*, d'*evomphales* et d'autres fossiles du terrain de transition. La disposition des couches qui coupent transversalement la vallée de Cross-Basket, donne la facilité d'étudier la relation générale des différentes parties du bassin houiller des environs de Glasgow, et l'on s'assure aisément que les couches de houille qui font la richesse de Glasgow, sont supérieures à la série des couches de minerai de fer, si développée en Écosse. Le minerai de fer en rognon (*ball-iron stone*) existe également en abondance dans les terrains houillers de Glasgow; il est disséminé dans toute l'épaisseur de la formation houillère. Il est surtout abondant dans les schistes qui accompagnent les couches de houille. Ce dernier minerai est plus riche que le minerai schisteux. On suppose aussi généralement qu'il est de meilleure qualité; ce qui tient peut-être à sa proximité des couches de calcaire. Dans toutes les usines d'Écosse, on a soin de mélanger les deux variétés de minerai; la proportion que l'on emploie dans chaque usine varie avec la facilité des approvisionnemens.

A Anvill-Ball et à Mauchline-Hole, situés l'un et l'autre en remontant la Calder, au-dessus de Cross-Basket, on exploite le minerai en couche pour le service des usines de MM. Dickson et Dunlop. La disposition des couches est telle, que celles d'Anvill-Ball recouvrent les couches de Mauchline-Hole. Il existe un intervalle entre elles; ce qui a empêché de donner une coupe complète du terrain; mais il résulte évidemment de leur ensemble, que le minerai de fer est en couches réitérées et étendues dans le terrain, et qu'il forme par suite une roche essentielle dans le terrain houiller d'Écosse.

Coupes du terrain.

Pour donner une idée du terrain houiller des environs de Glasgow, et de sa richesse en houille, nous en reproduirons ici plusieurs coupes : la première à la houillère de Gowan, aux portes de Glasgow; la seconde, à Faskin, à quelques milles à l'est de Glasgow; la dernière, auprès de Cross-Basket.

Couches traversées par un puits de la mine de Gowan.

	fathoms.	pieds.	pouc.
1. Terre végétale.	»	2	»
2. Grès de couleur rouge.	2	4	»
3. Grès schisteux.	18	»	»

	fath.	pieds.	pouc.	fathoms.	pieds.	pouc.	
4. Charbon cubique tendre, 1re couche, dite *upper-Coal*.				»	4	6	
5. Grès et schiste.				5	»	»	
6. Charbon en partie dur et en partie tendre, 2e couche, dite *Rough-ell*.				»	2	»	
7. Schiste.				6	1	»	
8. Calcaire coquiller.				»	»	3	
9. Schiste.				»	3	9	
10. Charbon cubique, tendre et schisteux.	»	3	»				
11. Grès noir.	»	»	2	»	5	»	3e couche, dite *rough main*.
12. Charbon cubique.	»	1	10				
13. Grès et schiste.				10	3	»	
14. Charbon schisteux dur, très bonne qualité, 4e couche, dite *Humph*.				»	3	»	
15. Schiste.				9	1	»	
16. Charbon cubique.	»	»	4				
17. —— schisteux dur.	»	3	»	»	3	10	5e couche, dite *splint-ell*.
18. —— cubique.	»	»	6				
19. Argile réfractaire.				»	1	6	
20. Charbon schisteux dur et cubique.	»	5	»				
21. Schiste noir dans lequel on trouve.	»	1	»	»	7	6	6e couche, dite *splint-main*.
22. Charbon cubique.	»	»	6				
23. —— schist., très dur.	»	»	7				
24. —— cubique.	»	»	5				

On a trouvé en outre, par le sondage :

	fathoms.	pieds.	pouces.
25. Une couche de schiste.	13	»	»
26. Une couche de charbon, 7e couche, dite *sour milk*.	»	2	6

Plusieurs autres puits, percés à une petite distance autour de Glasgow, ont rencontré les mêmes couches ; aucune ne produit de charbon collant.

Couches traversées par le puits de Faskin, à quelques milles de Glasgow, en remontant le cours de la rivière Calder.

		fath.	pieds.	pouc.	fathoms.	pieds.	pouc.
1.	Grès et schiste.				5	3	»
2.	Schiste.				7	4	7
3.	Calcaire.				»	»	6
4.	Houille..				»	1	3
5.	Grès et schiste.				4	4	9
6.	Minerai de fer.				»	1	3
7.	Grès et schiste.				3	5	8
8.	Minerai de fer.				»	1	3
9.	Grès et schiste.				3	5	8
10.	Houille.				»	1	8
11.	Schiste avec nodules de minerai de fer.				3	5	6
12.	Houille.				»	1	»
13.	Grès et schiste.				2	1	11
14.	Schiste avec couche de minerai de fer et rognons.				»	1	$4\frac{1}{2}$
	Id. (*Doggar Balls*).				»	»	7
15.	Grès et schiste.				3	1	9
16.	Couche de houille cubique.	»	1	»			
17.	*Id.* schisteuse.	»	2	»	»	4	10
18.	Schiste..	»	1	5			
19.	Houille cubique.	»	1	10			
20.	Grès et schiste.				7	2	$4\frac{1}{4}$
21.	Couche de houille schisteuse.				»	3	8

	fath.	pieds.	pouc.	fathoms.	pieds.	pouc.
22. Grès et schiste.				6	2	8
23. Houille schisteuse.	»	1	2	»	4	9
24. —— cubique dure.	»	3	7			
				52	1	11½

Découvert par le sondage.

	fathoms.	pieds.	pouc.
25. Grès et schiste.	6	1	5½
26. Houille cubique.	»	3	»½
27. Grès et schiste.	7	»	»
28. Houille schisteuse.	»	3	9
29. Schiste.	2	4	»
30. Houille.	»	2	3
31. Schiste.	10	4	»
32. Minerai de fer.	1	6	»
TOTAL.	82	2	5½

Les couches plongent de 65 degrés à l'ouest.

Coupe du terrain qui renferme le minerai de fer, sur la rive orientale de la rivière Calder, entre Calder Wood et Cross-Basket.

	fathoms.	pieds.	pouc.
1. Terre végétale.			
2. Grès.	2	»	»
3. Schiste.	4	»	»
4. Minerai de fer en couches.	»	»	6
5. Schiste.	1	»	»
6. Minerai de fer en couches.	»	»	7
7. Schiste.	»	3	»
8. Minerai de fer en rognons.	»	»	1 moyenne

	fathoms.	pieds.	pouc.
9. Schiste.	»	5	»
10. Minerai de fer en rognons. . .	»	»	3
11. Schiste.	»	3	»
12. Minerai de fer en couches.. . .	»	»	7 ½
13. Schiste.	2	»	»
14. Calcaire.	1	»	»
15. Minerai de fer en couches. . . .	»	»	3
16. Schiste.	»	2	»
17. Minerai de fer en couches. . . .	»	»	3
18. Schiste.	»	1	6
19. Minerai en rognons, dont le volume est souvent considérable.	»	»	2
20. Schiste.	3	»	»
21. Minerai des houillères en couches.	»	»	6
22. Charbon.	»	»	8
23. Schiste noir..	»	2	»
24. Minerai de fer ou couche d'argile.	»	»	8
25. Schiste.	»	1	6
26. Minerai de fer en couches.. . .	»	»	4
27. Schiste.	15	»	»
28. Grès..	1	2	»
29. Minerai de fer en couches. . .	»	»	6
Total. . . .	32	5	6

A Anvill-Ball on trouve :

	fathoms.	pieds.	pouc.
1. Une couche de charbon de mauvaise qualité, exploitée seulement pour la cuisson de la chaux.	»	1	6
2. Schiste avec empreintes de végétaux.. .	»	2	6
3. Couche calcaire.	»	1	»
4. Schiste avec rognons de fer carbonaté. .	»	2	9

	fathoms.	pieds	pouc.
5. Seconde couche de calcaire. Ces couches contiennent une quantité prodigieuse de spirifers, ayant leur têt. Ils sont, du reste, très comprimés et difficiles à détruire.			
6. Schiste avec encrines et spirifers.	»	»	11
7. 3ᵉ couche de calcaire..	»	3	»
8. Succession des quatre couches de minerai de fer et de schiste, formant ensemble une épaisseur d'environ. . .	1	2	»

La dernière couche de minerai de fer a 10 pouces de puissance; elle est exploitée, à Anvill-Ball, par deux puits éloignés chacun de 300 pas environ, lesquels communiquent entre eux par des galeries : cette couche affleure, près de Cross-Basket, dans l'escarpement de la rivière, à 3,000 mètres environ des exploitations; elle se présente avec la même épaisseur et dans la même position relative; d'où il suit qu'elle affecte une régularité aussi parfaite que les autres couches de terrain.

A Mauchline-Hole, la Calder coule au pied d'un escarpement dans lequel se dessinent dix couches de minerai de fer sur une longueur assez considérable. Ces différentes couches, dont l'épaisseur moyenne est de 5 à 6 pouces, sont séparées par du schiste contenant des rognons de fer carbonaté, ainsi qu'un mélange d'empreintes de plantes et de fossilles du terrain de transition. On trouve également une grande quantité de *productus* et d'*evom-*

phales, dans le schiste qui sépare la 4ᵉ et la 5ᵉ couche de minerai de fer.

La partie supérieure de l'escarpement est formée de grès, de grès houiller avec empreintes. On nous a assuré qu'on avait exploité de la houille à cette hauteur, à moitié chemin de Mauchline-Hole.

Le lit de la rivière est ouvert dans une couche puissante de calcaire : plusieurs exploitations indiquent qu'elle a au moins 6 pieds d'épaisseur. Si l'on réunit cette coupe à la précédente, il en résulte que la houille alterne avec des couches de calcaire contenant de nombreux fossiles du terrain de transition. Cette circonstance, qui se reproduit près d'Alston-Moor, dans le Cumberland, fait supposer que le bassin houiller de Glasgow appartient à la partie la plus inférieure du terrain carbonifère.

Le fer carbonaté est intercalé en couches nombreuses et régulières dans ce terrain; il alterne également avec le calcaire à *productus*. Si la puissance de ce minerai est constante, ces différentes couches forment, par leur réunion, une puissance d'au moins 3 pieds, les couches intermédiaires, à Anvill-Ball et à Mauchline-Hole, ne nous étant pas connues.

La régularité des couches de minerai de fer en Écosse, est un fait important à constater; il se représente, il est vrai, dans le pays de Galles, mais sur une moins grande échelle, et surtout avec bien moins de régularité. Dans les autres bassins houillers, le minerai est presque exclusivement en rognons plus ou moins nombreux. Le fer carbonaté se retrouve dans différens terrains; il est souvent disséminé en rognons assez nombreux, dans l'argile schisteuse du lias, et même dans celle qui accompagne le grès vert. En France, nous avons un exemple très remarquable de ce gisement du fer carbonaté, à la Voulte, dans le département de l'Ardèche. Il y forme plusieurs couches puissantes, dans le terrain de lias. L'une d'elles, mélangée de fer oxidé rouge, a plus de 10 pieds d'épaisseur.

Ce fut déjà en 1773 que l'on creusa le canal de Monkland peu de temps après le grand canal de *Forth and Clyde*, pour le transport à la ville de Glasgow du charbon de terre extrait dans la partie nord-est du bassin. Débouchés, voies de communications.

Le chemin de fer de Monkland à Kirkintilloch, livré au public seulement en 1826, établit la communication entre les mines voisines de la petite ville Saint-Andrew et le canal de *Forth and Clyde*. Son point de départ n'est pas très éloigné de celui du canal de Monkland, mais il suit une direction toute différente, puisqu'il traverse ce canal. Le charbon descendant sur ce chemin au canal de *Forth and Clyde*, est ensuite transporté par ce canal, soit vers Glasgow, à l'est, soit du côté d'Édimbourg, à l'ouest.

Le chemin de Glasgow à Garnkirk, ouvert seulement en 1831, est à peu près parallèle au canal de Monkland, et lui fait concurrence. Enfin, on construit en ce moment un chemin nommé le *Wishaw and Coltnessrailway*, qui, faisant suite au chemin de Glasgow et Garnkirk, réunira les parties à l'est et au sud-est du bassin, en se développant sur le versant oriental de la vallée de la Clyde, vers la limite du terrain.

Bassin de Johnstone, près de Paisley.

Le terrain houiller de Johnstone, près de Paisley, à peu de distance de Glasgow, n'a pas une grande étendue, mais il est remarquable par la masse énorme de grunstein qui le recouvre, et par l'épaisseur des couches sur certains points exploités.

Cette épaisseur s'explique, d'après M. Bald, par le glissement qui se serait opéré des cinq couches de houille qui entrent dans la composition du terrain; glissement par suite duquel elles se seraient mutuellement recouvertes.

Coupe du terrain.

Voici une coupe du terrain dans la partie exploitée où ce recouvrement aurait eu lieu.

	yards.	pieds.	pouc.
1. Grunstein.	36	»	»
2. Grès et argile alternant en bancs minces.	8	»	»
3. Argile réfractaire avec minerai de fer. .	4	»	»
4. Charbon.	3	1	»
5. Argile.	»	1	»
6. Charbon.	3	1	»
7. Argile.	3	2	3
8. Charbon.	1	2	3
9. Argile.	3	»	»
10. Charbon.	9	»	»

	yards.	pieds.	pouc.
11. Argile.	»	1	»
12. Charbon.	3	1	»
13. Argile.	2	»	»
14. Charbon.	»	1	»
15. Argile.	5	2	»
16. Charbon.	8	1	6
TOTAL.	90	2	»

Ainsi, l'épaisseur totale de la masse de charbon exploitée est de 90 pieds 2 pouces. La plus grande partie de ce charbon est de même nature que celui de Newcastle. Une autre partie appartient aux variétés flambantes. Le gîte renferme une grande quantité d'hydrogène.

Bassin de Dalkeith, près d'Édimbourg.

Le terrain houiller de Dalkeith, près d'Édimbourg, n'est pas moins remarquable que les précédens, par la multiplicité des couches de charbon qu'il renferme; mais il diffère des bassins de Glasgow, du Stirlingshire et du Clackmannanshire en ce qu'il contient une quantité beaucoup moindre de minerai de fer.

La fig. 13, Pl. I, nous montre la disposition des couches dans ce bassin. On voit à son inspection qu'il renferme deux systèmes de couches. Un premier système de couches à peu près horizontales vers le milieu du terrain et un autre système de couches qui se relèvent de manière à devenir presque verticales des deux côtés du bassin.

Une faille près de Scheriff-Hall rejette une partie des meilleures couches horizontales de telle façon qu'au-delà de la grande route d'Édimbourg, elles se perdent complétement.

On a reconnu la plus grande partie des couches qui composent le système des couches verticales par une galerie d'écoulement percée pour l'exploitation du charbon dans la propriété du marquis de Lothian, près de la colline du camp romain.

Coupes du terrain.

Nous donnons la coupe obtenue au moyen de cette galerie, en la complétant par des suppositions sur les assises qui séparent l'extrémité de la galerie du terrain calcaire sur lequel le terrain houiller repose.

	fathoms.	pieds.	pouces
1. Terrain d'alluvion.	2	0	»
2. Grès.	8	2	»
3. Argile schisteuse.	»	2	6
4. Houille.	»	»	6
5. Argile dure.	2	4	»
6. Houille.	»	1	6
7. Argile.	»	1	6
8. Grès.	5	4	6
9. Argile schisteuse.	»	4	»
10. Grès.	»	3	»
11. Argile schisteuse.	1	2	»
12. Grès.	»	3	»
13. Argile schisteuse, très dure.	»	3	»
14. ——— ——— tendre.	»	4	6
15. Houille.	»	2	»
16. Argile.	1	»	»
17. Grès schisteux.	7	4	»
18. Argile schisteuse avec houille.	»	3	»
19. Grès.	5	5	»

	fathoms.	pieds.	pouc.
20. Argile schisteuse avec houille.	»	3	6
21. Argile.	1	»	»
22. Houille.	»	2	9
23. Argile.	3	1	»
24. Grès.	10	4	»
25. Argile.	1	4	»
26. Grès.	11	4	»
27. Argile bitumineuse.	»	4	»
28. Grès.	4	1	»
29. Argile.	»	4	»
30. Grès.	»	4	»
31. Schiste bitumineux.	»	4	»
32. Grès.	2	»	»
33. Argile schisteuse.	1	2	»
34. Grès.	1	»	»
35. Argile schisteuse.	»	3	»
36. Grès.	2	3	»
37. Argile schisteuse.	7	4	»
38. Grès.	1	3	»
39. Argile schisteuse.	4	3	»
40. Grès.	10	1	5
41. Argile schisteuse.	1	»	»
42. Grès.	3	3	»
43. Argile schisteuse.	»	4	»
44. Grès.	6	3	»
45. Argile schisteuse.	»	4	8
46. Argile avec houille.	»	3	»
47. Schiste bitumineux.	1	»	»
48. Schiste très dur.	1	3	»
49. Grès.	»	5	»
50. Argile.	»	4	»
51. Grès.	1	4	»
52. Argile.	1	»	»
53. Grès.	4	1	6

	fathoms.	pieds.	pouc.
54. Houille	»	2	6
55. Argile	1	4	»
56. Grès	13	3	»
57. Argile schisteuse	2	4	6
58. Grès	2	4	6
59. Argile schisteuse	8	»	»
60. Grès	2	»	»
61. Houille	»	3	»
62. Argile	1	4	6
63. Grès	13	3	»
64. Argile schisteuse, avec rognons de minerai de fer	16	»	»
65. Grès	7	9	»
66. Argile schisteuse	»	4	»
67. Grès	»	5	»
68. Argile schisteuse	1	3	»
69. Grès	6	3	»
70. Argile schisteuse	1	»	»
71. Grès	1	2	»
72. Argile schisteuse, avec minerai de fer	6	1	6
73. Schiste bitumineux	1	»	»
74. Argile schisteuse, avec minerai de fer	1	»	»
75. Grès	2	4	»
76. Houille	»	3	»
77. Argile schisteuse	2	4	»
78. Grès	9	2	6
79. Argile schisteuse	4	»	»
80. Grès	5	3	»
81. Argile schisteuse	»	2	»
82. Houille	»	3	»
83. Argile schisteuse, avec minerai de fer	2	»	»
84. Grès	1	3	»
85. Argile schisteuse, avec minerai de fer	2	»	»
86. Argile schisteuse	»	3	»

	fathoms.	pieds.	pouc.
87. Houille.	»	2	3
88. Argile.	»	2	3
89. Grès.	1	4	»
90. Argile schisteuse.	2	3	»
91. Houille.	»	3	»
92. Argile.	»	3	»
93. Grès.	3	4	»
94. Argile schisteuse.	1	4	»
95. Houille.	»	3	»
96. Argile.	»	3	»
97. Grès, avec une assise d'argile schist.	9	4	6
98. Houille.	1	3	»
99. Argile.	»	2	6
100. Grès.	»	5	»
101. Argile schisteuse.	1	»	3
102. Houille.	»	3	»
103. Grès.	2	3	»
104. Argile schisteuse.	»	4	6
105. Houille.	»	2	»
106. Argile schisteuse.	2	2	6
107. Houille.	»	4	6
108. Argile schisteuse.	3	3	»
109. Grès.	4	4	6
110. Houille.	»	3	»
111. Argile schisteuse.	»	4	6
112. Houille.	»	»	6
113. Grès.	3	3	»
114. Argile schisteuse, avec houille. . . .	»	4	6
115. Argile schisteuse.	2	»	»
116. Houille.	»	2	6
117. Argile schisteuse.	1	»	»
118. Grès.	3	4	»
119. Houille.	»	4	6

	fathoms.	pieds.	pouc.
120. Grès.	4	»	»
121. Houille.	»	3	8
Profondeur constatée. .	316	2	7

	fathoms.	pieds.	pouc.
Couches diverses, dont l'épaisseur est supposée de.	15	1	0
Houille.	»	3	6
Couches diverses.	6	»	»
Houille.	1	»	»
Couches diverses.	19	»	9
Houille schisteuse.	»	5	9
Couches diverses.	3	2	3
Houille schisteuse.	»	3	9
Couches diverses.	19	3	»
Houille schisteuse.	»	3	»
Couches diverses.	4	»	»
Profondeur supposée. .	84	2	»
Calcaire.			

Cette coupe n'indique que les couches inclinées des deux côtés de la vallée. Elle ne comprend pas les couches peu inclinées (*flat-coals*) qui alimentent la consommation d'Édimbourg. On a peu de détails sur la nature et l'épaisseur de ces dernières couches. Toutefois, on les exploite à Edmondstone et à Sheriff-Hall, au milieu de la vallée.

Voici la coupe du terrain à Edmonstone :

	fathoms.	pieds.	pouc.
Terrain supérieur.	8	»	»
Bancs de rocher.	6	»	»

	fathoms.	pieds.	pouces.
Houille.	»	5	»
Différens bancs de rocher, contenant de la houille.	31	»	»
Houille schisteuse.	»	5	»
Bancs divers.	6	4	6
Houille (*Rough coal*).	»	4	6
* Bancs divers.	4	3	»
Houille (*Beffy coal*).	»	3	»
Bancs divers.	12	1	6
Houille (*Diamond coal*).	»	5	»
Couches diverses.	4	1	6
Houille (*Jewel coal*).	»	5	»
Total. . . .	78	2	»

Les charbons *diamond* et *jewel* sont de qualité supérieure.

On trouve sous le jewel-coal une couche très pyriteuse, mais qui n'est pas exploitée.

Quant aux couches du système vertical, on remarquera que l'une d'elles est éloignée de 540 pieds de la couche immédiatement supérieure. C'est le seul exemple que l'on connaisse en Angleterre d'un banc de rocher aussi épais placé entre deux couches de charbon.

Le même terrain, quoique présentant un grand nombre de filons de grunstein, ne contient pas de couches intercalées de cette espèce de roche.

Nature du charbon.

Toutes les couches verticales, à l'exception d'une seule, fournissent du charbon de l'espèce ordinaire, bitumineux, en partie schisteux, en partie cubique.

Ils sont tous flambans mais non collans. Une seule fournit du *cannel-coal*.

Rareté du gaz hydrogène.

On ne rencontre pas de gaz hydrogène dans ces couches, bien qu'on les exploite à une grande profondeur et que ce gaz soit très abondant dans la plupart des autres bassins en Écosse. En revanche on trouve beaucoup d'acide carbonique.

Richesse du bassin.

D'après les calculs de M. Bald sur le terrain houiller de Dalkeith, les couches de houille dont la présence a été reconnue suffiraient pour alimenter la consommation d'Édimbourg pendant 500 ans à raison de 350 000 tonnes par an. Il est vrai que M. Bald a compris dans ce calcul des couches à des profondeurs auxquelles aujourd'hui on ne trouverait pas d'avantage à les exploiter; mais il est probable que ce charbon devenant rare, on imaginera des moyens suffisamment économiques pour pouvoir en tirer parti.

Bassin houiller de Newcastle.

Le bassin de Newcastle, l'un des plus considérables des bassins houillers de l'Angleterre, par son étendue et surtout par la prodigieuse quantité de houille qu'il renferme, ne fournit que très peu de fer carbonaté lithoïde; le minerai n'est même qu'un grès houiller, fortement imprégné de fer carbonaté, comme cela a lieu dans le bassin houiller de Saint-Étienne, avec lequel celui de Newcastle présente, sous beaucoup de rapports, la plus grande analogie.

Rareté du minerai de fer dans ce bassin.

Il paraît qu'il n'existe dans ce dernier, que deux usines à fer, encore ne sont-elles pas complètement alimentées par le minerai qu'il produit : on y emploie en même temps une certaine quantité de fer hématite rouge, tiré des montagnes de transition.

La formation houillère de Newcastle recouvre une grande partie des comtés de Durham et de Northumberland. Elle commence près de la rivière Coquet, au nord, et s'étend jusqu'à Cockfield, dans le voisinage de West-Aukland, au sud. Sa longueur entre les deux points extrêmes est de 58 milles, et sa plus grande largeur, de Bywill-sur-la-Tyne aux bords de la mer, est de 24 milles. Deux rivières, la Tyne et la Wear, traversent le terrain, en suivant sur une partie de leur cours la direction de l'ouest à l'est. Le district des mines de Newcastle se divise en deux : celui du bassin de la Tyne, et le district du bassin de la Wear. Étendue du bassin.

La surface du terrain de Newcastle offre l'aspect de nombreuses collines arrondies, qui vont en croissant de hauteur des bords de la mer, vers la lisière occidentale.

Les couches de houille ne participent pas à ces inégalités de la surface ; si quelquefois elles sont coupées par des vallées, elles se montrent, de l'un et de l'autre côté de la vallée, dans un même plan, comme la continuation d'une seule et même couche, qui dut être une fois continue.

La formation houillère de Newcastle repose immédiatement sur le *millstone-grit* et le calcaire métallifère, comme celle du pays de Galles. C'est Roches inférieures au terrain houiller.

dans le calcaire métallifère, à l'ouest du bassin, et principalement dans le Cumberland, que sont exploitées de riches mines de plomb.

M. Nicholas Wood, dans un Mémoire publié par la Société d'Histoire naturelle de Newcastle, cherche à démontrer que le calcaire métallifère lui-même renferme des couches abondantes et épaisses de houille, et que le gisement du combustible minéral est principalement dans les assises inférieures de la série, sur des bancs épais d'un grès rouge ferrugineux, dont les caractères diffèrent de ceux du vieux grès rouge, que probablement il recouvre.

Ce charbon, exploité sur plusieurs points, se rapproche, par sa nature, de l'anthracite.

Roches supérieures.

Le grès houiller de Newcastle est en partie recouvert par des couches d'un sable jaune, d'un grès rouge et souvent d'un calcaire magnésien, déposées au-dessus à stratification discordante. On peut étudier commodément la formation du calcaire magnésien, en suivant les bords de la mer, du port de Hartlepool jusqu'à l'embouchure de la Tyne.

Variations dans l'épaisseur des couches.

Les couches d'argile et de grès qui accompagnent la houille, ne se montrent pas en égale abondance sur tous les points du bassin. D'après M. Buddle, on trouve les couches de grès plus nombreuses et plus épaisses, lorsqu'on remonte suivant l'inclinaison vers la crête. Les couches de houille paraissent soumises, jusqu'à un certain point, à la même loi.

Une autre circonstance assez remarquable que présente le bassin houiller de Newcastle, et qui est aussi signalée par M. Buddle, c'est que la houille perd de sa qualité, et se charge de pyrites toutes les fois que le grès se rapproche davantage de la couche du côté du toît. Généralement, le toît se compose d'une couche d'argile interposée entre le grès et le charbon, et la qualité du charbon est en raison inverse de l'épaisseur de cette couche.

Altération dans la qualité de la houille au voisinage du grès.

L'argile schisteuse varie de dureté et de couleur. On emploie, pour la fabrication des poteries et des briques réfractaires, une variété dure et d'un noir ou d'un gris foncé, que les mineurs appellent *black-metal.* Toutefois on préfère, pour composer les briques réfractaires, une argile noire bitumineuse, nommée *thil-whin*, qui forme le mur des couches de houille.

Différentes assises du terrain houiller.

L'argile qui sert à la fabrication des pots de verrerie, n'est pas exploitée dans le terrain de Newcastle; elle vient de Stourbridge (terrain du Stafforshire). La variété que les mineurs appellent *black-thil*, est une argile bleue bitumineuse, qui se trouve, comme le *thil-whin*, au mur des couches de houille.

Une argile grise (*grey metal stone*), qui repose souvent sur l'argile noire (*black-metal*), contient beaucoup de petites coquilles bivalves.

On trouve encore des coquilles bivalves de plus grandes dimensions, et qui paraissent se ranger dans la famille des moules, dans les minerais de fer, d'un gris foncé, et l'on a fait dans le terrain houiller de Newcastle, une observation semblable à celle que nous avons déjà faite pour le terrain houiller d'Écosse, que les coquilles sont surtout abondantes dans le minerai de fer. D'après M. Warburton, on trouverait un banc semblable de minerai de fer coquiller dans le terrain du Clackmannanshire à North Alloa, dans celui du Staffordshire à Tividale, et dans celui du Derbyshire et du Yorckshire.

On rencontre fréquemment, dans le terrain de Newcastle, un mélange d'argile schisteuse et de grès, contenant quelquefois des lames de mica, et connu sous le nom de *hard blue metal*. Il est très dur; sa structure est contournée, et il se brise en fragmens anguleux; sa couleur varie du gris de cendre au gris de fer. Enfin, une dernière espèce, dont la texture est à grains fins, et qui se brise aussi en fragmens anguleux, d'une couleur qui varie du gris de cendre au noir, porte le nom de *black* ou *blue stone*. Elle se rencontre assez rarement.

Les couches de grès ne sont pas d'une nature moins variée que celles d'argile; elles fournissent les espèces suivantes:

Le grès dit *white flagstone plate*, d'un gris blanc, argileux, dur, et se brisant en fragmens anguleux.

La variété *grindstone sill* ou *post*, grès à grains

fins, d'un jaune clair, d'une dureté moyenne.

Parmi les couches de ce grès, il en est une dont la puissance est de 66 pieds, qui se montre dans la colline appelée *Gateshead Fell*, au sud de Newcastle, et qui fournit des meules à aiguiser d'excellente qualité. Toute la Grande-Bretagne et même une grande partie du continent, les tirent de cet endroit.

La variété *fire-stone*, de même couleur et cassure que le *grindstone*, mais moins dure, sert à la construction des fourneaux de verrerie. On l'exploite à Burradon, près de Killingworth.

La variété *white post*, grès à grains fins, médiocrement dur.

La variété *white post with whin*, consistant en bandes alternatives de grès tendre et de grès dur.

Le *grey post*, grès à grains fins, contenant une grande quantité d'argile, et quelquefois de mica mélangé.

Le *brown-post*, grès schisteux micacé.

Le *brown-post* avec *coal pipes*, grès schisteux avec lames d'argile schisteuse noire et de charbon.

Le *brown-post with skamy partings*, grès d'un brun clair, avec lames d'un brun foncé.

Grey whin ou *brown whin*, grès quartzeux très dur, d'un brun sale, quelquefois tacheté de blanc ou mêlé de lames de mica.

Dykes et failles.

Le bassin de Newcastle présente de nombreux dykes et failles, qui produisent souvent dans les couches de terrain des dérangemens considérables.

L'un des dykes, connu sous le nom de *ninety-fathom-dyke*, traverse le dépôt houiller de l'est à l'ouest, en produisant un abaissement dans les couches du côté du nord, de 90 fathoms (166 mètres). Ces dykes sont remplis, soit de matière argileuse, soit de roches porphyriques, qui sont mélangées d'une substance d'un vert sombre, ayant beaucoup d'analogie avec l'amphibole et le pyroxène. Nous nous écarterions de notre plan, si nous énumérions ici tous les dykes qui traversent le bassin de Newcastle; nous nous bornerons à indiquer les phénomènes principaux qu'ils présentent.

Dyke remarquable du Coley-Hill.

Le dyke porphyrique le plus considérable des environs de Newcastle, est celui que l'on observe à Coley-Hill, environ à 4 milles ouest de la ville. On y a ouvert des carrières pour en extraire des pavés; l'une d'elles nous a permis de l'étudier jusqu'à 50 pieds de profondeur, et de reconnaître sa largeur, qui est de 24 pieds. Dans cette partie découverte, le dyke est sensiblement vertical. Il est rempli d'une roche d'un vert foncé, à cassure grenue, qui contient du calcaire spathique et des lamelles d'une autre substance assez analogue à du feldspath. Entre la masse qui remplit le dyke et ses parois, il existe des veines minces d'une argile charbonneuse endurcie, qui se divise en petits prismes perpendiculaires à la surface de la masse qui remplit le dyke.

Ce dyke coupe la couche de houille supérieure

à 55 pieds au-dessous de la surface. La houille en contact avec la masse du dyke présente le même aspect que si elle avait été carbonisée; elle forme une masse poreuse, d'un gris d'acier, qui se divise en petites parties colonnaires analogues à celles que présente le coke que l'on obtient en distillant la houille dans des vases clos. Cette altération de la houille est un des principaux argumens invoqués par les personnes qui regardent ces dykes comme le produit d'une action souterraine, et l'on doit avouer que les faits, ainsi que la position des dykes, paraissent favoriser cette supposition. Cependant il reste une objection assez forte, c'est que les roches environnantes, telles que les schistes et les grès, ne présentent pas des altérations en rapport avec celles de la houille.

Le *dyke* de Trockloy, situé à 5 milles de Newcastle, nous montre les mêmes phénomènes que celui de Coley-Hill; la masse du dyke offre en outre cette circonstance remarquable, qu'elle est divisée en trois parties. Les deux masses, en contact avec les parois, sont de trapp, tandis que le milieu est composé de débris du terrain houiller, c'est-à-dire de fragmens de grès et de schiste mélangés de fragmens et de boules de trapp, analogue à celui qui forme le dyke. Les deux parties trappéennes ont chacune 6 pieds; celle du milieu peut en avoir 12.

La houille en contact a subi la même altération

que dans le dyke précédent. Nous avons pu nous assurer que cette altération était due à l'action du trapp, parce qu'une coupure faite dans le terrain nous a permis de voir qu'à mesure qu'on s'écartait du dyke, la houille était moins altérée. A 10 pieds, elle était dans son état naturel.

Couches de houille exploitées.

Le terrain de Newcastle renferme quarante couches de houille; mais un grand nombre d'entre elles ont une faible épaisseur, et M. Buddle n'en compte que dix-huit qui soient exploitées avec bénéfices; encore l'exploitation n'en est-elle possible que sur une portion du bassin, car leurs allures sont fort irrégulières. Elles augmentent ou diminuent d'épaisseur, disparaissent ou se confondent; enfin, varient dans leur composition quant à la nature du charbon, de telle façon qu'une couche exploitable et fournissant d'excellent charbon en un point, ne l'est plus sur un autre point, ou ne donne que de mauvais produits. Ainsi, la principale couche exploitée, à l'est du méridien de Newcastle, au nord et au sud de la rivière Tyne, porte le nom de *high-main-coal;* elle est la plus épaisse, et fournit le meilleur charbon. Un grand nombre d'exploitations importantes, au nord de la Tyne, ont été ouvertes dans ce gîte, qui toutefois est loin de présenter, sur tous les points, uniformité de puissance et de nature; au midi, à une petite distance de la rivière, un banc pierreux intercalé lui fait perdre toute sa valeur. Une partie de cette couche a été détruite, dans le seizième siècle, par un incendie. A l'ouest du méridien de Newcastle, c'est une couche inférieure, dite *hutton seam*, qui fournit la majeure partie des produits. On en extrait un charbon un peu tendre, mais très pur, qui est préféré par les usines qui travaillent les métaux. Malheureusement, elle est près d'être épuisée. Les riches mines de Hetton, Wallsend, Stewart et Lambton, au sud-est de Newcastle et au nord de la Wear, exploitent une couche qui porte aussi le nom de *hutton seam*, et qui cependant est à une plus grande profondeur que la précédente. Cette dernière, dans ce district, se trouve subdivisée en trois couches, qui chacune prend un nom différent. L'une d'elles, la *maudlin seam*, fournit un bon charbon de seconde qualité.

La couche de Hetton, exploitée si activement à Hetton, ne l'est plus que faiblement dans la partie sud-ouest du bassin, parce qu'elle n'y produit qu'un charbon extrêmement tendre, et est souvent mélangée de grès et de schiste. C'est une autre couche, appelée *five-quarter-seam*, qui a donné lieu aux principaux travaux. Le charbon n'est que de seconde qualité. Cette même couche est également exploitée au sud-est de Newcastle, où l'on en extrait un charbon de qualité inférieure.

Il résulte de ce que nous venons de dire sur l'irrégularité des couches qui composent le terrain de Newcastle, qu'il est impossible d'en représenter la succession par une seule coupe générale. Nous pourrions indiquer la série des couches traversées par les puits d'un grand nombre de houillères ouvertes sur différens points. Nous regardons comme suffisant, eu égard au but que nous nous proposons, de faire connaître celles qu'on a rencontrées dans les mines de *Hebburn* et *Sheriff-Hill*, dont la première est exploitée dans les assises supérieures du terrain, et la seconde dans les assises inférieures.

Coupes du terrain.

Couches traversées par un puits de la houillère de Hebburn.

	fathoms.	pieds.	pouces.
1. Argile	9	5	»
2. Grès	9	5	»
3. Argile schisteuse	»	2	»
4. Houille	»	3	»
5. Argile schisteuse	1	2	»
6. Grès	5	»	6
7. Argile avec assises de grès	6	5	9
8. Grès dur	1	4	»
9. Argile avec assises de grès	6	»	12
10. Argile schisteuse	1	1	6
11. Houille	»	»	1 ½
12. Argile schisteuse	»	5	4 ½
13. Grès	»	2	5
14. Argile schisteuse	»	»	1
15. Grès	»	»	»
16. Mélange d'argile et de grès	»	1	»
17. Grès	11	2	6
18. Houille	»	»	1 ½
19. Argile schisteuse	»	3	10 ½
20. —— mélangée de grès et argile	1	5	»
21. Grès	1	1	»

	fathoms.	pieds.	pouces.
22. Argile schisteuse	»	4	»
23. —— compacte, dure	»	3	»
24. Houille	»	»	4
25. Argile compacte, dure	»	1	4
26. Houille	»	1	»
27. Argile schisteuse	»	2	6
28. Grès	3	3	4
29. Argile schisteuse	»	1	»
30. Grès	»	4	9
31. Argile schisteuse	4	5	9
32. Grès	»	4	»
33. Argile schisteuse	2	3	6
34. Houille	»	»	5 ½
35. Argile schisteuse	2	5	6
36. Houille	»	»	2
37. Argile schisteuse	3	3	6
38. Houille	»	1	2
39. Argile schisteuse	»	4	6
40. Houille	»	»	2
41. Argile avec assises de grès	2	»	»
42. Argile schisteuse	2	5	6
43. Grès	1	1	2
44. Houille	»	»	4
45. Argile schisteuse	4	»	6
46. Grès	10	2	6
47. Argile schisteuse	1	»	»
48. Grès	»	1	6
49. Argile compacte	»	5	»
50. Grès	»	2	6
51. Argile schisteuse	1	5	»
52. Argile compacte	2	»	»
53. Houille	»	»	6
54. Argile schisteuse	1	3	»
55. Grès	10	2	»

	fathoms.	pieds.	pouces.
56. Houille, couche dite *high main-coal*..	1	»	»
57. Argile schisteuse..................	»	1	8
58. Charbon schisteux..................	»	2	4
59. Argile schisteuse..................	»	1	»
TOTAL....	131	3	11 ½

Couches traversées à la houillère de Sheriff-Hill.

	fathoms.	pieds.	pouces.
1. Argile schisteuse..................	3	»	»
2. Grès..............................	2	»	»
3. — à aiguiser..................	11	»	»
4. — schisteux..................	1	3	»
5. Argile schisteuse..................	1	»	»
6. Grès schisteux..................	1	3	»
7. Argile schisteuse..................	1	»	»
8. Grès schisteux dur..............	1	3	»
9. Argile schisteuse..................	1	»	»
10. Grès schisteux..................	3	3	»
11. Houille, couche dite *three quarter coal*.	»	2	3
12. Grès..............................	12	3	»
13. Argile schisteuse..................	1	»	9
14. Grès..............................	11	»	»
15. Houille, couche dite *high main coal*.	1	»	»
16. Grès..............................	6	»	»
17. Argile schisteuse..................	1	»	»
18. Houille, couche dite *metal coal*.....	»	1	2
19. Grès..............................	4	1	10
20. Houille, couche dite *stone coal*.....	»	3	»
21. Argile compacte..................	1	3	»
22. Houille..........................	»	»	6
23. Grès..............................	4	3	6
24. Argile schisteuse..................	2	4	6

	fathoms.	pieds.	pouc.
25. Houille	»	»	6
26. Argile schisteuse	2	»	»
27. Houille, couche dite *yard coal*	»	3	»
28. Grès	11	3	»
29. Houille, couche dite *bensham seam*	»	3	3
30. Argile schisteuse	2	»	»
31. Houille	»	»	9
32. Grès	5	2	»
33. Argile schisteuse	»	3	»
34. Houille (*six quarter coal*)	1	»	3
35. Grès	1	5	7
36. Houille (*five quarter coal*)	»	3	2
37. Grès	1	5	3
38. Houille	»	»	9
39. Grès	5	»	»
40. Houille (*low main coal*)	1	»	6
41. Argile schisteuse	»	1	»
42. Grès	3	5	6
43. Houille (*two quarter coal*)	»	1	6
44. Grès	21	»	6
45. Houille (*harwey's main coal*)	»	3	»
Total	134	»	»

Au-dessous on a reconnu, par les affleuremens :

	fathoms.	pieds.	pouc.
Une couche de grès	5	2	10
Houille (*brockwell seam*)	»	3	2

Dans cette dernière coupe, se trouvent indiquées douze des dix-huit couches exploitables que M. Buddle compte dans le terrain houiller de Newcastle. La couche dite *high main coal*, a aussi été atteinte par le puits de Hebburn, qui même a été percé principalement dans le but de l'exploiter. Les puits de l'une et de l'autre mine ont traversé en outre un grand nombre d'autres couches de faible épaisseur. Des six couches que M. Buddle compte sur les douze déjà citées, trois sont placées entre la couche dite *harvey's main coal* et celle nommée *brockwell seam ;* mais elles n'ont été rencontrées, jusqu'à présent, que sur une petite étendue de terrain, à l'ouest du méridien de Newcastle; deux autres, entre la couche *two quarter coal* et celle *harvey's main coal ;* enfin, la sixième a son gisement au-dessus de la couche *three quarter coal*, la moins profonde des douze que comprennent les coupes.

Observation importante sur la désignation des couches.

Il est essentiel de faire observer aux personnes qui voudraient étudier ces différentes couches en Angleterre, que non-seulement quelques-unes ne s'étendent pas dans toute l'étendue du bassin, mais encore que la même couche porte des noms différens dans les différentes parties du bassin où on l'exploite, et que des couches différentes, portent le même nom. On risquerait, en négligeant cette remarque, de prendre une idée tout-à-fait fausse du terrain.

Nature de la houille.

La houille exploitée dans le terrain de Newcastle, appartient généralement à la variété collante. Toutefois, on extrait aussi des variétés moins bitumineuses, vers l'extrémité sud-ouest du bassin, auprès de Cockfield. La même couche se compose souvent de bandes de charbon de différente nature.

M. Karsten a analysé un échantillon d'une houille grasse de Newcastle, qui lui a donné les résultats suivans :

Carbone...........	84,26
Hydrogène.........	3,20
Oxigène...........	11,67
Cendres............	0,86
	99,99

Un autre échantillon, analysé par M. Berthier, contenait :

Carbone...........	76,00
Matières volatiles...	18,60
Cendres............	5,40
	100,00

On remarque une grande différence dans la proportion de charbon et de cendres fournis par les deux échantillons. Le premier paraît appartenir à la classe des meilleures houilles grasses de Newcastle, dans lesquelles la quantité d'hydrogène atteint toujours au moins 3 p. 100, et la quantité d'oxigène ne dépasse pas celle nécessaire pour transformer la moitié de cet hydrogène en eau. Elle laisse aussi un faible résidu en cendres, comme toutes les houilles de première qualité du bassin de Newcastle, qui le plus souvent n'en contiennent pas au-delà de un demi p. 100.

L'échantillon analysé par M. Berthier, laissant

un résidu de cendres beaucoup plus fort, doit se ranger dans une autre classe. Cette houille donne bien un coke boursouflé, mais ne se colle ni ne se gonfle beaucoup, comme les houilles très bitumineuses. Elle est feuilletée dans un sens et à surfaces unies médiocrement luisantes; son pouvoir calorifique, mesuré par M. Berthier, au moyen de la litharge, est considérable, car il dépasse celui de tous les charbons français étudiés par le même chimiste.

MM. Karsten et Berthier n'ont pas dosé l'azote dans les houilles de Newcastle. Il paraît, toutefois, qu'elles en contiennent des quantités notables, puisque, d'après M. Berthier, elles produiraient à la distillation environ 9 p. 100 d'eau, chargée de carbonate et de sulfate d'ammoniaque, dont on se sert pour fabriquer du sel ammoniac.

Voies de communication.

Les mines de houille situées sur les rives de la Tyne, communiquent avec cette rivière par de nombreux chemins de fer qui sillonnent la surface entre Newcastle et l'embouchure de la rivière.

Le charbon se vide immédiatement à l'extrémité du chemin, au moyen d'ingénieuses embarcadères, dans les navires qui doivent le transporter sur les côtes de l'Angleterre ou dans les pays étrangers.

Les mines exploitées dans le district de la Wear, au sud de Newcastle, communiquent directement avec les ports de mer, par des chemins de fer d'une plus grande longueur que ceux des environs de

Newcastle. La plupart n'ont été établis que depuis un petit nombre d'années, et méritent une attention toute spéciale de la part de l'ingénieur.

Tels sont, en première ligne, le chemin de fer qui part de la mine de Hetton et aboutit sur les rives de la Wear, à une très petite distance de la mer, dans la ville même de Sunderland ; et celui que l'on nomme *chemin de Darlington à Stockton:* bien qu'établi pour le service des mines situées à 13 milles de Darlington, vers l'extrémité sud-ouest du bassin ; il passe seulement auprès de cette ville, et aboutit au port de Middlesborough, à 3 milles de Stockton. Tels aussi, en seconde ligne, le chemin de Clarence, qui fait concurrence au chemin de Darlington, en suivant un tracé plus court ; celui des mines de lord Durham, voisin du chemin de Hetton, et celui de Seaham, qui le traverse pour aller aboutir au petit port de Seaham.

Mine et chemin de fer de Hetton.

Le premier puits de la mine de Hetton a été percé en 1820, à travers le calcaire magnésien qui recouvre le terrain houiller, à 8 milles à l'ouest de la ville de Sunderland. Il traverse plusieurs couches de houille exploitables ; la plus profonde qu'il ait atteint, est la couche dite *hutton seam,* dont on extrait une excellente qualité de charbon, et qui seule, avec une des couches supérieures, alimente la production considérable de cette mine. Le chemin de fer construit pour le service de cet établissement, monte au sommet d'une colline élevée par trois plans inclinés, sur lesquels le transport s'effectue à la remonte par des machines fixes; il descend ensuite par quatre plans auto-moteurs. De la mine au revers occidental de la colline, et du revers oriental à la mer, le chemin est établi sur un terrain peu incliné. Sur la première partie, le charbon est transporté par des machines locomotives; sur la seconde, les chariots descendent par l'impulsion de la gravité seule, ou au moyen de machines à vapeur fixes, agissant dans le système connu sous le nom de *reciproquant*. Ce chemin présente, par conséquent, un échantillon de toutes les espèces de moteurs employés sur les chemins de fer. Aujourd'hui il sert au transport de l'énorme quantité de 500,000 tonnes par an, et, devenu insuffisant, il aura bientôt pour auxiliaire le chemin de Hetton aux nouveaux bassins projetés dans le port de Hartlepool. On admire, sur le chemin de Hetton, l'ordre et l'activité presque incroyable avec lesquels se fait un service qui, au premier abord, semble impossible.

Chemin de fer de Darlington.

Le chemin de Darlington, plus long, puisque la distance d'une extrémité à l'autre est d'environ 43 mille mètres, est aussi fort curieux. Passant d'abord par-dessus deux collines, au moyen de plans inclinés adossés, au sommet desquels se trouve une machine fixe, il se développe ensuite sur une longueur d'environ 33 mille mètres, par une pente douce, jusqu'à la mer. Vingt-trois machines locomotives, de construction variée, font aujourd'hui le service sur cette seconde partie. On l'avait d'abord construit avec une seule voie, dans la supposition d'un transport médiocrement actif. On a bientôt été obligé d'ajouter une seconde voie. Le tableau suivant des produits qu'il a servi à transporter, depuis son ouverture jusqu'à l'année 1833, donnera une idée de l'accroissement graduel de sa prospérité :

De 1826 à 1827	101,538 tonnes.
1827 à 1828	141,647
1828 à 1829	130,031
1829 à 1830	171,839
1830 à 1831	288,714
1831 à 1832	450,100
1832 à 1833	507,452

Les mines qui envoient leurs charbons au chemin de Darlington, ouvertes près de l'affleurement des couches, sont moins profondes que celles de la Tyne ou du district de Hetton, exploitées vers le centre du bassin.

Richesse du bassin de Newcastle.

Pour donner une idée de l'immense richesse souterraine du bassin de Newcastle, le docteur Thomson remarque que la puissance réunie des couches est de 44 pieds anglais, dont 14 pieds ne sont pas exploités, parce que les couches sont trop minces pour payer les frais : il reste donc un massif de houille de 30 pieds d'épaisseur, qui, en lui supposant une étendue de 180 milles carrés, donne une quantité de houille évaluée à peu près à 5,575,680,000 yards cubiques (4,258,485,000 mètres cubes), 180 milles carrés, correspondant à 557,568,000 yards carrés (environ 466 kilomètres carrés).

On peut, sans exagération, évaluer à 3,700,000 tonnes, ou à peu près à 3,700,000 yards cubiques (2,800,000 mètres cubes), la quantité de houille dont les travaux d'exploitation appauvrissent chaque année les mines de Newcastle.

D'après les bases précédentes, le docteur Thomson calcule que les houillères de Newcastle, supposées intactes, ne seraient épuisées par la continuation des travaux actuels, poussés avec la même activité qu'aujourd'hui, que dans l'espace de 1,500 ans. Il faut observer que dans ce calcul on ne tient pas compte de ce que toutes les couches de houille ne se prolongent pas dans toute l'étendue du bassin houiller, sans interruption ni rétrécissement, et de ce que, dès à présent, beaucoup de houille a été exploitée ou rendue inexploitable. Si l'on pouvait tenir compte rigoureusement de ces deux élémens, on serait peut-être conduit à réduire d'un tiers ou de la moitié l'évaluation de la durée probable de l'exploitation.

M. Hugh Taylor, ingénieur des mines du duc de Northumberland, est arrivé devant le comité chargé de l'enquête sur les houilles, en 1829, à peu près au même résultat, mais en partant de bases toutes différentes.

Il a supposé que l'étendue totale du bassin

houiller de Newcastle et Durham était de 732 milles carrés, et n'a porté qu'à 12 pieds seulement l'épaisseur moyenne des couches exploitables; chaque mille carré fournissant, par les méthodes actuelles d'exploitation, 12,390,000 tonnes; le produit total serait de 9,069,480,000 tonnes; soustrayant un tiers pour la perte en menu charbon, il resterait 6,046,320,000 tonnes; d'où l'on concluerait que le bassin de Northumberland et celui de Durham pourront fournir 350,000 tonnes annuellement pendant 1737 ans, ou 3,700,000 tonnes pendant 1634 ans.

Ces évaluations ont été, il est vrai, contredites par MM. Sedgwick et Buckland, professeurs de Géologie aux Universités de Cambridge et d'Oxford. Le premier pense que la surface exploitable dans les bassins de Durham et Northumberland, n'excède pas 435 milles carrés, et que l'épaisseur moyenne de toutes les couches ne peut pas être portée au-delà de 12 pieds; en sorte qu'une extraction aussi active que celle qui a lieu maintenant, amenerait l'épuisement des mines dans l'espace de 350 à 400 ans.

L'opinion de M. Buckland est pareillement en contradiction avec celles de MM. Thomson et Taylor (1).

Le bassin houiller de Dudley, ou du sud du — Bassin de Dudley; étendue.

(1) Voyez *Voyage industriel en Angleterre pendant l'année* 1833, par M. Alphonse Peyret.

Stafforshire, s'étend sur une longueur de 20 milles, depuis les environs de Stourbridge, au sud-ouest, jusqu'à Beverton, près de Badgeley, au nord-est. Sa plus grande largeur, près de Dudley, est de 4 milles, et sa surface peut être évaluée à 60 milles carrés (155 kilomètres carrés). On peut le diviser en deux parties; celle au nord, depuis Cannock-Chase jusqu'à Darlaston et Bilston, renferme plusieurs couches de houille, de 4,6 et même 8 pieds d'épaisseur. La partie sud, s'étendant des lieux que nous venons de nommer jusqu'à Stourbridge, a 7 à 8 milles de long et 4 en largeur. C'est dans cet espace si limité qu'existe le plus grand nombre des exploitations de houille; c'est également lui qui fournit principalement la prodigieuse quantité de minerai de fer qui alimente tous les hauts-fourneaux des environs, qui étaient au nombre de plus de soixante-douze à l'époque où nous visitâmes cette contrée. Ce nombre s'est encore accru.

Roches inférieures au terrain houiller.

Ce district houiller est traversé du nord-ouest au sud-est par une ligne de collines qui présente une dépression dans laquelle est bâtie la ville de Dudley. Les collines au nord de la ville sont d'une composition différente de celles au sud, quoique ayant la même direction. La partie au nord est composée de trois collines oblongues isolées, formées de calcaire contenant des trilobites, des ortocératites, et beaucoup d'autres fossiles. Ce calcaire, appelé *de transition* par les géologues anglais, nous paraît devoir être regardé comme la partie moyenne des terrains qu'on nomme, sur le continent, *terrain de transition*, le *calcaire de montagne*, appelé aussi *calcaire carbonifère*, et le vieux grès rouge, étant pour nous l'étage supérieur des terrains de transition.

Les couches du terrain houiller s'appuient sur les flancs de ces collines, et présentent d'abord une inclinaison considérable, qui diminue à mesure qu'on s'éloigne du terrain de transition. L'autre partie de la chaîne, au sud de Dudley, est composée de roches de trapp, dont les relations avec le terrain houiller n'ont pas encore été déterminées d'une manière satisfaisante. Les couches du terrain houiller conservent leur niveau en s'approchant de cette partie de la chaîne, sans se relever vers elle comme autour des collines calcaires.

A l'ouest, près de Wolverhampton, et au sud de Stourbridge, les couches du terrain houiller paraissent plonger sous celles du *grès bigarré* (*new-red sandstone* des Anglais). A la limite orientale de ce bassin, près de Walsall, le même calcaire que celui de Dudley sort de dessous le terrain houiller, ce dernier s'appuyant sur ses flancs.

Nombre des couches de houille et nature de la houillère.

Il existe onze couches de houille dans ce bassin : cinq au-dessus et cinq au-dessous de la couche de houille principale, la seule exploitée aux environs de Dudley. Cette dernière a 9 mètres de puissance (10 yards); elle est appelée *main-coal* ou *ten-yards-coal*. Aucune des couches supérieures n'est susceptible d'être exploitée; les couches inférieures ont une épaisseur considérable, et elles approvisionnent le pays situé au nord de Bilston et vers Cannock-Chase. La couche de houille principale, *main-coal*, est composée de treize petits lits, dont quelques-uns sont contigus et ne se distinguent que par leur qualité, et dont les autres sont séparés par des couches minces d'argile schisteuse, appelées *partings*. Ces différens lits de houille ne sont pas tous d'une qualité également bonne. Il existe environ 5 mètres en tout qui fournissent le charbon de première qualité, réservé aux usages domestiques; la houille produite par l'autre partie de la couche est consommée dans les usines à fer. La houille est de la variété désignée sous le nom de *houille schisteuse*. Elle ne colle pas; elle brûle plus rapidement que celle de Newcastle, et laisse des cendres blanches après la combustion.

Outre la variété schisteuse, on trouve aussi de la houille compacte, que les Anglais désignent sous le nom de *cannel-coal*; elle est exploitée dans le parc du marquis d'Anglesea, appelé *Beaudesert*. On sait que la cassure de ce charbon est conchoïde; qu'il ne tache pas les doigts et qu'il n'est pas schisteux. Ce canton ne fournit qu'une petite quantité de cette variété; mais elle existe en très grande abondance aux environs de Wigan (Lancashire), où elle est exploitée dans plusieurs mines. Elle y est, comme à Dudley, à Newcastle et aux environs de Glasgow, intercalée dans un véritable terrain houiller.

Les couches du bassin houiller de Dudley ont une grande régularité. Un canal ouvert, il y a quelques années, par lord Dudley, pour le service de ses carrières de pierre à chaux, a fait connaître les couches inférieures du terrain houiller, depuis celles qui touchent le calcaire de transition, jusqu'à la couche dite *main-coal;* et comme les couches supérieures sont traversées par les nombreuses exploitations qui existent dans ce district, il s'ensuit que toutes les couches de ce terrain sont connues. Nous allons donner deux coupes de ce terrain, prises à deux extrémités, qui feront voir cette régularité et la disposition des couches de minerai de fer, relativement à la houille. Nous commencerons par les couches inférieures, pour que les deux coupes soient plus faciles à comparer.

Coupe à Tividale, près de Dudley.

	yards.	p. angl.	po. angl.
1. Argile schisteuse.	30	»	»
2. Calcaire.	10	»	»
3. Argile schisteuse.	76	»	»
4. Houille, 1re couche.	0	2	»
5. Argile schisteuse.	40	»	»
6. Houille, 2e couche.	5	»	»
7. Argile schisteuse.	2	2	»
8. Houille, 3e couche (bonne qualité).	3	1	»
9. Grès grossier.	2	»	»

	yards.	p. angl.	po. angl.
10. Houille, 4e couche (bonne qualité)..	3	»	»
11 et 12. Argile schisteuse...........	11	»	»
13. Houille, 5e couche, appelée HEATHING-COAL....................	2	»	»
14. Argile schisteuse mélangée de *minerai de fer*....................	7	»	»
15. Houille, 6e couche. C'est celle qui est exploitée. Elle est désignée par le nom de MAIN-COAL............	10	1	6
16 et 17. Argile schisteuse et bitumineuse.	»	3	4
18. Houille, 7e couche, appelée *chance-coal*........................	»	»	10
19, 20, 21 et 22. Argile schisteuse...	5	7	5
23. Houille, 8e couche. *Chance-coal*..	»	»	9
24. Argile schisteuse................	»	»	10
25, 26, 27 et 28. Grès houiller........	8	4	»
29. Argile schisteuse avec *minerai de fer*, couche exploitée...........	4	2	»
30. Grès........................	5	2	»
31. Argile schisteuse avec minerai de fer, couche très peu riche......	»	2	9
32. Argile schisteuse.	8	2	»
33. Argile schisteuse avec *minerai de fer*, couche exploitée...........	2	1	»
34. Houille, 9e couche.	»	1	3
35. Argile schisteuse.	2	1	»
36. Houille, 10 couche, appelée *broach-coal*.	1	»	»
37. Argile schisteuse................	»	1	»
38, 39, 40 et 41. Grès..............	2	5	3

42 et 43. Argile schisteuse à pâte très fine, appelée *fire-clay :* c'est elle qui fournit l'argile réfractaire em-

	yards.	p. angl.	po. angl.
ployée pour la construction des briques des hauts-fourneaux. ...	5	1	»
44. Houille, 11e couche.............	»	1	6
45, 46 et 47. Argile schisteuse contenant quelques rognons de *fer carbonaté*.	6	4	11
48. Grès.	2	2	»
49. Argile mélangée de charbon......	»	»	3
50. Grès houiller..................	»	1	»
51, 52 et 53. Argile schisteuse.......	10	5	2
54. Grès houiller.	1	1	»
55, 56, 57, 58 et 59. Argile schisteuse contenant quelques rognons de fer carbonaté dans sa partie supérieure.	18	7	1
60. Grès.	1	2	»
61, 62 et 63. Argile schisteuse........	3	3	»
64. Argile rouge employée pour la fabrication des briques..........	1	2	6
65. Terre végétale..................	»	1	»
Épaisseur totale, correspondant à 287 mètres...........	313	1	3

D'après cette coupe, empruntée à un mémoire de M. le docteur Thomson, publié dans le 8e volume des *Annales de Philosophie*, on voit que le nombre des couches qui composent ce bassin houiller est de soixante-cinq, dont la puissance totale est de 287 mètres (313 yards); qu'il y a onze couches de houille, et que le carbonate de fer se trouve dans plusieurs couches, mais dans deux seulement en quantité considérable. Il y est disséminé en rognons très allongés, et quelquefois en plaques au milieu de l'argile schisteuse. Souvent ces rognons forment continuité, comme une espèce de couche. La couche nº 14 de schiste argileux présente plusieurs bandes de ce minerai.

Coupe des couches observées dans la mine de Bradley, près de Bilston.

	yards.	p. angl.	po. angl.
1. Houille. La 5ᵉ couche de la coupe précédente, désignée sous le nom de *heathing-coal*.	2	»	»
2 et 3. Argile schisteuse et schiste argileux.	3	3	»
4. Houille.	»	»	6
5. Argile schisteuse.	»	1	»
6. Minerai de *fer carbonaté* mêlé d'argile.	1	»	»
7, 8 et 9. Différentes variétés d'argile schisteuse.	»	4	»
10. Houille. Couche principale, désignée sous le nom de *main-coal*.	8	8	1
11. Argile schisteuse.	»	2	6
12. Minerai de *fer carbonaté*.	»	»	8
13 et 14. Argile schisteuse.	2	3	»
15. Houille.	1	2	»
16, 17 et 18. Argile schisteuse.	7	2	»
19. Grès.	»	1	»
20. Argile schisteuse.	»	1	6
21 et 22. Grès.	1	2	»
23. Argile schisteuse.	6	»	»
24. Grès.	1	»	»
25. Argile schisteuse.	8	»	»

	yards.	p. angl.	p. angl.
26. Grès rougeâtre.	10	»	»
27. Terre végétale.	»	2	»
Puissance totale, correspondante à 54 mètres	58	2	5

L'examen de cette coupe montre que les couches se sont relevées de ce côté et que les couches supérieures ont disparu, puisque la couche principale de ce bassin, désignée sous le nom de *main-coal*, se trouve seulement à 45 yards de profondeur; tandis qu'on ne la rencontre qu'à 121 yards aux environs de Dudley.

Portion et nature du minerai de fer.

Le minerai de fer existe dans deux couches, l'une au-dessus, l'autre au-dessous de la couche de houille, dite *main-coal*.

Ce minerai de fer, qui est le fer carbonaté des houillères, est mélangé d'une plus ou moins grande quantité d'argile, ou, pour mieux dire, il semblerait que ce serait plutôt de l'argile solidifiée par une filtration ferrugineuse. D'après cette supposition, on conçoit en effet que l'argile soit plus ou moins chargée de fer, et qu'il y ait par conséquent plusieurs qualités de minerai de fer. On en distingue cinq; les deux plus estimées sont appelées *guddin* et *blue flatt*. La première est la plus riche; sa teneur est de 36 à 40 p. 100 (non grillée); elle forme des rognons moins allongés que la seconde. Sa couleur est foncée; elle présente au centre des fentes analogues à celles d'un *ludus*, qui sont tapissées de chaux carbonatée lamelleuse. Les différentes variétés sont classées par leur richesse, qui varie de 20 à 40 p. 100. Nous n'avons pas observé près de Dudley la variété de minerai assez commune à Saint-Étienne et aux environs de Sarrebruck, consistant en un grès à grains fins, imprégné de fer carbonaté, qui se décompose par couches concentriques. Le véritable minerai de fer des houillères, lorsqu'il est exposé à l'air pendant long-temps, présente bien une apparence de décomposition; mais ce sont seulement les masses qui l'enveloppaient qui se désagrègent et se détachent du minerai. On a même soin de faciliter ce triage naturel, en exposant le minerai pendant plusieurs mois à l'action de l'air.

Fossiles dans le minerai.

Le minerai contient en grande quantité les empreintes végétales propres au terrain houiller; on y trouve aussi assez fréquemment des moules de coquilles, très imparfaits à la vérité, qui paraissent appartenir au genre *unio*; ce qui tendrait à faire penser que le dépôt des houilles s'est fait au milieu de lacs d'eau douce.

Fossiles dans le schiste.

Les schistes qui accompagnent la houille présentent souvent, dans ce bassin, un accident assez singulier, qui paraît dû à une compression perpendiculaire aux couches; ils affectent la forme de petits cônes qui rentrent les uns dans les autres, et qui sont sillonnés sur leurs surfaces par des lignes ondulées. Ces cônes, désignés sous le nom de *cone in-cone-coral*, s'observent dans plusieurs mines; quelquefois même la houille les présente. Ce qui nous a fait naître l'idée d'une compression verticale, c'est que nous avons vu des échantillons de cette nature venant de Richmond en Virginie (États-Unis), qui étaient accompagnés de tiges d'une plante (désignée par M. Adolphe Brongniart sous le nom de *stylodendron loshii*) dont les différens anneaux étaient rentrés les uns dans les autres, et présentaient en outre, au milieu de leur longueur, un renflement analogue à celui qui aurait lieu si l'on comprimait les deux extrémités.

Les puits qui servent à l'extraction du charbon, près de Dudley, sont disséminés près des usines : leur nombre est considérable; ils sont desservis par des machines à vapeur, dont le nombre s'élève, dans le bassin circonscrit, à plus de deux mille. Leur force surpasse la puissance de trente mille chevaux. Nombre de puits.

Les chemins de fer qui se croisent dans tous les sens font communiquer les mines et les usines, tandis que des canaux qui arrivent jusqu'aux usines et se réunissent au grand canal du Staffordshire, donnent la facilité d'écouler les produits sur tous les points de l'Angleterre. Voies de communication.

Ces voies de communication sont tellement multipliées, que l'énumération en serait fastidieuse. D'ailleurs, établies généralement sur un terrain peu accidenté, elles ont moins d'importance, considérées sous le point de vue de leur construction, que celles du bassin de Newcastle, et même que celles du bassin de Glasgow.

Avantages naturels du bassin.

Nous ferons remarquer, en terminant cet aperçu sur le bassin houiller de Dudley, combien ce canton est favorisé par la nature. On y a trouvé réunis la houille, le minerai de fer, la pierre à chaux, nécessaire comme fondant, et même une argile réfractaire propre à la construction des briques de l'intérieur des fourneaux. Cette argile, exploitée à *Stourbridge*, est exportée dans une grande partie de l'Angleterre. C'est avec elle que l'on fabrique les creusets pour la fonte de l'acier, à Sheffield, et les creusets de verrerie dans plusieurs comtés.

Bassin du pays de Galles; son importance.

Le terrain houiller du pays de Galles n'est pas moins important que celui du Stafforshire; il fournit à lui seul les matériaux nécessaires à la fabrication d'une quantité de fer qui constitue plus du tiers de la production totale de la Grande-Bretagne et tout le charbon consommé dans les usines à cuivre et à étain où l'on fond les minerais de Cornouailles. Les machines puissantes employées au service des mines de ce comté, ne brûlent également que du charbon du pays de Galles. Il mérite, par conséquent, une étude sérieuse de notre part. Nous nous sommes entourés de tous les documens que nous avons pu réunir pour le décrire avec détail. Nous avons trouvé les plus précieux et les plus étendus dans un excellent mémoire que M. Forster, ingénieur des mines anglais, a inséré dans les

Transactions of the natural history society of Northumberland.

Étendue.

Le terrain du pays de Galles forme un bassin indépendant. Il s'étend de Pontypool, à l'est, jusqu'à la baie de Saint-Brides, à l'ouest. Le calcaire dit métallifère ou carbonifère, analogue au calcaire bleu de Belgique, sort de dessous la houille et l'environne de tous les côtés, excepté dans les points où la continuité est interrompue par les baies de Swansea et de Caermarthen et dans quelques parties du Pembrokeshire, où le terrain houiller repose immédiatement sur le vieux grès rouge.

On compare sa forme à celle d'une poire à poudre avec un long col. Ce col, dont la largeur est à son extrémité sur les bords de la baie de Saint-Brides, de $2\frac{1}{2}$ milles seulement, s'étend vers l'est en s'élargissant de telle façon qu'entre Pendine et Tenby, points où il est coupé au nord et au sud par la baie de Caermarthen, la distance est de 6 milles; de l'autre côté de la baie, le terrain reparaît avec une largeur de 10 milles d'abord, puis de 15 milles lorsqu'on s'avance encore de 10 milles vers l'est. La formation houillère se montre encore sur le promontoire de Gower, puis disparaît de nouveau dans la baie de Swansea; à Margam sur la côte orientale de la baie, on la retrouve sur une étendue de 20 milles mesurée du nord au sud. C'est là qu'elle atteint sa plus grande largeur. Elle se rétrécit ensuite lorsqu'on marche vers Pontypool, où elle se termine en cirque.

La longueur totale de ce terrain est 93 milles.

Surface exploitable.

Sa surface, non compris la partie occupée par les baies de Caermarthen et Swansea, c'est-à-dire sa surface exploitable, est de 935 milles carrés, sur lesquels 569 dans le Glamorganshire; et comme en suivant le mode d'exploitation usité, chaque mille carré produit 6,400,000 tonnes, on voit que la richesse de ce bassin est immense.

Inclinaison des couches.

La pl. III représente une coupe prise du nord au sud dans la partie du bassin comprise entre les baies de Caermarthen et de Swansea au point où la largeur est de 15 milles. On remarquera que sur environ trois cinquièmes de la largeur du terrain les couches plongent au sud, et qu'elles plongent au nord sur les deux autres cinquièmes seulement. L'inclinaison varie de 5 à 46°, et est moins grande dans la partie septentrionale que dans la partie méridionale du bassin. Dans la partie orientale, qui est la plus large, elle est également moins forte que dans la partie occidentale, et un grand nombre de dykes dirigés, du nord au sud, rejettent les couches du haut en bas vers l'est. Aussi arrive-t-il que dans le Pembrokeshire, l'épaisseur des couches reposant sur le calcaire n'est que de 100 fathoms, tandis que dans le comté de Caermarthen, elle atteint presque 1,000 fathoms.

Hauteur de plusieurs points sur la lisière du terrain.

Les couches du vieux grès rouge sur lequel repose le calcaire noir s'élèvent en un point à la hauteur de 2862 pieds pour former la montagne appelée *the Beacons of Brecon*. Le terrain houiller lui-même sur la lisière septentrionale atteint aussi une hauteur considérable. Mynyd-Mawr, dans le *comté de Caermarthen*, est à une hauteur de 1,000 pieds, et *Craig-ar-Avon*, près de *Merthyr*, à 1859 pieds. La lisière méridionale est généralement moins élevée. Cependant, Margam, à l'est de la baie de Swansea, est à la hauteur de 1100 pieds.

Vallées du nord au sud.

Le terrain houiller du pays de Galles est coupé du nord au sud par de profondes vallées ; circonstance qui jointe à la grande élévation de la crête d'une partie des couches permet le percement de galeries à travers bancs pour l'assèchement et l'exploitation des couches de houille.

Ces vallées sont au nombre de douze : celles que parcourent les rivières Cliddy et Saint-Laurent qui partant du port de *Milford* traversent entièrement le Pembrokeshire ; la vallée de la rivière de Towey qui se jette dans la baie de Caermarthen et divise dans toute la largeur du sud au nord le comté de Caermarthen en deux parties égales; enfin celles des rivières Lwchor, Twrch, Neath, Avon, Ogmore de la Taafe, de Romney de Elwy et Sirhowy, qui coulent dans les comtés de Brecknock, Glamorgan et Monmouth. La plupart de ces rivières ont leurs sources au-delà ou dans le voisinage de la lisière septentrionale du bassin.

De ces cours d'eau les cinq premiers sont navigables jusqu'aux limites du terrain carbonifère. Les rivières Twrch, Neath et Taafe sont accompagnées de canaux latéraux, unis par de nombreux chemins de fer aux principales mines, et les rivières Elwy et Sirhowy le sont en même temps de canaux et de chemins de fer qui vont aboutir près de Newport, à l'embouchure de la rivière Uske, ou à un grand canal latéral à cette rivière sur la lisière orientale du bassin houiller.

La vallée de Taafe est la plus importante de celles que nous venons de passer en revue. Merthyr Tydvill, petite ville autour de laquelle se trouvent agglomérées les usines les plus importantes du pays de Galles, est située à son extrémité septentrionale; Cardiff, le principal port d'embarquement pour les fers du pays de Galles, à 25 milles seulement de Merthyr.

Les grandes tranchées que forment dans le terrain houiller les vallées transversales ne sont pas les seules; des vallées secondaires, dont la direction se confond avec celles des couches, se présentent comme autant de tranchées longitudinales.

A toutes ces circonstances naturelles si favorables pour l'exploitation des riches couches de charbon et de minerai de fer du pays de Galles, aux canaux, aux chemins de fer établis depuis longtemps et dont le capital est amorti, que l'on joigne la bonne qualité, la variété du charbon, la richesse des minerais et la multiplicité des chutes d'eau employées pour mettre en mouvement de nombreuses roues hydrauliques, et l'on aura une idée des ressources que possède cette province anglaise pour livrer le fer à meilleur marché que toute autre localité.

Après avoir jeté un coup d'œil sur l'ensemble de l'importante formation houillère du pays de Galles, nous allons donner quelques détails sur les assises qui la composent.

Détails sur les différentes assises qui composent le terrain du pays de Galles.

L'extrémité septentrionale de la coupe, fig. 1, 2 et 3, Pl. III, présente la crête des couches calcaires sur Mynyd Mawr (en gallois, la grande montagne), dans le comté de Caermarthen, à une distance d'environ 2 milles, à l'ouest du village de Llandibie, à moitié distance environ des extrémités orientale et occidentale du bassin. La coupe passe ensuite à Plas-Llanedi, à environ 3 $\frac{1}{2}$ milles au-dessus du pont de Pont-ar-Dulais, sur lequel la route de Milford traverse la rivière.

Formation du vieux grès rouge.

La formation du vieux grès rouge, placée sous le calcaire, est d'une très grande épaisseur; les bancs inférieurs passent à la grauwacke schisteuse, à environ 2 milles au nord, et ils s'abaissent rapidement dans cette direction au-dessous des cimes plus élevées que forment le calcaire et le millstone grit.

Calcaire carbonifère.

Le calcaire carbonifère se montre en couche de 2 à 7 pieds d'épaisseur entre lesquelles sont accidentellement interposées de minces assises de schistes; son épaisseur moyenne est de 120 fathoms. Les couches sont inclinées sous un angle de 29 degrés; il est généralement compacte et bleu. Toutefois, les bancs inférieurs passent au marbre noir rempli d'encrines et sont exploités en différens points des affleuremens. On n'y a jamais trouvé de minerai de plomb.

Millstone grit.

Le millstone grit forme une série de collines stériles composées de couches alternantes de grès et conglomérat. Les premières renferment quelquefois des débris organiques; son épaisseur totale est de 85 fathoms. Les mineurs gallois l'appellent ordinairement le roc d'adieu (*the farewell rock*), parce que lorsqu'ils l'atteignent, ils disent *adieu* à la houille et au minerai, qui ne se trouvent que dans les couches dont il est recouvert.

Couches abondantes de minerai de fer immédiatement au-dessus du milstone grit.

Immédiatement au-dessus du millstone grit repose une série épaisse de couches de schiste alternant avec des assises minces de grès dur. La première couche visible de charbon qui se trouve dans le schiste n'a que 2 pouces d'épaisseur. Quelques toises au-dessus viennent de quatorze à seize couches de minerai de fer, dont neuf sont visibles à la surface. Ces couches se prolongeant vers l'est, alimentent les principales usines du pays de Galles; à Cillia, à quelques milles à l'est de la coupe, la rivière Twrch les a mises à nu.

Le minerai se trouve dans le schiste quelquefois en plaques assez longues, contiguës les unes aux autres, de manière à donner l'idée de couches. Le plus souvent il est en rognons plus ou moins abondans. Ces rognons sont quelquefois tellement nombreux qu'on peut dire qu'ils forment des couches. Outre le minerai de fer que l'on exploite dans la portion que nous venons d'indiquer au-dessous des principales couches de houille, on en trouve aussi qui alterne avec ces couches, mais il est alors en moins grande abondance que dans les assises inférieures. Nous l'avons vu dans l'une et l'autre position. On en distingue huit variétés qui appartiennent à des couches différentes. On les nomme, *black balls*, *black pinns*, *six inch wide vein*, *six inch jack*, *blue vein*, *blue pinns*, *grey pinns*, *seven pinns*. Celui qui forme la première qualité est analogue au minerai noir du Staffordshire, appelé *gubbin*; il est souvent fendillé à l'intérieur, comme les septaria, et les cavités sont tapissées de chaux carbonatée, et quelquefois de cristaux de quarz. Dans les couches supérieures, il existe des minerais qui présentent la décomposition en couches concentriques, et dans lesquels le centre est argileux. Ces variétés sont analogues à celles que nous avons désignées sous le nom de grès ferrifère, et qui nous paraissent devoir être essentiellement distinguées du véritable fer carbonaté des houillères en rognons. La richesse du dernier est beaucoup plus constante que celle du premier. Minerai alternant avec les couches de houille.

Il existe quelquefois des cristaux de titane oxidé au milieu de ces rognons de fer carbonaté : c'est à leur présence qu'est dû le titane métallique que l'on trouve souvent dans les cavités qui existent dans le creuset des hauts-fourneaux. Titane oxidé dans le minerai de fer.

Comme à Dudley, on trouve dans le fer carbonaté du pays de Galles des moules de coquilles qui Coquilles.

paraissent appartenir au genre unio. Les schistes et la houille présentent aussi cette structure appelée *cone in cone coral*, que nous avons attribuée à une compression verticale.

Richesse moyenne des minerais.

La richesse moyenne des minerais de fer du pays de Galles est un peu plus élevée que celle des minerais du Staffordshire. On évalue la première à trente-trois, tandis que la seconde n'est guère que de trente sur cent parties du minerai cru.

Couches de charbon sec dans les assises inférieures de la formation.

Aux seize couches de minerai de fer intercalées dans les bancs inférieurs de schiste, succèdent immédiatement dix couches de charbon ou même treize, si l'on veut considérer les bancs d'argile interposés dans les couches 8, 9 et 10 comme les subdivisant; leur épaisseur varie de 1 pied 3 pouces à 9 pieds. Le charbon qu'on en retire appartient exclusivement à la variété des charbons secs ou anthracites (*stone-coal*). Sa dureté et la quantité de soufre qu'il renferme varie considérablement dans les différentes couches. Il se charge d'une certaine quantité de bitume dans la partie sud-est du bassin, où il est exploité pour le service des usines à fer. A l'ouest au contraire il ne change de nature qu'en un seul point, à Trimsarren, où il devient aussi un peu plus bitumineux.

Les couches inclinant vers le sud-ouest, au nord du mur de roches qui se montre à Cwm-Nant-y-Tarw, inclinent vers le sud de l'autre côté de ce barrage naturel et à l'est de la couche, dans un ruisseau, on peut observer les crêtes de sept ou huit couches de minerais de fer.

Les autres couches de charbon que nous montre la première partie de la coupe se composent encore de charbon sec, et bien qu'elles se trouvent entre des bancs d'argile schisteuse et alternant avec des bancs de minerai de fer, elles sont séparées des couches indiquées précédemment par des bancs épais de grès.

L'épaisseur totale des couches de charbon exploitables que nous venons d'énumérer est de 60 pieds. Celle des couches de minerai de fer située sous les couches de charbon n'est que de 4 pieds 3 pouces; supposant que la puissance totale des couches alternant avec le charbon et de celles qui se montrent au jour à Cwm-Nant-y-Tarw soient de 40 pouces, celle des couches appartenant à la première partie de la coupe sera de 7 $\frac{1}{2}$ pieds.

Les premières couches de charbon que nous remarquons dans la seconde partie de la coupe après une série de couches de grès et qui sont désignées sous le nom de couches de *Trosserch* et de *Clyngvernon* ne fournissent qu'un charbon tendre, flambant; viennent ensuite les couches de Penprys dont le charbon est flambant et celle de Gelle-Gille, dont le charbon est bitumineux.

On ne voit pas la couche de Gelle-Gille dans la figure, parce que la crête ne se montre qu'à l'ouest du plan de la coupe.

Cette couche est la seule composée de charbon

BIBLIOTHEQUE ...

bitumineux qui plonge au sud dans cette partie du terrain houiller. Ce charbon est d'une pureté admirable, sans mélange de pyrite; elle est activement exploitée, ainsi que celle de Pemprys, dont on envoie le charbon à Londres, sous le nom de charbon de Llangenech.

Jusqu'au point *c* de la figure la trace du plan de la coupe sur celui des couches suit la ligne de plus grande pente, mais au-delà, la direction changeant tout à coup et devenant nord 60° ouest tandis qu'elle était auparavant sud 20° ouest, cette trace suit la direction des couches jusqu'au fond de la selle *d*. En ce point, la direction est à peu près nord 66° ouest, par conséquent parallèle à la ligne de plus grande pente du côté du nord, en sorte qu'au sud la ligne d'inclinaison est sud 30° ouest.

On peut se rendre compte de cette variation en supposant que les couches ont été brisées au milieu de la selle et ont glissé de bas en haut du côté méridional. La coupe, fig. 4, prise à Poncoed, à $\frac{1}{2}$ mille environ du point où passe la grande coupe fig. 1, 2, et 3, appuie cette hypothèse.

Les couches *c* au nord du fond de selle *b* plongent vers le sud-ouest d'environ 12 pouces par fathom et les couches *a* au sud plongent vers le nord d'environ 25 pouces. Le rocher au milieu de la selle sur une étendue de plusieurs yards est parfaitement vertical et se compose de débris du terrain de grès dur environnant.

Cette variation dans la direction de la ligne de

plus grande pente, du moins vers l'ouest, n'a affecté les couches minérales que sur un petit espace de terrain; car elle n'a plus lieu à Llanelly à 2 ½ milles environ à l'ouest du plan de la grande coupe, point où des puits de recherche ont été percés pour étudier le fond du bassin.

Ainsi le nombre des couches plongeant vers le sud dans cette seconde partie de la coupe, est de six, y compris celle de Gelle-Gille. Admettant que la puissance des couches de Trosserch et de deux autres que l'on ne voit pas dans la coupe, mais que l'on suppose exister au nord de celle de Trosserch, soit de 10 pieds, la puissance totale de ces huit couches serait de 25 pieds, le nombre de toutes les couches du bassin plongeant vers le sud 27, et leur épaisseur de 85 pieds.

Au-delà du fond du bassin, la trace du plan vertical de la coupe sur celui des couches suit la ligne de plus grande pente, jusqu'à la rivière Lwchor. La première couche plongeant au nord, appelée *Fiery vein*, a 7 pieds d'épaisseur, et est éloignée de 40 à 50 fathoms d'une couche de 8 pieds, appelée *golden vein*. Plus loin viennent les deux couches de Carnawon. On a cessé l'exploitation des quatre couches précédentes depuis plusieurs années; elles fournissaient cependant un excellent charbon collant dans lequel la quantité de bitume paraît avoir été plus grande encore que dans le charbon de la couche de Gelle-Gille.

La coupe traverse la rivière suivant une direction inclinée de 50° sur celle de la ligne de plus grande pente des couches, déviation qui était nécessaire pour qu'elle atteignît la rive opposée en un point en arrière des affleuremens des six couches indiquées au-delà de ce point. Ces affleuremens sont cachés sous le sable qui composent le lit de la rivière. Toutefois, on a pu étudier la position des couches au sud de la houillère de Llwchor, située à environ 1 mille à l'est. Les couches trouvées dans cette houillère montent d'environ 10 pouces par fathom sur une longueur d'environ un demi-mille jusqu'à ce qu'elles atteignent le sommet sur lequel a été bâti la ville de Lwchor. La direction de la ligne d'inclinaison change alors vers le sud jusqu'à ce que les couches disparaissent sous un marais dont notre coupe traverse la partie occidentale.

Admettant que ce contournement s'étende sous les sables à l'ouest et affecte également les couches dans la partie coupée, la distance véritable entre les couches de Carnawon et celles de Bancog serait beaucoup moins grande qu'on pourrait le supposer par leur éloignement sur la figure, si l'on ne savait qu'un dike les rejette au sud de haut en bas; circonstance indiquée par le contournement des couches, dont nous avons fait mention, par la grande inclinaison des couches de Bancog comparées à celles que l'on exploite dans les mines de Carnawon et Llwchor, et par l'absence, au nord du fond du bassin, de toute autre couche de charbon qui puisse correspondre aux six couches qui affleurent dans le marais.

Ces six couches fournissent du charbon collant. Les produits des premières, celles de Bancog et Fraith, sont de qualités inférieures; le charbon de la troisième, qui a 9 pieds d'épaisseur, est très pur et très bitumineux, mais tendre et friable. Celui de la quatrième couche, de Glo-Braisc, qui a $4\frac{1}{2}$ pieds d'épaisseur, est encore plus bitumineux et se rapproche davantage du charbon de Newcastle que toute autre variété de charbon dans le pays de Galles. Les deux dernières couches sont peu épaisses et ne donnent qu'un charbon médiocre. Le grès est rare dans cette partie du terrain houiller. Le schiste contient quelques couches et rognons de minerai de fer. Il est quelquefois coloré en rouge par le peroxide de ce métal.

La troisième partie de la coupe s'étend jusqu'aux affleuremens calcaires en un point situé à environ 1 mille et demi au nord-ouest du village d'Etton, dans le district de Gower; le plan vertical suit partout l'inclinaison des couches.

La première couche que l'on trouve est la couche appelée *rotten-seam* (la couche pourrie) qui n'est pas exploitée. Celle qui vient ensuite, la *sluice-pille seam*, donne un charbon bitumineux de qualité supérieure : les autres couches que l'on rencontre n'ont été que faiblement exploitées et près de l'affleurement, pour les usages domestiques. Tout le charbon qu'on en extrait est bitumineux, mais souvent tendre et peu brillant. Il contient très peu de soufre.

Les couches qui plongent au nord sont au nombre de 23, et leur épaisseur totale de 104 pieds, ce qui fait 19 pieds de plus que l'épaisseur des couches qui plongent vers le sud, et qui sont au nombre de 27. On explique cette différence par la grande inclinaison des couches plongeant vers le nord, inclinaison qui aura induit à confondre l'épaisseur prise sur la verticale avec l'épaisseur réelle.

On n'a pas observé au sud dans le voisinage de la coupe que nous venons de donner les affleuremens des couches de minerai de fer reconnus au nord. Il paraît cependant hors de doute que ces couches se prolongent dans cette partie méridionale du bassin, puisqu'on les a exploitées sur la côte occidentale opposée de la baie de Caermathen et qu'on peut les observer en un point nommé *Cefn Cribbwr*, près de Pile, à l'est de la baie de Swansea interposées entre les dernières couches de charbon et le *millstone grit*.

Couches de *millstone grit* et de calcaire, au sud de la formation.

On n'a pas mesuré l'épaisseur du *millstone grit* et du calcaire à la crête méridionale. Le calcaire est très compacte; les couches inférieures sont cristallines et contiennent beaucoup d'encrines. A l'est du promontoire de Gower, il change de couleur et est exploité comme marbre gris.

Dykes et failles.

La coupe ne nous présente qu'un très petit nombre de dykes ou de failles. Il ne faudrait pas croire pour cela que le terrain houiller du pays de Galles soit moins tourmenté qu'un autre : cela tient seulement à ce que la plupart des dykes qui le traversent courent du nord au sud, parallèlement à la direction de la coupe. Une coupe du terrain perpendiculaire à celle que nous avons donnée, en montrerait un très grand nombre sur une étendue de 15 milles. A environ 2 milles à l'est, à l'extrémité septentrionale de la coupe, commence à se montrer un dyke de plusieurs fathoms rejetant les couches du haut en bas vers l'est, qui traverse en même temps le terrain houiller proprement dit, le *millstone grit* et le calcaire carbonifère. Un dyke semblable se présente à Pontneath-Vaughan, et un troisième à ½ à l'ouest de Penllwyngwyn rejette les couches à 90 ou 100 fathoms plus bas. M. Townsen en cite un énorme, dont la puissance est de plusieurs toises et qui est remplie de fragmens de roches environnantes et brisées. Il occasione un changement de niveau de 240 pieds dans les différentes couches du terrain houiller. Nous ne parlerons pas de beaucoup d'autres qui occasionent des dérangemens moins sensibles dans la position des couches. Ces dykes sont ordinairement remplis d'argile.

Rétrécissemens et renflemens des couches.

Les couches de houille, dans le pays de Galles, sont aussi assez fréquemment sujettes à des rétrécissemens ou à des renflemens considérables, que les mineurs appellent *rolls*, et qui les contrarient singulièrement.

Présence du gaz hydrogène.

Le gaz hydrogène est beaucoup moins abondant dans les couches du pays de Galles que dans celles des comtés de Northumberland et de Durham, et ce qu'il y a de remarquable c'est qu'il se trouve en plus grande quantité dans les couches de charbon sec que dans celles de charbon bitumineux. Les quatre coupes suivantes prises, la première à l'extrémité occidentale du terrain houiller, la seconde au milieu, la troisième aux trois quarts de la longueur et au nord, et la quatrième à l'extrémité orientale, indiquent avec détails les couches qui le composent.

Coupes du terrain houiller du pays de Galles.

1re *coupe*. Aux houillères de Begelly, situées entre les lisières septentrionales et méridionales du terrain houiller, dans le Pembrokshire.

	pieds.	pouc.
1. Grès siliceux (variable suivant la position du puits).		
2. Charbon sec..	3	6
3. Argile schisteuse.	18	"
4. Grès siliceux.	3	6
5. Argile schisteuse avec rognons de minerai de fer en grande abondance.	6	"
6. Charbon sec, de 1p 6 à.	1	10
7. Argile schisteuse.	19	"
8. Grès siliceux.	3	"
9. Argile schisteuse.	4	"
10. *Idem*, avec abondance de minerai de fer en rognons.	15	"

	pieds.	pouc.
11. Charbon avec beaucoup de charbon de bois minéral.	6	»
12. Argile schisteuse.	3	»
13. Grès siliceux.	inconnu.	

2e *coupe*. Au centre du bassin, à une petite distance de la crête des couches de Burney et Fraith. (*Voy*. la coupe, fig. 1, 2 et 3, Pl. III.)

	fathoms.	pieds.	pouc.
Terre végétale et argile.	1	1	»
Argile et sable.	1	3	»
1. Grès argileux fissuré, tendre.	2	2	»
2. Argile consistante.	»	2	10
3. Argile et grès.	3	2	11
4. Argile schisteuse tenace.	2	5	»
5. Grès argileux de consistance variable.	1	»	»
6. Grès et schiste, grès et argile.	2	»	»
7. Grès argileux avec nodules d'un grès très dur (*cohin*).	1	3	»
8. Grès et argile.	3	»	9
9. Argile avec veine de charbon.	2	1	9
10. Charbon pourri.	»	»	$3\frac{1}{4}$
11. Argile bitumineuse mêlée de charbon.	»	1	$8\frac{1}{2}$
12. Argile endurcie avec veines de charbon.	1	5	»
13. Charbon pourri.	»	»	9
14. Argile endurcie.	»	5	3
15. Grès argileux.	1	»	»
16. Grès et argile.	2	»	6
17. Argile.	1	»	»
18. Argile bitumineuse avec veines de charbon épaisses de $\frac{1}{4}$ de pouce à 2 pouces.	1	»	6
19. Argile bitumineuse mêlée de charbon.	»	2	6

	fath.	pieds.	pouc.	fathoms.	pieds.	pouc.
20. Grès argileux tendre avec nodules de grès dur.				»	3	»
21. Grès argileux plus dur avec nodules de grès dur.				6	2	»
22. Grès tendre avec nodules de charbon.				»	5	4
23. Couche dite *great seam*, se subdivisant en assise supérieure.	1	5	4	2	2	4
Argile bitumineuse mêlée de charbon.	»	1	6			
Assise du mur.	»	1	6			
24. Argile tendre de couleur foncée, avec rognons de minerai de fer.				1	2	6
25. Argile bitumineuse tendre.				»	1	»
26. Argile tendre mêlée de grès et de rognons de minerai de fer.				»	2	»
27. Argile schisteuse avec rognons de minerai de fer.				12	4	»
28. Argile rouge avec nodules de grès.				5	»	6
29. Grès argileux.				3	3	6
30. Argile rouge avec nodules de grès.				6	2	6
31. Grès argileux.				2	2	»
32. Argile rouge avec argile grise ou noire.				2	2	4
33. Grès argileux consistant.				5	»	»
34. Grès et argile.				4	1	2
35. Grès très dur.				1	»	»
36. Argile dure.				1	2	10
37. Argile.				2	»	6
38. Grès argileux consistant.				3	»	»
39. Argile tendre.				»	»	10
40. Charbon pourri mêlé d'argile bitumineuse.				»	»	
41. Argile de couleur claire.				»	»	

	fathoms.	pieds.	pouc.
42. Charbon pourri mêlé d'argile bitumineuse.	»	1	8
43. Argile de couleur foncée.	1	1	4
44. Argile bitumineuse mêlée de charbon.	»	»	$9\frac{1}{4}$
45. Charbon pourri.	»	1	$6\frac{1}{4}$
46. Argile de couleur foncée.	1	1	4
47. Grès argileux.	1	2	10
48. Argile bitumineuse avec des veines de charbon de 3 à 8 pouces d'épaisseur.	1	2	4
49. Grès argileux consistant.	1	2	»
50. — — avec charbon mélangé et argile.	2	4	»
51. Grès argileux fissuré.	2	»	»
52. Argile bitumineuse tendre.			
53. Couche de Glo-Braise ou *Big-coal*.	»	4	6
54. Argile tendre.	1	»	»
55. Grès tendre.	1	»	»
56. Grès très consistant.	2	2	6
TOTAL.	109	1	$0\frac{1}{2}$

La couche dite *yard-coal* se trouve à 8 à 9 fathoms plus bas.

Les couches de charbon pourri (*foul coal*) n'ont pas été indiquées dans la coupe générale, Pl. III, parce qu'elles sont inexploitables.

Déjà nous avons fait connaître la qualité du charbon des couches exploitables.

Les assises indiquées dans cette coupe, toutes plus ou moins argileuses, reposent sur une masse épaisse de couches de grès interposées entre les couches du centre du bassin, et celles plus profondes des lisières. On sait que les dernières, ainsi que les minerais de fer, alternent avec le schiste argileux.

Voir enfin, une coupe du terrain houiller du pays de Galles, prise dans la partie orientale près de Verteg, dans le Monmouthshire.

	yards.	pieds.	pouc.
Terre végétale et grès siliceux.	4	»	»
1. Argile contenant quatre couches de minerai de fer, dont l'épaisseur totale est d'environ 7 pouces.	2	1	8
2. Houille.	»	1	»
3. Argile réfractaire.	1	1	»
4. Houille.	»	1	»
5. Grès.	4	»	»
6. Houille.	»	1	4
7. Grès siliceux.	8	»	»
8. Argile contenant plusieurs veines de minerai de fer (*black pinns*), dont l'épaisseur totale est d'environ 10 pouces.	6	1	»
9. Argile schisteuse (*clunch*) (1).	»	2	»
10. Argile réfractaire.	»	2	»
11. Grès.	3	1	3
12. Argile schisteuse (*clunch*).	»	»	8
13. Houille et argile schisteuse.	»	2	»
14. Argile schisteuse (*clunch*), contenant de petits rognons de minerai.	1	2	10
15. Grès tendre.	1	1	4
16. Grès dur.	12	1	1
17. Argile schisteuse (*clunch*).	3	1	»
18. Grès dur, contenant deux couches de minerai en rognons, dont l'épaisseur totale est d'environ 4 pouces.	3	1	6

(1) *Clunch* est une argile schisteuse qui, à l'air, se réduit en fragmens.

	yards.	pieds.	pouc.
Argile schisteuse (*clunch*).	3	»	»
Houille et argile chisteuse.	»	»	6
Houille (*red vein coal*)	1	»	6
Argile schisteuse.	1	»	6
Houille (*big vein coal*).	1	2	»
Argile schisteuse.	1	»	»
Houille.	»	1	»
Argile schisteuse	»	1	»
Houille (*three quarter coal*).	1	2	5
Argile schisteuse.	1	»	8
Grès dur.	1	»	»
Argile schisteuse (*clunch*), contenant des couches d'excellent minerai (*drogdig balls*), dont l'épaisseur totale est d'environ 6 pouces.	7	1	6½
Houille.	»	»	2
Argile schisteuse (*clunch*).	»	2	6
Houille et argile schisteuse.	»	»	1
Argile schisteuse	1	1	»
Argile schisteuse, mélangée de houille. . .	»	»	6
Argile réfractaire	1	»	»
Argile schisteuse, mélangée de houille. . .	3	»	9
Houille (*droydeg coal*).	1	»	2
Argile réfractaire.	»	1	4
Houille (*droydeg coal*).	»	1	6
Argile schisteuse, mélangée de houille. . .	»	2	»
Argile réfractaire.	2	»	»
Grès dur.	7	»	»
Houille (*yard vein coal*).	»	1	8
Argile schisteuse.	»	1	6
Houille (*yard vein bottom*).	»	2	6
Argile schisteuse.	1	»	»
Grès.	1	1	»
Grès et argile.	1	2	3

	yards.	pieds.	pouc.
Houille.	»	1	9
Argile réfractaire.	1	2	»
Argile contenant trois couches de minerai, dont l'épaisseur totale est d'environ 7 pouces.	3	1	8
Argile schisteuse.	»	2	»
Houille.	»	1	6
Argile schisteuse.	2	1	»
Argile réfractaire.	4	1	»
Argile schisteuse, mélangée de houille. . .	1	»	3
Houille (*meadow vein*).	2	1	6
Grès.	»	1	»
Argile réfractaire.	1	»	9
Houille.	»	1	4
Argile réfractaire.	2	2	»
Argile schisteuse.	»	2	3
Houille.	1	4	»
Argile schisteuse.	4	»	6
Houille (*coal*).	»	2	6
Grès.	»	»	6
Argile réfractaire.	»	1	9
Argile schisteuse.	»	2	»
Grès.	4	2	9
Houille.	»	»	6
Grès.	»	2	6
Argile réfractaire.	1	2	9
Houille.	»	1	3
Argile contenant plusieurs couches de minerai de fer, dont l'épaisseur égale 1 pied 7 pouces.	5	»	»
Houille sulfureuse.	»	»	6
Grès (*milstone-grit*).	75	»	»
Calcaire.	95	»	»

On compte en général, dans le pays, sur

1 quintal de minerai par yard superficiel de 1 pouce d'épaisseur.

La quantité de charbon, à l'ouest de Pontypool, du côté de Merthyr et Dowlais, devient un peu plus grande. Le minerai y est aussi plus abondant; mais la dureté du terrain et la profondeur à laquelle le minerai de bonne qualité se trouve, en rendent l'exploitation plus coûteuse.

Nature des charbons et usages.

Le charbon sec exploité dans la partie occidentale du pays de Galles, est dur, cassant et tenace; sa couleur est le noir grisâtre; son éclat semi-métallique; sa cassure demi conchoïde. Les couches présentent des fissures perpendiculaires à leur plan. On y aperçoit rarement des pyrites. Toutefois, comme il manifeste souvent la présence du soufre lorsqu'on le brûle, il y a lieu de croire qu'elles sont disséminées dans l'intérieur en fragmens imperceptibles à l'œil nu. Quelques couches cependant sont parfaitement pures.

Sa composition sera indiquée plus loin, dans un tableau où nous réunirons des analyses de différentes espèces de charbon du pays de Galles.

La difficulté qu'on éprouve à brûler le charbon anthracite, en rend l'usage limité. Toutefois, on en exporte une assez grande quantité pour sécher la drèche; et comme il ne produit pas de fumée, les brasseurs et distillateurs de Londres s'en servent en le mélangeant avec du charbon de Newcastle. On l'emploie aussi à l'état de mélange, pour le service des machines à vapeur.

Jusqu'à présent, on n'a pas réussi à le brûler avec avantage dans les hauts-fourneaux, isolément avec du coke. Nous ne connaissons même qu'une seule usine, près de Swansea, où on l'utilise en le mélangeant avec du coke.

Le charbon sec menu, qui porte le nom de *stone-coal-culm*, sert principalement à la cuisson de la chaux. On l'emploie encore pour les usages domestiques, en le pétrissant avec de l'argile.

Le charbon appelé dans le pays de Galles *free-burning-coal*, *coking* ou *iron making coal*, et aussi *glospagod* ou *branching coal*, comprend toutes les variétés placées entre le charbon anthracite et le charbon bitumineux. Il se réduit bien en coke lorsqu'il est en fragmens volumineux, mais non lorsqu'il est menu, comme le fait le charbon *collant*. Il a moins d'éclat et de dureté que le charbon anthracite. Sa cassure est d'aspect variable; elle présente, dans quelques échantillons, un grand nombre de petites facettes brillantes. Les couches sont traversées de fissures irrégulières, qui forment entre elles des angles variés. Il est souvent strié à sa surface, comme les charbons que l'on rencontre à Newcastle, dans le voisinage des dykes.

Ce charbon, lorsqu'on le convertit en coke, ne se gonfle pas de la même manière que le charbon collant; il se subdivise en prismes qui partent, sous forme de branches, d'une même base : c'est ce qui lui a fait donner le nom de *branching-coal*, dont l'équivalent gallois est *glospagod*. Quelques variétés, celles, par exemple, qui proviennent de la couche de Clyngvernon, fournissent un coke poreux aussi léger que le charbon de bois. D'autres, celles de la grande couche de Merthyr Tydvill, donnent au contraire un coke fort lourd. Le coke léger, lorsqu'il n'est pas sulfureux, est employé pour la fabrication de la tôle d'étamage ; le coke lourd est excellent pour les hauts-fourneaux.

Le charbon de la couche de Peuprys est de qualité supérieure pour les chaudières. M. Forster a constaté, par l'expérience, que 8 parties de ce charbon produisent autant de vapeur que 10 des meilleurs charbons anglais provenant d'autres localités.

Les charbons contiennent des quantités de soufre variables. Ils sont aussi plus ou moins sujets à se réduire en poussière. Ainsi, les couches de Clyngvernon et de Trosserch ne donnent que du menu, dont on ne peut faire usage que pour la cuisson de la chaux.

Ces charbons bitumineux ou collans du pays de Galles, sont généralement tendres et friables. Quelques variétés seulement, exploitées au sud-est du bassin, ont quelque dureté ; leur couleur est le noir brunâtre terne. Ils sont fort inférieurs, sous le rapport de leur contenu en bitume, aux charbons de Newcastle, et par conséquent beaucoup moins bons pour la forge. Ils ne donnent également que des cokes de qualité inférieure : ils possèdent toutefois un avantage sur le charbon bitumineux provenant d'autres localités, celui d'être quelquefois parfaitement privés de soufre. On les emploie souvent, en les mélangeant avec le menu du charbon flambant, pour la réduction des minerais de cuivre. On mélange aussi le coke des deux espèces de charbon, pour la fabrication du fer. On en exporte de grandes quantités en Irlande et en Cornouailles, pour les fabriques et les usages domestiques; mais la forte proportion de matières terreuses qui souillent ce charbon (en général 3 p. 100), en rend l'usage désagréable, et on lui préfère le charbon de Newcastle, dont la meilleure variété ne contient pas au-delà de un demi p. 100 de matières étrangères.

Tableau d'analyses.

Le tableau suivant donne les résultats d'analyses faites par M. Forster, des principales variétés de charbon du pays de Galles.

	Substances volatiles.	Coke.	Cendres.	Pesanteur spécifique.
Charbon sec. — Couche de Mynydd-Bach Llanedi. .	8,65	89,85	Jaune pâle. 1,5	1,388
Charbon flambant. — Couche de Clyngvernon.	14,00	79,00	Rougeâtre, pesante. 7,0	1,388
Couche de Penprys.	14,50	82,00	Blanche. . . 3,5	1,304
Charbon bitumineux.-Couche de Gelle-Gill.	16,80	80.00	Rouge. . . . 2,6	1,336
Couche de Llwchor.	19,00	8,00	2,5	1,315
—— de Globraise.	37,50	70, 2	Jaune. 2,3	1,292
Charbon divers f. — Anthracite de la couche Cwm-Twrch.	7,50	91, 5	Jaune. 1,0	1,389
Charbon de la couche de Llanelly.	19,80	77, 8	Rougeâtre. 2,4	1,215
Charbon de la couche de Bushy.	15,90	81, 6	*Id.* 2,5	1,305
g. — De la grande couche de Merthyr.	13,40	85, 6	Blanche. . . 1,0	1,291

La première colonne indique les matières volatiles, y compris le gaz, le bitume et la liqueur ammoniacale passant à la distillation ; la seconde, la quantité de coke, moins la quantité de matière terreuse qu'il contient, et qui, obtenue par grillage, est indiquée dans la troisième colonne.

f. Ce charbon est très brillant, très pur, et celui qui donne le moins de cendres du pays de Galles, à l'exception de celui de la grande couche de Merthyr. Le charbon de la couche de Bushy est un charbon flambant.

g. Le charbon de la grande couche de Merthyr est celui du pays de Galles qui donne la plus grande quantité de coke. On le carbonise en plein air, et il produit un coke d'un éclat argenté, très peu sulfureux.

Une houille de qualité supérieure, du Glamorganshire, analysée par M. Berthier, a donné :

Charbon..........	77,70
Cendres..........	2,70
Matières volatiles...	19,60
	100,00

Elle est éminemment propre à la fabrication du coke pour le haut-fourneau ; sa couleur est le noir peu éclatant. Elle est imparfaitement feuilletée dans un sens, et à cassure inégale dans les autres sens ; sa poussière est noire, tirant sur le brun ; sa pesanteur spécifique est de 4,31 ; elle n'est pas du tout pyriteuse, et laisse des cendres parfaitement blanches.

Enfin, on trouvera plus loin, dans le chapitre où nous traiterons de l'emploi de l'air chaud dans les hauts-fourneaux, d'autres analyses de houilles diverses employées par les hauts-fourneaux du pays de Galles.

Richesse en charbon du pays de Galles.

Il est difficile d'apprécier exactement la quantité de charbon exploitable du pays de Galles ; plusieurs couches, eu égard à leur grande inclinaison près des limites du bassin, ne se trouveraient au milieu qu'à une profondeur à laquelle on ne pourrait les atteindre sans des frais exorbitans. M. Forster ne pense pas qu'on puisse en exploiter plus du tiers, ou environ 10 millions de tonnes par mille carré. Les couches supérieures occupent une moins grande étendue de terrain; mais comme elles sont moins inclinées, elles sont susceptibles d'être exploitées à une plus grande distance de l'affleurement. Ainsi, toutes circonstances pesées, M. Forster porte la quantité de charbon exploitable dans le pays de Galles du sud, à 16 mille millions de tonnes environ. La production annuelle est aujourd'hui de 2 et demi millions de tonnes. En admettant qu'elle ne varie pas, le bassin houiller du pays de Galles ne serait épuisé qu'au bout de 6,400 ans, tandis que nous avons vu que le bassin houiller de Newcastle ne peut fournir à une consommation de 3 et demi millions de tonnes pendant plus de 1,000 ans, peut-être même de 100 ans seulement.

2°. NOTE HISTORIQUE ET STATISTIQUE SUR LES MINES DE HOUILLE (1).

Origine de l'exploitation des mines de houille.

L'exploitation des mines de houille, en Angleterre, ne date que de l'année 1229, époque à laquelle Henri III accorda, par un décret, à la ville de Newcastle-sur-Tyne, l'autorisation d'extraire le charbon du sein de la terre. En 1281, le commerce de charbon avait déjà acquis de l'importance. Ce fut à peu près vers le même temps que l'on exploita, pour la première fois, le combustible minéral en Écosse.

Toutefois, l'exploitation des mines de houille de la Grande-Bretagne n'a pu se développer pour atteindre son degré d'activité actuel, qu'à partir de l'époque où l'invention des machines à vapeur, appliquées pour la première fois à l'épuisement des eaux, lui a prêté son puissant secours.

Production de l'Angleterre, comparée à celle des autres pays.

Aujourd'hui, grâce à cette admirable découverte, les mines de houille de l'Angleterre produisent chaque année plus de 20 millions de tonneaux de houille, sur lesquels 19 millions au moins sont consommés dans le pays (2).

La production de la France, d'après les documens officiels que publie la Direction générale des Ponts-

(1) Les données num ériques de cette note sont généralement relatives aux années 1831 et 1832. Nous joindrons en appendice à cet ouvrage, des chiffres recueillis plus récemment par M. Leplay.

(2) *Enquête anglaise sur les houilles.*

et-Chaussées et des Mines, n'est que la dixième partie de celle de l'Angleterre, ou environ 2 millions de tonneaux. Celle de la Belgique, d'après les renseignemens authentiques que nous avons recueillis, environ la septième partie, 2 millions 800,000 tonneaux (1), et enfin, celles de la Prusse (Provinces rhénanes, Marche, Silésie), d'après des documens officiels, également la septième partie (2).

Répartition de la production de l'Angleterre.

Des 20 millions de tonneaux extraits des mines de la Grande-Bretagne, 1 million provient des mines d'Écosse (3), 3 à 4 millions des mines de Newcastle et de Durham (4), 2 et demi millions

---

(1) D'après des renseignemens fournis par M. Lesoinne, professeur d'exploitation des mines, à Liége, la province de Hainaut, Mons, Charleroy, etc., produit

de 1,800,000 à.	1,900,000
Les mines de Liége, d'après les déclarations officielles.	635,060
Total. . . .	2,595,060

Si l'on ajoute à cette somme la quantité non déclarée, et celle consommée par les machines à vapeur sur les houillères, la production totale s'élevera à 2,800,000 tonneaux.

(2) *Archives de Karsten.*

(3) 600,000 du bassin de Glasgow, 300,000 de celui de Dalkeith, et le reste des autres bassins.

(4) L'*Enquête anglaise sur les houilles* indiquait, en 1829, 3 et demi millions. La production a augmenté de plus de 500,000 tonneaux depuis cette époque, par la diminution ou la suppression du droit d'exportation, et par l'admission des houilles anglaises en Hollande.

D'après M. Buddle, en 1829, on perdait 1 septième de la

des mines du sud du pays de Galles, 1 million 200,000 de celles du Stafforshire, et le reste des autres provinces anglaises, Shropshire, Derbyshire, Lancashire, etc. (1).

---

houille exploitée à Newcastle et Durham, brûlée auprès de la mine. On en consommait 1 septième sur les lieux, et l'on exportait les 5 autres septièmes dans d'autres parties de l'Angleterre, ou en pays étranger. Aujourd'hui, le rapport de la quantité exportée a augmenté.

(1) Nous avons classé la production du pays de Galles et du Stafforshire, de la manière suivante :

Pays de Galles.

Pour la fabrication de 210,000 tonnes de fonte d'affinage, à raison de 3 tonnes de houille par tonne de fonte.		630,000
Pour celle de 15,000 tonnes de fonte, de seconde ou de première fusion, à raison de 4 tonnes de houille pour 1 tonne de fonte.		60,000
Pour la conversion des 21,000 tonnes de fonte d'affinage en 172,000 tonnes de fer malléable, à raison de 3 et demi tonnes de houille par tonne de fer malléable.		602,000
Pour la réduction du minerai de cuivre, la fabrication de la tôle à étamer, la fabrication des petits fers, les machines à vapeur et les usages domestiques.		400,000
Exporté, d'après des documens officiels :		
En Irlande	209,288	
Dans les colonies anglaises	3,895	
En pays étranger	4,672	
		904,896
Total		2,596,896

Consommation de Londres.

La consommation de Londres seul, alimentée presque entièrement par les mines de Newcastle, s'élève à plus de 2 millions de tonneaux. On emploie 1,400 bâtimens uniquement pour le transport du charbon de Newcastle à Londres ou à l'étranger.

Nombre d'ouvriers employés par les mines de houille d'Angleterre et d'Ecosse.

Les mines de Newcastle et Durham occupent 21,000 individus, dont les deux tiers environ sous terre, pour l'exploitation proprement dite, et un

---

Stafforshire.

Houille employée pour la fabrication de 104,000 tonnes de fonte d'affinage.	312,000
Pour celle de 28,000 tonnes de fonte de moulage.	112,000
Pour la conversion de 104,000 tonnes de fonte d'affinage, en 85,000 tonnes de gros fer. . . .	297,500
Pour les usages domestiques, les machines à vapeur, la consommation de Birmingham, l'exportation dans l'intérieur du pays.	500,000
	1,221,500

La quantité exportée du pays de Galles se subdivise de la manière suivante :

	Tonnes de houille.	Tonnes de culm.	Tonnes de culm.
Par le port de Cardiff. . .	32,109	. . . .	32,109
——— Newport. .	422,878	. . . .	422,878
——— Swansea . .	144,198	195,213	339,411
——— Llanelley. .	84,386	7,758	92,144
——— Milford. . .	8,303	10,054	18,354
	691,874	213,022	904,896

tiers à la surface, pour le transport des produits au point d'embarcation. Admettant, pour les autres mines de l'Angleterre et de l'Écosse, un nombre égal d'individus pour une même production, on trouvera que les seules mines de houille de la Grande-Bretagne occupent, directement, 120,000 individus.

S'il s'agissait d'indiquer la partie de cette population à laquelle ces mines fournissent indirectement des moyens d'existence, il faudrait nommer l'immense population ouvrière de l'Angleterre, qui ne pourrait travailler avec bénéfice sans le secours des machines à vapeur.

Répartition de la production des mines de la Grande-Bretagne.

La production annuelle de la Grande-Bretagne en charbon de terre, peut se subdiviser de la manière suivante :

Quantité extraite des mines d'Angleterre, provenant des mines de l'intérieur, et transportée par canaux ou chemins de fer, employée pour les manufactures (non compris les usines à métal), les bateaux à vapeur, etc., estimée par le produit de la taxe prélevée (1). 16,200,000

Quantité extraite des mines d'Écosse, et employée pour les usages domestiques, les bateaux à vapeur ou les manufactures (2).. 1,000,000

Quantité consommée pour la production de l fonte en Angleterre et en Écosse, en supposant que cette production soit de

(1) Buddle, *Enquête anglaise sur les houilles.*
(2) Docteur Cleland, *Statistique de Glasgow.*

600,000 tonnes, et que chaque tonne exige, en moyenne, 3 tonnes de houille, nombre que l'on adopte en tenant compte des réductions opérées par l'emploi de l'air chaud..........................	1,800,000
2°. Pour la conversion d'une partie de cette fonte en 250,000 tonnes de fer en grosses barres, comptant, en moyenne, 3 et demi tonnes de houille, pour la conversion d'une certaine quantité de fonte, en 1 tonne de fer en grosses barres (1)...............	835,000
3°. Pour la conversion d'une partie de ce fer en petit fer, tôle, etc..................	125,000
4°. Pour la refonte de 200,000 tonnes de fonte, comptant une demi-tonne de houille par tonne de fonte.....................	100,000
Pour la conversion de 17,000 tonneaux de fer suédois, en acier de cémentation, ci...	17,000
Pour la fabrication, 1°. de 46,000 tonneaux de plomb, à raison de 1 tonne de houille par tonne de métal, ci................	46,000
2°. De 12,000 tonnes de cuivre environ, à raison de 17 tonneaux de houille par tonne de métal..........................	200,000
3°. De 3,000 tonneaux d'étain, à raison de $1 \frac{8}{10}$ de tonne de houille par tonne d'étain.	5,500
Pour la fabrication du zinc, etc............	
Pour les verreries et les fours à chaux, environ (2)............................	500,000

(1) *Voyez* l'article *Forges*.

(2) Cette quantité n'est certainement pas trop élevée, car les verreries de Leith, ville en Écosse qui ne compte pas au-delà de 26,000 habitans, consomment seules 40,000 tonneaux de houille.

Pour l'exportation à l'étranger :

1°. En France..............	40,000 tx.	588,000
2°. Hollande, depuis la séparation de la Belgique........	123,000	
3°. En Russie, Danemarck, Allemagne, Espagne, Amérique, côtes de la Méditerranée, etc.	425,000	
PRODUCTION TOTALE (1)...		21,416,500

La production des mines de houille de l'Angleterre a augmenté depuis l'époque à laquelle M. Buddle en a donné le chiffre (1829). Ainsi, les mines de houille de Darlington, qui alors ne produisaient que 170,000 tonnes, en produisent aujourd'hui 500,000. Celles de Hetton ont également atteint cette production, et nous avons vu en 1834, dans le comté de Durham, le Leicestershire, le Lancashire, etc., ouvrir un grand nombre de nouveaux puits et construire des chemins de fer pour le service de ces puits. Toutefois nous ferons observer qu'une partie de ces produits est comprise dans le chiffre que nous avons indiqué pour l'exportation, attendu qu'une partie de ces mines, celles de Darlington, par exemple, contribuent principalement à alimenter le commerce extérieur.

Propriété des mines à Newcastle.

On sait qu'en Angleterre le propriétaire du sol, l'est aussi du tréfonds. A Newcastle, sur 41

(1) *Enquête française sur les houilles.*

mines exploitées, 5 seulement le sont par le propriétaire; les autres sont entre les mains de compagnies de spéculateurs qui les afferment. Les baux sont généralement de 21 ans, temps au bout duquel le propriétaire peut expulser l'exploitant.

Association des exploitans à Newcastle.

Les exploitans de mines, à Newcastle, afin d'atténuer les effets d'une concurrence désastreuse, se réunissent pour nommer un comité chargé de déterminer la quantité de charbon que chaque mine doit produire chaque année, eu égard aux besoins du commerce, à son importance, à ses ressources, etc., et d'en fixer le prix de vente.

Le public les a accusés de vouloir établir ainsi un monopole, qui aurait pour conséquence de lui faire payer le charbon à un prix exorbitant. M. Buddle, consulté en 1829 sur cette question, par le comité d'enquête sur les houilles, a répondu que le prix des houilles de Newcastle était toujours limité par la concurrence des autres entreprises de mines en Angleterre ou en Écosse; et M. Alphonse Peyret, dans l'ouvrage que nous avons déjà cité, produit un fait qui appuie l'opinion de M. Buddle. « En 1820, dit-il, le comité nommé par les exploitans de Newcastle ayant fixé un prix de vente trop élevé, il en résulta immédiatement une importation considérable des houilles d'Écosse, du pays de Galles, du Yorckshire, et principalement de Stockton; ce qui occasiona une baisse à Newcastle. »

Au reste, d'après le témoignage même de

M. Buddle, les exploitans ne parviennent pas toujours à s'entendre, le comité se dissout, et il arrive ordinairement que les moins riches sont les premières victimes de la lutte qui s'engage après cette désorganisation de la société.

Propriété des mines dans le Stafforshire et le pays de Galles.

Dans le Staffordshire les mines sont entre les mains de fermiers ou entre celles du propriétaire du sol. Rarement elles sont exploitées par le maître de forges qui en utilise les produits. Dans le sud du pays de Galles, au contraire, les maîtres de forges travaillant sur une plus grande échelle afferment eux-mêmes les mines qui alimentent leurs usines.

Bénéfices.

Les mines de Newcastle n'ont généralement pas procuré aux exploitans des bénéfices en rapport avec les risques auxquels ils s'exposent, et qui sont considérables.

Les mines du Stafforshire, du pays de Galles et des environs de Glasgow ont donné lieu à des spéculations avantageuses, parce qu'elles ont offert à côté du charbon les autres matières premières nécessaires à la fabrication du fer. Celles du pays de Galles, exploitées au-dessus du fond des vallées, continuent à être une source de richesse pour les exploitans, mais leur concurrence fait beaucoup de mal à celles du Staffordshire.

Prix du charbon.

Le gros charbon de bonne qualité, sur le carreau des mines se vend, prix moyen :

A Newcastle, de 12 à 15 fr. le tonneau.

Dans le Staffordshire, 7 fr. 50 c. à 8 fr.

Dans le pays de Galles de 5 fr. 75 c. à 5 fr.

Près de Glasgow................. 6 fr. 75 c.

Les charbons de moyenne grosseur ou menus se vendent beaucoup moins cher.

Ainsi, à Newcastle, aux mines de Farren et Wide-Open, nous avons vu jeter le charbon au sortir de la mine sur des claies dont les barreaux étaient écartés de 1 et demi à 1 $\frac{3}{4}$ de pouces; le charbon qui ne traversait pas le crible (*round coal*) se vendait comme gros au prix courant. La partie ramassée au-dessous était jetée sur une nouvelle claie dans laquelle l'écartement des barreaux était de $\frac{5}{8}$ de pouce. Ce qui restait sur ce crible (appelé *beam coal*), ne se vendait que 4 fr. 50 c. le tonneau. Enfin la partie recueillie sur un crible de $\frac{3}{8}$ de pouce (*pie coal*) ne se vendait plus que 2 fr. 25 c., et celle qui traversait le crible était brûlée sur les haldes.

En Écosse, aux mines de Gowan, près de Glasgow (*Gowan colliery*), le gros se vendant 6 fr. 50 c. le tonneau, on donnait le menu pour 2 francs.

Aux mines de Pontypool, dans le pays de Galles, nous avons vu vendre le menu moitié du prix de la grosse houille.

Prix de la main-d'œuvre du mineur.

Les mineurs à Newcastle, dans le Staffordshire, le pays de Galles et en Écosse sont payés à la tâche.

A Newcastle lorsque l'exploitation est active, ils gagnent 5 shillings (6 fr. 50 c.) par jour, mais dans les momens moins favorables au commerce, ils ne trouvent ordinairement pas d'ouvrage pour plus de trois jours par semaine, et ne gagnent en moyenne que 2 et demi shillings ou 3 fr. 25c. par jour. En 1829, époque de l'enquête sur les houilles, bien que la production de Newcastle et Durham s'élevât à 3, 500 000 tonneaux, les exploitans faisaient des abonnemens avec les mineurs à raison de 14 shillings par semaine, et leur fournissaient le logement et le chauffage à raison de 3 shillings.

Auprès de Glasgow, quoique le prix de la main-d'œuvre du terrassier et celui des denrées soient moins élevés qu'en Angleterre le mineur gagne de 3 shillings 2 pence à 4 shillings (4 fr. 75 c. à 5 fr.)

Dans le pays de Galles la journée dépasse rarement 2 et demi à 3 shillings (3 fr. 10 c. à 3 fr. 75 c.) Dans le Staffordshire et le Lancashire elle est de 4 à 5 shillings (5 à 6 fr. 50 c.).

Dans une mine du Lancashire que nous avons visitée elle était de 4 shillings 2 pence (5 fr. 20 c.)

La durée de la journée dans ces différens pays est généralement de 8 à 9 heures. Elle doit varier cependant puisque le mineur est payé à la tâche.

Condition des ouvriers mineurs.

La condition des ouvriers qui s'adonnaient au travail souterrain s'est graduellement améliorée au fur et à mesure que les procédés d'exploitation se sont perfectionnés; mais on apprendra avec étonnement que les ouvriers des mines de houille d'Écosse ont été esclaves eux et leur famille, transmissibles avec la propriété de la mine jusqu'en 1775, année pendant laquelle Georges III rendit un décret spécial pour les affranchir, et ce qui ne paraîtra pas moins extraordinaire, c'est que 15 ans plus tard, en 1790, trois ouvriers seulement avaient rempli la condition qui leur avait été imposée pour jouir de la liberté, celle de former un apprenti.

On les affranchit alors de droit, en les dispensant de toutes formalités; et depuis cette époque on ne cite pas un seul exemple d'un mineur qui ait été condamné à la peine de mort.

3°. TRAVAUX D'EXPLOITATION.

§ 1. — *Recherches.*

Nous ne parlerons pas de la marche suivie en Angleterre pour rechercher les couches de houille et les étudier jusque dans le sein de la terre : elle est la même qu'en France. On recherche les affleuremens en explorant les escarpemens et le lit des torrens et l'on pénètre dans l'intérieur des couches par des tranchées, des galeries, des puits ou des trous de sonde.

Des entrepreneurs de sondage en Angleterre se font payer dans le terrain houiller lorsqu'il est médiocrement difficile à forer. Prix des sondages.

A la profondeur

De	o fath.	à 5 fath.,	par fath.	56 shill.
—	5	à 10	....	12
—	10	à 15	....	18
—	15	à 20	....	24

Et ainsi de suite, en augmentant toujours le prix

de 6 shillings par fathoms de cinq en cinq fathoms.

Ces entrepreneurs fournissent les outils et en paient l'entretien.

Cela fait à peu près :

A une profondeur

De 0 à 10 mètres,	3 fr.	75 c.	par mètre
— 10 à 20	7	50	
— 20 à 30	11	25	
— 30 à 40	15	»	

Le percement des couches très dures rencontrées accidentellement, se paie à part.

Du temps de Jars les prix étaient moins élevés.

On payait :

A une profondeur

De 0 à 20 mètres,...	2 fr.	70 c.
— 20 à 30	5	40
— 30 à 40	8	10
— 40 à 50	10	80

En France on a payé (maître sondeur et réparation des outils compris).

1° Dans un terrain houiller tendre composé de schiste alternant avec des grès.

A une profondeur de

0 mètres à 25, par mètre	4 fr.	40 c.
25 ..... à 30, ...	5	47
30 ..... à 35, ...	6	37
35 ..... à 40, ...	8	57
40 ..... à 50, ...	10	07

etc.

2° Dans un terrain houiller dur consistant en grès dur et poudingues.

A une profondeur de

0 mètres	à 25,	par mètre	5 fr.	54 c.
25	à 30,	....	7	50
30	à 35,	....	9	»
35	à 40,	....	10	50
40	à 50,	....	12	15

§ 2. — *Travaux pour atteindre le gîte.*

Le terrain étant exploré dès qu'il s'agit de commencer les travaux d'exploitation, on rejoint la couche que l'on veut exploiter par une galerie ou par un puits *à travers bancs* (à travers les bancs de rocher) suivant les circonstances. Galeries et puits pour rejoindre les couches.

Dans les pays de plaine, on perce toujours des puits; dans les pays de montagnes, on perce des galeries pour exploiter les portions de couche au-dessus du fond des vallées, et des puits pour atteindre le gîte minéral au-dessous.

La galerie à travers bancs qui sert à l'écoulement des eaux et à l'extraction du combustible minéral, ou le puits dans lequel sont placés des pompes pour l'épuisement, rencontre ordinairement plusieurs couches de houille parallèles.

Lorsque ces puits ou galeries sont percés dans des bancs de rocher d'une certaine consistance, l'opération ne présente aucune difficulté. Mais s'ils traversent des terrains ébouleux, des terrains très aquifères, ou des terrains en même temps ébouleux et aquifères, elle devient quelquefois extrêmement difficile.

Nous nous bornerons à rappeler ici très brièvement les méthodes suivies dans les différens cas qui peuvent se présenter, en renvoyant aux traités d'exploitation des mines pour de plus amples détails.

Percement des puits dans des terrains difficiles.

Dans tous les districts de mine en Angleterre, si le terrain n'est pas très ébouleux, si, par exemple, on peut percer un puits sur une profondeur de 2 ou 3 pieds sans en soutenir les parois, on creuse d'abord jusqu'à cette profondeur, puis on pose un rouage en bois ou en fonte sur le sol au fond du puits, et l'on élève sur ce rouage un mur de briques pour soutenir les parois de la partie du puits déjà percée; on creuse de nouveau le puits sur une hauteur de 2 ou 3 pieds, en ménageant une corniche de terrain sous le rouage pour soutenir le muraillement exécuté; on pose une portion de rouage au fond de cette seconde partie du puits; on élève une portion de mur qu'on relie avec le mur supérieur en abattant une portion de la corniche, puis on pose une seconde portion de rouage contiguë à la première; on élève une seconde portion de mur, et ainsi l'on construit par portions la totalité du muraillement qui soutient la seconde foncée. On continue ensuite à percer le puits de la même manière, jusqu'à ce qu'on arrive à un terrain solide sur lequel on assied définitivement la maçonnerie.

Si le terrain est tellement tendre que la corniche sous le rouage ne soit pas capable de soutenir la portion du mur supérieur, on suspend ce mur à des tringles ou à des chaînes fixées à des solives placées à l'orifice du puits, et afin de diviser la pression, on donne une plus large base au nouveau rouage, que l'on pose sous cette corniche. Les tringles ou chaînes disparaissent dès que le mur repose sur ce nouveau rouage.

Dans les terrains tout-à-fait ébouleux, si l'on est voisin de la surface on ouvre une grande tranchée qui présente la forme d'un tronc de cône renversé dont la petite base doit conserver le diamètre du puits, et dont les parois doivent présenter un talus suffisant pour que le terrain ne s'éboule pas. On construit sur cette base une tour creuse en maçonnerie dont le diamètre inférieur est égal à celui du puits, et l'on comble le vide qui reste derrière cette tour.

Ce procédé n'est plus applicable dès qu'on se trouve à 16 pieds environ au-dessous du niveau du sol. Dans ce cas on traverse le terrain ébouleux de diverses manières.

Si le terrain n'est pas excessivement ébouleux, on enfonce des palplanches tout autour d'un cadre sur lequel elles s'appuient et l'on vide le terrain dans l'intérieur de cette enceinte de planches. Dans d'autres circonstances où l'usage des palplanches deviendrait difficile et coûteux, on emploie des cylindres de fonte, de bois, de tôle ou de maçonnerie garnis d'un sabot tranchant qui pénètre dans le sol. On enfonce ces cylindres par leur propre poids, qui augmente à mesure que leur hauteur s'accroît, par des poids auxiliaires ou au moyen de vis de pression.

Lorsque le cylindre s'est enfoncé d'une certaine hauteur, le frottement des parois devient tel, que les moyens essayés pour le faire pénétrer à une plus grande profondeur deviennent inefficaces. Si alors la couche ébouleuse n'est pas traversée, il faut enfoncer un second cylindre dans l'intérieur du premier, en diminuant le diamètre du puits. A Newcastle, il est arrivé qu'on a été obligé d'enfoncer ainsi trois colonnes de cylindres en fonte de diamètres différens.

Quand on a rencontré des terrains ébouleux très aquifères, on construit, après les avoir traversés par un des procédés indiqués, une espèce de tour imperméable en bois, en fonte ou en maçonnerie, qui contient les eaux tout en soutenant les parois, c'est ce qu'on appelle un *cuvelage*.

Cuvelage. Le cuvelage repose sur un fort cadre ou rouage en bois, posé sur une banquette ménagée dans la couche imperméable qui se trouve sous la couche ébouleuse perméable. Des planches nommées *lambourdes*, placées de champ sur la banquette, sont fortement serrées contre le banc imperméable par des coins de bois secs intercalés entre elles et le cadre ou le rouage. Il devient alors tout-à-fait impossible que l'eau, malgré sa forte pression, filtre derrière le cadre, pour ensuite passer en-dessous.

A Newcastle, les cuvelages sont composés de cylindres qui se subdivisent en segmens portant des collets ou brides dans toute l'étendue de leur pourtour. Dans les puits cuvelés récemment les collets sont placés en dehors du côté du terrain, et les fentes entre deux segmens ou deux cylindres sont remplies de coins séchés qui se gonflent par l'humidité.

Quelquefois aussi en Angleterre on construit des cuvelages en pierres cimentées par du mortier hydraulique.

Le percement des galeries ne présente pas moins de difficultés que celui des puits. Percement des galeries.

Si le terrain a quelque consistance, on partage la galerie en deux ou trois parties, de hauteurs à peu près égales. On commence par percer jusqu'à une certaine profondeur la partie supérieure et l'on en soutient les parois par une voûte. On perce ensuite la partie intermédiaire, tout en continuant la partie supérieure; on commence à construire les pieds-droits de la voûte en sous-œuvre, et enfin on perce la partie inférieure et l'on achève les pieds-droits. Les travaux sont ainsi disposés par *gradins-droits*.

Le terrain devenant plus menaçant, on commence la galerie en ouvrant une tranchée. On construit la voûte et ses pieds-droits au fond de la tranchée, et l'on comble en chargeant la voûte.

La distance de la galerie au niveau du sol augmentant, il faut employer d'autres moyens. On perce, à l'aide de palplanches chassées horizontalement, quelquefois même on soutient la paroi antérieure de l'excavation à l'aide d'un *masque*, composé de petites planches pressées contre le terrain par des étais, et l'on enlève ces petites planches successivement pour creuser la galerie. Ce procédé rappelle celui qui a été employé par M. Brunel, pour ouvrir la galerie sous la Tamise.

Dans certains cas difficiles on est obligé de continuer la galerie par la première méthode, celle à ciel ouvert, même à de grandes profondeurs au-dessous du sol. On perce alors la tranchée en fonçant des puits contigus au moyen de palplanches; on évite ainsi les travaux de déblai, qui seraient immenses si les parois de la tranchée n'étaient pas soutenues.

On a employé en France, pour le percement de galeries du canal Saint-Quentin et de Bourgogne, d'autres méthodes fort ingénieuses, mais leur description est étrangère à notre sujet.

Nous nous occuperons donc maintenant de l'exploitation des couches de houille, en supposant qu'on les ait atteintes par un puits ou par une galerie.

§ 3. — *Exploitation proprement dite.*

L'exploitation d'une couche de charbon, toutes circonstances égales d'ailleurs, est d'autant plus difficile, que les accidens qui la dérangent sont plus fréquens, et que le gaz inflammable s'y trouve en plus grande abondance. Nous supposerons d'abord le cas simple d'une couche ou portion de couche exploitée sans que l'on rencontre des dykes ou des failles à traverser, et sans autres gaz nuisibles que l'acide carbonique.

Plus loin, nous verrons comment les procédés se modifient lorsqu'il faut étendre les travaux d'exploitation au-delà des dykes ou des failles, et combattre la présence dangereuse du gaz hydrogène.

Supposons aussi que l'on exploite une seule couche, nous réservant d'indiquer plus loin ce qu'il convient de faire lorsqu'on se propose d'exploiter plusieurs couches intercalées dans un même terrain.

Dès qu'on a atteint et traversé, comme nous l'avons indiqué plus haut, par un puits que nous appellerons *puits principal* (1), le terrain carboni-

---

(1) Ce puits étant le plus profond de ceux qui doivent atteindre la couche, c'est toujours à son orifice que se placent les machines d'épuisement; aussi l'appelle-t-on, en anglais, le *puits de la machine* (*engine pit*).

fère que l'on veut exploiter, il faut commencer les travaux d'exploitation dans le sein du gîte minéral.

Ces travaux peuvent se subdiviser en travaux préparatoires et travaux d'exploitation proprement dits.

Travaux préparatoires.

Les travaux préparatoires, lorsque la couche n'est pas située à une très grande profondeur, consistent : 1°. dans le percement d'un second puits, que nous appellerons *puits* n° 2 (en anglais, *bye pit*), et qui atteint la couche à une moins grande profondeur que le puits principal, 2°. d'une galerie montante qui met en communication l'extrémité inférieure du puits principal et celle du puits n° 2; 3°. d'une galerie horizontale qui, commencée au bas du puits principal, s'étend jusqu'aux extrémités de l'exploitation, en suivant toujours la direction de la couche.

La galerie montante, que nous nommerons *galerie principale d'inclinaison*, doit avoir de 6 à 8 pieds de largeur.

Quelquefois elle suit la ligne droite, menée d'un puits à l'autre. D'autres fois sa direction forme un angle droit avec celle des fissures naturelles du charbon, jusqu'à ce qu'on arrive au niveau du puits n° 2. On rejoint alors ce puits par une seconde galerie parallèle aux joints que l'autre a coupés.

La fig. 1, pl. IV, représente cette opération. A est le puits principal; B, le puits n° 2; AC, la galerie menée perpendiculairement aux joints ; CB, la galerie menée parallèlement aux mêmes joints. Nous verrons plus loin par quelle raison il convient que les galeries coupent les fissures perpendiculairement à leur direction, ou suivent une ligne parallèle.

Dès que la galerie montante est achevée, il s'établit un courant d'air qui descend par l'un des puits et remonte par l'autre : on procède alors au percement de la galerie horizontale, qui part du puits principal. Les galeries qui suivent la direction de la couche portent en général le nom de *galeries d'allongement*. Celle-ci s'appelle *galerie d'allongement principale* (en anglais *deep head level*).

Comme, à cause des ondulations du mur, il est assez difficile de conserver à cette galerie son horizontalité, on choisit toujours, pour la percer, les meilleurs ouvriers.

La galerie principale d'allongement, dans les couches de moyenne épaisseur, n'a pas au-delà de 6 pieds de largeur.

Le mineur, dans cette opération, ne s'inquiète pas des fissures naturelles du charbon. Il doit avoir soin seulement de maintenir toujours la galerie parfaitement horizontale.

Si la surface du mur était entièrement plane, il est clair que les galeries d'allongement seraient en ligne droite; mais, du moment où le mur présente des ondulations, son intersection par un plan horizontal, qui n'est autre chose que sa direction, est une ligne sinueuse, et la galerie d'allongement qui suit cette ligne devient aussi sinueuse.

Dès que la galerie principale d'inclinaison a rejoint le puits n° 2, et que la galerie principale d'allongement s'étend à une certaine distance de chaque côté du puits principal, on commence les travaux d'exploitation proprement dits.

Travaux d'exploitation proprement dits; méthodes diverses.

Les méthodes varient principalement suivant l'épaisseur et l'inclinaison des couches, la profondeur à laquelle on les trouve, le plus ou moins de consistance du toît et du mur, et le plus ou moins d'abondance des matières que l'on peut employer pour *remblayer*.

Supposons d'abord que l'inclinaison des couches ne soit pas excessive, et que leur épaisseur ou puissance ne soit ni extraordinaire ni très faible.

Dans ce cas, on suit en Angleterre la méthode par piliers et galeries (*post and stalls*), ou la méthode par grande taille (*long way*).

Méthode par piliers et galeries.

Pour exploiter par piliers et par galeries, on commence par ouvrir dans la houille même, sur toute la hauteur de la couche, des galeries parallèles séparées par des murs de charbon, et l'on recoupe ces murs par des galeries transversales, de manière à former des piliers, soit dans une portion de la couche seulement, soit dans toute la partie que l'on veut exploiter.

Ces galeries, au moyen desquelles on extrait

une partie du combustible minéral, portent le nom de *tailles* (*rooms, thirlings, boards*).

Tantôt on ne donne aux piliers que les dimensions strictement nécessaires pour soutenir le toît, et on les abandonne dans la mine, en subissant une perte considérable; tantôt on leur donne des dimensions fort supérieures, et après avoir divisé une certaine portion de la couche en échiquier, par des galeries croisées, on amincit les piliers, ou même on les abat complétement, en partant de celui qui est le plus éloigné du puits principal, et revenant vers ce puits, ce qui s'appelle *dépiler*.

Lorsqu'on les abat entièrement, l'ouvrier empèche la chute immédiate du toît, en le soutenant par des étais, puis retire ces étais avec des précautions que nous indiquerons. L'espace excavé se trouve alors rempli par les éboulemens.

La méthode par grande taille consiste à abattre entièrement le charbon au fur et à mesure que l'on avance, sans laisser de piliers. On empêche la chute immédiate du toît par des étais; on remblaie derrière soi, et l'on se ménage des galeries à travers les remblais et les éboulis, pour retourner au puits principal. Cette méthode, ainsi que nous le verrons, est, comme la précédente, susceptible d'être diversement modifiée dans ses applications.

La méthode par piliers est applicable à toute espèce de couches de la nature de celles dont nous nous occupons.

Celle par grande taille ne peut convenir dès que l'épaisseur dépasse 6 ou 7 pieds; elle est surtout avantageuse pour des couches de 4 ou 5 pieds.

Applications diverses de la méthode par piliers.

On n'exploite par piliers et galeries, en abandonnant les piliers pour soutenir le toît, que des couches situées à une profondeur moindre que 70 toises. A une profondeur plus grande, on serait obligé de laisser des piliers trop épais pour supporter la pression des terrains supérieurs.

Lorsque le mur est tendre, et que la couche et le toît sont solides, il faut que les piliers soient de grandes dimensions, pour ne pas pénétrer dans le mur, ce qui produirait un gonflement ou *soulèvement* du sol des galeries (*a creep*, fig. 2, pl. IV).

Lorsque la couche est tendre et présente un grand nombre de fissures larges, il faut encore laisser des piliers de grandes dimensions, car autrement la pression des couches supérieures écraserait les piliers; ce qui produirait un éboulement du toît (*a crush*, fig. 3, pl. IV).

Si le toît est mauvais, les piliers doivent être de grandes dimensions et les galeries étroites.

Il faut donc, pour qu'on puisse donner immédiatement de petites dimensions aux piliers, non-seulement que la couche soit à une petite profondeur, mais encore que le toît, la couche et le mur présentent une certaine consistance.

On ne peut abandonner des piliers dans la mine, pour soutenir le toît, sans perdre un tiers au moins ou un cinquième du charbon; ce qui est énorme, pour peu que le charbon ait de la valeur. Ce n'est donc que très rarement qu'il peut convenir d'appliquer cette méthode, même dans les couches où cela est possible sans danger.

Il vaut presque toujours mieux abattre le charbon des piliers entièrement en revenant vers le puits principal, et laisser ébouler, ou bien exploiter par grandes tailles. Ce n'est qu'en exploitant des couches très épaisses que l'on est obligé quelquefois d'abandonner des piliers.

Lorsqu'on exploite par piliers, il est important que les galeries croisées soient percées, les unes dans la direction perpendiculaire à celle d'un des systèmes de fissures naturelles (*cleavages*), les autres suivant la direction de ces fissures ou d'un autre système de fissures coupant le premier, quelque aigu que soit d'ailleurs l'angle d'intersection. En procédant de cette manière, on conserve aisément le parallélisme des galeries qui doivent être poussées dans une même direction, et l'on obtient des piliers qui, pour une surface donnée, présentent le plus de résistance possible.

Il est rare qu'une des fissures naturelles se trouve exactement dans l'emplacement du pilier; mais peu importe, dès que la taille suit une ligne exactement parallèle à l'un de ces systèmes de fentes; c'est principalement lorsque les piliers ne doivent avoir que les dimensions strictement nécessaires pour soutenir les couches supérieures, ou des dimensions qui s'en éloignent peu, qu'il faut en agir ainsi. Il est moins important de conserver ce parallélisme entre les galeries et des systèmes de fissures, lorsqu'on laisse d'épais piliers ou murs de charbon, pour les enlever ensuite. Cependant, il convient encore de le faire, car lorsque les faces des piliers ne sont pas parallèles aux plans des fissures, dès que la pression du toit commence à opérer l'écrasement du pilier, et que l'air vient à en pénétrer la masse, on voit de gros morceaux se détacher du pilier.

La galerie d'écoulement coupe souvent les fentes naturelles sous des angles très variables. Les dimensions des piliers voisins de la galerie doivent alors être calculées de manière à présenter une résistance suffisante, eu égard à l'obliquité de l'une de leurs faces sur celles des galeries. (*Voy.* fig. 4, pl. IV).

Il est d'ailleurs convenable de laisser auprès de la galerie principale d'allongement, un rang de piliers plus épais, afin de conserver cette galerie dans le cas où un accident viendrait à détruire les piliers dans les parties voisines de la mine.

Passons maintenant au mode d'exécution des travaux dont nous avons appris à déterminer le plan.

Nous supposerons, en premier lieu, que la couche ne soit pas située à une très grande profondeur. La fig. 5, pl. IV, nous donne une idée d'une des manières les plus simples de conduire l'opération.

Détails sur la méthode par piliers, dans le cas où l'on abandonne des piliers.

A est le puits principal; B, le puits n° 2; CD, la galerie principale d'allongement, et AB la galerie principale d'inclinaison. On perce en même temps la galerie principale d'allongement et celle d'inclinaison. Ce n'est que lorsqu'elles ont déjà une certaine longueur, que l'on commence à percer les *tailles;* et pendant qu'on ouvre les tailles, on continue à prolonger ces galeries. De cette manière, si l'on rencontre un dyke ou une faille, on a le temps suffisant pour les traverser sans arrêter l'exploitation.

Les tailles sont ouvertes successivement, tantôt dans le sens de l'inclinaison, tantôt dans celui de la direction, de telle façon que les tailles les plus voisines du puits principal sont toujours les plus avancées. On recoupe ensuite les murs de charbon qui les séparent par des tailles transversales.

On commence par ouvrir les tailles dans le sens de l'inclinaison, comme cela est indiqué fig. 5, quand le charbon paraît s'abattre plus facilement en montant; et dans le sens de la direction, lorsque le cas contraire se présente.

Les galeries ou les tailles se terminent, tantôt à la crête des couches, tantôt dans des parties où le charbon perd sa bonne qualité; tantôt enfin, elles s'arrêtent à la rencontre de grands dykes, ou à la limite du terrain houiller.

On multiplie les puits lorsque les circonstances le nécessitent, et que le calcul des dépenses le permet.

Quand la profondeur de la mine ne dépasse pas 60 toises, les puits, étant peu dispendieux, sont en grand nombre. La profondeur devenant considérable, et le percement des puits très coûteux, on se sert souvent d'un seul puits, subdivisé en plusieurs compartimens, pour le service des machines d'épuisement et d'extraction.

Détails sur la méthode par piliers, avec abattage complet de piliers.

Lorsque les couches exploitées sont à de grandes profondeurs, de 150 à 300 mètres, les galeries principales d'allongement et d'inclinaison sont ouvertes, comme dans le cas précédent, avec certaines précautions, que nous ferons connaître en parlant de la ventilation. Quant à l'exploitation des tailles et des piliers, il faut la modifier, eu égard à la pression considérable des couches supérieures, à la dépense extraordinaire qu'exige le percement des puits, et enfin, aux précautions que réclament la sûreté de l'ouvrier et le succès de l'entreprise.

Anciennement, pour exploiter les couches à de grandes profondeurs, à Newcastle, on commençait par ouvrir des tailles croisées, en laissant des piliers beaucoup plus épais que la pression des couches supérieures ne l'exigeait, *dans toute l'étendue* de la portion de couches qu'on voulait exploiter. On abattait ensuite les piliers en totalité ou en partie, en suivant la marche déjà indiquée; mais alors il arrivait souvent que malgré l'épaisseur des piliers et le peu de largeur des tailles, un éboulement ou un soulèvement avait lieu, même avant qu'on eût commencé le dépilage. Les effets de cet accident s'étendaient, sans qu'il fût possible de les arrêter, dans toute l'étendue de l'exploitation, ou bien c'était au moment du dépilage que le toît ou le mur se rompaient, et si tous les piliers n'étaient pas brisés, une partie considérable au moins s'affaissait. On était obligé d'en laisser une autre portion tout autour pour soutenir le toît, et la perte en combustible minéral était encore énorme : elle était rarement de moins d'un tiers, et souvent elle atteignait moitié de la quantité qu'on aurait pu extraire. C'était une perte immense pour la société comme pour l'industriel.

M. John Buddle, sorti de la classe intéressante de ces hommes instruits et laborieux, connus en Angleterre sous le nom de *Colliery viewers* (inspecteurs des mines), a modifié le système d'exploitation des couches profondes de la manière suivante :

Méthode par piliers et compartimens (*pannelwork*).

Au lieu de diviser toute l'étendue de la couche par piliers et galeries croisées en échiquier, il l'a partagé en un certain nombre de compartimens carrés formant aussi échiquier, mais entourés de tous côtés par des murs de charbon de 40 à 50 yards d'épaisseur. Des galeries et des canaux d'airage sont pratiqués à travers ces murs, pour exploiter l'intérieur des compartimens. Tous les compartimens sont mis ainsi en communication avec les puits d'airage, et pour mieux distinguer les différentes parties de la houillère, chaque compartiment porte un nom particulier, en sorte qu'on puisse le désigner nettement lorsque des accidens ont lieu.

La fig. 6, pl. IV, représente une partie de la houillère avec quatre compartimens, suivant la méthode perfectionnée, et, pour la rendre le plus intelligible possible, nous avons supposé les galeries montantes percées suivant la ligne de plus grande pente. A est le puits principal, subdivisé en trois parties, l'une pour les pompes, les deux autres pour l'extraction. Ces deux dernières servent aussi pour l'airage; l'air froid descend par l'une d'elles, et l'air chaud s'élève par l'autre, au fond de laquelle se trouve un foyer. BC représente la galerie principale d'allongement; AE, la galerie montante; K, les murs d'enceinte d'un compartiment complétement divisés en échiquier; D, un compartiment dans lequel les tailles qui entourent les piliers ne sont pas encore entièrement percées; Z, un compartiment où l'on a déjà exploité une partie des piliers.

Le déchet, lorsqu'on procède de cette manière, dépasse rarement un dixième, au lieu de s'élever à un tiers ou à moitié, comme dans l'ancien système.

Les piliers sont de grandes dimensions; ils ont 12 yards de largeur et 24 de longueur; les tailles, au contraire, sont étroites. Les tailles principales (*boards*) qui ont pour côtés les longues faces des piliers, et qui sont perpendiculaires aux fissures de direction, ont 4 yards (12 pieds) de largeur, et les tailles auxiliaires (*rooms*) ouvertes transversalement d'une taille principale aux tailles voisines, pour le service de l'aérage, comme nous le verrons plus loin, n'ont que 5 pieds. Les murs d'enceinte des compartimens forment tout autour des espèces de barrières, qui empêcheraient, au besoin, l'éboulement du toît de l'un des compartimens, de se propager dans les compartimens voisins.

Lorsqu'il s'agit de *dépiler*, on commence par abattre une rangée de piliers, à la plus grande distance possible du puits principal, dans le compartiment le plus éloigné, et au fur et à mesure que l'abattage a lieu, on place des étançons voisins les uns des autres, pour soutenir le toît. Le dépilage a lieu de cette manière, jusqu'à ce que l'on ait exploité une grande chambre d'environ 4,000 yards carrés. Il arrive alors qu'un prisme de terrain ayant cette surface pour base, et une épaisseur qui peut dépasser 260 mètres, se trouve suspendue sur les piliers ou murs qui entourent cette chambre; car il ne faut pas croire que les étançons puissent supporter cette énorme masse. Les étançons servent uniquement à empêcher l'éboulement de l'assise qui forme le toît.

Dès que la surface de l'espace dépilé a atteint 1,000 yards carrés, les ouvriers commencent à retirer les étançons, ce qui est un travail fort dangereux. Ils font tomber d'abord les étançons les plus éloignés du puits principal, puis ils continuent à abattre les autres en se rapprochant du puits. Pendant cette opération, l'assise du toît se brise et tombe par plaques immenses. Les ouvriers, sans s'effrayer, continuent à abattre les étançons, et s'ils en trouvent qui soient pressés si fortement qu'on ne puisse les renverser, même avec d'énormes masses, ils les coupent avec la hache. Les mineurs regarderaient comme une lâcheté d'en abandonner un seul.

Après avoir abattu tous les étançons, les ouvriers se retirent entre les piliers, pour se mettre en sûreté; l'assise du toît continue à s'ébouler, et les couches supérieures plient et rompent vers le milieu de la chambre.

Les mineurs achèvent le dépilage de la même manière, en étayant d'abord, puis retirant les étais, jusqu'à ce qu'enfin il ne reste plus dans le compartiment qu'un très petit nombre de piliers amincis, conservés pour soutenir quelques parties du toît plus menaçantes que les autres.

Après avoir dépilé, on abat les murs des compartimens progressivement, en reculant vers le puits principal : on ne perd ainsi qu'une très petite quantité de charbon.

Cette méthode nous paraît être la meilleure que l'on puisse suivre pour exploiter des couches semblables à celles de Newcastle, qui sont à une grande profondeur, et dont le charbon tendre dégage une grande quantité d'hydrogène. Il est clair que plus on donnera de largeur aux piliers et aux murs d'enceinte, plus il y aura de sûreté pour les ouvriers, et de chances d'extraire une grande quantité de charbon au dépilage.

Une partie du travail, celle qui consiste à retirer les étançons en provoquant l'éboulement des couches supérieures, présente sans doute d'assez grandes difficultés. Cependant, la ventilation, dont le mineur doit s'occuper au fur et à mesure qu'il exploite, en offre de plus graves encore, et exige non moins de hardiesse. C'est une lutte perpétuelle qui s'engage entre l'ouvrier et la terre ou le feu, qui menacent de le détruire lui et ses travaux.

Nous arrivons maintenant à la méthode d'exploitation, que l'on nomme *méthode du Shropshire*, ou *par grandes tailles*.

Détails sur la méthode par grandes tailles.

Cette méthode a été appliquée pour la première fois en Angleterre, dans le Shropshire. Il paraît que dans l'origine elle était fort dangereuse; mais par les modifications qu'elle a subies depuis cette époque, elle est devenue aussi sûre, si ce n'est plus sûre encore, que la méthode par piliers et galeries.

Elle consiste à commencer l'exploitation près du puits principal, en abattant immédiatement tout le charbon qui se présente sans laisser de piliers. Le toit s'éboule derrière l'ouvrier, et l'on ménage, comme nous allons le voir, des galeries à travers les éboulis, pour revenir au puits principal.

Pour la mettre à exécution, on commence, comme dans toute autre méthode, par ouvrir une galerie d'allongement principale, suivant la direction, en laissant autour des puits de forts piliers, ainsi que cela est indiqué pl. IV, fig. 7.

On laisse également des piliers ou murs de charbon, pour servir à soutenir latéralement le toît de la galerie d'allongement, et on les recoupe de distance en distance, pour les besoins de l'aérage ou de l'exploitation, ou bien on ne laisse pas de piliers, et l'on soutient le toît par des murs en maçonnerie.

Cela fait, on commence à exploiter la couche au moyen de larges tailles, sans ménager de piliers pour les séparer, et l'on a soin au fur et à mesure que l'on avance de placer derrière soi dans l'espace exploité, les pierres ou le mauvais charbon pour le remblayer aussi bien que possible, et empêcher un éboulement brusque des couches supérieures. Il faut toujours diriger les tailles dans le sens qui offre le plus de facilité pour l'abattage du charbon, eu égard aux joints qui traversent la couche.

Dans quelques circonstances, lorsque les besoins du commerce nécessitent une exploitation active, on mène des tailles dans deux directions différentes.

Les ouvriers à mesure qu'ils s'avancent élèvent de petits murs en pierre sèche suivant des lignes parallèles au front de la taille en posant des étais entre ces murs et le *front*. Quelquefois ils posent jusqu'à trois rangées d'étais parallèles entre le front de la taille et le remblai en ménageant un espace de 4 pieds entre le premier rang le plus voisin de l'ouvrier et le front auquel ils travaillent. Ils amoncèlent les nouveaux déblais entre les étançons de la dernière rangée, puis ils retirent cette dernière rangée lorsqu'ils avancent, et la placent immédiatement derrière eux.

Quand le toit est bon on n'emploie qu'un petit nombre d'étais et de piliers en maçonnerie; lorsqu'au contraire il est mauvais, on les place à une petite distance les uns des autres.

Lorsque les déblais sont rares et que le toit est solide, au lieu de laisser un espace entre le remblai et le toit, on forme de petits tas de déblais s'élevant du mur jusqu'au toit sur des lignes perpendiculaires au front de la taille et séparés par des espaces vides. Lorsque le toit s'affaisse, ces tas s'affaissent et se répandent dans l'espace vide. Ce mode de remblai est représenté fig. 8, pl. IV.

La fig. 7 représente une première disposition des travaux d'exploitation. On voit que les galeries ménagées à travers les remblais, pour revenir du front de la taille au puits d'extraction, sont disposées en éventails comme les branches d'un arbre. La distance entre deux galeries est de 20 à 40 yards, suivant les circonstances. La moitié de la portion de couches exploitée entre deux de ces galeries, est transportée par l'une d'elles, la seconde moitié par l'autre. Cette disposition est surtout avantageuse lorsque le toît est mauvais, et alors la distance entre les galeries n'est que de 20 yards.

La fig. 9, pl. IV, représente une autre disposition de travaux; on garantit les parois des galeries en construisant des murs de pierre, ou de charbon si l'on manque de pierre.

Les murs de pierre ont 9 pieds de largeur; ceux de houille 20 pouces.

L'affaissement du toît ne détruit généralement pas ces galeries. Dans ce dernier cas, les galeries sont éloignées de 20 à 40 yards, et sont parallèles au lieu d'être convergentes.

Cette méthode, moins répandue que la précédente, présente plus de régularité.

La distribution du travail entre les ouvriers, lorsqu'on emploie le procédé par longues tailles, n'est plus la même que dans le cas où l'on applique la méthode par piliers et galeries. Dans la méthode par piliers et galeries, chaque ouvrier travaille dans une taille particulière, où il abat le charbon et le transporte à la galerie principale. Dans la méthode par grandes tailles, les ouvriers sont réunis en grand nombre dans une même taille, et sont ordinairement divisés en trois classes.

La première classe, celle des haveurs (*holers*), creuse une entaille au bas de la couche, dans le charbon, jusqu'à une profondeur de 3 pieds au moins, et souvent de 45 pouces. La longueur et la profondeur de l'entaille sont mesurées par un contre-maître (en France, caporal ou porion), qui, pour apprécier la profondeur, se sert d'une espèce d'équerre dont la branche horizontale, introduite dans l'entaille, a 40 pouces de longueur, et dont la branche verticale doit toucher le front de la taille. Pour se garantir de la chute du charbon, les ouvriers laissent, à des distances de 6 à 8 yards, des petits massifs de charbon d'environ 10 pouces carrés, qui interrompent l'entaille, et ils posent de petits étais. Les tailles se trouvent ainsi divisées en portions de 6 à 8 yards de longueur. A chaque extrémité de ces portions de taille, le haveur coupe une entaille perpendiculaire au front de la taille; sa tâche est alors accomplie.

Viennent après lui la seconde classe d'ouvriers, les abatteurs (*getters*); ceux-ci, en commençant au milieu de la taille, coupent les petits massifs de charbon qui interrompent l'entaille horizontale, enlèvent les petits étais, et enfin font tomber le charbon, soit en introduisant des coins dans le voisinage du toit, soit dans certains cas, en chargeant des trous de mines.

Lorsque la couche de charbon n'est pas fortement adhérente au toit, elle tombe immédiatement après qu'on a enlevé les petits étais ; ce qui rend l'opération très facile.

Aux *getters* succèdent les hercheurs ou remblayeurs (*drawers*) ; ils cassent le charbon en morceaux de grosseur convenable, pour le transport au puits, qu'ils effectuent jusqu'à l'extrémité des galeries ; ils construisent les remblais, posent les étais, en un mot, font toutes les dispositions nécessaires pour que les haveurs puissent entreprendre de nouveau leur travail ; s'il faut exhausser les galeries en coupant le toît ou le mur, ces ouvriers doivent aussi le faire. Ils ont encore à construire les parois des galeries et à les étayer.

Quand le mur et le toît sont solides, et que la couche a plus de 4 pieds d'épaisseur, on perd une plus grande quantité de charbon pour remblayer, que lorsque le mur est de moyenne dureté et le toît facile à abattre, parce que, dans ce dernier cas, on a suffisamment de remblais pierreux. Souvent on n'extrait de la mine que du charbon en gros morceaux, et l'on y abandonne, pour les remblais, tout le *menu*. Une portion même de *gros* sert à construire des piliers ou murs.

Lorsqu'on trouve un banc tendre d'argile sous la couche de charbon, ou même à 1 ou 2 pieds plus bas, on have dans ce banc, et l'on se sert de la pierre ou de l'argile qui provient des bancs inférieurs à la couche de charbon, pour les remblais ; on ne perd ainsi aucune portion de charbon.

La plus grande difficulté à surmonter dans l'application de la méthode par grande taille, est de produire un affaissement graduel du toit derrière le mineur. Plus le remblai est fourni, moins le danger d'un éboulement subit est grand.

Lorsque les couches supérieures sont solides, dans le cas surtout où les assises voisines du charbon sont épaisses et composées de grès, on peut avancer de plusieurs mètres sans que le toit s'affaisse, et lorsque l'affaissement commence, ce qu'on reconnaît au bruit qui se produit, il faut de grandes précautions pour éviter qu'il n'y ait rupture sur la tête même des ouvriers, tout le long du front de la taille. Lorsqu'un pareil accident a lieu, on est obligé d'ouvrir de nouveau, non sans beaucoup de travail, la portion de l'espace comblé nécessaire pour continuer l'exploitation. Il n'y a d'autre moyen de le prévenir, que de remblayer soigneusement.

Si le toit et le mur sont solides, on construit des piliers en pierre sèche, comme d'habitude, mais sans les consolider au moyen de coins ou par tout autre moyen destiné à maintenir plus exactement l'écartement entre le toit et le mur.

On évite également que les étançons soient serrés avec force contre le toit et le mur, et l'on place au-dessous une planchette ou une petite plaque de schiste. Si au lieu de construire des piliers en pierre sèche, on laissait des piliers de charbon, ou qu'on serrât fortement des étais en bois, le toît les briserait infailliblement; ce qui n'arrive pas lorsque ces piliers cèdent graduellement, jusqu'à ce qu'il vienne à reposer sur le remblai. Les étais peuvent alors être retirés, pour servir de nouveau.

Dans les houillères du Shropshire, on emploie beaucoup d'étais en fonte. Cette méthode est économique, lorsqu'il existe une usine à fer dans le voisinage; mais, dans toute autre circonstance, elle est coûteuse. Lorsque ces étais ne cèdent pas aux coups de masse, on les fait tomber au moyen d'une chaîne armée à chaque extrémité d'un crochet. On saisit avec l'un des crochets le bas de l'étançon, et l'on fait passer dans l'autre crochet recourbé en anneau, un levier de bois ou de fer, dont on se sert pour tirer l'étançon, en appuyant l'un des bouts contre un point fixe.

Méthode par gradins.

Une autre modification de la méthode par grandes tailles, consiste à ouvrir successivement une série de tailles de 6 à 12 pieds de large, à côté les unes des autres, de telle façon que les fronts de ces tailles soient disposés par gradins. La fig. 10, pl. IV, représente ce genre de travail (1). Un ou-

---

(1) Cette méthode est fréquemment employée dans le nord de la France et en Belgique, particulièrement pour les couches très inclinées. Dans ce cas, l'ouvrier est placé sur un plancher ou sur les déblais, devant chaque gradin, ayant à ses côtés le toît et le mur. Lorsque le gaz est abondant, l'ouvrier doit avoir soin de ne jamais laisser

vrier est placé devant chaque gradin. Dans ce cas, on ménage des galeries à travers les remblais, ou bien on remblaie entièrement l'espace excavé, sauf la partie où se tiennent les ouvriers et la galerie principale d'allongement, et le charbon est extrait en suivant le front des tailles pour arriver à la galerie d'allongement.

On donne quelquefois assez de largeur aux tailles pour placer deux ou trois hommes dans chacune. Un seul ouvrier joue en même temps le rôle de haveur, d'abatteur et de remblayeur.

On peut compter que, par la méthode du Shropshire, le déchet en charbon est de un huitième à un douzième; quelquefois même il est à peu près nul. Cette méthode pourrait être employée pour des couches de toute épaisseur, pourvu qu'on eût quantité suffisante de remblai.

Nous pourrions encore décrire d'autres modifications de cette méthode; mais cela est inutile, puisque le principe reste le même (1).

---

un espace considérable entre le remblai et le front de la taille, afin que le courant d'air qui doit passer devant les tailles en *lèche* bien le front. Auprès de Liége, on exploite une couche inclinée où le dégagement du gaz est très abondant, en plaçant les ouvriers sur des planchers immédiatement les uns au-dessus des autres, au lieu de les placer en retrait, comme dans la méthode par gradins. On évite ainsi les angles, où les gaz vont aisément se loger.

(1) La méthode par grande taille est souvent employée

Après avoir passé en revue les méthodes suivies en Angleterre pour exploiter les couches d'é-

---

à Mons et dans d'autres mines du Nord, pour exploiter des couches qui ne sont ni très épaisses, ni très inclinées.

A Liége, dans des mines où l'on peut craindre les irruptions d'eau ou de gaz qui remplissent d'anciens travaux, au milieu desquels on travaille, on exploite d'abord une partie de la houille au moyen de tailles parallèles, que l'on remblaie en partie; on perce des trous de sonde aux extrémités de chacune des tailles, suivant l'inclinaison de la couche; et si l'eau et le gaz viennent à pénétrer tout d'un coup dans l'un des trous de sonde, on les laisse écouler s'ils sont en petite quantité, ou, s'ils sont en grande abondance, on bouche le trou, on ferme la taille et l'on cesse de l'exploiter. Lorsqu'on a exploité ainsi la couche sur une étendue considérable, on abat les massifs, en commençant par les plus éloignés du puits principal, et les attaquant dans la partie la plus voisine de la galerie d'écoulement, on travaille en remontant, suivant l'inclinaison, et l'on remblaie derrière soi.

En Silésie, nous avons vu exploiter une couche de houille d'une épaisseur médiocre, par une méthode analogue. On poussait d'abord des tailles parallèles suivant la direction, aussi larges que pouvait le comporter la nature du toit, et l'on soutenait le toit derrière soi avec des étançons sans remblais. On recoupait ensuite les massifs par de petites tailles transversales, en montant d'une des tailles suivant la direction à la taille supérieure, et commençant par l'extrémité du massif la plus éloignée du puits principal. On étayait provisoirement le toit et, au fur et à mesure qu'on se rapprochait du puits principal, on abattait les étais dans la partie excavée, pour faire ébouler le toit.

paisseur ordinaire et d'une inclinaison moyenne, il nous reste à parler de celles qui s'appliquent à l'exploitation :

1°. Des couches minces ;

2°. Des couches très épaisses ;

3°. Des couches très inclinées.

Exploitation des couches minces.

On exploite rarement, en Angleterre, des couches isolées, dont l'épaisseur soit moindre que 18 pouces.

Lorsqu'on en exploite de plus minces, c'est ordinairement dans le but d'exploiter en même temps des couches adjacentes d'argile réfractaire ou de minerai de fer. Nous connaissons, toutefois, des couches de charbon propre à la forge et exploitées, dont l'épaisseur est de 12 pouces seulement.

Toutes les couches dont l'épaisseur ne dépasse pas 2 pieds 3 pouces sont exploitées complétement sans déchet, soit par la méthode du Shropshire, soit par celle des piliers et galeries.

Lorsqu'on suit cette seconde méthode, on ouvre des galeries aussi larges que le permet la solidité du toit, et loin de s'allarmer lorsque le toit s'éboule, on en est satisfait, puisque alors les galeries deviennent plus élevées, et que l'on peut remblayer avec les débris provenant de l'éboulement; ou, si le toit ne s'affaisse pas, on laisse provisoirement, pour prévenir toute rupture subite, de petits piliers qui ont 8 pieds de côté. Les murs ou piliers ont de 4 à 16 yards d'épaisseur, suivant les circonstances, et ne sont recoupés qu'accidentellement, pour les besoins de l'aérage. Les tailles ont 20 pieds de largeur. Les petits piliers sont à 6 ou 8 pieds des piliers ou murs principaux, et ils sont éloignés de 8 pieds l'un de l'autre.

Lorsqu'on est parvenu, par les tailles, à l'extrémité du champ d'exploitation, on revient en arrière vers le puits principal, en exploitant les piliers.

Cette méthode se modifie suivant la texture du charbon et la nature du toît ainsi que celle du mur et des couches supérieures. Il ne conviendrait pas d'appliquer à des couches minces, qui contiennent une si petite quantité de charbon sur une grande surface, la méthode ordinaire par piliers et galeries.

Les couches qui ont de 5 à 8 pieds d'épaisseur sont généralement les plus faciles à exploiter. Lorsque leur épaisseur dépasse cette limite, il faut que le toît et le mur soient solides, pour qu'on puisse les exploiter avec sûreté et éviter des pertes considérables de charbon. La méthode du Shropshire devient inapplicable dans de pareilles couches, parce qu'on manquerait de remblais, et que d'ailleurs les étançons ne présenteraient pas une résistance suffisante.

Exploitation des couches dont l'épaisseur ne dépasse pas 20 pieds.

Lorsque les couches n'ont pas plus de 20 pieds d'épaisseur, et que le toît est solide, on les exploite quelquefois comme celles moins épaisses, sur toute la hauteur : mais si le charbon est tendre et friable, on établit deux étages de travaux. Dans ce dernier cas, on perd ordinairement moitié du charbon, qu'il faut abandonner pour former des piliers, rarement moins qu'un tiers.

Il y a différentes manières de procéder pour exploiter ainsi une couche de charbon de cette épaisseur en deux étages.

Par étages, en commençant par le haut.

Une première consiste à ouvrir d'abord une taille sur une hauteur de 4 à 6 pieds et une longueur égale à celle d'un pilier, plus la largeur d'une taille transversale, plus 4 pieds. On exploite ensuite le banc inférieur que l'on a sous les pieds, comme on le ferait dans une carrière à ciel ouvert; mais avant d'enlever la partie opposée à la taille transversale, on perce cette taille sur une longueur de 4 pieds, dans le banc supérieur. On peut ensuite continuer à abattre le banc inférieur; les ouvriers sont ainsi disposés par gradins, de manière à ce qu'ils reposent toujours sur le banc inférieur, pour attaquer le banc supérieur (1).

Par étages, en commençant par le bas.

D'autres fois on commence par exploiter un banc inférieur ayant 3 ou 5 pieds d'épaisseur sur la longueur du pilier et la largeur d'une galerie transversale, et l'on fait ensuite tomber les bancs supérieurs.

Par piliers et estaus.

Quand le charbon est friable et de nature à

(1) Cette méthode est aussi appliquée à l'exploitation d'une couche épaisse, dans la Haute-Silésie.

céder facilement aux effets de l'air et de la pression, on exploite d'abord la portion supérieure de la couche, puis la partie inférieure, en laissant entre les deux étages de travaux un banc ou *estau* de 2 à 3 pieds d'épaisseur, comme cela est indiqué fig. 11, pl. IV. Il faut alors avoir soin que les piliers des deux étages se correspondent exactement; on finit par exploiter l'*estau* qui sépare les deux étages, et l'on enlève la plus grande partie possible des piliers (1).

Précaution à prendre si le toît est tendre.

Toutes les fois que le toît est tendre, comme il faudrait dans ces couches épaisses employer des étais d'une grande longueur pour le soutenir; et que sa chute occasionerait de graves accidens, on a soin de laisser subsister un banc supérieur de 2 ou 3 pieds de charbon, qui prend le nom de *faux toît*. Un pareil toît de charbon est ordinairement très solide, et il ne peut tomber sans qu'on en soit averti par un craquement particulier, fort différent de celui qui a lieu lorsque des couches pierreuses viennent à s'ébouler.

Exploitation de la couche de 10 yards (*ten yard-coal*), dans le Staffordshire.

Près de Dudley, dans le Staffordshire, on exploite une des couches les plus épaisses qui existe en Angleterre, du toît jusqu'au mur.

Elle a 10 yards d'épaisseur. Nous en avons

(1) La plus grande partie des couches épaisses exploitées dans le département de Saône-et-Loire, le sont de cette manière (Blanzy, Monceaux, etc.). On perd ainsi beaucoup de charbon.

donné la coupe et celle du terrain qui la renferme. Cette couche de charbon a environ 7 milles de longueur et 4 de largeur. La méthode suivie pour l'exploiter, analogue à celle par compartimens de Newcastle, est fort remarquable; nous allons la décrire.

Les puits percés auprès de Dudley, sur un champ d'exploitation assez restreint, sont fort nombreux, et au lieu d'un seul puits pour les bennes qui montent et descendent alternativement, comme dans les autres mines, on en perce toujours deux, dont la distance varie de 10 à 30 pieds, et le diamètre de 6 à 7 pieds; une seule machine sert pour ces deux puits ronds.

On ne laisse quelquefois que deux piliers dans un compartiment pour soutenir le toit. Dans d'autres circonstances, on en laisse quatre, six, neuf ou douze. Le plus communément, on en laisse deux ou quatre. Comme l'opération qui a lieu dans un des compartimens se répète de la même manière dans tous, il convient de la décrire d'abord pour un compartiment, avant de nous occuper de l'ensemble des travaux.

La fig. 15, pl. V, représente un compartiment. En A, sont les murs de charbon qui l'enceignent; en P, les piliers qui ont 8 yards de côté; en T, les tailles, qui ont 11 yards de largeur; en D, les tailles transversales, qui ont également 11 yards; en G, une galerie à travers le mur de charbon, qui sert à pénétrer dans le compartiment et à en sortir.

On ouvre deux, trois ou quatre galeries semblables, suivant la grandeur du compartiment : elles ont 8 pieds de largeur et 9 pieds de hauteur.

La couche est subdivisée par des fissures parallèles au plan du toit, ou par des bancs *subordonnés* de pierre, dont l'épaisseur varie depuis 1 pouce jusqu'à plusieurs pieds, et qui facilitent l'exploitation.

On commence par attaquer contre le sol un banc inférieur, épais seulement de 2 pieds 3 pouces. Les ouvriers se résignent à travailler dans des tailles très basses, pour ensuite exploiter avec plus d'avantage. La galerie G à travers le massif une fois percée, on pénètre dans le compartiment par une taille dont la largeur est de 4 pieds, comme l'indiquent les lignes ponctuées, et la hauteur celle du banc. Des deux côtés de cette taille, on on pousse d'autres tailles de 2 yards de largeur, qui mettent à découvert les parois du mur d'enceinte A, et l'on continue à ouvrir l'excavation en plaçant les mineurs par gradins, comme le montre la figure. Dès qu'on a exploité le charbon sur la hauteur indiquée autour des piliers et le long du mur d'enceinte, on commence à faire tomber les bancs supérieurs par plaques plus ou moins épaisses, suivant la disposition des joints naturels de la couche et celle des bancs subordonnés. Pour cela, on have de bas en haut, contre les murs d'enceinte et tout autour des piliers. On donne une grande largeur aux havages, afin que le mineur, obligé souvent de les pousser à une hauteur de 5 à 6 pieds, puisse trouver l'espace nécessaire pour y introduire sa tête et les épaules. On soutient les premiers bancs de charbon avec des étais et de petits piliers en pierre sèche convenablement espacés. En outre, lorsqu'on veut faire tomber des plaques épaisses de charbon, on laisse dans la partie inférieure du havage, à des distances variables, des prismes de charbon de 10 pouces d'épaisseur, qui en interrompent la continuité et ne doivent disparaître qu'en dernier lieu. Le havage terminé, on retire les étançons, on abat les piliers en pierre sèche et l'on coupe les prismes de charbon, en partant des extrémités du compartiment pour revenir vers la galerie G. Le banc de charbon n'étant plus soutenu, se brise et tombe sur le sol.

Outre les piliers principaux indiqués dans la figure, on ménage des piliers auxiliaires de 2 à 3 yards carrés, auxquels on donne le nom de *Men of War*. Lorsqu'on a commencé à exploiter la couche de 10 yards de Dudley, on laissait ces piliers dès l'abattage du banc inférieur, mais ils gênaient pour le travail des tailles, et on ne tarda pas à reconnaître qu'ils s'écrasaient facilement aussitôt que la pression commençait à se faire sentir un peu fortement. Aujourd'hui on ne ménage lors de l'exploitation du premier banc que les piliers principaux, puis lorsqu'il s'agit d'exploiter les bancs supérieurs, on construit de petits piliers en pierre sèche, à l'emplacement déterminé pour les piliers auxiliaires. On leur donne quelques pouces ou un pied de côté au-delà de la largeur que l'on veut conserver au pilier auxiliaire, et dès que l'espace qui les sépare du banc de charbon n'est plus que de 3 à 4 pouces, on le remplit avec des tasseaux de bois qui ne doivent pas être trop solidement assujettis. Ce support cédant par degrés à la pression des couches de charbon, lui résiste mieux qu'un pilier sans flexibilité, et il préserve de la rupture le pilier de charbon que l'on conserve au-dessus. Déjà nous avons eu lieu de signaler les avantages de ce genre d'étais, souvent applicables dans les travaux souterrains.

On fait tomber de cette manière la couche de charbon par grandes plaques d'épaisseur variable, et on laisse subsister des piliers auxiliaires jusqu'à la fin de l'opération, époque à laquelle on fait ébouler les bancs supérieurs voisins du toit. Ils tombent alors par masses de 100 à 200 tonnes à la fois, quelquefois même de 300 tonnes.

Pendant les travaux d'exploitation, on laisse ordinairement sur le sol une grande quantité de menu charbon de fort bonne qualité, et l'on en forme des tas, sur lesquels les ouvriers se placent pour abattre les bancs supérieurs. Lorsque la hauteur devient considérable, les mineurs sont obligés de monter sur des échelles ou sur des échafauds.

Le dernier banc, celui qui est le plus voisin du toit, n'est pas abattu comme les autres, en commençant le havage dans la partie voisine de la galerie G à travers le mur, et avançant vers le fond du compartiment. Ce travail est très dangereux pour les ouvriers; aussi n'en confie-t-on l'exécution qu'à des mineurs expérimentés et hardis. Ils havent d'abord le long du mur de charbon, au fond du compartiment, en laissant de petits prismes de charbon qui interrompent la continuité du havage, puis ils enlèvent les échafauds et font tomber les piliers auxiliaires, en partant du fond du compartiment et revenant vers la galerie à travers le massif. Ce n'est qu'en dernier lieu qu'ils coupent les prismes de charbon laissés dans le havage. Comme il est fort dangereux de travailler sous une pareille masse de charbon qui menace de tomber, les mineurs n'approchent jamais, pour les couper, avec leur scie ordinaire; ils emploient, pour cela, un outil particulier, qui ressemble beaucoup à un croc de marin. Cet outil consiste en une grande perche de 18 pieds de longueur, terminée par une pointe acérée portant latéralement un crochet. Les mineurs, pour s'en servir, s'appuient contre le mur antérieur du compartiment, et entament le prisme de charbon sur la face antérieure avec la pointe d'acier, et sur la face postérieure avec le croc. Ils coupent ainsi tous les prismes en reculant; quelquefois le charbon tombe avant qu'ils n'aient achevé : souvent aussi les bancs supérieurs de charbon se détachent, non-seulement sur la hauteur du havage, mais encore sur des hauteurs plus grandes, qui vont jusqu'à 12 et 14 pieds, et ils sont accompagnés de portions immenses du toît solide, d'une telle épaisseur, qu'il faut les briser à la poudre pour les séparer du charbon. Nous avons été témoins de cette partie de l'opération, qui est d'une beauté effrayante.

Il est impossible de se représenter exactement l'immensité des excavations qui se forment par l'abattage du charbon et la chûte du toît.

On conçoit combien les accidens doivent être fréquens dans des mines exploitées de cette manière, surtout lorsqu'on songe qu'au danger des éboulemens, se joint celui des explosions de gaz hydrogène. Un chirurgien de Dudley nous a assuré que, dans un rayon assez petit autour de cette ville, on pouvait compter un ouvrier de tué chaque jour. Ce chiffre est peut-être exagéré : ce que nous pouvons affirmer, toutefois, c'est que pendant deux mois de séjour que nous avons fait à Dudley, nous avons presque journellement rencontré de malheureux mineurs blessés, portés sur des brancards.

Le procédé que nous venons de décrire se modifie suivant la nature du charbon, celle des couches supérieures, et différentes circonstances locales.

Les mineurs, lorsqu'ils commencèrent à exploiter la couche épaisse de Dudley ne poussaient pas les tailles à une grande distance du puits principal : dès qu'ils étaient parvenus à 20 yards environ, ils allaient attaquer la couche en un autre point par un nouveau puits. Quand on fut obligé de creuser des puits plus profonds à grands frais, on augmenta le rayon de la portion de couche exploitée par un même puits, et l'on perfectionna les méthodes d'exploitation. Aujourd'hui, on porte ordinairement ce rayon à 100 yards, et même 150 yards, en sorte que la surface exploitée a 200 ou 300 yards de côté. On s'est éloigné du puits jusqu'à 450 yards; mais cette distance ne paraît pas convenable.

La mine se compose d'un certain nombre de compartimens, semblables à celui que nous avons représenté fig. 15, pl. V. Les galeries qui conduisent des puits à un compartiment, ont de 3 à 4 yards de largeur, et les murs de charbon qui l'entourent ont une épaisseur variable : les murs principaux ont 12 yards; les autres 5 yards.

Inflammation spontanée du menu pyriteux ; précautions à prendre.

Le charbon, pendant l'exploitation, est sujet à s'enflammer spontanément. Il faut prendre les précautions nécessaires pour éviter cet accident, dont les conséquences sont souvent très graves. Parmi ces précautions, on doit placer en première ligne celle de ne mettre les compartimens en communication avec les galeries et compartimens voisins, que par des galeries étroites, qui doivent être bouchées aussitôt que l'on a fini de les exploiter.

L'exploitation de tous les compartimens terminée, on enlève une portion aussi grande que possible de piliers et de murs en partant du compartiment le plus éloigné du puits et revenant vers ce puits.

S'il existe des galeries établissant la communication entre une mine et une mine voisine, on les ferme au moyen de deux murs éloignés de quelques pieds l'un de l'autre, et l'on remplit l'espace entre ces murs avec la poussière que forme le résidu du minerai grillé. On a trouvé que rien n'interceptait mieux l'air que cette poussière, et qu'en cas d'éboulement, elle cédait à la pression, sans pour cela donner passage au gaz.

Déchet par la methode du Stafforshire.

On voit de suite que lorsqu'on exploite par le procédé que nous venons de décrire, non-seulement on doit laisser une très forte proportion de charbon dans les piliers et les murs, mais encore produire une quantité considérable de menu. On estime que le déchet est de $\frac{4}{10}$ ou de moitié de la quantité totale du charbon que renferme la couche.

Exploitation de la couche épaisse de Jonhstone par estaus et piliers

On a proposé de commencer par exploiter l'assise supérieure, laissant une portion pour servir de toit, puis d'exploiter les autres assises par gradins, en suivant la marche que nous avons indiquée plus haut. Mais il n'est pas démontré que cette méthode soit préférable à celle que l'on suit aujourd'hui.

La méthode d'exploitation, par estaus est appliquée à une couche extraordinaire à Johnstone près de Paisley, en Écosse, qui a de 50 à 60 pieds d'épaisseur dans certains endroits et 90 dans d'autres. (Voyez *coupe du terrain*, page 52.) Cette couche est subdivisée par plusieurs assises minces de pierre, mais de ces assises, deux seulement atteignent l'épaisseur de 27 pouces, le toit est si mauvais et l'épaisseur de la couche si grande, qu'il a été impossible de l'exploiter comme celle du Stafforshire.

On laisse à peu près 3 pieds de charbon comme faux toit. On exploite ensuite par piliers et galeries une assise de 6 à 7 pieds selon l'écartement des fissures naturelles, ou des bancs pierreux. Les piliers de grandes dimensions sont plus tard amincis : 3 pieds plus bas, on perce de nouvelles galeries, sur une hauteur de 5 à 7 pieds en ayant bien soin de placer les piliers de cet étage exactement sous les piliers de l'étage supérieur, afin d'éviter les porte-à-faux. On exploite ainsi dix assises de charbon comme nous l'avons indiqué Pl. IV, fig. 11.

Lorsqu'on rencontre une assise de mauvaise qualité, on l'abandonne. Cette méthode entraîne une perte considérable comme celle du Stafforshire.

Les couches très inclinées sont exploitées par piliers et galeries ou par gradins. Les tailles principales sont toujours percées dans le sens de la direction, afin d'exposer les ouvriers à moins de risques et de faciliter le transport au puits d'extraction. Exploitation des couches très inclinées.

Quand les couches sont verticales ou à peu près l'ouvrier est placé sur le charbon ayant le toit et le mur à ses côtés. Le puits principal est percé dans la roche du toit ou du mur, suivant que l'une ou l'autre est plus ou moins consistante. Dès que ce puits a atteint la profondeur convenable, on rejoint la couche par une galerie à travers bancs, Toutes les tailles menées dans les couches épaisses suivant la direction, sont réunies au fur et à mesure que l'on avance, par de petites galeries transversales, afin de faciliter la ventilation.

C'est auprès d'Édimbourg que se trouve la principale couche verticale exploitée en Angleterre. Les différens puits, sauf le puits des pompes, n'atteignent que moitié de la profondeur de la portion de couche exploitée. On remonte moitié du charbon jusqu'au fond du puits à dos et l'on fait descendre l'autre moitié (1).

---

(1) La meilleure méthode pour l'exploitation des couches épaisses et très inclinées, mais qui n'est pas usitée en Angleterre, est celle par *ouvrage en travers*.

On fonce un puits dans le mur : parvenu à une certaine profondeur, on rejoint la couche par une galerie à travers bancs. Dès qu'on l'a atteinte, on ouvre une galerie d'allongement contre le mur; à l'extrémité de cette galerie prolongée, à une grande distance de la galerie à travers bancs, on perce une galerie horizontale dans le charbon, du mur au toit, à laquelle on donne même hauteur qu'à la galerie d'allongement, puis on la remblaie en revenant du toit au mur. On abat ainsi une première

Dès qu'une couche de charbon a été complétement exploitée dans toute la partie supérieure au

---

tranche de charbon; on en abat une seconde contiguë à la première, de la même manière, puis une troisième, une quatrième, etc., en revenant vers la galerie à travers bancs.

Pendant qu'un certain nombre d'ouvriers percent la galerie d'allongement au mur, d'autres ouvriers en commencent une seconde également contre le mur, immédiatement au-dessus de la première; la galerie inférieure devant être toujours la plus avancée, les ouvriers travaillant dans la galerie supérieure arrivent au-dessus de l'extrémité de la première, lorsque déjà la première taille à travers la couche a été remblayée. Ils ouvrent alors une taille immédiatement au-dessus, en montant sur les remblais, puis ils la remblayent en revenant du toit au mur, et enlèvent une série de tranches contiguës de la même manière. Au-dessus des deux premiers étages de travaux, on en forme de nouveaux en montant sur les remblais des étages inférieurs, et l'on parvient ainsi à exploiter entièrement la couche, sans abandonner de charbon.

Cette méthode est appliquée à l'exploitation d'une couche épaisse, au Creusot. La principale difficulté qu'elle présente, est celle de se procurer des remblais. Au Creusot, on en amène de la surface. On peut aussi s'en procurer en perçant des galeries dans le mur ou le toit, ouvrant de grandes excavations en cloches et faisant ébouler.

Une méthode analogue s'appliquerait aisément aux couches très épaisses et peu inclinées. On exploiterait d'abord les assises inférieures en remblayant, puis les assises supérieures en montant sur les remblais. Les tailles suivraient alors le mur, au lieu d'être percées transversalement du mur au toit.

fond du puits principal, on attaque la partie inférieure, et le charbon est toujours abattu par une des méthodes que nous avons décrites. Ordinairement, alors, on prolonge le puits principal, et l'on rejoint la couche par une galerie à travers bancs, au point le plus bas de la nouvelle portion que l'on veut exploiter.

Lorsque plusieurs couches de houille se trouvent placées les unes au-dessus des autres, et séparées par des bancs de rocher épais et consistans, on commence par exploiter les couches inférieures. Le charbon des couches supérieures devient un peu plus fragile; mais souvent aussi il s'exploite avec plus de facilité.

Quand les bancs de rocher n'ont pas une grande épaisseur, ou qu'ils sont peu consistans, on commence par les couches supérieures.

Nous avons supposé, jusqu'à présent, que le mineur, en poussant ses galeries, ne rencontrait ni dykes ni failles. Lorsqu'en perçant une galerie d'allongement, il trouve un dyke ou une faille, il prolonge ordinairement la galerie à quelques mètres au-delà, apprécie l'intensité du rejet par un trou de sonde, puis à partir de l'extrémité de la galerie d'allongement, ouvre pour aller rejoindre la couche une galerie à travers bancs, qui coupe à angle droit la galerie d'allongement.

Quelquefois, au lieu de percer un trou de sonde pour rechercher la couche rejetée, on perce un puits qui suit la pente de la faille ou du dyke.

Lorsqu'on rencontre des dykes ou des failles en poussant des galeries montantes, on les traverse de différentes manières, suivant le cas.

La couche étant rejetée vers le bas et la hauteur du rejet ne dépassant pas 25 pieds, on perce de haut en bas, à travers le rocher, une galerie inclinée le long du plan de la faille, ou suivant une pente moins rapide, si celle de la faille est trop petite; l'extraction du charbon s'opère alors en remontant cette galerie, et l'épuisement des eaux s'effectue au moyen d'un siphon. La courte branche du siphon est couchée sur le sol de la galerie percée dans le rocher, et la longue branche sur celui d'une galerie qui suit le plan de la couche. La première part d'un bassin où se réunit toute l'eau de la portion de couche rejetée, et la seconde aboutit au puisard établi au fond du puits des machines. Les deux extrémités du siphon sont munies de robinets, et le col (la partie recourbée) est surmonté d'un tube droit qui se termine par un entonnoir, et porte également un robinet.

Ces siphons étaient d'abord construits en plomb, mais depuis qu'on est parvenu à joindre exactement des tuyaux en fonte, ce métal a remplacé le plomb.

La hauteur du rejet dépassant 25 pieds, on renonce au siphon pour se servir de pompes.

Lorsque la hauteur du rejet est considérable, on réunit les deux portions de couche, que la faille ou le dyke sépare, par une galerie de niveau à travers bancs ou, si la couche est peu inclinée, comme cette galerie à travers bancs deviendrait très longue, on rejoint la portion rejetée par une galerie poussée le long du plan du dyke ou de la faille ou par un puits et une galerie.

Si c'est vers le haut que la couche est rejetée, on rejoint la partie rejetée par un puits ou par une galerie inclinée, percée de bas en haut.

§ 4. — *Transport du charbon du fond de la taille au puits.*

Le transport du charbon au puits d'extraction a lieu dans les mines d'Angleterre et d'Écosse, de différentes manières.

Transport à dos d'hommes.

Dans plusieurs mines, près d'Édimbourg, on voit encore des femmes qui portent les morceaux de houille sur les épaules ; elles s'arrêtent ordinairement au bas du puits d'extraction où le charbon est élevé au moyen de machines ; quelquefois cependant elles portent leurs charges jusqu'au jour, en montant des échelles.

Nous n'avons aucuns détails à donner sur un moyen de transport aussi grossier, aussi imparfait.

Transport sur chemin de fer dans les mines de Newcastle.

Dans les mines de Newcastle, le transport a lieu du fond de la taille aux galeries principales, au moyen de chariots (*trams*) traînés par des enfans sur des chemins de fer ou chemins à rails (*railways*) que l'on pose au fur et à mesure que l'on pénètre dans la couche. Le chariot (*tram*) consiste en une simple plate-forme portée sur deux essieux; on charge le charbon dans un panier posé sur cette plate-forme : arrivé à une galerie principale, on transporte les paniers au moyen de petites grues sur de nouveaux chariots semblables aux premiers, mais de plus grandes dimensions, en sorte qu'on y place deux des paniers dont les premiers ne pouvaient porter qu'un seul : ce sont alors des chevaux qui remplacent les enfans.

Construction du chemin de fer.

Les rails des chemins posés dans les tailles sont en fonte, et appartiennent à l'espèce connue sous le nom de rails plats (*plate rails*). Ce sont des bandes de fonte en équerre (fig. 1, pl. V), fixées par des clous ou vis à tête perdue à des traverses en bois; la saillie verticale empêche la déviation du chariot qui roule sur la partie horizontale du rail.

Ils ont 3 pieds et demi de longueur et pèsent 15 livres.

La partie horizontale a 2 pouces de largeur, et la partie verticale 1 $\frac{1}{2}$ pouce de hauteur. La voie (distance entre les rails) est de 16 pouces seulement.

Le panier porté sur le chariot contient 4 quintaux et demi de houille.

Un enfant tire le chariot et un autre le pousse.

Le railway dans les galeries principales est du même genre que celui des tailles, mais il est plus massif.

Les rails ont 4 pieds de longueur et 2 pouces et demi de largeur ; la saillie a 2 pouces : ils pèsent 25 livres, et la voie est de 21 pouces.

Effet utile du cheval.

Un cheval traîne deux chariots attachés l'un à l'autre, ce qui fait 18 quintaux de houille.

Il parcourt dans une galerie horizontale, par jour de 14 heures, une distance de 16 milles anglais (environ 25 kilomètres et demi), 8 milles avec la charge et 8 milles à vide. Son effet utile vénal n'est donc que de 18 quintaux anglais, ou environ 900 kilogrammes à 13 kilomètres ou 11 tonnes de 1000 kilogrammes à 1 kilomètre.

Sur un chemin de fer à bandes saillantes, en plaine, en se servant des chariots les mieux construits, un cheval de force moyenne qui revient à vide, peut transporter 8 tonnes de houille à une distance de 15,000 mètres, ce qui donne pour l'effet utile vénal, 120 tonneaux à 1 kilomètre.

L'effort du cheval étant de 50 kilogrammes, et la résistance des chariots $\frac{1}{240}$ du poids total, le poids des chariots pleins est de $50 \times 240 = 12{,}000$ kilogrammes. Sur ces douze tonnes nous en comptons quatre pour le poids des chariots vides; il reste 8 tonnes de houille. Le cheval parcourt 15,000 mètres avec la charge, et 15,000 mètres avec les wagons vides.

On voit que la différence entre l'effet utile dans les mines et à la surface est énorme; cela tient aux causes suivantes : les nombreux circuits qu'on est souvent obligé de faire dans les mines, le peu de consistance du sol, le peu de hauteur ou de largeur des galeries qui forcent à subdiviser la charge plus encore qu'on ne le fait à la surface, la difficulté de maintenir les rails parfaitement propres, et le peu de longueur des relais.

Transport dans les mines de Glasgow.

Dans les mines de houille exploitées près de Glasgow, par grandes tailles, ce sont aussi des enfans qui transportent la houille jusqu'à la galerie principale sur des chemins de fer, et des chevaux qui traînent les chariots dans la galerie principale.

Chemins de fer divers.

On emploie comme rails dans les galeries auxiliaires de simples barres de fer mi-plat, posées de champ et fixées par des coins entre les saillies *ss'*, d'une traverse en fer forgé *tt'* (fig. 2, pl. V); quelquefois les traverses en fer forgé sont remplacées par des traverses en fonte ou par des traverses en bois. Lorsqu'on se sert de traverses en bois, le rail est posé dans des entailles *e* et *e'* (fig. 3, pl. V), ou bien il est assujetti à la traverse par l'intermédiaire de coussinets en fonte *c* et *c'* (fig. 4). Ces coussinets sont fixés à la traverse en bois par des clous qui passent dans les trous *o* et *o'* de la semelle *tt'*. Le rail est maintenu entre deux joints ou mâchoires *m* et *m'* par un coin en bois *k*; les barres de fer sont posées bout à bout. Les rails de ce genre dans les galeries auxiliaires, ont 6 pieds seulement de longueur, $\frac{1}{2}$ pouce de largeur et 1 et $\frac{1}{2}$ pouce de hauteur. Il vaudrait mieux leur donner de 12 à 15 pieds de longueur pour diminuer le nombre des joints. Les dimensions du coussinet sont indiquées fig. 4.

Les chariots pleins, pèsent de 6 à 8 quintaux.

Dans les galeries principales on se sert de chevaux comme moteur; le mode de construction du chemin de fer est le même, avec cette différence seulement que les rails et les coussinets sont plus massifs. On donne aux rails cinq huitièmes de pouce d'épaisseur sur 2 pouces de hauteur, et l'on place aux points de jonction de deux rails, des coussinets plus longs qu'aux autres points.

Si la hauteur de la galerie et la nature du sol permettaient d'employer des chariots portant des charges un peu fortes, il serait à craindre que les roues ne fussent coupées par des barres de fer dont l'épaisseur ne serait que de cinq huitièmes de pouce. On donne alors à la barre de fer la forme de T (fig. 5), semblable à celles des rails usitées pour les grands chemins de fer; un bourrelet *b* pénétrant dans les mâchoires du coussinet, empêche que le rail ne soit soulevé de bas en haut.

Le rail et le coussinet (fig. 6), sont employés dans les mines de houille qui avoisinent Sunderland (*district* de *Newcastle*). On voit que les rails sont serrés dans les coussinets par deux coins.

Parmi ces différentes espèces de rails, il faut évidemment adopter de préférence dans les mines comme au jour les rails saillans. Les rails plats doivent être abandonnés, parce qu'il est trop difficile d'en maintenir la surface parfaitement propre et unie.

Les chemins en bande de fer mi-plat, n'offrent jamais le même degré de solidité que ceux dont les rails ont la forme de T, parce que les extrémités des bandes tendent toujours à se soulever en glissant sur les coins lorsque le poids des chariots presse entre les points d'appui extrêmes.

Nous avons vu, il est vrai, sur un chemin de fer, à la surface, auprès de Glasgow, obvier à cet inconvénient en faisant passer au travers du rail, du coin et des joues du coussinet aux extrémités du rail, une cheville en fer, retenue par une clavette; mais ce moyen qui exige en même temps, coins, chevilles et clavettes, est un peu compliqué.

Cette espèce de chemin fort économique est toutefois employée avec avantage dans plusieurs de nos mines de France, lorsque le poids du chariot plein ne dépasse pas 1200 kilogrammes.

Il faut alors, dans les circuits, pour empêcher que les rails ne se déforment par la pression latérale des roues, les épauler avec des tasseaux en bois ou rapprocher les traverses.

Dans les localités où le bois est abondant, on substitue aux bandes de fer mi-plat posées de champ, des solives en bois sur lesquelles on fixe les bandes de fer plat, au moyen de vis à têtes fraisées.

Des chemins construits avec bandes de fer mi-plat dans les mines ou avec des solives recouvertes en fer, ne coûteront pas en France généralement au-delà de 4 ou 5 francs le mètre.

Chariots. Nous avons déjà parlé des chariots employés sur les chemins de fer dans les mines de Newcastle. Ceux dont on se sert dans les autres mines de houille d'Angleterre et d'Écosse, sont du même genre. Les roues de ces chariots sont rarement fixées aux essieux et les essieux maintenus parallèles comme les roues et essieux des chariots qui circulent sur les chemins de fer à la surface avec de grandes vitesses. On facilite ordinairement les mouvemens dans les circuits en rendant deux des quatre roues ou les quatre roues mobiles sur l'essieu, et en donnant à l'un des essieux le jeu nécessaire pour que dans les courbes il puisse se diriger ainsi que l'autre essieu vers le centre de la courbe.

Moteurs. Les hommes et les chevaux ne sont pas les seuls moteurs employés en Angleterre, pour les transports sur les chemins de fer souterrains : nous avons vu dans les mines de Newcastle une machine à vapeur établie à l'extrémité d'une longue galerie inclinée, pour traîner, au moyen de tambours et de cordes, des chariots roulant sur un chemin de fer. La pente du chemin était de 1 sur 9 dans le haut du plan incliné, et de 1 sur 6 dans le bas; la machine était à haute pression, et sa force était de 14 chevaux.

Elle ne remontait à la fois que 54 quintaux anciens ou un peu plus de 2 tonneaux et demi de houille distribués sur 6 chariots.

Lorsque la pente de la couche est forte, le transport du charbon à la galerie principale, a lieu sur des plans auto-moteurs (*self acting plane*); l'excès de gravité des chariots pleins descendans fait alors remonter les chariots vides.

Transport sur canaux souterrains.

Dans les mines de houille du duc de Bridgewater, près de Manchester, le transport s'effectue en partie comme dans certaines mines de Silésie (Prusse), sur des canaux souterrains, placés à différens étages, et les produits se réunissent dans une grande galerie navigable qui aboutit au jour, au niveau des vallées voisines les plus basses; les uns descendent des étages navigables supérieurs; les autres, au contraire, provenant des étages inférieurs sont remontés.

Plan auto-moteur des mines du duc de Bridgewater.

Il a existé pendant long-temps dans ces mines un plan incliné pour le transport des bateaux d'un bief supérieur à un bief inférieur. Au sommet du plan incliné se trouvait une écluse double, ou plutôt deux écluses contiguës entaillées dans le rocher; ces écluses recevaient alternativement les bateaux chargés qui venaient du bief supérieur, et les bateaux vides du bief inférieur. Au-dessus de cette double écluse, se trouvait un tambour horizontal sur lequel s'enroulaient ou se déroulaient les cordes auxquelles étaient attachées les chariots qui portaient les bateaux.

Les chariots avaient 30 pieds de longueur; ils reposaient par l'intermédiaire de quatre roulettes en fonte sur un chemin de fer à ornières plates.

Le poids net du charbon contenu dans le bateau chargé, était de 12 tonneaux ; le bateau en pesait à peu près 4 et le chariot 5 ; le tout pesait à peu près 21 tonneaux.

Sur ce plan incliné, on descendait avec facilité en 8 heures environ 30 bateaux chargés. Il a été détruit depuis peu de temps ; nous ne savons par quelle raison.

Les bateaux sont hissés des étages inférieurs jusqu'à la grande galerie navigable, par des machines à vapeur ; les mêmes machines élèvent l'eau superflue pour alimenter les canaux.

§ 5. — *Extraction par le puits et transport au point d'embarquement.*

Dans la plupart des grandes exploitations d'Angleterre, le charbon est élevé de la mine au jour par des machines à vapeur qui font tourner des tambours sur desquels s'enroulent des cordes auxquelles la charge est suspendue.

Dans le pays de Galles, où les couches sont en parties exploitées au-dessus du fond des vallées, on emploie souvent des balanciers hydrauliques, (*balance-engine*) de préférence aux machines à vapeur.

Extraction par les puits à Newcastle.

Nous avons dit que, dans les mines de Newcastle, la houille était transportée des tailles au puits d'extraction, dans des paniers que l'on plaçait successivement sur des trains de chariots de grandeur différente. C'est dans ces mêmes paniers que le charbon est élevé dans le puits : on suspend deux paniers, l'un au-dessus de l'autre, à une corde, par des crochets et des bouts de chaînes, comme cela se pratique en France. On les élève ordinairement à la vitesse de 4 mètres par seconde, quelquefois à celle de 7 et même 10 mètres, et, l'opération marche avec tant d'ordre, de régularité et de promptitude, que les ouvriers placés à l'orifice du puits pour décrocher les paniers pleins et accrocher les paniers vides sont constamment occupés.

Dans certaines houillères de Newcastle où les puits ont 200 mètres de profondeur, on élève cent paniers de charbon équivalant à 27 tonnes par heure.

Dans les puits de Glasgow, qui sont étroits, on élève en même temps trois petits paniers placés les uns au-dessus des autres. Extraction à Glasgow.

Dans le Stafforshire, où il faut extraire le charbon en gros morceaux pour qu'il conserve sa valeur, on l'amoncèle sur un plancher suspendu à la corde, on maintient le tas avec un cercle en tôle forte de 3 ou 4 pouces de hauteur, on amoncèle une nouvelle quantité de charbon au-dessus de ce cercle, puis on en pose un second. De cette manière, en posant plusieurs cercles, on parvient à soutenir une charge considérable de charbon sur le plancher. Cette charge est élevée moins rapidement par la machine que les Extraction dans le Stafford-shire.

faibles charges que l'on remonte dans les puits de Newcastle.

Nature des câbles.

Dans le pays de Galles et dans le Shropshire, nous avons vu employer des chaînes au lieu de cordes, les chaînes préférées étaient des chaînes plates, pour la description desquelles nous renvoyons aux *Annales des Mines*.

Les cordes néanmoins valent mieux. Il est plus facile de constater les défauts qui peuvent en produire la rupture, et elles ne sont pas aussi lourdes que les chaînes.

On a essayé les chaînes sans fin, mais les essais faits jusqu'à ce jour en Angleterre, ne leur ont pas été favorables.

Les cordes plates sont généralement préférées aux cordes rondes, surtout pour des profondeurs un peu considérables.

Moyens divers pour éviter le choc des bennes.

On emploie différens moyens pour éviter le choc des bennes, paniers ou plate-formes montant et descendant.

Dans le Stafforshire, on a deux puits d'extraction voisins, et chacune des plate-formes qui portent le charbon est placée dans un puits particulier.

A Newcastle, le même puits est divisé en deux compartimens, et un panier remonte dans l'un de ces compartimens, tandis que l'autre descend dans l'autre compartiment contigu.

Près de Glasgow et dans plusieurs mines d'Angleterre, les paniers sont suspendus à une baguette horizontale attachée à la petite chaîne qui pend au bout de la corde; et cette baguette porte à ses extrémités des galets, qui roulent sur deux montans fixés aux parois du puits cylindrique, le long de deux arêtes opposées comprises dans un même plan vertical passant suivant l'axe du cylindre.

Moyens divers pour vider les bennes.

Les moyens pour décharger le charbon à la surface sont également variés.

Quelquefois on se borne à attirer la charge sur le terrain avec un crochet. Ailleurs, ce sont des espèces de grues tournantes, qui viennent la saisir.

Dans le Stafforshire, on se sert de ponts roulans, qui recouvrent l'orifice du puits, au moment où le plancher qui porte le charbon arrive au-dessus. Le plancher redescend pour se placer sur le pont roulant et l'on ramène celui-ci à sa première position. Le pont roulant joint à son utilité immédiate, l'avantage d'empêcher les accidens qui arrivent quelquefois à l'embouchure des puits. Il serait à désirer que cette disposition simple fût adoptée en France.

Moyens de fixer les mollettes.

Souvent, en Angleterre, les grandes poulies, ou *molettes*, sur lesquelles passent les cordes, sont fixées à des charpentes exposées à toutes les intempéries de l'air. D'autres fois elles sont placées sous un toit, ce qui nous semble préférable.

Machines à vapeur pour l'extraction.

Les machines à vapeur qui servent en Angleterre à l'extraction, sont très variées dans leur construction. Les machines de Watt à double effet sont les plus répandues. Aux environs de New-castle, les machines d'extraction sont généralement à moyenne pression.

Balancier hydraulique des mines du duc de Bridgewater.

Les dispositions du balancier hydraulique (*balance-engine*) tel que nous l'avons vu employer dans les mines de houille du duc de Bridgewater et dans celles de Pontypool (pays de Galles) sont fort simples.

Dans les mines du duc de Bridgewater, on a ouvert deux puits très voisins l'un de l'autre, au-dessus d'une galerie d'écoulement. Au-dessus de l'un des puits est un treuil, et à chacune des extrémités du treuil une poulie portée sur le même arbre. Sur le treuil s'enroulent en sens contraire deux cordes, qui, après avoir passé sur deux molettes, vont pendre dans le second puits. Aux extrémités de ces cordes, sont suspendus les seaux ou bennes, dans lesquels on élève le charbon au jour, et dont l'une est à l'orifice de ce puits lorsque l'autre est en bas. Sur la gorge de chacune des poulies passe une corde plate, dont un des bouts est au bas du premier puits, tandis que l'autre est à l'orifice. Une grande caisse dont la largeur est à peu près égale à celle du puits, est attachée aux bouts des deux cordes qui se montrent à l'orifice. Une autre caisse semblable est fixée aux bouts qui se trouvent dans le bas du puits. On remplit de charbon la benne qui est au bas, et d'eau la caisse qui est à l'orifice. La caisse, dès que la quantité d'eau est suffisante, met le système en mouvement; arrivée au fond du puits, elle frappe contre un arrêt qui ouvre une soupape, et elle se vide dans la galerie d'écoulement. Au même moment, l'autre caisse est arrivée à l'orifice du puits, la benne pleine à l'orifice de l'autre puits, et la benne vide au bas. On vide la benne pleine, on remplit la benne vide et l'on fait arriver de l'eau dans la caisse qui se trouve à la surface. Une nouvelle charge remonte dans le puits des bennes, et ainsi de suite.

On fait varier le rapport entre les chemins que parcourent les caisses à eau et les bennes dans leurs puits respectifs, en changeant celui des diamètres des poulies au diamètre du treuil.

Il existe pour le service des mines de Pontypool, dans le sud du pays de Galles, une machine pareille, à quelques légères modications près.

Triage du charbon à l'orifice du puits.

Parvenue à l'orifice du puits, la houille, aux environs de Newcastle, est jetée sur des cribles, afin de la classer en morceaux de différentes grosseurs; nous avons déjà indiqué l'écartement des barreaux dont ces cribles sont composés. (*Voyez* page 151.)

Ce criblage a principalement pour but de séparer les morceaux menus qui, passant à travers le crible dont l'écartement des barreaux est de $\frac{5}{8}$ de pouce, ne paient à l'exportation que 4 shillings de droit, par chaldron de Newcastle (53 quintaux anglais) tandis que la grosse houille paie 17 shillings. Aussi n'a-t-il lieu que sur les mines de

Newcastle, qui exportent une partie de leur charbon. Le triage sur les autres mines de l'Angleterre ou de l'Écosse, se fait simplement à la main.

Transport de la mine au point d'embarcation.

De la mine à la voie navigable la plus voisine, la bouille est ordinairement transportée sur des chemins de fer. La charge descendant vers le point d'embarquement et les chariots revenant à vide, on conçoit que les chemins de fer, dans de pareilles circonstances, sont bien préférables aux canaux. En Angleterre comme en France, les premiers chemins de fer ont été construits pour le service des mines, et ce sont des ingénieurs des mines qui dans l'un et l'autre pays ont établi les premières voies de communication de ce genre, d'une certaine étendue : en Angleterre, Georges Stephenson, ouvrier, devenu ingénieur, en France, M. Beaunier, inspecteur-général des mines.

En Angleterre, ce ne sont pas, ainsi que le supposent beaucoup de personnes, les chemins de fer servant comme celui de Liverpool à Manchester au transport des voyageurs à de grandes vitesses, qui procurent les plus grands bénéfices, mais bien des chemins de fer construits pour le transport du charbon; tel est, par exemple, le chemin de Darlington à Stockton dont les actions ont triplé de valeur en six ou sept ans, ceux de Hetton, de Monkland et plusieurs autres.

Il n'entre pas dans notre plan de donner ici une description des chemins de fer employés à la surface, et des machines qui servent à effectuer les transports, sur cette espèce particulière de voies de communication. Les personnes qui désirent se livrer à une étude spéciale de cette matière, devront avoir recours aux traités publiés par MM. Minard, Wood, et Ed. Biot. Nous nous bornerons ici à donner une idée des dépenses qu'occasione ce genre de transport, si commun en Angleterre.

M. Buddle estime que le transport de la houille sur les chemins de fer, aux environs de Newcastle, coûte environ 1 penny par tonne et par mille anglais, ce qui fait 6,25 centimes par tonne et par kilomètre, intérêt du capital du chemin et des machines compris.

Total des frais de transport par chemins de fer, intérêt du capital compris.

En France où la main-d'œuvre est moins chère et où le fer coûte davantage, la dépense serait à peu près la même.

Les frais de construction d'un chemin de fer à une voie, servant au transport du charbon à des vitesses modérées, peuvent varier entre des limites assez étendues, suivant les difficultés que présente le terrain.

Frais de construction.

Cette dépense, en Angleterre, s'est rarement élevée au-dessus de 90 francs par mètre (chemin de Darlington) (1).

Aux environs de Newcastle, où le terrain est sil-

(1) Nous ne connaissons qu'un seul exemple d'un chemin destiné principalement au service des mines, qui ait coûté davantage ; c'est celui du chemin de Glasgow à Garnkirk,

lonné de chemins de fer, le prix varie de 35 à 40 francs par mètre.

En France, où le prix de la main-d'œuvre et des terrains est d'un tiers moins élevé qu'en Angleterre, et le prix du fer environ d'un tiers plus grand, la même longueur de chemin ne coûtera généralement pas davantage.

Frais d'entretien.

Les frais d'entretien du chemin, varient entre 600 et 800 francs par kilomètre, lorsqu'on se sert de chevaux pour un transport médiocrement actif (embranchement du chemin de Darlington). Ils sont de 2,000 à 2,500 francs, lorsque le transport est très actif et s'effectue avec des machines locomotives à la vitesse de 3 ou 4 lieues par heure (chemin de Darlington) (1).

Frais de traction.

En plaine ou dans les parties de chemin peu inclinées, on n'emploie ordinairement comme moteur que des chevaux ou des machines locomotives.

La journée du cheval et de son conducteur étant de 5 fr., et le retour ayant lieu à vide, les frais de transport d'une tonne de marchandises à 1 kilomètre s'élèveront à 4,2 centimes.

Une bonne machine locomotive capable de remorquer en plaine de 90 à 100 tonneaux, poids

---

Mais il a été établi en grande partie sur des marais profonds, et sert aussi au transport des voyageurs à grandes vitesses.

(1) La vitesse étant de 8 lieues par heure, ils peuvent s'élever à 6,000 ou même 7,000 fr. (chemin de Liverpool).

brut, à la vitesse de 5 lieues par heure, coûte en Angleterre 700 livres sterling (17,500 fr.).

Les frais d'entretien, si l'on ne marche pas à des vitesses qui dépassent 3 lieues $\frac{1}{2}$ par heure, sont de 0,78 centimes par tonneau de marchandises à 1 kilomètre (machines du chemin de Darlington).

La houille coûtant 6 fr. 25 c. la tonne, les frais de transport sont de 2,62 centimes par tonne de marchandises et par kilomètre (chemin de Darlington).

Les frais de transport au moyen de machines à vapeur fixes, sur des plans inclinés à la montée, calculés d'après une moyenne de plusieurs années (chemin de Hetton), ont été par tonne de houille et kilomètre :

La houille coûtant 6 fr. 25 c. le tonneau, sur la pente de 57 millimètres, usure des cordes et intérêt du capital compris	24,93 cent.
Pente de 15 millimètres	7,80
—— — 14	6,25

Sur différens plans automoteurs, aux environs de Newcastle :

Pente de 42 millimètres	6,20 cent.
—— — 36	4,60
—— — 27	4,10

Sur la pente de 6 millimètres (chemin de Saint-Étienne à Lyon), les chariots pleins descendant et étant ramenés vides par des machines locomotives, environ 1,9 centimes, entretien des vagons compris.

A l'intérêt du capital des chemins de fer, aux frais d'entretien et aux frais de transport, il faut encore ajouter les frais de transbordement aux extrémités du chemin, les frais généraux et ceux d'administration.

§ 6. — *Ventilation.*

Nous avons deux faits principaux à étudier dans la ventilation des mines.

1° La production du courant d'air qui doit traverser les excavations souterraines pour les ventiler.

2° La distribution de ce courant dans les différentes parties de ces excavations.

Ventilation naturelle.

Le courant d'air peut entrer par un puits ou par une galerie et sortir après avoir traversé les travaux par un autre puits ou par une galerie placés à une certaine distance l'un de l'autre, ou bien il peut descendre par un des compartimens d'un puits partagé dans toute sa hauteur par une cloison imperméable à l'air, et sortir par l'autre compartiment du même puits.

Lorsque des puits ou galeries dont les orifices se trouvent à des niveaux différens, communiquent par des excavations souterraines, il arrive que l'air extérieur et celui que contiennent les puits ou galeries étant à des températures différentes, un courant d'air s'établit naturellement entre ces puits ou galeries qui constituent de véritables syphons renversés, à branches inégales. L'air du puits étant en été plus froid et en hiver plus chaud que l'air extérieur, le courant suit une direction dans une saison, et la direction contraire dans l'autre saison.

Cette circulation d'air se produit encore lors même que les puits ont leur orifice au même niveau, parce que jamais la température et par conséquent la pesanteur spécifique de l'air ne sont parfaitement égales dans l'un et dans l'autre.

Moyens d'activer le courant d'air.

Lorsque ce courant d'air naturel n'est pas assez vif pour ventiler convenablement les travaux souterrains, on l'active par différens moyens.

Quelquefois on chasse de l'air frais par un des puits au moyen de machines semblables aux soufflets à piston des hauts-fourneaux, ou bien en faisant tomber dans le puits de grandes masses d'eau qui en entraînent des quantités considérables, et qui sortent de la mine par une galerie d'écoulement.

Le plus souvent on raréfie l'air dans l'autre puits en le chauffant, ce qui produit le tirage le plus énergique, ou encore au moyen de soufflets aspirans.

Les deux compartimens d'un puits, subdivisé dans toute sa hauteur par une cloison imperméable à l'air, peuvent être assimilés à deux puits distincts qui n'ont de communication entre eux que par les galeries souterraines aboutissant aux fonds. On opère alors le tirage en chauffant l'air de l'un des compartimens.

Le courant d'air tend naturellement à suivre le plus court chemin que lui présentent les galeries souterraines de l'un à l'autre puits, ou de l'un à l'autre compartiment; on le force à pénétrer dans toutes les parties de la mine que l'on veut ventiler au moyen de portes battantes, ou de cloisons qui l'empêchent de suivre le chemin direct.

Machines à comprimer ou raréfier l'air.

Les machines destinées à comprimer ou à raréfier l'air dans les puits en Angleterre, sont absolument semblables à celles dont nous nous servons sur le continent, et qui sont décrites dans tous les traités d'exploitation; elles ne sont d'ailleurs employées que pour produire de faibles effets (1). Ainsi l'on envoie souvent de l'air au fond d'une galerie percée au bas d'un puits au moyen d'un ventilateur, mais on ne pourrait faire usage de cette machine pour l'aérage de travaux de quelque étendue; on ne produirait que le mélange de l'air pur que l'on soufflerait avec l'air vicié des travaux, et à de grandes distances l'effet serait toujours peu sensible.

---

(1) On vient, dit-on, de se servir avec avantage de machines aspirantes pour la ventilation de la mine du Poirier, près de Mons (juillet 1834), qui contenait une grande quantité d'hydrogène. Nous n'avons, du reste, aucun renseignement positif sur les expériences faites à ce sujet.

Fourneaux : dispositions diverses.

Les fourneaux produisent le tirage le plus vif; ils sont placés de différentes manières dans les puits. Tantôt ils sont établis près de l'orifice, tantôt en bas, quelquefois on se borne à suspendre une corbeille remplie de charbon qu'on descend au milieu du puits.

Il vaut mieux les placer au bas du puits qu'auprès de l'orifice : dans ce dernier cas, l'air qui s'en dégage, chauffant les parois du puits, l'activité de la combustion peut diminuer sans que le tirage s'arrête subitement; tandis que si le foyer est à l'orifice; le tirage cesse presque aussitôt que la combustion devient languissante; cependant on voit encore en plusieurs endroits auprès de Newcastle, le foyer à la surface du sol.

Fourneau à l'orifice du puits.

Lorsqu'on place un fourneau à l'orifice du puits, on le dispose comme nous l'avons indiqué fig. 7, pl. V. Le puits ou compartiment de puits dans lequel on doit opérer le tirage est alors fermé hermétiquement à une petite distance de son orifice par un plancher imperméable, composé de planches fixées à des traverses et recouvertes d'un lit d'argile. Un conduit pratiqué au travers du rocher, un peu au-dessous du plancher, établit la communication entre le puits et le foyer; d'autres fois le plancher couvre l'orifice même du puits, et le canal qui conduit du puits au foyer est à la surface du sol.

On donne à ces fourneaux des dimensions en rapport avec les besoins de la ventilation. Les cheminées rondes ou carrées, ont de 50 à 100 pieds de hauteur, leur diamètre intérieur est de 5 à 9 pieds dans le bas, et de 2 pieds 6 pouces à 5 pieds au sommet; leur épaisseur est seulement de 9 pouces ou d'une longueur de briques dans toute leur hauteur, sauf à la base, près du fourneau où elles sont doublées de briques réfractaires pour résister à la forte chaleur du fourneau.

Fourneau dans le bas du puits.

Lorsque le fourneau est placé dans le bas du puits, il ne convient pas de l'établir immédiatement au fond ou à une petite distance sous le toit de la couche, comme on le fait quelquefois. La fumée et la chaleur deviennent alors insupportables pour les ouvriers qui chargent les bennes, et l'on ne peut se servir du puits ou du compartiment pour extraire le charbon.

Dans les mines les mieux organisées, aux environs de Newcastle, le fourneau est disposé comme le montre la fig. 8. En *d* est le puits de tirage. En *b*, à une distance d'environ 40 mètres du puits, le fourneau. C'est une espèce de réverbère analogue à ceux dont on se sert pour les chaudières de machines à vapeur. Il communique avec le puits par un canal incliné *c*, aboutissant à environ 20 mètres du fonds. Autour de la maçonnerie du fourneau, on ménage un espace pour la circulation de l'air, afin de rafraîchir le charbon au milieu duquel on l'a placé, et l'empêcher de prendre feu. De cette manière la température de l'air du puits est toujours modérée, et rien n'en gêne le service.

Souvent on remarque à l'orifice du puits des

dispositions particulières, ayant pour but de s'opposer à l'action des vents qui combattent le tirage et parviennent quelquefois à le diminuer considérablement, surtout lorsque le puits, comme cela arrive souvent, est subdivisé en trois ou quatre compartimens, et occupé en grande partie par des pompes et par les bennes d'extraction.

La fig. 9 représente une de ces dispositions, *a* est le puits de tirage avec le fourneau placé dans le fond, *b* le puits que suit le courant descendant, *d* sa cloison prolongée au-dessus du puits. A une petite distance au-dessous de l'orifice du puits *a*, on a pratiqué une galerie inclinée communiquant avec la surface au bas d'une cheminée qui a de 60 à 80 pieds de hauteur, de 6 à 8 pieds de diamètre en œuvre à la base, et de 3 à 5 pieds de diamètre au sommet.

Cette cheminée est recouverte d'un tuyau recourbé et terminé en entonnoir comme l'indique la figure. Ce tuyau tournant sur pivot, porte une girouette au moyen de laquelle son embouchure se trouve toujours opposée à la direction du vent. Le puits du courant descendant présente une construction semblable avec cette différence, toutefois, que le tuyau à entonnoir tourne son embouchure dans la direction du vent.

Lorsque les couches de charbon ne sont pas exploitées à une grande profondeur et qu'elles ne contiennent, outre les gaz qui proviennent de la respiration, de la combustion des lampes et de

Moyens d'aérer les galeries avant que les puits soient en communication.

celle de la poudre, que du gaz acide carbonique, ou de petites quantités de gaz hydrogène, on fonce des puits d'aérage assez rapprochés les uns des autres, et pour faire parvenir l'air au fond des galeries ou tailles percées avant que les puits ne soient en communication, on se sert d'un tuyau ou conduit en bois, en brique ou en métal, fixé dans un des angles au toit de la galerie, et se recourbant pour monter verticalement le long des parois du puits; ce tuyau aspire l'air du fond de la galerie où il aboutit. On produit l'aspiration au moyen d'un petit foyer placé à la partie supérieure de la *gaîne d'aérage*, ou simplement en exhaussant cette gaîne de quelque pieds au-dessus de l'orifice du puits. On prolonge le conduit au fur et à mesure que l'on perce la galerie; quelquefois on remplace la portion qui suit la galerie par une simple rainure que l'on pratique dans le charbon (*a Raggling*) et que l'on recouvre d'un petit plancher imperméable à l'air (fig. 10).

Aérage des tailles dans les mines profondes.

Dans les mines profondes comme celles de Newcastle et où l'accumulation d'une grande quantité d'hydrogène exige un aérage très vif, la ventilation s'opère souvent au moyen de puits subdivisés en compartimens.

Pour faire parvenir l'air au fond des tailles, en commençant l'exploitation, on s'y prend de la manière suivante :

Au bas des puits, on ouvre toujours en même temps deux galeries parallèles, dont une part du compartiment chauffé, et l'autre du compartiment froid, comme cela est indiqué (fig. 11). Arrivé à une petite distance du puits on met ces galeries en communication par une traverse *t*. Le courant d'air circule d'un compartiment à l'autre en passant au fond des deux galeries où travaillent les ouvriers; continuant ces galeries en même temps, on s'éloigne toujours davantage du puits; dès que le besoin d'air se fait de nouveau sentir, on perce une nouvelle traverse t'; on ferme la première traverse *t* au moyen d'un petit mur en brique, l'air vient de nouveau lécher le front des tailles, et ainsi de suite.

Les tailles ou galeries principales ont ordinairement 9 pieds de largeur, les murs de charbon qui les séparent de 6 à 8 pieds d'épaisseur. Les galeries ou tailles auxiliaires traversant les murs, ont 5 pieds, leur distance varie suivant les besoins de l'aérage; les murs en briques au moyen desquels on les bouche, ont 4 pouces et demi d'épaisseur.

A la seule inspection de la figure 12, on voit comment on peut ouvrir et ventiler en même temps deux systèmes de doubles galeries ou tailles en croix.

Lorsque l'hydrogène se dégage en grande abondance du charbon, on force le courant à lécher constamment le fond des tailles en construisant au fur et à mesure que l'on avance une cloison $cc'c''$, (fig. 13).

Distribution du courant d'air dans les travaux souterrains.

Il nous reste à expliquer comment on distribue l'air dans des travaux souterrains d'exploitation, qui déjà ont une certaine étendue.

Dans les mines peu profondes et où le gaz est en petite abondance, on opère la distribution de l'air, comme l'indique la fig. 5, pl. IV. Le courant descendant d'abord par le puits, se subdivise au point *a* en deux courans qui suivent les directions opposées des flèches, et s'infléchissent en *c* et *d*, pour remonter par le puits B, après avoir léché le front des tailles et s'être répandus dans toute l'étendue des travaux.

Si la circulation ne paraît pas assez vive sur le front des tailles où sont placés les ouvriers, on construit des petits murs en pierre sèche pour fermer les galeries horizontales qui y aboutissent. Ces murs perméables à l'air n'interceptent pas entièrement l'accès du courant dans les galeries où l'on a cessé de travailler.

Dans les mines profondes de Newcastle, où le gaz hydrogène se trouve en grande abondance, le courant lèche d'abord le front des tailles où l'on travaille, et parcourt ensuite successivement toutes les galeries ou tailles déjà percées.

La fig. 14, pl. V, représente la distribution de l'air dans une de ces mines : A est le puits par lequel passe l'air frais, et B celui par lequel sort l'air vicié. En suivant les flèches, on verra que le courant d'air circule d'abord le long des galeries *c* et *d* en se répandant par les galeries auxiliaires au travers du mur de charbon qui les sépare ; qu'il rebrousse ensuite chemin par les galeries *e*, *f*, dans lesquelles les barrières l'avaient d'abord empêché de pénétrer ; que plus loin, arrêté par les barrières *g*, *h*, il se rend aux fronts de tailles *i* et *k*, puis forcé à suivre une ligne sinueuse, il parcoure successivement (*single courses*) chacune des galeries jusqu'aux fronts des tailles *l*, *m*, se répand ensuite dans une série de tailles en en parcourant deux à la fois (*double coursing*) comme les premières, et enfin arrive en B où il monte dans le puits de tirage.

Les lignes croisées représentent les portes battantes ; on les substitue aux barrières en briques, partout où l'on veut se ménager un passage.

Le barrage *p*, près du puits d'air froid, porte le nom de barrage principal (*Main-Stopping*), parce que s'il venait à être détruit, la circulation cesserait immédiatement, et l'air au lieu de suivre la direction des flèches, se rendrait directement du puits A par la galerie au puits B ; l'aérage cesserait alors d'avoir lieu dans toutes les tailles en même temps. L'aérage peut aussi être arrêté dans une partie seulement des travaux par la destruction des autres barrages.

Le barrage principal est consolidé par une épaisse construction en pierres ; on fortifie de même plusieurs autres barrages importans, afin de conserver, en cas d'explosion, le courant d'air dans les principales directions.

De cette manière on ventile successivement les différens compartimens des travaux souterrains, comme cela est indiqué fig. 6, pl. IV, en faisant passer le courant par une seule, par deux ou par trois galeries à la fois, suivant les besoins de l'aérage, et le conduisant d'un compartiment à l'autre.

Le même courant peut ventiler une étendue de travaux considérable, pourvu toutefois qu'il apporte une quantité d'air frais proportionnée au dégagement d'hydrogène.

Souvent dans les mines de Newcastle, le courant qui descend le matin par un compartiment d'un puits, ne remonte que 12 heures après par l'autre compartiment, quoiqu'il ne soit séparé du premier que par une mince cloison.

Bien que les mines du Staffordshire contiennent une grande quantité de gaz inflammable ou *grisou*, on les ventile avec moins de soin que celles du Northumberland. Les excavations sont fort grandes et les conduits d'air proportionnellement très petits. L'air frais descendant par un puits est conduit le long des galeries principales et distribué dans les compartimens, comme on le voit fig. 15, pl. V. Un canal étroit, nommé *air head*, est pratiqué à la partie supérieure de la couche dans les murs de charbon qui entourent le compartiment (*rib walls*); la fig. 15 représente ce canal, qui fait le tour des murs. L'air entre par la galerie G (*the bolt hole*), qui passe sous ce canal;

de petites percées latérales *s*, *s*, nommées *spouts*, mettent le conduit d'air en communication avec le compartiment, et le courant après avoir absorbé le gaz répandu dans l'espace exploité pénètre dans le conduit par les *spouts* pour sortir ensuite en *g* et se rendre dans les puits de tirage.

Quand on exploite par un même puits plusieurs couches de charbon, et que le gaz n'est pas excessivement abondant, on commence par faire passer le courant d'air dans l'une des couches, puis on le conduit par des puits dans les autres couches avant de le laisser échapper par le puits de tirage. Si le gaz se montre en très grande abondance, on ventile chaque couche séparément. Ventilation de plusieurs couches en même temps.

Lorsque dans l'intérieur de la mine on perce un puits d'une couche à une autre ou pour lier deux portions d'une même couche disloquée par une faille, on fait arriver le courant d'air au fond du puits, au moyen d'une cloison qu'on prolonge au fur et à mesure que l'on perce le puits. Ventilation des puits percés dans l'intérieur des mines.

Quelquefois le gaz sortant du toit en abondance par des fissures nommées *blowers*, produit de grandes cavités coniques dans lesquelles il se loge. On construit, pour le balayer, une cloison *e* (fig. 16) qui force le courant d'air à raser le toit; *a* est une porte battante à travers cette cloison. Disposition à adopter dans certains cas particuliers.

D'autres fois le gaz qui se dégage est conduit au puits de tirage par des tuyaux particuliers.

La fig. 17 montre comment deux courans d'air

se croisent ; un courant suit la galerie et un autre courant passe à angle droit par-dessus.

Les meilleurs ingénieurs donnent à ces conduits d'air 6 pieds de côté ; le courant doit avoir généralement une vitesse de 3 à 4 pieds par seconde, ou 2 et demi milles par heure.

Lorsqu'un *blower* se trouve dans les premières galeries que suit le courant d'air, le gaz qui sort de cette fissure, entraîné dans toutes les tailles où travaillent les ouvriers, peut occasioner de graves accidens ; on change alors la direction du courant d'air, de manière à ce qu'il ne rencontre le *blower* qu'à la fin de sa course. Pour cela il faut démolir une partie des barrages, et, afin de n'avoir pas à changer le fourneau de puits, les reconstruire en sens contraire, et faire croiser les courans comme nous l'avons indiqué. Quelquefois, ces opérations doivent être exécutées sur des points éloignés les uns des autres. Lorsque ce cas se présente et que l'ingénieur a tracé son plan, on divise les ouvriers par compagnies, leurs montres sont toutes réglées en même temps, et à un moment donné on abat une ligne de barrages et l'on en établit une nouvelle.

Cas d'une irruption subite de gaz.

Lorsque le gaz paraît subitement en grande abondance sur le front des tailles sans qu'on l'ait prévu, on suspend l'exploitation, on fait arriver directement une portion du courant d'air frais pour balayer l'excès d'hydrogène : c'est ce qu'on appelle en anglais *skailing the air*. Si l'on ne prenait cette précaution, le courant chargé de gaz s'enflammerait en passant sur le fourneau, et l'inflammation se communiquerait subitement dans toute l'étendue de la mine, comme d'un bout à l'autre d'une traînée de poudre. En rafraîchissant l'air comme nous l'avons indiqué et noyant le fourneau, on se met en sûreté et l'on peut s'occuper sans danger d'apporter remède à la ventilation. Une fois le fourneau éteint, le grisou continuant à remplir les travaux, le seul moyen de s'en débarrasser est de faire tomber dans le puits d'air froid, l'eau élevée par les pompes. Cette cascade tombant de 600 ou 700 pieds de haut, entraîne avec elle une masse d'air frais suffisant pour ventiler la mine et la purifier.

Influences atmosphériques sur la quantité d'hydrogène.

Dans les mines exploitées depuis long-temps, surtout quand il s'est formé des crevasses dans le terrain par suite d'affaissement, le grisou subit les influences atmosphériques; lorsque le baromètre est bas, le gaz sort des anciens travaux par toutes les issues et incommode singulièrement le mineur. c'est pourquoi on interroge le baromètre pour régler la ventilation.

Historique de la ventilation.

Jusqu'en l'année 1760, on se bornait à ventiler le fond des tailles sans s'inquiéter des galeries où l'on ne travaillait pas. C'est M. Spedding, qui, vers cette époque, imagina de conduire le courant dans tous les coins de la mine, par les méthodes que nous avons décrites. M. Buddle et d'autres ingénieurs les ont portées au degré de perfection qu'elles ont atteint aujourd'hui.

On sait comment avant l'invention de la lampe de Davy on pénétrait dans les mines contenant du gaz hydrogène : on se servait pour s'éclairer, d'une espèce de petite meule qui dégageait des étincelles, et chaque matin un mineur que l'on nommait, avec raison, *pénitent*, mettait le feu au gaz, au danger de perdre la vie ou au moins de se brûler.

Lampe de Davy.

Aujourd'hui l'usage de la lampe de Davy est devenu général en Angleterre, et l'on s'en sert pour travailler dans les galeries où l'air est souvent fort impur. Cette lampe est trop connue pour que nous nous arrêtions à la décrire. (Voyez l'instruction aux exploitans sur l'usage de cette lampe dans les *Annales des Mines*.)

Lampe de Stevenson.

On se sert dans plusieurs mines de Newcastle et du Lancashire, d'une lampe que l'on nomme *lampe de Stevenson*, du nom de son inventeur, et qui paraît avoir été imaginée à la même époque que celle de Davy.

La mèche plonge dans un réservoir semblable à ceux que l'on emploie ordinairement. La partie en combustion est entourée d'un cylindre creux, de verre épais, fermé aux deux bouts par des plaques de cuivre percées de petits trous. Le cylindre de verre est lui-même contenu dans une enveloppe en fil de fer qui est fixée au pourtour de la base sans le toucher, et qui a principalement pour but d'en empêcher la rupture. Les lampes ordinaires de

Davy, nous paraissent préférables, et cependant nous avons été témoins d'expériences comparatives, favorables à la lampe de Stevenson, qui s'éteignait dans un mélange d'hydrogène sans que le fil rougît, tandis que le fil de celle de Davy rougissait.

Accidens.

On s'étonnera peut-être d'apprendre que depuis l'invention de la lampe de Davy, en 1816, le nombre des ouvriers tués par les explosions dans les mines, a augmenté au lieu de diminuer. Cependant nous trouvons dans un ouvrage publié à Newcastle, en 1830, qui donne une liste de tous les accidens de ce genre, arrivés depuis 1658, que depuis 1800, époque à partir de laquelle le nombre des victimes est exactement indiqué jusqu'en 1816 inclusivement, 332 ouvriers ont été tués par les explosions, 74 par les inondations, 18 par la rupture d'une machine à haute pression; et de 1816 à 1829 inclusivement, 410 par les explosions, 5 par l'acide carbonique (*choke damp*), 1 par une inondation, et 6 par un éboulement. Cela donne une moyenne de 24 tués par le grisou chaque année, de 1800 à 1816, et de 34 de 1816 à 1829.

Nous expliquerons ces chiffres en faisant observer que depuis l'invention des lampes de Davy, on a pénétré dans des portions de couches qu'on avait abandonnées depuis long-temps, ou qu'on n'aurait jamais osé exploiter auparavant, et ajoutant que depuis cette époque la production a notablement augmenté.

Nous ne parlerons pas des moyens employés pour éteindre le feu dans les cas d'incendie souterraine, de la construction des digues (*serrements*) que l'on oppose au mouvement des eaux dans les galeries, etc., etc.; nous n'aurions à donner sur ce sujet que des détails parfaitement connus de tous nos exploitans.

§ 7. — *Épuisement des eaux ; exploitation de la pierre calcaire et du minerai de fer.*

Quant à ce qui concerne l'épuisement des eaux dans les mines, il en sera question lorsque nous traiterons de l'exploitation des mines de Cornouailles.

La pierre calcaire qui sert de fondant pour le traitement des minerais de fer, est exploitée tantôt à ciel ouvert, par gradins comme dans nos carrières, tantôt souterrainement par piliers. Les plus belles carrières souterraines dont on extraie de la pierre calcaire pour les hauts-fourneaux en Angleterre, sont situées auprès de Dudley. Elles alimentent toutes les usines du Staffordshire.

Les minerais de fer sont quelquefois exploités à ciel ouvert, mais le plus souvent au moyen de travaux souterrains; lorsqu'on les exploite à ciel ouvert, on se sert quelquefois de courans d'eau que l'on conduit dans les carrières pour détacher le minerai et le laver.

Lorsqu'on les extrait sous terre, on exploite

souvent en même temps une couche de houille juxtaposée, ou bien s'ils sont isolés on les exploite par grandes tailles. La matière stérile qui provient des minerais de fer, sert à remblayer l'espace exploité ou une mine de houille voisine; quelquefois elle se trouve en excès et il faut l'élever au jour.

Nous terminerons ce chapitre sur l'exploitation des mines de houille, de calcaire et de fer, pour nous occuper de la fabrication du métal obtenu avec ces matières premières.

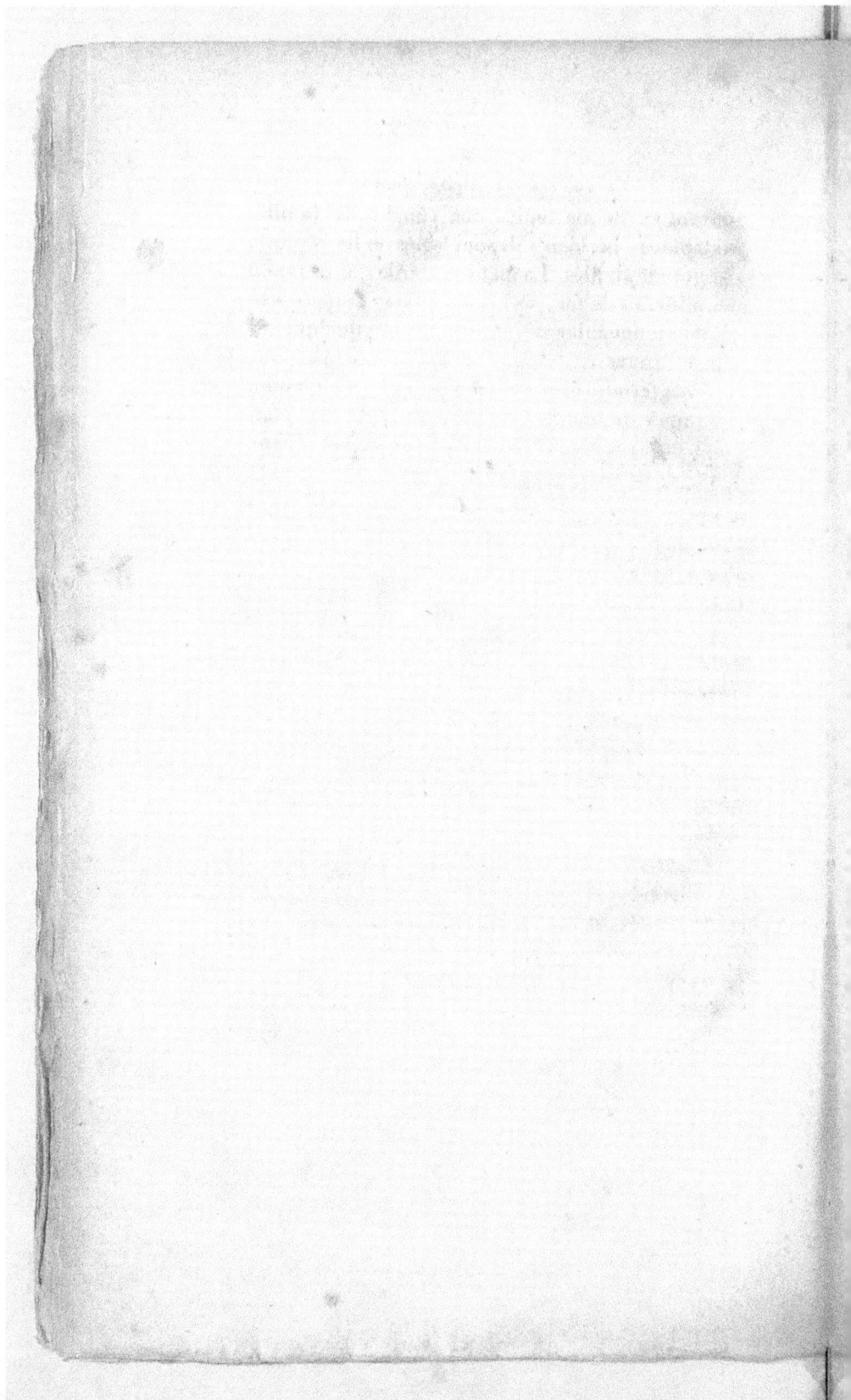

FABRICATION

DE LA FONTE.

INTRODUCTION.

Nous avons dit que l'emploi de la houille dans la fusion des minerais avait apporté une grande économie dans la production de la fonte.

L'affinage du fer au moyen de la houille est également beaucoup moins coûteux. La substitution de la houille au charbon de bois dans cette seconde opération, n'a pas moins contribué que dans la première à donner un développement immense à la fabrication du fer en Angleterre ; ce procédé ferait abandonner presque partout le travail au charbon de bois, si le fer que produit ce dernier n'était supérieur en qualité : aussi, comme nous l'avions prévu en 1824, une différence notable s'est établie dans le commerce entre le prix des fers obtenus par ces deux procédés.

La supériorité du fer affiné au charbon de bois, du moins pour un grand nombre d'usages, sur celui que produit le travail à la houille est tellement certaine, que les Anglais eux-mêmes n'emploient pour la fabrication de l'acier et de certains numéros de fil de fer, que du métal obtenu avec du charbon de bois. Dans les usines d'Angleterre où l'on prépare le fer pour la fabrication des tôles étamées, on suit un procédé mixte, qui consiste à affiner la fonte au charbon de bois et à réchauffer le fer à la houille. Nous ferons connaître ce procédé.

Parmi les propriétés qui distinguent le fer obtenu avec du charbon de bois, du fer affiné à la houille, une des plus remarquables, c'est que le premier seul, donne par la cémentation, un acier qui peut être travaillé. Le fer à la houille se cémente rapidement, mais à la première chaude, il perd presque tout le carbone avec lequel il s'était combiné. Aussi la totalité du fer qui sert à la fabrication de l'acier en Angleterre, vient-elle de Suède, où on l'obtient avec du charbon de bois résineux.

Avant de décrire les procédés suivis dans la fabrication de la fonte et du fer, nous croyons devoir donner quelques détails historiques et statistiques sur la marche graduelle des perfectionnemens qui se sont introduits depuis soixante-dix ans dans ce genre d'industrie, et qui l'ont amené au point où il est aujourd'hui.

Les détails historiques sont principalement extraits d'un article sur le fer, publié dans le *Supplément de l'Encyclopédie d'Edimbourg*, en 1821.

NOTE HISTORIQUE ET STATISTIQUE.

En 1740, le traitement du fer avait lieu, en Angleterre, entièrement au charbon de bois. Les minerais qu'on employait étaient principalement des hématites brunes et rouges. On fondait aussi des mines terreuses; mais il ne paraît pas qu'on connût alors les minerais de fer carbonaté des houillères, presque les seuls employés actuellement en Angleterre. A cette époque, il existait cinquante-neuf hauts-fournaux, dont le produit annuel était de 17,350 tonnes de fonte. Ce qui donne, pour chaque fourneau un produit de 294^{ton},11 par an, ou de 5^{ton},13 par semaine. Historique.

En 1788, on avait déjà fait beaucoup d'essais pour fondre le minerai de fer avec la houille, et il n'existait plus que vingt-quatre hauts-fourneaux au charbon de bois, produisant ensemble 13,100 tonnes de fonte. Ce qui donne pour chaque haut-fourneau un produit de 546^{ton},162 par an, ou de 10^{ton},93 par semaine.

On remarque ici une augmentation considérable dans le produit de chaque fourneau, qui, de 5^{ton},13 a été porté à 10^{ton},93, c'est-à-dire à plus du double. Cette augmentation a été obtenue en partie par la substitution aux soufflets en bois des machines soufflantes à piston, auxquelles on a appliqué des machines à vapeur comme moteurs.

Cinquante-trois hauts-fourneaux marchant à la houille étaient déjà en activité. Ils donnaient ensemble 48,800 tonnes de fer ; ce qui porte le produit annuel de chaque fourneau à 907 tonnes, et celui par semaine à 17^ton^,45. La quantité de fonte produite dans cette année, au moyen de la houille, était donc de 48,800 tonnes.

Celle au charbon de bois, de	13,100
Total.....	61,900

En 1796, le travail au charbon de bois était à peu près complétement abandonné ; le recensement exécuté par les ordres de Pitt, pour établir les impôts sur la fabrication du fer, fournit les résultats suivans :

Cent-vingt-un hauts-fourneaux, donnant ensemble par an 124,879 tonnes.

Ce qui fait pour chaque fourneau, un produit de 1032 tonnes par an.

En 1802, il y avait 168 hauts-fourneaux, dont le produit était estimé à 170,000 tonnes.

En 1806, ce produit était de 250,000 tonnes ; il y avait alors 227 hauts-fourneaux à la houille, dont 159 seulement en activité à la fois.

Ces hauts-fourneaux étaient ainsi répartis :

Dans la principauté de Galles	52
Dans le Staffordshire	42
Dans le Shropshire	42
Dans le Derbyshire	17
Dans l'Yorckshire	28
Dans les comtés de Glocester, Monmouth, Leicester, Lancaster, Cumberland et Northumberland	18
En Écosse	28
TOTAL	227

En 1820, la fabrication avait pris l'accroissement considérable que présente le tableau suivant :

Le pays de Galles fabriquait	150,000 tonnes.
Le Shropshire et le Staffordshire	180,000
L'Yorkshire et le Derbyshire	50,000
L'Écosse et autres lieux	20,000
TOTAL	400,000

Cette fabrication, quoique immense, s'est encore accrue dans les années suivantes. En 1823, on construisait plusieurs nouveaux hauts-fourneaux dans les environs de Dudley, quoique déjà il en existât plus de soixante-douze dans une étendue qui n'avait pas plus de deux lieues de rayon.

Produit en fonte de la Grande-Bretagne en 1825.

Le tableau suivant, à l'exactitude duquel on peut ajouter foi, a été dressé au mois de décembre 1825 et au commencement de l'année 1826, par un maître de forges du Staffordshire. A cette époque, on comptait dans les trois royaumes unis, trois cent soixante-quatorze hauts-fourneaux, dont deux cent soixante-un étaient en feu et donnaient annuellement un produit de 581,367 tonnes (590 360 250 kilog.) de fonte.

Tableau des hauts-fourneaux de la Grande-Bretagne et de leur produit.

	NOMBRE des hauts-fourn.	En feu.	Mis hors.	PRODUIT par semaine.	PRODUIT annuel moyen.	OBSERVATIONS.
Staffordshire. .	108	81	27	3,503	171,785	Les produits sont donnés en tonnes.
Derbyshire. . . .	19	14	5	436	19,184	
Yorkshire.	34	22	12	752	35,368	
Ecosse.	25	17	8	645	29,200	
Sud du pays de Galles.	109	82	27	4,461 ½	223,520	A ce nombre manque la production de 9 hauts-fourneaux.
Shropshire. . . .		36	13	1,723		
Nord du pays de Galles.	14	8	6	303	86,320 13,100	
Cumberland. . .	4	x	x	x	x	x signifie inconnu.
Glocestershire.	3	x	x	x	x	
Durham.	2	x	x	x	x	
Lancashire. . . .	4	»	4	»	»	
Leicestershire. .	1	»	1	»	»	
Irlande.	2	2	»	60	3,000	
	374	262	103	11,883 ½	581,367	

Production annuelle de fonte. On peut porter le total de la production annuelle à 600,000 tonnes (609,000,000 kilog.), puisque le produit d'un petit nombre de hauts-fourneaux n'est pas compris dans ce tableau.

Consommation moyenne d'un haut-fourneau en charbon. Nous établirons, par la suite, que dans le Staffordshire, le Shropshire et le pays de Galles, on consomme (1828) environ quatre tonnes de houille pour faire une tonne de fonte; qu'en Yorckshire on consomme quatre tonnes et demie; qu'en Écosse on consomme huit tonnes pour le même objet. En admettant que, dans les autres contrées la consommation moyenne soit de quatre tonnes, on trouve que, pour la fabrication seule de la fonte, on brûle annuellement en Angleterre 2,534,454 tonnes de houille.

Le tableau précédent contient dans les colonnes des fourneaux mis hors ceux qui sont actuellement en construction; ils sont au nombre de vingt.

Tableau de la nature et de la quantité de produits dans chaque comté.

Nous avons dressé le tableau suivant, qui donne la nature et la quantité des produits en fonte dans chaque comté. Nous avons puisé nos renseignemens dans la liste générale des hauts-fourneaux de la Grande-Bretagne, dont le tableau précédent est déjà un extrait. Celui-ci est divisé en six colonnes principales : la première donne les noms des comtés; les autres portent pour titres les indications des produits. Elles sont subdivisées elles-mêmes en trois colonnes; la première donne le nombre total des hauts-fourneaux du comté produisant de la fonte, dont la nature est indiquée en tête de la colonne principale; la seconde donne le nombre des fourneaux en feu à la fin de 1825 et au commencement de 1826; enfin, dans la troisième, se trouve le produit annuel en tonnes de 1015^k. Nous devons ajouter que nous n'avons aucune donnée sur la nature des produits de cinquante-deux hauts-fourneaux, desquels seize sont situés dans le Staffordshire, onze dans le sud du pays de Galles, quatre dans le Shropshire, et trente disséminés dans le nord du pays de Galles, le Lancashire, le Cumberland, le Leicestershire, l'Irlande, etc. Leur produit annuel est de 54,691 tonnes.

COMTÉS.	Fonte d'affinage.			Fonte n° 2, pour affinage et moulage (1).			Fonte n° 3, pour affinage, et n° 1 p^r 2e fusion (2).			Fonte n° 1, pour 2e fusion.			Fonte n° 2, pour 1re fusion.		
	Total des hauts-fourn.	En feu.	Produit.	Total des hauts-fourn.	En feu.	Produits.	Total des hauts-fourn.	En feu.	Produits.	Total des hauts-fourn.	En feu.	Produits.	Total des hauts-fourn.	En feu.	Produits.
Staffordshire.	20	19	43340	19	19	41074	4	3	6500	17	13	23650	14	11	24540
Derbyshire.	»	»	»	4	3	4500	»	»	»	»	»	»	15	12	14684
Yorkshire.	»	»	»	»	»		»	»	»	34	22	35308 (3)	»	»	»
Ecosse.	»	»	»	»	»	»	»	»	»	25	17	9200	»	»	»
Galles méridionale.	59	55	158520	»	»	»	19	17	49400	4	4	8320	2	2	3640
Shropshire.	12	11	26000	9	8	20500	»	»	»	20	16	34920 (3)	4	2	2600 (4)
Galles septentrionale.	»	»	»	»	»	»	»	»	»	»	»	»	»	»	»
Irlande.	»	»	»	»	»	»	»	»	»	»	»	»	»	»	»
	91	85	227860	32	30	66074	23	20	55900	100	72	111398	35	27	45464

(1) Ces 32 hauts-fourneaux donnent tantôt de la fonte pour affinage, tantôt de la fonte pour moulage, principalement de 1re fusion, suivant les demandes du commerce.

(2) Le travail de ces 23 hauts-fourneaux dépend aussi des demandes du commerce; la plus grande partie de la fonte fabriquée au pays de Galles est probablement affinée.

(3) Une portion de la fonte du Yorkshire est affinée et donne du fer de première qualité; il en est de même d'une petite portion de la fonte du Shropshire.

(4) Une portion de la fonte du Shropshire est affinée.

Rapport entre les quantités de fonte douce et de fonte de forge produites en Angleterre.

En rapprochant les nombres du tableau précédent, et admettant que la moitié de la fonte n° 2 de la deuxième colonne et les deux tiers de celle de la troisième, soient convertis en fer malléable, on trouve que 298,163 tonnes de fonte sont affinées annuellement et sont le produit de cent-treize hauts-fourneaux; le produit moyen d'un haut-fourneau est donc de 2,638 tonnes ou environ 52 tonnes par semaine;

Que le produit annuel en fonte douce est de 150,031 tonnes, provenant de soixante-dix-neuf hauts-fourneaux. Le produit moyen d'un haut-fourneau, donnant de la fonte douce, est donc de 1,899 tonnes ou environ 38 tonnes par semaine;

Que le produit annuel en fonte de première fusion est de 78,501 tonnes, provenant de quarante hauts-fourneaux : le produit moyen d'un haut-fourneau donnant de la fonte de première fusion, est donc de 1,963 tonnes, ou environ 39 tonnes par semaine.

Si nous admettons que ces nombres puissent donner les rapports des quantités de fonte employées réellement pour l'affinage en première fusion et en deuxième fusion, et que la production totale annuelle de la fonte, dans la Grande-Bretagne, soit de 600,000 tonnes, nous aurons les résultats suivans.

Fonte affinée............	339,662
Fonte pour 2e fusion......	170,912
Fonte de 1re fusion.......	89,426
	600,000

Le rapport de la quantité de fonte moulée à la quantité de fonte affinée, est peut-être un peu trop faible.

Nous ferons remarquer que ces nombres ne s'accordent pas avec ceux qui ont été donnés par M. Héron de Villefosse, dans son *Supplément au Mémoire sur les Usines à fer en France*, publié en 1826, puisque nous trouvons, dans la Grande-Bretagne, soixante-neuf hauts-fourneaux de plus que M. de Villefosse, et un produit de 128,000 tonnes de moins. Nous croyons cependant pouvoir donner le nombre trois cent soixante-quatorze, comme représentant exactement celui des hauts-fourneaux d'Angleterre.

Enfin, M. le chevalier Masclet a publié, dans le numéro du mois de novembre 1829, du *Journal du Génie civil*, une note sur les hauts-fourneaux d'Angleterre, qui ne nous paraît pas entièrement exacte. D'après cette note, le produit moyen d'un haut-fourneau serait d'environ 70 tonnes par semaine. M. le chevalier Masclet estime que les sept dixièmes de la fonte fabriquée en Angleterre, sont employés au moulage.

Ce rapport nous semble beaucoup trop considérable. La principauté de Galles produit, à elle seule, plus que le tiers de toute la fonte fabriquée dans les trois royaumes unis, et presque toute la fonte de ce pays est affinée.

Production de l'Angleterre en 1827.

D'après un ouvrage anglais sur la fabrication du fer (1), la production en fonte s'est élevée, en 1827, à 690,000 tonnes, et le nombre des fourneaux en feu était de deux cent quatre-vingt-quatre, le tableau suivant indiquerait la quantité de fonte fabriquée dans chaque comté, avec le nombre de fourneaux en feu.

Noms des comtés.	Nombre de tonnes.	Fourneaux en feu.
Galles méridionale....	272,000	90
Staffordshire.........	216,000	95
Shropshire...........	78,000	31
Yorckshire...........	43,000	24
Écosse..............	36,500	18
North Wales.........	24,000	12
Derbyshire..........	20,500	14
Tonnes....	690,000	284

Production en 1834.

Nous ignorons quelle a été la production de fonte dans la Grande-Bretagne, l'année dernière, en 1834; l'auteur d'un bon ouvrage de statistique sur l'Écosse, le docteur Cleland, la porte, pour l'année

(1) Mémoire publié par la Société anglaise pour la propagation des connaissances utiles, sous le titre *Manufacture of Iron by the Society for the diffusion of useful Knowledge*, et traduit en français par M. A. Ferry, professeur à l'École Centrale des Arts et Manufactures.

1833, à 700,000 tonnes, et il indique, pour la production de l'Écosse seule, 55,500 tonnes, réparties de la manière suivante entre les différentes usines :

Usines de Calder.	4	fourn. en feu.	12,000[t]
—— de la Clyde.	4	....	10,000
—— de Carron.	5	....	9,500
—— de Muikirk.	2	....	6,000
—— de Monkland-Steel.	2	....	6,000
—— de Devon.	2	....	4,000
—— de Garthsherry. ..	2	....	3,000
—— de Wilsontown. ..	2	....	3,000
—— de Shott.	2	....	2,000
—— de Cleland.	2	éteints.	0,000
			55,500

Développemens graduels de la fabrication du fer malléable.

On voit, par ces détails, les accroissemens successifs que la fabrication de la fonte a éprouvés. Il en a été de même de l'affinage du fer. Cette opération, qui avait lieu anciennement au moyen du charbon de bois, s'exécutait dans des affineries analogues à celles dont on se sert communément en France. Ce combustible diminuant progressivement, on essaya de le mélanger avec du coke, en proportion plus ou moins grande.

Dans cette espèce de passage du travail du fer avec du charbon de bois, au travail du fer avec la houille, le traitement consistait en trois opérations. Le métal obtenu de la première, qui était un raffinage, était porté sous un marteau pesant 4 ou 5 mille kilogrammes, et avec lequel on en faisait des espèces de plaques appelées *stamped-iron*; ces plaques étaient brisées en plusieurs morceaux et triées suivant la qualité. Les morceaux qui présentaient encore l'aspect de la fonte, appelées *raw* (cru), étaient soumis de nouveau à la première opération. Quant à ceux dont l'affinage était assez avancé, on en formait des piles de 50 à 60 livres, que l'on disposait sur une pierre de grès ou sur une plaque d'argile. On plaçait ces piles sur la sole d'un fourneau à réverbère alimenté par la flamme d'un feu de houille (1); quand la température était assez élevée pour que le fer pût se souder, on prenait une de ces masses de fer avec une tenaille, et on la portait sous le marteau dont nous venons de parler; on l'étirait en barres courtes et épaisses, analogues à ce que, dans les forges de France, nous appelons *pièces*, et que l'on désigne, en Angleterre, sous le nom de *bloom* : après avoir été chauffées de nouveau dans un feu de chaufferie, ces pièces étaient forgées en barres, au moyen d'un marteau moins pesant que le premier, et qui frappait un plus grand nombre de coups.

Nous décrirons un de ces procédés mixtes, qui diffère un peu de celui que nous venons d'indi-

(1) M. Chaper a encore vu, il y a peu d'années, cet ancien procédé en activité, dans l'usine de Beaufort (pays de Galles), appartenant à M. Jones; mais on était prêt à l'abandonner.

quer, et que l'on suit encore dans quelques usines du sud du pays de Galles.

Cette méthode mixte fut employée pendant plusieurs années; le fer qu'elle produisait était fort et généralement très dur; elle procurait déjà un grand avantage, en diminuant la consommation de charbon de bois; mais elle en exigeait cependant une assez grande quantité; elle avait en outre l'inconvénient de demander beaucoup de temps; de sorte qu'un établissement qui pouvait livrer au commerce 20,000 kilogrammes de fer en barres par semaine, était regardé comme considérable. L'Angleterre était alors loin de fabriquer assez de fer pour sa consommation : on en importait annuellement de Suède et de Russie l'énorme quantité de 70,000 tonnes (environ 70,000 milliers métriques).

M. Cort, auquel on doit la méthode actuellement en usage en Angleterre, parvint alors, après beaucoup d'essais infructueux, à convertir la fonte en fer, en l'exposant sur la sole d'un fourneau à réverbère, à l'action de la flamme de la houille. Cette méthode, qui avait l'avantage de n'employer qu'un seul combustible, simplifiait en outre beaucoup le traitement, parce qu'elle n'exigeait plus de machines soufflantes. Cet affinage au fourneau à réverbère seul était encore loin de produire le résultat désiré. Il était peu régulier : tantôt la perte en fer était très petite, d'autres fois au contraire elle était considérable. La quantité de combustible brûlée variait aussi beaucoup. M. Cort parvint à éviter cette incertitude, en faisant précéder le travail du fourneau à réverbère, qu'il appela *puddling*, par une espèce de raffinage au coke. Le but de cette opération était de décarburer la fonte et de la préparer à devenir malléable. Le métal prit alors le nom de *finer-metal*, métal plus fin que l'on appelle, pour abréger, *fine-métal*.

Plus tard Chaseldeen remplaça le cinglage au marteau par l'étirage au cylindre, procédé qui accéléra beaucoup la fabrication du fer.

Le fer provenant de l'opération du *puddling* était d'une qualité très inférieure, et ne pouvait être employé directement dans les arts. On imagina, pour lui donner plus de consistance, de lui faire subir une seconde chauffe dans un fourneau à réverbère : aussitôt que cette méthode fut parvenue à un assez haut degré de perfection pour donner des produits susceptibles d'entrer avec avantage dans le commerce, elle fut employée exclusivement en Angleterre et en Écosse. La rapidité avec laquelle on peut fabriquer le fer par ce procédé, et surtout la faculté de n'employer que de la houille, soit à l'état naturel, soit carbonisée, dans un pays où ce combustible minéral est répandu avec tant de profusion, causèrent une augmentation considérable dans le nombre des hauts-fourneaux et des usines à fer. Cette nouvelle méthode de transformer la fonte en fer prit une extension telle dans la Grande-Bretagne, qu'aujourd'hui (1830) une seule usine, celle de Cyfartha dans le pays de Galles, fabrique annuellement plus de deux fois autant de fer que l'on en fabriquait annuellement de 1740 à 1750 dans tout le royaume uni.

Plusieurs usines à fer, construites sur une échelle moins grande, livrent au commerce, de 200 à 300 tonnes de fer en barres par semaine, et il y en a très peu qui ne produisent pas de 100 à 150 tonnes.

Nombre d'ouvriers employés à la fabrication du fer.

Il peut être intéressant de connaître le nombre des ouvriers employés en Angleterre, à la fabrication de la fonte et du fer, à l'extraction de la houille et du minerai consommé par cette industrie. Dans une usine du pays de Galles, composée de cinq hauts-fourneaux et d'une forge, pouvant fabriquer 200 tonnes de fer par semaine, chaque opération occupe le nombre de personnes donné par le tableau suivant (1).

DÉSIGNATION DES OUVRIERS.	HOMMES.	FEMMES.	ENFANS.
Extraction et transport de la houille.....	280	0	37
Extraction et transport du minerai.......	395	40	86
Hauts-fourneaux, grillages et constructions diverses........................	257	39	13
Forge..................................	145	5	55
Agens et directeurs.....................	31	0	0
TOTAUX....	1,108	84	191

(1) *Manufacture of Iron*, etc.

Tout l'établissement occupe donc 1383 personnes. Si l'on suppose que ce nombre puisse servir de terme de comparaison pour toute l'Angleterre, on trouve que le nombre des ouvriers employés en 1827, s'élevait à environ 63,394 ; savoir :

South-Wales	24,894
Staffordshire	20,000
Sthropshire	7,000
Yorckshire	4,000
Écosse	3,300
North-Wales	2,200
Derbyshire	2,000
TOTAL égal	63,394

Produit moyen par ouvrier.

Le produit est donc d'environ 10[tonnes],10 par ouvrier employé.

Produit de la France en fonte de fer.

D'après les renseignemens statistiques recueillis par ordre du Directeur général des Mines, on comptait en France, en 1833, 510 hauts-fourneaux dont 374 en feu et 126 en chômage ou en construction. La production annuelle était de 225,200 tonnes de fonte.

Produit par haut-fourneau à coke.

15 hauts-fourneaux marchant avec du coke, et 5 marchant tantôt avec du coke, tantôt avec du charbon de bois, ont donné 27,900 tonnes de fonte de forge ; comptant un fourneau qui brûle alternativement du coke et du charbon de bois, comme équivalent à un demi-fourneau à coke ; on trouve que le produit moyen d'un haut-fourneau travaillant en fonte de forge en France, est

d'environ 35 tonnes par semaine. Comparant ce chiffre à celui que nous avons indiqué précédemment pour les fourneaux anglais, on trouve que le produit d'un fourneau français en fonte de forge, est à peu près les $\frac{7}{8}$ du produit d'un fourneau anglais fournissant la même espèce de fonte. Cependant les produits de plusieurs de nos fourneaux étudiés séparément, atteignent ceux des fourneaux anglais. Si d'autres produisent moins, cela tient, soit à la richesse des minerais, soit aux dimensions des fourneaux.

Aucun de nos hauts-fourneaux à coke ne travaille régulièrement en fonte douce.

Produit par haut-fourneau à charbon de bois.

352 fourneaux au charbon de bois et les 5 fourneaux au coke ou au charbon de bois, dont nous venons de parler, donnent 163,890 tonnes de fonte, ou chacun 10^{ton},60 par semaine; en sorte que la production d'un haut-fourneau au charbon de bois est un peu plus du quart de celle d'un fourneau à coke.

Outre les fourneaux qui en France marchent au coke ou au charbon de bois, 2 fourneaux travaillent avec des mélanges de charbon de bois et de coke, et produisent 33 tonnes de fonte de moulage par semaine (1).

(1) D'après un rapport de M. Héron de Villefosse, déjà cité, en 1825 on ne comptait en France que 447 hauts-fourneaux, dont 379 en feu, 40 en chômage et 28 en construction. La production totale était de 161,440 tonnes de

Nous avons vu que la production annuelle de l'Angleterre était de 600,000 tonnes de fonte; c'est à peu près trois fois celle de la France.

Nombre d'ouvriers employés à la fabrication du fer en France.

En 1833, on comptait en France 60,000 personnes environ employées pour l'extraction et le transport des minerais de fer, l'exploitation et le transport des combustibles, et le travail des hauts-fourneaux ou des forges. La production par ouvrier employé est par conséquent d'environ 3,75 tonnes.

La fabrication du fer en France occupe donc presque autant d'ouvriers qu'en Angleterre, et le produit est seulement un peu plus du tiers de celui des usines de cet état. C'est une des nombreuses causes de la différence du prix des fers en France et dans la Grande-Bretagne.

Comparaison entre le nombre des ouvriers en France et en Angleterre.

Ce plus grand nombre d'ouvriers employés dans les usines françaises, tient au procédé même que l'on suit dans ces établissemens, et à ce que nos ouvriers produisent, en général, moins que ceux de la Grande-Bretagne. Pour faire ressortir l'évidence de cette dernière assertion, nous avons réuni dans le tableau suivant le nombre de personnes occu-

---

fonte; 4 hauts-fourneaux à coke donnaient chacun par semaine 25 tonnes de fonte seulement, et 375 fourneaux au charbon de bois, chacun 8 tonnes. On voit, en comparant les chiffres pour les années 1825 et 1833, que pendant les huit années qui se sont écoulées entre ces deux époques, la production de chaque fourneau considéré isolément, a augmenté de même que la production totale.

pées dans chaque atelier principal d'une grande forge anglaise établie en France, et dont les produits sont d'environ 5,000 tonnes par an.

Extraction de la houille...........	541 ouvriers.
Hauts-fourneaux, fabrication du coke, masseries, ateliers divers.........	245
Extraction du minerai............	89
Forges et fonderies.............	255
Transports de la houille et du minerai..........................	30
Comptabilité....................	14
TOTAL.....	1,174 ouvriers.

Le produit serait donc d'environ 4^{ton},3 par ouvrier employé, moins que moitié de ce qu'il est dans le pays de Galles; mais l'extraction de la houille et du minerai paraissant présenter plus de difficultés dans un pays que dans l'autre, il sera mieux de comparer seulement le nombre des ouvriers employés dans l'intérieur de la forge.

Nous avons vu qu'en Angleterre une forge pouvant livrer 10,000 tonnes de fer par année, employait 145 ouvriers ou 1 ouvrier par 69 tonnes.

Deux forges en France pouvant produire ensemble à peu près la même quantité de fer, emploient 445 ouvriers, ou un ouvrier par 23 tonnes. Les nouvelles forges françaises emploient donc deux fois plus d'ouvriers que les forges anglaises, et par suite la main-d'œuvre est plus chère en France qu'en Angleterre, quoique dans les usines de ce dernier pays, les salaires soient plus élevés que dans le nôtre.

Variations dans le prix des fers.

Le prix des fers a subi, depuis 1825, en Angleterre, une diminution plus considérable encore qu'en France.

Le fer gallois, qui en 1825, valait 350 francs la tonne sur le port de Cardiff, s'est vendu 131 fr. 25, et est offert maintenant (juin 1834) à 175 f. ; la diminution a donc été de 63 pour 100, et elle n'est plus que de 50. A la même époque, le fer français de Bourgogne et de Champagne, rendu sur le port de Gray, valait 557 francs, et il vaut maintenant 400 fr. : la diminution est de 30 p. 100.

C'est en 1822 que fut rendue la loi qui augmentait de 110 à 120 francs les droits sur les fers anglais et fixait ces droits à 275 francs par navire français, et 300 francs par navire étranger. Ainsi dans l'intervalle de peu d'années, les usines anglaises seraient parvenues à livrer leurs produits en France, au même prix qu'en 1822, après avoir acquitté tous les droits. Mais pour connaître exactement l'influence que les usines anglaises ont pu exercer sur celles de France, il faudrait avoir un état depuis 1822, des ventes de fer anglais sur un marché commun, par exemple, celui de Paris. On saurait ainsi quelle quantité de produit a été obligée de refluer vers les lieux où ils sont fabriqués, et quelle influence a pu résulter de cet encombrement de produits. Nos renseignemens ne sont pas suffisans pour dresser ces états; mais nous croyons qu'ils ameneraient à cette conclusion que les nouvelles usines construites en France, ont eu depuis 1822, sur les marchés, une part d'influence bien plus grande que les importations des fers étrangers.

Nous terminerons cet aperçu en exprimant le regret qu'un homme comme M. Cort, qui a dépensé presque toute sa fortune à perfectionner une industrie, actuellement une des sources de prospérité de l'Angleterre, n'ait pas reçu la récompense due à un si important service, et que son nom soit à peine cité dans quelques ouvrages sur le traitement du fer.

Distribution du travail sur la fonte et le fer.

En parcourant les perfectionnemens que le travail du fer a éprouvés en Angleterre depuis soixante-dix ans, nous avons vu qu'ils se divisaient en deux; les uns relatifs à la fusion des minerais, les autres à la transformation de la fonte en fer forgé : nous sommes donc conduits naturellement à faire deux divisions dans ce que nous avons à exposer sur le travail du fer.

Dans la première, nous décrirons la fabrication du coke, le grillage du minerai, les hauts-fourneaux employés en Angleterre et le travail de la fusion des minerais.

Dans la seconde, qui aura pour objet *l'affinage de la fonte par les procédés anglais*, nous ferons connaître les différens fourneaux ainsi que les mécanismes employés dans ce travail, et les opérations auxquelles on soumet la fonte, pour la transformer en fer malléable.

Enfin, nous ajouterons une troisième division, dans laquelle nous donnerons un aperçu des dépenses nécessaires pour la construction des usines à fer, suivant le procédé anglais, et nous terminerons par quelques considérations sur la fabrication de la fonte et du fer, soit au charbon de bois, soit à la houille.

NATURE DES FONTES.

La fonte que produisent les hauts-fourneaux anglais présente un grand nombre de variétés qui diffèrent dans leurs propriétés, leur emploi dans les arts, et quelques circonstances de leur fabrication.

Nous distinguerons deux variétés principales, la fonte de moulage et la fonte d'affinage : la première est ordinairement noire, douce, et serait très difficile à affiner. La seconde est grise ou blanche, peu liquide, et par suite, prendrait mal les formes des moules; refroidie, elle est d'une grande fragilité.

Nous décrirons trois qualités différentes de chacune de ces variétés.

Fonte de moulage. — N° 1. Fonte très noire, peu sonore, à gros grains arrondis et brillans, présentant quelquefois des parties d'une couleur moins foncée et d'un grain plus fin. Sa cassure est très inégale; elle est très peu tenace, peut être facilement entamée par le ciseau, et ne reçoit qu'un poli terne. En coulant elle paraît pâteuse et jette des étincelles bleues. Elle présente une surface où semble se développer avec une grande rapidité des végétations en rameaux très fins; elle se fige très lentement. Sa surface, refroidie, est unie, concave, et souvent chargée de graphite.

Elle n'est employée qu'en seconde fusion pour le moulage des ornemens, des petits objets, et en général de tout ce qui demande un travail minutieux et délicat.

N° 2. Fonte noire, mais d'une teinte plus claire que la précédente; elle est moins douce, présente un grain plus fin et plus régulier, et une surface moins unie que le n° 1. Elle est très tenace, facile à tourner, à limer et à polir.

On l'emploie au moulage de toutes les pièces des machines qui doivent présenter en même temps de la légèreté, de la délicatesse et une assez grande résistance.

N° 3. Fonte très grise (*Dark grey iron*), d'un grain encore plus fin, et plus serrée que la précédente. C'est celle qu'on cherche le plus souvent à obtenir, parce qu'on la destine indifféremment au moulage et à la forge.

On l'emploie, dans les fonderies, à la fabrication de toutes les pièces pesantes, et qui doivent présenter une grande résistance, tels que les supports, les roues, les cylindres de machines à vapeur, etc.

Fonte d'affinage. — N° 1. (*Bright iron*) fonte grise, brillante, d'une couleur plus claire que celles dont nous avons déjà parlé. Elle est très douce, et est quelquefois employée au moulage de très grosses pièces dont le travail demande peu de soins.

N° 2. (*Mottled iron*) fonte truitée. Elle diffère de la fonte qui porte ce nom en France, en ce qu'elle n'est jamais employée au moulage. Elle présente une cassure unie et a l'aspect d'un mélange de fonte grise et de fonte blanche.

N° 3. (*White iron*) fonte blanche, très sonore et très cassante; elle résulte souvent d'un dérangement dans la marche du fourneau; cependant quelques usines ne travaillent que pour fonte blanche. Elle coule mal, jette alors des étincelles très nombreuses, vives et blanches; elle se fige très vite. Refroidie, elle offre à sa surface des aspérités irrégulières qui la rendent extrêmement raboteuse; elle présente une cassure lamelleuse et rayonnée. Elle est tellement dure, que l'acier trempé ne peut l'attaquer. On ne s'en sert jamais pour le moulage; soumise à l'affinage, elle ne donne le plus souvent qu'un mauvais fer.

Il est difficile d'entrer dans tous les détails qui distinguent les six variétés de fonte que nous venons de décrire, et nous devons ajouter qu'il n'y a pas entre chaque variété une limite tranchée qui soit possible d'assigner. Il faudrait décrire séparément la fonte de chaque comté et souvent celle de chaque usine; ce qui tient aux différences de nature que présentent les houilles et minerais. Nous ajouterons toutefois ici quelques renseignemens fournis en juillet 1833, à l'un de nous, par MM. Jevons, marchands de fer à Liverpool, qui permettront d'apprécier les qualités et la valeur relatives des fontes douces obtenues en Angleterre et en Ecosse. Plus loin, lorsque nous traiterons de l'affinage des fontes de forge, nous parlerons des différentes espèces de fer malléable.

Les fontes écossaises obtenues à l'air chaud, liquides, mais peu tenaces, se vendaient, en juillet 1833 :

La variété n° 1,	4 liv.	15 sh.	la tonne.
n° 2,	4	10	
n° 3,	4	5	

Trois mois plus tard, des fontes provenant des mêmes fourneaux marchant à l'air chaud, beaucoup plus tenaces que les précédentes, ont été vendues au même prix que celle du Staffordshire. Il faut donc ranger les fontes d'Écosse parmi celles de première qualité.

Fontes du Staffordshire liquides et douces à la lime :

Variété n° 1,	6 liv.	» sh.	la tonne.
n° 2,	5	10	

Fontes du Shropshire : fontes de l'usine de Lightmoor, très tenaces :

n° 1, 5 liv. 15 sh. la tonne.

Fontes des usines de Cold Park, Lawley et Langley, très liquides, très tenaces et très douces :

Variété n° 1,	6 liv.	» sh.	la tonne.
n° 2,	5	10	

Les fontes de l'usine de Madeley sont les plus belles que l'on connaisse pour le moulage des poteries, tuyaux, etc.

La variété n° 1, propre à être fondue dans le Wilkinson, se vend 6 liv. 15 sh. la tonne.

Les fontes du pays de Galles méridional (*South wales*) sont généralement tenaces, mais ne sont pas très liquides. Elles se vendaient, en juillet 1833 :

La variété n° 1,	5 liv.	5 sh.	la tonne.
n° 2,	5	5	
n° 3,	4	15	

L'usine de Coed Talon, dans le pays de Galles septentrional, produit une fonte liquide et douce, qui se vendait :

La variété n° 1,	5 liv.	10 sh.	la tonne.
n° 2,	5	»	
n° 3,	4	10	

Nous décrirons séparément les procédés qui sont suivis pour le travail du fer dans le Staffordshire, l'Yorkshire, le pays de Galles et l'Écosse, et qui diffèrent en plusieurs points. L'ordre que nous suivrons dans notre rédaction sera celui des diverses opérations que la fabrication du fer exige; ainsi nous parlerons successivement de la carbonisation de la houille, du grillage des minerais, de leur réduction, et des appareils employés dans les diverses opérations.

FABRICATION DU COKE.

Le coke est fabriqué en Angleterre par deux procédés différens, savoir, à l'air libre et dans des fours.

§ 1. — *Fabrication du coke à l'air libre.*

Ce procédé est le plus généralement suivi dans toute l'Angleterre, l'autre ne paraît être employé que dans la carbonisation de la houille menue.

Dans le Staffordshire, aux environs de Dudley, tout le coke est fabriqué à l'air. Le procédé consiste à élever, au milieu d'une aire, une petite cheminée en briques un peu conique et ayant un grand nombre de jours. Les briques sont placées de champ; les jours sont plus grands au bas qu'à la partie supérieure. Fabrication dans le Staffordshire.

Cette cheminée (fig. 1, pl. VI) a environ 4 pieds 6 pouces ($1^m,37$) de hauteur; elle est surmontée d'une petite cheminée de tôle ou de fonte de 1 pied ($0^m,305$) de hauteur (mesures anglaises).

Le charbon à carboniser est disposé en tas circulaires, à peu près semblables à ceux qu'on fait en France pour le charbon de bois, mais moins élevés ; on place les plus gros morceaux autour de la cheminée et pour former la base du tas ; ensuite on ne fait pour ainsi dire que jeter le charbon, de manière à former une meule un peu plus haute que la cheminée de brique. Pour empêcher que la combustion ne soit trop rapide, on recouvre le tout de menue houille (*slack*) ou de menu coke, à l'exception de la partie inférieure, sur une hauteur d'environ 1 pied. On met le feu par la cheminée. A une certaine époque de l'opération, on achève de couvrir le tas avec de la houille menue ; on y ménage des ouvertures, qu'on bouche et qu'on débouche à volonté, de manière à accélérer ou à ralentir l'opération. Lorsque la carbonisation est achevée on éteint le coke avec de l'eau, qu'on verse en assez grande abondance par les trous pratiqués dans la partie supérieure des meules, et l'on enlève la couche de menue houille.

Les dimensions des tas de carbonisation varient un peu ; le plus souvent ils ont 14 à 16 pieds anglais ($4^{m},27$ à $4^{m},88$) de diamètre : dans ce cas ils contiennent à peu près 12 tonnes de houille. Du moment où l'on met le feu, l'opération dure sept jours, dont deux et demi à trois pour la carbonisation ; le refroidissement dure par conséquent environ quatre jours ; l'addition d'une grande quantité d'eau paraît être indispensable pour la désulfuration des cokes, et pour obtenir un bon résultat.

C'est aux soins minutieux que l'on donne à la carbonisation de la houille dans le Staffordshire, aux avantages que présente, dans ce comté, la fabrication des fontes et des fers de première qualité, à la grande concurrence, et enfin à la cherté du combustible, les prix étant comparés à ceux du pays de Galles, qu'il faut attribuer la supériorité reconnue du procédé du Staffordshire sur ceux que l'on suit dans les autres parties de l'Angleterre.

Cette opération s'exécute si simplement qu'on a de la peine à en concevoir les difficultés, qui sont cependant bien réelles, et que l'on éprouve dans toutes les usines de France, où l'on introduit le traitement du minerai de fer à la houille. Tous les ouvriers anglais ne réussissent pas également. Une tonne de houille donne environ quatre sacs de coke, ce qui fait 12 quintaux ou 60 p. 100; mais quelquefois on ne tire réellement que 10 quintaux ou 50 p. 100 et même moins.

Dans le sud du pays de Galles, on suit les deux procédés de carbonisation; mais le coke n'est pas fait avec le même soin que dans le Staffordshire. Lorsqu'on le fabrique en plein air, on dispose le combustible en tas d'une grande longueur, contenant de 30 à 40 tonnes de houille et ayant 4 à 6 pieds ($1^m,22$ à $1^m,83$) de largeur, et 2 $\frac{1}{2}$ ou 3 ($0^m,76$ à $0^m,91$) de hauteur. Les gros morceaux de houille sont placés au milieu du tas; on recouvre

Dans le sud du pays de Galles.

avec de la houille menue. Le feu est quelquefois allumé en divers points du tas, mais le plus souvent on le met seulement à une extrémité. A mesure que les tas deviennent complétement en feu, on achève de les couvrir avec des cendres provenant d'opérations précédentes, afin que le coke ne continue pas à brûler; enfin on achève de l'éteindre avec de l'eau, ainsi que nous avons dit que cela se pratiquait dans le Staffordshire.

A Pontypool et à Abergavanny, le coke est fabriqué à l'air : la houille de Pontypool présente quelques parties qui ressemblent beaucoup au charbon de bois, et qui conservent le même aspect après la carbonisation. Le coke qui jouit de cette propriété, est très estimé et on l'emploie autant que possible, à la fabrication de la fonte de moulage n° 1 et 2.

Aux environs de Merthyr-Tydwill, la carbonisation se fait principalement à l'air; on donne peu de soin à l'opération; on retire cependant une grande quantité de coke : voici d'ailleurs quelques résultats.

Aux Plymouth-Works, 6 tonnes de houille donnent 5 tonnes de coke, près de 83 pour 100; à Dowlais, 720 livres de houille donnent 450 à 500 de coke, près de 66 pour 100; à l'usine de Pen-y-Darran, l'opération ne dure que trois jours; l'augmentation de volume de la houille est considérable, 3 tonnes de houille produisent 12 *barrows* de coke, le *barrow* est de 18 pieds cubes, ce qui donne une augmentation d'un peu plus du quart du volume de la houille calcinée.

A Neath-Abbey, la carbonisation est plus rapide ; la houille ne donne pas tout-à-fait 60 pour 100 de coke.

Nous rappellerons ici que le bassin houiller du pays de Galles, présente un grand nombre de variétés de houille ; à une des extrémités, dans le Monmouthshire, près des grandes usines de Pontypool, de Varteg et de Blaenarvon, la houille est bitumineuse, collante et augmente de volume : au contraire à Merthyr-Tydwill, la houille est sèche, donne peu de fumée et ressemble quelquefois à l'anthracite, aussi la fabrication du coke dans le Monmouthshire dure souvent neuf jours, et la même opération en dure à peine trois ou quatre à Merthyr.

Aux environs de Glasgow (1828), on suit les deux procédés de fabrication du coke. La majeure partie est faite en plein air : autrefois on carbonisait la houille en tas sans aucune précaution, aujourd'hui (1828) on commence à adopter avec avantage la méthode du Staffordshire : les tas contiennent 18 tonnes de houille ; on les recouvre avec de la houille menue mouillée. La carbonisation dure trois ou quatre jours, le refroidissement quatre à cinq jours ; la perte en poids est de 50 pour 100 : autrefois on perdait 60 et même 66 pour 100 ; l'opération durait cinq jours. On remarque d'assez grandes différences dans les mor- En Ecosse ceaux de coke d'un même tas. Les uns sont très denses et d'autres très légers : les premiers paraissaient les plus abondans, dans le petit nombre de tas que nous avons examinés. Par suite de l'emploi de l'air chaud, la fabrication du coke en Écosse a été, sinon abandonnée, du moins considérablement diminuée.

Dans le Yorckshire.

On suit, dans le Yorckshire, un procédé à peu près semblable à celui du sud du pays de Galles. Il consiste à arranger la houille en pyramide quadrangulaire tronquée, très longue, de 5 à 6 pieds ($1^m,52$ à $1^m,83$) de largeur, et 2 pieds et demi ($0^m,76$) de hauteur. On ménage de distance en distance environ de 6 en 6 pieds, des cheminées verticales carrées, de 8 à 9 pouces ($0^m,20$ à $0^m,225$) de côté; elles sont bâties avec les gros morceaux de houille : c'est par ces cheminées que l'on met le feu dans toute la longueur du tas. La perte sur la houille est d'environ 50 pour 100 en poids ou peut-être un peu moindre.

En Angleterre, on observe en général, que le coke fait à l'air est plus léger que celui qui est fabriqué dans des fours : on a fait l'observation contraire dans quelques usines de France.

§ 2. — *Fabrication du coke dans des fours.*

Fabrication dans le Pays de Galles.

La forme de l'appareil employé dans cette fabrication, varie peu dans les différens comtés que nous avons visités. C'est toujours un four circulaire, ou un peu allongé, recouvert d'une voûte surbaissée, surmontée d'une petite cheminée. A Abergavanny (Monmouthshire) on emploie le fourneau que les fig. 2, 3, 4, 5, pl. VI, représentent pour carboniser la houille menue. Ces fourneaux sont ovoïdes, à deux portes en face l'une de l'autre; les portes se meuvent dans une rainure au moyen d'une potence; elles sont en fonte ainsi que la rainure. Chaque fourneau a deux petites cheminées qui correspondent à deux trous A, pratiqués dans la paroi latérale. La sole et la voûte de ces fourneaux sont en briques, l'extérieur est en pierres. Voici quelques-unes de leurs dimensions : la longueur du fourneau ou de la sole est de 12 pieds anglais (3^{m},66); la plus grande largeur est de 6 pieds (1^{m},83); la largeur des portes est environ 3 pieds (0^{m},91); la hauteur de la voûte, au milieu, est d'environ 5 pieds (1^{m},52); elle est de 21 pouces (0^{m},53) vers les portes. Les cheminées ont 3 pieds de hauteur à l'extérieur, par conséquent environ 7 pieds (2^{m},133) en totalité; elles ont 9 pouces (0^{m},225) de côté.

On charge le fourneau par le trou B à la partie supérieure, et par les portes; pendant l'opération, B est fermé avec une plaque de fonte : nous ne connaissons ni la charge ni les produits. A Neath-Abbey (Glamorganshire), les fours sont à peu près semblables aux précédens, mais en général, plus petits. La cheminée est au centre de la voûte, et n'a qu'un pied et demi de hauteur. La plupart n'ont qu'une porte; mais, dans ce cas, on pratique un trou à l'extrémité opposée pour déterminer un tirage plus uniforme dans toute la masse. On carbonise ainsi la houille menue provenant des couches épaisses; on retire 60 pour 100 en coke; la perte n'est donc que de 40 pour 100; elle est quelquefois de 50 pour la même houille en morceaux, carbonisée à l'air libre. Le coke provenant des fours est plus dense que celui qui provient du travail à l'air libre. Près de Swansea, on fabrique du coke de la même manière : 5 tonnes de houille donnent 12 barrows de coke : le barrow pèse 450 livres; ce qui fait 2 tonnes 8 quintaux de coke pour 5 tonnes de houille, ou environ 50 p. 100.

Dans les environs de Glasgow, on fabrique une petite portion de coke dans des fours circulaires à une seule porte. Le diamètre de ces fours est de 9 pieds anglais ($2^m,74$); au centre la voûte a 6 pieds ($1^m,83$) de hauteur; elle est surmontée d'une cheminée de 2 pieds ($0^m,61$) de hauteur, et d'environ 9 pouces à 1 pied ($0^m,225$ à $0^m,305$) de côté. On retire le coke toutes les vingt-quatre heures; la charge ordinaire d'un four est de 1 tonne et demie de houille; elle s'élève d'environ 2 pieds et demi ($0^m,76$) dans le four : la perte est de 50 à 60 pour 100.

Le samedi, on charge 2 tonnes dans un four, et on ne retire le coke que le lundi suivant.

Fabrication à Newcastle. La plus grande partie de la houille de Newcastle est destinée à la consommation de Londres, ou au commerce d'exportation ; et comme on exporte presque exclusivement le charbon en gros morceaux, il en résulte qu'il existe une différence considérable dans le prix du gros charbon en morceaux, et du charbon de menu : cette différence était si grande, il y a quelques années, qu'on préférait brûler la houille menue, à la livrer au commerce, le droit régalien étant le même sur ces deux qualités de charbon. Depuis quelques années la houille menue a acquis quelque valeur, par suite de l'érection de deux usines à fer assez considérables, qui consomment une assez grande partie de cette variété de houille. Cependant, en 1833, la différence de prix était encore énorme; le wagon de gros charbon, pesant 53 quintaux anglais, coûtait 15 shillings (18 fr. 75 c.), tandis que la même mesure de houille menue coûtait seulement 4 shillings 3 pence (5 fr. 31 c.).

La carbonisation de la houille s'exécute dans des fourneaux rectangulaires, qui ont 13 pieds de longueur sur 11 pieds de haut; la voûte est ellipsoïdale; elle a 5 pieds d'élévation au-dessus de la sole, vers le centre du fourneau. Il existe une seule porte sur le devant ; elle a 2 pieds de haut sur 15 pouces de large; elle est fermée par une plaque de fonte percée vers son milieu par une ouverture de 3 pouces de côté; cette porte glisse dans une coulisse en fer, de sorte qu'elle ferme très hermétiquement, et que l'air qui alimente la combustion est introduit seulement par l'ouverture du milieu.

La voûte est percée de trois ouvertures carrées, savoir, une ayant 1 pied de côté, placée au centre du fourneau, et les deux autres de 4 pouces. Ces deux dernières sont disposées sur l'axe du fourneau, et à égale distance du centre; la principale est recouverte par une plaque de fonte mise en travers, afin de ne pas la boucher complétement, et d'exciter le tirage; les deux autres sont fermées par des bouchons en brique, de sorte que la voûte est parfaitement continue; on ne les ouvre que lorsque le charbon brûle d'une manière inégale, et qu'il faut exciter le tirage dans quelques parties du fourneau.

On introduit d'abord dans le fourneau une certaine quantité de houille en gros morceaux, que l'on allume; puis on charge la houille à la fois par la porte et par l'ouverture supérieure; on en met environ 3 pieds d'épaisseur. Bientôt le feu se communique de proche en proche sur toute la surface du fourneau; cet embrâsement est assez long quand on met les fourneaux en feu pour la première fois, mais quand une charge succède à une autre, le four est encore très chaud, et au bout d'une demi-heure, on voit le feu sur toute la surface du charbon. La conduite de l'opération est très simple; elle n'exige, de la part de l'ouvrier, que le soin d'examiner la marche de la combustion, et de l'exciter ou la ralentir au moyen des trois ouvreaux placés à la partie supérieure; elle dure de vingt-deux à vingt-quatre heures. Au commencement de l'opération, il se dégage une fumée très épaisse, qui diminue graduellement; la flamme, qui s'élève à la surface de la masse du charbon, est longue et rougeâtre dans les premières heures de l'opération; à mesure que la combustion avance, elle devient plus courte, plus blanche et plus vive; lorsqu'on ne voit plus de jets de flamme s'élancer au-dessus de la surface de la houille, la combustion est terminée; et si l'on poussait plus loin l'opération, on brûlerait une partie du coke : on ferme alors hermétiquement toutes les ouvertures, on a même soin de luter la porte avec de la glaise; au bout de deux heures environ on retire le coke, au moyen de grands crochets; enfin, on l'éteint au fur et à mesure au moyen d'eau qu'on verse dessus, et que l'on jette dans l'intérieur du fourneau.

Le coke que l'on obtient par ce procédé est d'un gris foncé; il présente beaucoup de parties enfumées; il est assez sonore, et très caverneux. Nous n'avons pu savoir quelle était exactement la perte en poids.

A l'usine de Lemington, tout le coke est fabriqué dans des fours assez petits, ronds et voûtés : la voûte est percée d'un trou de 8 à 9 pouces de diamètre; ce trou n'est pas surmonté d'une cheminée. Ces fours n'ont qu'une porte pour le chargement et le déchargement. On carbonise

53 quintaux ($2689^k,75$) de houille ou un *chaldron* par opération, laquelle dure quarante-huit heures. On retire 33 quintaux de coke; la perte est donc de 20 quintaux, ou environ 39 pour 100. Ce coke est partagé en deux parties, au moyen d'une grille inclinée, dont les barreaux ont environ 5 lignes ($0^m,01585$) de côté, et sont espacés de 7 lignes à un pouce ($0^m,02219$ à $0^m,0254$). Le menu qui passe à travers la grille, est employé au grillage du minerai, le gros sert à le fondre dans les hauts-fourneaux. On n'a pas pu nous dire le rapport qui existe entre les quantités de ces deux espèces.

Dans le Yorckshire. Dans les environs de Bradford, on fabrique du coke par le même procédé qu'à Newcastle. Les fours sont un peu plus petits; on ne charge guère plus d'une tonne à la fois. La perte en poids est de 40 pour 100. Les cokes fabriqués à l'air ou dans les fours, paraissent à peu près de même qualité; à l'air la perte est de 50 pour 100.

Au Creusot. Au Creusot (département de Saône-et-Loire) on fabrique le coke dans des fours de deux espèces; les uns sont ovoïdes, à deux portes, surmontés d'une cheminée et semblables à ceux que nous avons décrits. Ils présentent au centre une petite séparation en brique. On charge la houille et l'on défourne le coke par chacune des portes; les autres ont des voûtes cylindriques dont l'axe est un peu incliné sur l'horizon, ainsi que la sole, de manière à rendre le défournement plus facile. Ces voûtes ont environ $2^m,50$ de diamètre, $0^m,33$ de flèche, et sont portées sur des pieds-droits de $0^m,45$. Leur longueur est de $4^m,30$, et la pente sur cette longueur est d'environ $0^m,30$. Les portes ont toute la largeur du four ; on charge par la porte la plus élevée, et l'on défourne par l'autre au moyen d'un grillage en fer qui a la forme de la section transversale du four et la même largeur. Ce grillage est traîné au moyen d'un cabestan qu'un cheval met en mouvement. Le défournement se fait ainsi complétement et en très peu d'instans : les portes sont en fonte et sont intérieurement garnies en argile ; elles s'ouvrent au moyen d'une crémaillère verticale, portative et qui s'adapte successivement à chacun des fours.

La charge dans les premiers fours est de 2 tonnes; dans les fours cylindriques, elle est de 2 tonnes et quart : la carbonisation dure vingt-quatre heures. La fabrication de plusieurs mois présente les résultats moyens suivans :

100 mètres cubes de houille donnent 128,27 mètres cubes de coke ;

1,000 kilogrammes de houille donnent 488 kilogrammes de coke ;

1,000 kilogrammes de coke coûtent 15 fr. 64 c., savoir :

Houille............	12 fr.	53 c.
Transports..........	0	92
Façon.............	1	78
Fournitures diverses.	0	41
TOTAL.....	15 fr.	64 c.

Nous ferons remarquer que la houille présente à très peu près la même augmentation de volume, par la carbonisation dans les fours ovoïdes ou les fours cylindriques ; mais une partie des mêmes charbons carbonisés en plein air, suivant la méthode de Rive-de-Gier, a donné un volume de coke moindre que celui de la houille.

A Decazeville.

A Decazeville on emploie de même les fours cylindriques et des appareils semblables à ceux du Creusot. Les portes de quelques-uns de ces fours sont soulevées par des contre-poids en fonte, fixés à l'extrémité d'une chaîne passant sur une poulie de renvoi. Ce procédé est fort commode et ne présente que l'inconvénient de coûter un peu plus cher d'établissement que celui de Rive-de-Gier. Les portes sont en barre de fer plat de 48 lignes sur 4 lignes, et garnies intérieurement d'argile et de morceaux de brique réfractaire. Il importe que les portes des fours soient bien fermées ; nous citerons à ce sujet des expériences très longues que nous avons pu suivre nous-mêmes ; des houilles qui, carbonisées dans des fours dont les portes étaient mal fermées, n'avaient jamais rendu plus de 40 pour 100 de coke, ont produit 49 pour 100, par suite de l'emploi de portes bien closes.

A l'usine du Janon, près de Saint-Étienne, on carbonise la houille menue en plein air, par un procédé assez intéressant pour mériter d'être complétement décrit. Voulant éviter, toutefois, d'interrompre l'exposition des procédés qui sont en usage en Angleterre, par de trop longues digressions sur les méthodes suivies en France, nous renvoyons à la fin du volume les détails que nous nous proposons de donner sur ce procédé.

Il serait difficile de décider lequel est le meilleur des deux procédés de carbonisation de la houille, celui à l'air libre et celui dans les fours : on n'a point assez de données pour les comparer, parce que celui dans les fours est trop peu pratiqué, et l'est seulement dans la carbonisation de la houille menue. La perte paraît être moindre dans les fours que dans le travail à air libre ; les fours exigent un espace beaucoup plus vaste, mais moins de main-d'œuvre et de dépense que l'autre procédé.

Avantages respectifs des deux procédés.

Enfin le coke fait à l'air passe pour mieux convenir aux hauts-fourneaux et aux fineries que le coke fabriqué dans des fours.

Nous ajouterons qu'on a reconnu en France, que le procédé de carbonisation devait varier avec la qualité de la houille ; certaines espèces de houille ne donnent du coke que lorsqu'elles sont carbonisées en plein air et même réduites en menu et mouillées, suivant le procédé de Rive-de-Gier.

Au commencement de l'opération, la houille distille un peu de bitume et finit ensuite par s'enflammer. L'inflammation de la masse se déclare bien plus promptement lorsqu'on jette la houille dans un four chauffé au rouge par une opération précédente que lorsque le feu se propage peu à peu, comme dans la carbonisation en tas. Si la houille est peu bitumineuse, il peut arriver que chauffée trop rapidement dans un four, elle ne puisse pas coller et qu'elle se brûle complétement : elle donnera au contraire du coke en très gros morceaux si le bitume se dégage lentement et si la houille a le temps de coller, comme dans le procédé de Rive-de-Gier.

C'est par la même raison que les fours à coke sont quelquefois trop chauds, et qu'il est bon, dans ce cas, de mettre un peu d'intervalle entre le défournement et le chargement de ces fours.

Ces faits ont été vérifiés sur diverses qualités de houille.

Souvent ce combustible donne plus de cendres et moins de coke par la carbonisation en plein air que dans des fours fermés. Si le vent vient à s'élever, on est obligé d'employer un grand nombre d'ouvriers à couvrir de cendres le tas de houille, du côté où le vent souffle, et malgré ces précautions, une usine considérable peut quelquefois perdre en une seule nuit d'orage, 50 à 100 tonnes de houille.

GRILLAGE DES MINERAIS.

Le minerai est toujours soumis au grillage ou plutôt à la calcination avant d'être porté au haut-fourneau : cette opération s'exécute de deux manières : *à l'air libre*, ou *dans des fours particuliers*.

§ 1. — *Grillage en tas, ou à l'air libre.*

L'opération est des plus simples; elle est pratiquée dans le Staffordshire, dans quelques usines du pays de Galles et en Écosse.

On forme des tas de minerai mélangé de menue houille, reposant sur une couche de gros morceaux de ce combustible. On donne à ces tas de 6 à 7 pieds de haut sur environ 15 à 20 de large. On met le feu à une extrémité du tas, on allonge l'autre autant que la disposition des lieux le permet; du reste l'opération paraît le plus souvent abandonnée à elle-même; on n'en prend aucun soin. Lorsque la chaleur devient trop forte en quelque point du tas de grillage, il se produit des scories, qui coulent et qui contiennent des portions de fer métallique. On évite de pousser la chaleur aussi loin; mais très souvent la surface et les angles des fragmens éprouvent un commencement de fusion et deviennent bulleux.

On conduit le grillage de manière que le haut-fourneau ne manque jamais de minerai grillé, sans chercher à préparer d'avance une provision de ce dernier.

Il faut environ 4 quintaux ou 230 kilog. de menue houille pour griller un tonne ou 1015 kil. de minerai brut. Sur quelques mines, deux tonnes de charbon grillent seize tonnes de minerai.

§ 2. — *Grillage dans les fours.*

Ce procédé passe pour plus économique que le précédent; mais nous n'avons pas d'évaluation exacte de cette économie. Par cette méthode, on ne brûle pour ainsi dire que de la houille menue ou du coke menu.

La forme intérieure des fourneaux de grillage est le plus souvent un cône ou une pyramide rectangulaire renversés.

Fourneau de Dowlais.

Les fig. 6 et 7, pl. VI, représentent un fourneau employé à Dowlais; deux de ses faces sont verticales. Les principales dimensions sont : *ab* = 1 pied 9 pouces = $0^m,53$; BB = 12 pieds 14 pouces = $3^m,755$; *af* = 6 pieds 8 pouces = $2^m,028$; *cd* = 1 pied 10 pouces = $0^m,555$; AB = 9 pieds 7 pouces = $2^m,91$.

Fourneau de Pontypool.

m est un petit mur en brique qui a seulement 1 pied 4 pouces de hauteur, et qui sépare les deux portes *n* de déchargement. On arrive à ces portes sous une voûte *z* : la partie *xy* est soutenue par une plaque de fonte, percée de trous *o*, destinés à donner de l'air. Souvent les fourneaux se déchargent des deux côtés.

Les fourneaux ayant la forme d'un tronc de cône ovale renversé, sont plus employés et plus estimés que ceux de la forme précédente. Voici les principales dimensions de ceux dont on se sert à Pontypool; il alimente à lui seul un haut-fourneau donnant soixante tonnes de fonte par semaine. A la partie supérieure, le grand diamètre de l'ovale est de 20 pieds (6^m,10); le petit est de 10 pieds (3^m,05). A la base, le petit diamètre est de 3 pieds (0^m,91); il est aussi formé d'une partie droite et d'une partie inclinée; la partie correspondante à ab = 10 pieds = 3^m,03; BB = 16 pieds = 4^m,87; cd = 3 pieds = 0^m,91.

On emploie aussi très souvent le fourneau qui est représenté pl. VI, fig. 8, 9, 10 et 11.

La fig. 8 représente une élévation dans les faces des embrâsures.

La fig. 11 est le plan pris au-dessus de la plate-forme supérieure.

La fig. 9, une coupe longitudinale suivant AB, et la fig. 10, une coupe transversale suivant CD.

Plusieurs de ces fourneaux sont accolés à la suite les uns des autres; les murs de séparation *b* sont en briques réfractaires.

Chaque fourneau représente deux aires *dd*, revêtues de plaques de fer, et répondant chacune à une porte de déchargement *e*; enfin *h* et *g* sont des barres de fer servant de renfort au-dessus des embrâsures et de soutiens pour les barres de fer K.

L'opération est simple et facile à conduire.

Pour mettre le fourneau en feu, on charge d'abord un peu de grosse houille et par-dessus une certaine partie de minerai; on ne doit pas remplir de suite le fourneau.

Lorsque le feu commence à arriver à la partie supérieure du minerai, on fait un lit de houille menue, et par-dessus un lit de minerai mélangé d'une petite quantité de houille menue, qui achève de remplir le fourneau. La partie inférieure s'étant refroidie, on la tire par le bas du fourneau, absolument comme cela se pratique dans la fabrication de la chaux. Ensuite on charge de nouveau le fourneau, et l'opération se continue indéfiniment.

Le plus souvent, dans le pays de Galles, les hauts-fourneaux sont adossés à des collines, et les fourneaux de grillage sont bâtis sur des terrasses, à la hauteur du gueulard des hauts-fourneaux. On règle l'opération de manière à ne tirer le minerai grillé qu'à mesure que le travail du haut-fourneau l'exige.

Dans cette opération, une petite partie du minerai tombe en poudre; on le passe au tamis, et la poussière est employée comme sable dans la fabrication du mortier.

De Newcastle.

A Newcastle-sur-Tyne, on emploie des fours de grillage à peu près semblables aux précédens: on brûle du coke menu.

De Bradford.

A Bradford, on emploie un four rectangulaire d'environ 25 pieds ($7^m,62$) de profondeur, 14 pieds ($4^m,27$) de longueur, et 5 pieds ($1^m,52$) de largeur à la partie supérieure. Vers le milieu il prend la forme d'une pyramide tronquée, en sorte qu'à la base il n'y a que 20 pouces ($0^m,505$) de largeur. On brûle du coke menu. A une autre usine des environs de Bradford, les fours de grillage se rapprochent pour la forme des hauts-fourneaux, ils ont 15 à 16 pieds (4^{m},57 à 4^{m},87) de hauteur, 7 pieds (2^{m},13) au gueulard et 10 pieds (3^{m},05) au ventre.

On voit que les dimensions des fours de grillage sont très variables dans les différens pays et dans une même usine.

Le grillage se fait ordinairement au fur et à mesure des besoins.

Avantage de fondre immédiatement le minerai grillé.

Il semblerait d'abord qu'il y aurait avantage à griller les minerais à l'avance, et à les laisser long-temps exposés à l'air, comme cela se fait dans les Alpes, pour des minerais d'espèce différente; mais la plupart présentent l'inconvénient de se mettre en partie en poussière par une longue exposition à l'air, et dans cet état, les minerais ne peuvent plus être employés ou seulement en très petite quantité. Il en résulterait donc en définitive un déchet considérable augmentant beaucoup le prix des minerais, et la perte des intérêts de l'argent représentant la valeur de ces minerais en approvisionnement.

RÉDUCTION DES MINERAIS.

FABRICATION DE LA FONTE DANS LE STAFFORDSHIRE.

§ 1. — *Fourneaux, matières premières* (1828).

Forme extérieure et mode de construction des fourneaux.

Les hauts-fourneaux du Staffordshire sont construits presque entièrement en briques; la forme extérieure la plus générale de ceux de Dudley, Tipton, Bilston et de Wednesbury, est celle d'un tronc de pyramide à base carrée. Souvent le haut-fourneau offre la forme d'un prisme carré, surmonté d'un tronc de pyramide; le plan supérieur de la partie prismatique se confond alors avec le plan supérieur des étalages. Quelquefois les hauts-fourneaux sont coniques, ou plutôt présentent la forme d'un cylindre surmonté d'un tronc de cône, la hauteur du cylindre étant encore celle du ventre ou du plan supérieur des étalages. Les pl. VII et VIII représentent ces deux sortes de fourneaux. On remarquera que le fourneau conique est relié dans toute la hauteur avec des cercles de fer, l'autre n'est armé que de quelques barres traversant le massif, et portant à leur extrémité des plaques de fonte qui s'opposent à l'écartement des faces opposées. Cette forte armure permet de donner au massif des fourneaux beaucoup moins d'épaisseur qu'on ne le fait habituellement en France : aussi leur construction est proportionnellement plus légère.

Il est préférable que les faces extérieures des hauts-fourneaux prismatiques soient un peu concaves, de façon que les barres de fer destinées à donner de la solidité au massif soient en partie exposées à l'air. Par cette disposition, les barres s'échauffent moins et résistent plus long-temps.

Il est rare que ces fourneaux soient isolés. Ils sont réunis le plus souvent deux et quelquefois trois ensemble, et placés généralement sur la même ligne. On pratique dans leur massif un passage étroit qui conduit aux embrasures latérales où sont placées les tuyères.

Sur le devant d'un haut-fourneau ou d'un système de hauts-fourneaux, on construit toujours un vaste hangar sous lequel se fait la coulée. Les toits de la plupart de ces hangars présentent des profils circulaires, et leur construction en fer et en fonte est d'une légèreté remarquable. Ces mêmes charpentes sont employées dans les forges; on préfère maintenant celles qui sont complétement en fer. Les colonnes en fonte qui sont ordinairement employées pour en soutenir les fermes, leur donnent aussi beaucoup d'élégance. Hangars et hauts-fourneaux.

Nous ferons cependant observer qu'il serait bon de supporter les toits des fonderies au moyen de colonnes ou de murs en briques placés en avant et contre les massifs des haux-fourneaux, mais de supprimer toutes les colonnes intérieures qui ont l'inconvénient de rendre plus difficile le service, tel que l'enlèvement des laitiers et le transport des pièces moulées. En général, il est bon que ces hangars soient très vastes.

Forme et dimension du vide intérieur.

L'intérieur des hauts-fourneaux du Staffordshire est le plus souvent de forme circulaire, excepté le creuset. Le vide intérieur se divise, comme dans la plupart des fourneaux français, en quatre parties différentes pour leurs formes et pour les fonctions qu'elles remplissent dans l'opération de la fonte des minerais.

L'inférieure, appelée *creuset*, dans laquelle la fonte se réunit, est un prisme droit rectangulaire, allongé suivant une ligne perpendiculaire aux axes des tuyères, et terminé par une partie demi circulaire. Les parois du creuset sont ordinairement en grès réfractaire composé de galets siliceux et d'une pâte de même nature. Les couches inférieures du terrain houiller, désignées par les Anglais sous le nom de *millstone grit*, fournissent souvent ces matériaux très réfractaires. Le fond du creuset est formé d'une large pierre de la même nature, qui repose sur une plaque de fonte.

Dans les derniers temps, on a fait des creusets en grandes briques réfractaires de même nature que celles des étalages; les résultats obtenus paraissent satisfaisans.

La longueur du creuset est de 5 ou 6 pieds anglais ($1^m,52$ ou $1^m,83$); sa largeur varie entre 3 et 4 pieds ($0^m,91$ et $1^m,22$) : on lui donne quelquefois jusqu'à 5 pieds ($1^m,52$), mais ce n'est que dans quelques cas particuliers. La profondeur est de 21 à 30 pouces (0^m,56 à 0^m,76).

La seconde partie, que nous désignons en français sous le nom d'*ouvrage*, est aussi généralement en grès réfractaire ; elle réunit les étalages et le creuset. Sa forme est celle d'un tronc de cône qui se rapproche beaucoup d'un cylindre par la petitesse de l'angle compris entre les parois et l'axe.

La hauteur de l'ouvrage, y compris le creuset, est de 6 à 7 pieds anglais (1^m,83 ou 2^m,13), et quelquefois 8 pieds (2^m,44).

Nous verrons plus loin que dans le pays de Galles on a supprimé l'ouvrage de plusieurs hauts-fourneaux.

Les *étalages*, qui forment la troisième partie, sont le plus souvent coniques; mais ici la surface est beaucoup plus évasée, on la raccorde par une surface courbe avec la base supérieure de l'ouvrage; l'inclinaison des étalages paraît avoir une grande influence sur la qualité de fonte que l'on obtient. Lorsqu'un fourneau doit donner de la fonte n° 2, la plus noire, propre au moulage, l'inclinaison des étalages est en général moins considérable que lorsqu'on veut fabriquer de la fonte n° 2, moins noire pour la transformer en fer. D'après les renseignemens qu'a bien voulu nous communiquer M. Achille Chaper, qui a visité dans le plus grand détail les usines de ces contrées, l'inclinaison des étalages varie entre 55 et 50 degrés avec l'horizontale; leur hauteur Étalages.

varie entre 6 ou 7 pieds (1,83 ou 2^m,13); le diamètre supérieur, qui est égal à la largeur du ventre, est de 10 à 11 pieds et ½ (3^m,05 à 3^m,50) pour les fourneaux destinés à donner de la fonte n° 2 (*fondry-pig*), et de 11 à 13 pieds (3^m,35 à 3^m,96) pour ceux qui doivent donner de la fonte d'affinage (*forge-pig*).

La fusibilité des minerais doit aussi conduire à la détermination de l'inclinaison des étalages. Cette propriété et la nature des minerais sont même les principales choses à considérer, car certains minerais trop fusibles et sulfureux ne peuvent jamais donner de la fonte propre au moulage : ainsi avec des minerais très fusibles, si les étalages étaient peu rapides, des matières à demi fondues s'y attacheraient, et par suite, produiraient des accidens dans le fourneau. Dans ce cas, il est bon que les étalages aient environ 60°. Si l'on opère sur des minerais peu fusibles, la descente des charges doit être moins rapide, et les étalages doivent avoir environ 50°. C'est en général entre ces deux nombres que l'on fait varier leur inclinaison.

Les étalages se font ordinairement en briques réfractaires de Stourbridge, de diverses dimensions. Nous donnerons plus loin quelques détails sur le nombre employé.

La pl. VII fait voir le mode particulier de construction de ces différentes parties.

Cuve.

Enfin, la quatrième partie, la *cuve*, qui forme environ les deux tiers de la hauteur du fourneau à partir du fond du creuset jusqu'au gueulard est généralement conique ou présente quelquefois la forme d'une surface de révolution engendrée par une courbe dont la concavité est tournée vers l'axe et dont la dernière tangente vers le bas est presque verticale. Cette surface est raccordée avec celles des étalages, de manière à ce qu'il n'y ait pas d'angle trop aigu au ventre.

La hauteur de la cuve varie entre 27 et 32 pieds anglais (8m,23 et 9m,76); son diamètre au gueulard est de 5 à 10 pieds (1m,50 à 3m).

La paroi intérieure ou chemise du fourneau est construite en briques réfractaires de Stourbridge, dont la couleur blanche après la cuisson a fait donner à cette paroi le nom de *white-work* (ouvrage blanc). Elle est isolée du massif du fourneau par une couche d'argile ou de scories pilées, qui a le double but de permettre à la paroi intérieure de se dilater, et de pouvoir être réparée sans faire éprouver d'altération au massif de fourneau. C'est aussi pour cette raison qu'on met une forte plaque de fonte à la jonction des étalages et de la chemise supérieure. On fait reposer la chemise du fourneau sur une espèce de banquette, qu'on ménage dans la construction du massif extérieur, à la hauteur de la partie supérieure de l'ouvrage.

Nombre de tuyères.

Les hauts-fourneaux du Staffordshire ont toujours au moins deux tuyères, et le plus souvent trois. Lorsqu'ils n'en ont que deux, elles sont placées sur les faces opposées, mais de manière que les vents ne se dirigent pas suivant des lignes directement opposées. Dans un fourneau des environs de Dudley, l'une d'elles était éloignée de la rustine ou paroi postérieure du creuset de $0^m,304$ et l'autre de $0^m,126$. Dans les autres fourneaux, elles sont placées l'une à $0^m,280$, et l'autre $0^m,202$ de la rustine. Dans ces deux cas, la distance des deux tuyères est donc de $0^m,178$. Cette distance est quelquefois plus considérable; elle s'élève à $0^m,25$. Dans les fourneaux qui ont trois tuyères, la troisième est placée sur la rustine, et les deux autres sur les parois latérales, comme dans les fourneaux à deux tuyères.

Plans inclinés et appareils pour élever le minerai au gueulard.

Tous les hauts-fourneaux des environs de Dudley sont bâtis dans la plaine; il faut donc élever le minerai et le coke à la hauteur du gueulard. On établit, à cet effet, un plan incliné en planches qui monte jusqu'au bas de la cheminée : ce plan est le plus souvent supporté par des pieds en fonte et des barres de fer. On pose dessus deux chemins de fer ou de fonte, entre lesquels se trouve un intervalle pour arriver au gueulard.

Ces deux chemins servent de voie aux chariots qui portent le minerai et le coke; les chariots vides descendent pendant la montée des chariots pleins; ils sont attachés à une corde passant sur une poulie de renvoi fixée à la partie supérieure du plan incliné; la corde s'enroule sur un treuil placé au bas du plan. Les cordes ou les chaînes des deux chariots, montant et descendant, passent sur le même treuil; mais elles sont disposées en sens contraire, relativement au treuil, en sorte que l'une s'enroule lorsque l'autre se déroule.

La corde du chariot à monter s'enroule donc sur le treuil, tandis que la corde du chariot à descendre se déroule, et celui-ci glisse par son propre poids. Le treuil doit donc tourner alternativement dans deux sens différens; ce que l'on obtient facilement au moyen de deux roues d'embrayage, que l'on engrène successivement avec la roue motrice. Le chariot arrivant au haut du plan incliné, accroche une tige de fer, laquelle, par une suite de leviers, désengrène le treuil. Le chargeur, placé au gueulard, verse le minerai ou le charbon que le chariot apporte, et peut ensuite, de sa place, engrener convenablement le treuil, la roue motrice tournant continuellement. Par cette disposition, on évite de placer un ouvrier au bas du plan incliné, pour manœuvrer les pièces d'embrayage. Le plus souvent c'est la machine à vapeur qui fait marcher la soufflerie, qui donne aussi le mouvement au treuil de l'appareil élévatoire. A Horseley, une petite roue hydraulique sert à mouvoir ce treuil, et en même temps une meule à écraser de la houille pour le moulage. Pour que le service se fasse plus facilement, on élargit quelquefois la plate-forme du fourneau, sur le derrière, au moyen d'une planche. Une balustrade qui s'ouvre quand les chariots arrivent à la plate-forme, prévient les accidens. Ce plancher est ordinairement recouvert par une toiture.

Force dépensée par cet appareil.

On calcule que pour un haut-fourneau de la plus grande dimension, la force dépensée par cet appareil élévatoire est à peu près celle de deux chevaux.

Dimensions des fourneaux.

Nous ne pouvons indiquer que les limites des dimensions des fourneaux, attendu qu'elles varient suivant les usines; pour suppléer à ces données positives, que l'on recherche toujours, nous joignons à ce mémoire plusieurs plans exacts des hauts-fourneaux (pl. VII, VIII et IX), donnant généralement de bons résultats; nous indiquons en outre ici les comparaisons des dimensions de cinq hauts-fourneaux.

	m	m	m	m	m
Hauteur du creuset au gueulard	13,680	15,680	13,680	14,904	13,072
Hauteur du creuset	1,976	2,128	1,880	2,100	2,128
—— des étalages	2,432	2,432	2,280	1,803	2,432
—— de la cuve	9,272	11,248	9,524	11,001	8,5
—— de la cheminée	2,432	2,432	3,648	3,904	3,040
Largeur du creuset à sa partie inférieure	0,760	0,760	0,729	0,605	0,608
Largeur à sa partie supérieure	0,913	0,913	0,860	0,802	0,756
Largeur des étalages	3,811	4,077	4,560	4,102	3,952
—— au tiers de la cuve	3,648	3,952	3,648	3,513	»
—— aux deux tiers	2,675	2,736	2,432	2,905	»
—— au gueulard	1,368	1,520	1,371	1,1 5	1,014
Inclinaison des étalages	59°	58°	57°	52°	60°

Nous donnons encore les dessins de deux hauts-fourneaux du Staffordshire (1). Le fourneau (fig. 1, 2, 3, pl. VIII) est construit depuis plusieurs années; il est de dimensions plus petites que les fourneaux que l'on bâtit aujourd'hui; sa hauteur n'est que de 38 à 39 pieds anglais ($11^m,58$ à $11^m,81$).

Le fourneau (fig. 4 et 5) vient d'être bâti (1828) dans les environs de Dudley; il a les dimensions les plus généralement adoptées aujourd'hui; il doit donner 60 tonnes de fonte (*forge-pig*) par semaine. La chemise descend jusqu'au niveau de l'ouvrage, et l'espace vide A compris entre le bas de la chemise et les étalages, est rempli de sable.

L'établissement de deux hauts-fourneaux de cette espèce, accolés, coûte 1,800 livres sterling (45,000 fr.) : à cette somme il faut ajouter le prix des fondations et des pièces en fonte ou en fer. Coût d'établissement.

Voici le nombre de briques nécessaires pour un haut-fourneau : Nombre de briques nécessaires.

Briques communes (*red-bricks*) pour le massif.	160,000
——— réfractaires (*fire-bricks*) pour la chemise.	3,900
Briques réfractaires pour les étalages.	825

Les dimensions des briques réfractaires varient; Dimensions des briques pour les étalages.

(1) Ces dessins, et en général presque tous ceux que nous joignons à ce Mémoire, sont pris sur des plans qui nous ont été communiqués, ou que nous avons achetés, et sur l'authenticité desquels on peut compter. Nous avons eu soin de prévenir toutes les fois qu'il en était autrement.

on en emploie de cinq espèces dans la chemise, et de neuf dans les étalages. Elles ont toutes 6 pouces d'épaisseur, et la forme de voussoirs.

On distingue les briques réfractaires par des numéros. Voici le détail des briques nécessaires pour les étalages, ayant 7 pieds de longueur sur la pente, 4 pieds de diamètre à la naissance, et 11 pieds 6 pouces au ventre (mesures anglaises).

Nos des briques.	Nombre des briques.	Longueur des briques.	Plus grande largeur.	Moindre largeur.	Épaisseur.
1	26	2p. 4po.	9po.	7po. $\frac{3}{4}$	6po.
2	34	2 1	9	7 $\frac{1}{8}$	Id.
3	34	1 10	8 $\frac{1}{2}$	6 $\frac{1}{2}$	Id.
4	34	1 7	8 $\frac{1}{2}$	5 $\frac{3}{4}$	Id.
5	34	1 4	8	8 $\frac{1}{8}$	Id.
6	451	1 2	Id.	Id.	Id.
7	76	1 "	Id.	Id.	Id.
8	155	9 "	Id.	Id.	Id.
9	76	9 "	Id.	Id.	Id.

Prix. Le prix d'une brique réfractaire varie de 2 shillings 6 pence (3 fr. 10) à 3 shillings 6 pence (4 fr. 35).

Sole du creuset. La sole du fourneau (fig. 4 et 5) a 8 pieds carrés; elle est faite de trois pierres réfractaires et entourée d'argile réfractaire sur l'épaisseur d'un pied; cette disposition est indiquée dans le plan par des lignes ponctuées.

Voici encore les dimensions d'un fourneau donnant de la fonte pour moulage (*foundry-pig*); elles sont considérables; mais on remarquera que les étalages sont très hauts, et que les dimensions du creuset et du gueulard sont assez petites. Dimensions d'un fourneau pour fonte de moulage.

Hauteur de la cuve.	30^p		(9^m18).
Hauteur des étalages.	8	6^{po}	(2,59).
Hauteur de l'ouvrage et du creuset.	7	»	(2,13).
Ventre.	13	4	(4,06).
Diamètre inférieur des étalages. . . .	3	6	(1,06).
Largeur du creuset.	2	3	(0,68).
Diamètre du gueulard.	3	4	(1,015).
Cheminée.	13	»	(3,96).

Ces dimensions sont plus grandes que celles que nous avons indiquées comme bonnes pour faire de la fonte de moulage : c'est pourquoi l'on doit regarder les nombres que nous avons donnés d'abord, comme représentant les dimensions les plus usitées, plutôt que les limites dans lesquelles les fourneaux sont construits.

Nous n'entrerons pas dans des détails sur la construction des hauts-fourneaux. Nous dirons seulement qu'on ne peut prendre trop de précaution pour la solidité des fondations. Fondations.

Il faut construire les fourneaux, si le terrain le requiert, sur pilotis, et les placer de manière que le canal pratiqué au bas pour l'assèchement du massif, soit au-dessous du niveau des eaux. On ménage aussi, dans le massif, des canaux pour l'évaporation de l'eau, qui existe toujours dans la maçonnerie.

Machines soufflantes.

Les seules machines soufflantes employées dans les usines à fer d'Angleterre, sont des cylindres en fonte d'une grande dimension, alésés avec soin, dans lesquels se meut un piston métallique aussi exactement ajusté que ceux des machines à vapeur.

Dans le Staffordshire, les pistons sont toujours menés par une machine à vapeur; on admet généralement qu'il faut une force de vingt-cinq (1) à trente chevaux pour souffler un haut-fourneau donnant de 45 à 60 tonnes de fonte par semaine. Le nombre des tonnes dépend de la qualité de la fonte fabriquée ; la fonte pour moulage (*foundry-pig*) exige plus de chaleur, et par conséquent plus de vent. Nous reviendrons sur ce sujet en parlant des machines soufflantes du sud du pays de Galles. Toutes les machines du Staffordshire ont des régulateurs à eau.

Essai des minerais.

Nous avons dit, en parlant du bassin houiller du Staffordshire, que parmi les différens minerais de fer carbonaté qui se trouvent dans les argiles schis-

(1) La force du cheval de vapeur est de 32,500 livres, élevées à 1 pied par minute ; ce qui fait environ 4,500 kilogrammes élevés à 1 mètre. (75 kilogrammes élevés à 1 mètre en une seconde.)

teuses du terrain houiller, on en distinguait deux sortes principales; la première appelée *gubbin*, qui existe en boule ou en rognons peu aplatis, présente une cassure légèrement conchoïde, d'un gris noirâtre; la seconde, appelée *blue-flat*, forme des veines ou des rognons extrêmement aplatis; elle présente une cassure unie, d'un gris pâle ou d'un gris bleuâtre; elle est moins dense et moins riche que la première, qui contient quelquefois, mais très rarement, jusqu'à 45 pour 100 de fer.

Nous avons essayé au laboratoire de l'École royale des mines, plusieurs minerais des houillères, pour en connaître la richesse; nous joignons ici les résultats de ces essais :

Minerais crus.

	Minerai riche du pays de Galles.	Minerai peu riche du pays de Galles.	Minerai peu riche du pays de Galles.	Minerai riche (*gubbin*) des environs de Dudley, Staffordshire.
Perte au feu	30,00	27,00	24,33	31,00
Résidu insoluble	8,40	22,83	31,50	7,66
Chaux		6,00	2,50	2,66
Peroxide de fer	60,00	46,00	40,28	58,33

En calculant les quantités de carbonate de fer et de fer métallique, auxquelles répond le peroxide de fer, on a

Carbonate de fer	38,77	65,09	62,56	85,20
Fer métallique	42,15	31,38	27,79	40,45

Minerais grillés.		
	Minerai peu riche du pays de Galles.	Minerai du Staffordshire.
Résidu insoluble............	27,70	27,55
Chaux....................	1,70	»
Alumine..................	4,70	1,20
Peroxide de fer.............	62,40	71,00
	97,50	99,75
D'où, fer métallique.........	41,38	49,23

En supposant que ces minerais ont perdu 28 pour 100 par le grillage, on trouve que le premier non grillé contient 31,23 de fer métallique, et le second 35,87.

D'après ces essais, faits sur des minerais que nous avons recueillis sur des tas représentant les richesses extrêmes, on peut conclure que la richesse moyenne des minerais de fer carbonaté employés dans les usines, s'éloigne peu de 33 pour 100. Trois de ces six essais ont été faits sur des minerais riches et les trois autres sur des minerais pauvres, et la moyenne des six résultats est 34,79 pour 100 du minerai cru.

On admet comme minerai tout ce qui contient plus de 20 pour 100; on les paie au sortir de la mine, à des prix qui varient avec leur qualité, et qui s'élèvent moyennement à 12 shillings (15 fr.)

la tonne, pesant à peu près 1,015 kilogrammes. Le minerai riche, appelé *gubbin*, a valu jusqu'à 22 shillings (27 fr. 50 c.) la tonne dans ces dernières années : dans le moment actuel (1825), il ne coûte que 16 à 17 shillings (20 à 21 fr. 25 c.)

On mélange les minerais avant de les soumettre au grillage; on en varie les proportions suivant leur richesse, le but qu'on se propose étant d'avoir un mélange constant dont la teneur soit de 30 à 33 pour 100 du minerai cru. Dans la plupart des usines on obtient ces proportions en mêlant des volumes à peu près égaux des deux espèces de minerai. Le minerai perd dans l'opération du grillage, de 25 à 30 pour 100 de son poids. Il faut souvent 3 tonnes un quart de minerai cru, ou 2 tonnes un quart de minerai grillé pour produire 1 tonne de fonte, c'est-à-dire que le minerai cru rend moyennement 30,7 pour 100, et le minerai grillé 44,4. Assortiment des minerais

On se sert comme castine (*flux*) du calcaire de transition de Dudley, qui est compacte et plus ou moins mélangé d'argile. On le brise en morceaux d'une grosseur un peu moindre que celle du poing. Le volume de la castine est à peu près égal à la moitié de celui du minerai. Pour traiter 2 $\frac{1}{4}$ tonnes de minerai grillé, qui donnent une tonne de fonte, on emploie 19 quintaux, chacun de 112 l.b. de pierre calcaire; ce qui fait à peu près 1 de calcaire pour 3 de minerai non grillé. Le calcaire coûte 6 shillings (7 fr. 50 c.) la tonne. Castine.

Combustible.

Nous avons déjà, en décrivant le terrain houiller du Staffordshire, parlé de la qualité du combustible qu'il renferme. Il est en général de nature schisteuse et un peu maigre ; mais la seule couche exploitée présente des bancs de qualités très différentes, que l'on sépare dans l'extraction, suivant l'usage auquel on le destine. Les quantités de parties volatiles qu'elle renferme ne paraissent différer que dans d'étroites limites, puisque des renseignemens recueillis dans divers établissemens de ce comté s'accordent pour indiquer une perte en poids à la carbonisation à peu près constante, dans le cas où l'opération a été conduite de la même manière : mais l'ensemble des propriétés est variable ; aux environs de Wennesbury, les houilles sont très sulfureuses ; dans d'autres localités, elles sont beaucoup plus pures.

§ 2. — *Travail des hauts-fourneaux du Staffordshire.*

Mise en feu ; procédé anglais.

On apporte en Angleterre le plus grand soin à la mise en feu des hauts-fourneaux. L'ouvrage est sujet à éclater si l'on ne procède avec infiniment de précautions. Cet accident eut lieu lorsque l'on mit en feu pour la première fois l'un des hauts-fourneaux de l'usine de M. Cockerill, à Liége, dont on avait construit l'ouvrage avec un grès quarzeux, venu d'Angleterre. Voici quelques renseignemens sur la marche que l'on suit dans le Staffordshire : lorsque le haut-fourneau est neuf, on commence par dessécher le massif avant que l'ouvrage, le creuset et les étalages soient terminés. On allume, pour cela, du feu dans les canaux qui règnent verticalement dans les quatre angles du fourneau; on a soin de ralentir le tirage en bouchant en partie les ouvertures. En même temps, on achève la construction du creuset et les étalages : on les laisse sécher ensuite pendant huit jours à l'air, et ce n'est qu'après cela que l'on commence à allumer des feux de coke dans les embrasures à quelques pieds de l'ouvrage. On les approche graduellement de l'intérieur du fourneau; on garnit l'ouvrage de briques ordinaires et enfin on jette des cokes incandescens dans le creuset : on continue d'après les méthodes ordinaires. On remplit le fourneau de combustible, en ayant soin de n'introduire une charge que lorsque la couche supérieure de coke de la précédente est devenue incandescente. On ferme toutes les ouvertures pour modérer le tirage. L'opération dure en tout cinquante jours, dont vingt par la dessiccation du massif seulement. La cuve étant remplie de cokes enflammés, on permet un libre accès à l'air, en ouvrant successivement quelques trous; on charge d'abord des laitiers, et l'on donne le vent dès qu'ils paraissent devant la tuyère.

Quelquefois, lorsque la construction du haut-fourneau est entièrement achevée, on garnit le creuset et l'ouvrage de briques ordinaires, et l'on établit en avant de la face de tympe, un petit four à réverbère, dont la flamme et la fumée se rendent au moyen d'un rampant, terminé au bas de la tympe, dans l'intérieur de ce haut-fourneau. On ferme les tuyères avec de l'argile et l'on bouche le gueulard avec des plateaux lutés, en laissant une ouverture au centre, d'environ $0^{m},30$ de diamètre. On entretient ainsi pendant quinze jours ou trois semaines un feu de houille peu actif, après lequel on commence à jeter du coke dans le haut-fourneau; c'est en France que nous avons vu suivre ce procédé.

On enlève les cendres du coke en faisant ce qu'on appelle des grilles; cela consiste à passer sous le tympe des barres de fer qui posent par une extrémité sur l'embrasure de la tuyère de derrière, et par l'autre sur une pièce de fonte placée à la hauteur de la partie supérieure de la dame. Elles sont en outre soutenues au milieu par une autre barre passant au travers des deux tuyères de côté. Au moyen de cette grille, le coke est suspendu à la hauteur de la dame, au-dessus du creuset; on fait alors tomber les cendres dans le creuset que l'on vide avec la pelle et le rable, puis on retire les barres, le creuset se remplit de coke et l'on ferme l'entrée avec du sable tassé.

Les grilles commencent lorsque le coke remplit le fourneau jusque vers la partie supérieure des étalages; on en fait d'abord une par vingt-quatre heures, puis deux et enfin jusqu'à quatre; quelquefois au lieu de laitier on charge 30 à 40 kilogrammes de castine avec 3 ou 400 kilogrammes de coke. Cette castine fond en partie avec les cendres du coke. A cette époque de l'opération on active un peu la descente du coke en ménageant quelques ouvertures à la partie inférieure du creuset.

Lorsque la castine arrive aux tuyères, ce qui a lieu au bout de cinq à six jours, on place la dame, on charge un peu de minerai, environ 60 kilogrammes par charge, et l'on donne en partie le vent au fourneau. On augmente progressivement la charge en minerai, et en dix ou douze jours le fourneau est en roulement régulier.

En général pour la mise en feu d'un fourneau, il faut employer des minerais très fusibles ou des scories de forge, ainsi que nous avons dit que cela se faisait quelquefois.

Nombre de tuyères; diamètre des buses et pression du vent.

Nous avons déjà dit que la plupart des hauts-fourneaux du Staffordshire avaient trois tuyères; mais le plus souvent, ils ne travaillent qu'avec deux; ce n'est que dans quelques cas particuliers, dans ceux d'accidens, que l'on agit avec les trois tuyères à la fois. N'ayant pas exactement les dimensions des machines soufflantes, nous ne connaissons pas la quantité de vent lancée dans le fourneau dans un temps donné. Les buses ou orifices par lesquels le vent s'échappe, ont de 2 à 3 pouces de diamètre; on fait de très bonne fonte avec des buses de 2 pouces trois huitièmes de diamètre. La pression du vent est assez faible, elle est d'une livre et demie à une livre trois quarts par pouce carré; le vent n'entre pas très régulièrement dans le fourneau, quoique toutes les machines soufflantes soient pourvues de régulateur à eau; les régulateurs sont peut-être trop petits.

Aspect de la tuyère.

On travaille, soit avec une tuyère obscure, soit avec une tuyère brillante, cela dépend des matériaux dont on peut disposer, et de la fonte que l'on veut avoir : la meilleure fonte est ordinairement produite avec une tuyère obscure. Il n'est pas toujours possible d'obtenir l'obscurité de la tuyère ; un des moyens les plus employés, consiste à augmenter la proportion du calcaire.

Dans ce cas l'obscurité de la tuyère provient du *nez* qui se forme dans le fourneau; par suite la chaleur se concentre dans l'ouvrage qui se resserre ainsi que le creuset, et elle devient plus intense.

Mais lorsqu'on travaille pour fonte de forge, on cherche, en général, à obtenir des tuyères brillantes : elles sont pour le fondeur la preuve que le mélange versé dans le fourneau, donne une scorie bien fluide. Dans le cas contraire, la scorie à demi fondue empâte le coke et s'oppose à l'action du vent; la température diminue dans l'ouvrage, et, l'air n'ayant pas servi à la combustion dans cette partie du fourneau, détermine une trop forte chaleur dans les parties supérieures; des matières à demi fondues se rassemblent dans toute la masse, engorgent le fourneau, arrêtent la descente des charges et amènent des chutes de mine. Le fer se brûle quelquefois, les scories deviennent noires, pesantes et corrosives, les tuyères sont détruites et le rendement du fourneau est diminué : enfin la fonte est froide et pâteuse.

Le nombre des charges passées en douze heures est assez variable; il est de vingt, vingt-cinq, et va quelquefois jusqu'à quarante; il paraît être le plus souvent de trente. La charge se compose de 5 à 6 quintaux de coke; de 3 à 4 et quelquefois jusqu'à 6 quintaux de minerai grillé : cela dépend de la richesse du minerai et de la fonte que l'on veut obtenir. Le poids de la castine est, moyennement, le tiers de celui du minerai grillé. Le coke est apporté au fourneau dans des paniers, le minerai l'est dans des baches en tôle; chaque charge contient 8 à 9 paniers de coke, 12 baches de minerai grillé, et 6 baches de castine. Nombre de charges en 12 heures.

En vingt-quatre heures on jette dans les fourneaux de moyenne dimension 14 tonnes un quart de coke, 16 tonnes de minerai grillé et 6 tonnes trois quarts de pierre calcaire; on obtient environ 7 tonnes de fonte.

Lorsque la marche du fourneau est réglée, la chaleur est considérable, la flamme du gueulard paraît au-dessous de la cheminée; elle est assez forte pour être visible le jour, et elle répand la nuit une très grande lumière. Aspect du gueulard.

Cette marche des hauts-fourneaux anglais est si régulière, qu'elle n'exige pas une longue description. Cette régularité tient à la constance de la Régularité de la marche des hauts-fourneaux anglais.

nature des matières employées; on peut dire aussi que le grand nombre d'usines concentrées sur un même point, a dû conduire assez promptement à une connaissance parfaite de ces matières. Le travail consiste simplement à charger les hauts-fourneaux à mesure qu'il se fait au-dessous du gueulard un vide suffisant pour recevoir une nouvelle charge; on n'a d'autre règle à cet égard que de maintenir toujours le fourneau plein.

Coulée. On coule deux fois en vingt-quatre heures, ordinairement à 6 heures du matin et à 6 heures du soir; c'est aussi le moment où les chargeurs se remplacent. Avant de quitter son poste, l'ouvrier doit accumuler de part et d'autre des ouvertures du gueulard, plusieurs charges de minerai et de coke, de manière que ces ouvertures soient complétement fermées.

Au moment de la coulée, on retire le laitier et quelques morceaux d'argile qui servaient à fermer l'avant-creuset et que l'on avait placés à la fin de la coulée précédente : ce travail est quelquefois assez pénible. Il faut enfoncer des ringards dans le creuset et souvent on ne parvient à le faire qu'avec beaucoup de difficulté. Le creuset étant nettoyé, on enlève la plus grande partie de l'argile qui ferme le trou de la coulée, et l'on finit par l'ouvrir au moyen d'un ringard qu'on fait entrer à coups de marteau. Pour avoir plus de facilité à enfoncer cet outil, on l'appuie sur un pied de fer d'environ

15 pouces de hauteur et posé à 1 pied et demi du trou de coulée.

La coulée finie, on arrête le vent : on bouche le trou avec un sable argileux un peu humide ; on le bourre avec un ringard et un autre instrument de fer terminé par une petite pelle carrée, dont le plan est perpendiculaire au manche de l'instrument. On retire du creuset le coke qui s'y est rassemblé pendant la coulée, ainsi que les scories qui s'attachent aux parois ; on ferme la partie supérieure de l'avant-creuset et l'on redonne le vent.

Il est à remarquer que, dans beaucoup de hauts-fourneaux, la tympe est très inclinée, en sorte que l'avant-creuset est assez grand ; la dame est aussi fort inclinée intérieurement : enfin, la ligne inférieure de la tympe est plus haute que la ligne supérieure de la dame. Ces dispositions facilitent le travail de l'intérieur du creuset.

Le travail du fondeur ne consiste pas seulement à soigner son fourneau, il est souvent obligé de changer les tuyères et même quelquefois le taqueray en fonte qui recouvre la tympe lorsque les pièces sont brûlées. Enfin, lorsqu'un fondage dure depuis long-temps, on peut le prolonger non-seulement en resserrant l'ouvrage et le creuset, et travaillant avec une tuyère obscure comme nous l'avons déjà dit, mais en changeant complétement les pièces de tympe fondues par suite du travail, et en doublant ou remplaçant les pierres qui forment les costières du creuset.

Changement du taqueray.

Le changement du taqueray s'exécute en soutenant la charge sur deux ou trois barres de fer placées comme les grilles de la mise en feu, et en fermant le creuset avec de l'argile. Le taqueray est soutenu à l'aide de briques et de coins de fer placés sur les côtés; la face tournée du côté des pierres de tympe est entièrement garnie d'argile. Cette opération dure une heure ou une heure et demie.

Changement de tuyères.

Le changement de tuyères se fait en levant l'argile qui garnit l'embrasure et qui enveloppe la pièce de fonte ; on retire la poussière et les matières à demi fondues qui se sont accumulées dans l'ouvrage, et l'on jette de l'argile fraîche dans l'embrasure ; on la bourre avec une masse en fer, et l'on soutient ainsi, à l'aide d'une petite voûte d'argile, les matières enflammées qui remplissent le fourneau ; on place ensuite la tuyère en fonte que l'on avance plus ou moins, suivant que l'exige l'allure du fourneau, on regarnit l'embrasure avec de l'argile et l'on redonne le vent.

Réparation des pierres de tympe.

La réparation des pierres de tympe et des costières est une des opérations les plus graves qu'on puisse faire subir à un fourneau : nous n'entrerons pas dans le détail de l'exécution. Il faut d'abord préparer le fourneau ; ce qui consiste à diminuer le poids de la charge de mine et de castine ; puis on démolit une partie du fourneau sur les côtés et au-dessus de l'embrasure ; de même que dans le changement des tuyères, on soutient les matières qui remplissent le fourneau au moyen d'une grande voûte d'argile commune; on vide le creuset et l'on place dans l'intérieur de ce creuset et contre la costière une grande pierre réfractaire destinée à former la nouvelle paroi; on garnit les joints avec de l'argile réfractaire préparée comme du mortier.

On fait de même une voûte en argile commune lorsqu'on veut reconstruire la tympe. Ces travaux durent environ deux jours, mais un fourneau peut être privé de vent pendant un temps assez long : nous pourrions en citer qui ont été arrêtés pendant quinze jours et qui, quarante-huit heures après que le vent était rendu, avaient repris une allure régulière.

L'argile commune que l'on a introduite dans le fourneau fond en partie ou est retirée en morceaux par l'avant-creuset, au-dessus de la dame.

Effets produits par les dérangemens du fourneau.

Les dérangemens auxquels ces fourneaux sont sujets ont presque toujours pour effet de donner de la fonte blanche. La couleur des laitiers est le guide le plus sûr pour faire connaître ces dérangemens; un bon laitier doit être peu fluide à sa sortie du fourneau et très chargé de chaux; sa couleur est alors un peu grise, jaunâtre, quelquefois un peu bleuâtre; il est opaque ou très faiblement translucide. On remarque quelquefois de très petits cristaux sur les laitiers; on trouve même des morceaux assez gros, formés complétement de la réunion de ces cristaux.

La couleur des laitiers indique également la qualité des produits.

Si le fourneau donne de la fonte propre au moulage, les laitiers sont d'une vitrification assez uniforme et faiblement translucide ; si l'on a augmenté la dose de minerai pour obtenir une fonte grise, propre à la fabrication du fer, les laitiers sont opaques, lourds et d'un jaune verdâtre, présentant des zones émaillées bleuâtres ; enfin si le fourneau donne de la fonte blanche, les laitiers sont noirs, vitreux, très bulleux, et dégagent une odeur d'hydrogène sulfuré. Les laitiers du travail au coke sont beaucoup plus chargés en chaux que ceux que l'on obtient du travail au charbon de bois. Cet excédant de chaux, ainsi que nous l'indiquerons plus en détail en parlant du travail des hauts-fourneaux dans le pays de Galles, paraît destiné à enlever le soufre qui nuirait à la qualité de la fonte. Ces laitiers, lorsqu'ils sont opaques, donnent, quand on souffle dessus, une odeur terreuse : ils sont ordinairement très chargés en chaux.

Un laitier vitreux, d'une couleur très foncée, indique toujours un mauvais travail.

Les laitiers sont quelquefois moulés en prismes et on les emploie pour bâtir des murs de clôture.

Fontes obtenues.

Ainsi que nous l'avons indiqué au commencement de ce mémoire, on distingue plusieurs qualités de fonte ; celle que l'on cherche le plus souvent à obtenir est la fonte moyenne, plus ou moins grise suivant qu'on la destine au moulage ou à l'affinage. Pour faire de bonnes fontes grises, il ne suffit pas de rétrécir le ventre des fourneaux, de diminuer la pente des étalages, et de conduire le travail chaudement, il faut encore charger des minerais et des cokes suffisamment purs. On ne saurait obtenir avec certains minerais et avec des cokes sulfureux, que des fontes blanches ou truitées.

La fonte destinée à être convertie en *fine-métal*, puis en fer, ou à être refondue pour être moulée, est coulée en petits saumons de 3 pieds de long sur 4 pouces de diamètre; ils pèsent environ 2 quintaux et demi (127 kilogrammes). Quelques pièces de moulage sont coulées immédiatement du haut-fourneau. Lorsqu'on a plusieurs fourneaux accolés, on peut obtenir des pièces très considérables. Quand on veut qu'elles soient très homogènes et résistantes, comme les cylindres de machines à vapeur et autres objets (appelé *good-works* en anglais), on refond le métal dans des fourneaux à réverbère. Si les pièces à couler sont de petites dimensions, on se sert, pour la seconde fusion, de fourneaux à manche désignés sous le nom de *fourneaux Wilkinson.*

Les hauts-fourneaux du Staffordshire donnent en général 50 tonnes par semaine. Le produit est quelquefois beaucoup plus considérable ou moindre, cela dépend et des dimensions du fourneau et de la nature de la fonte; on obtient généralement

Production hebdomadaire.

plus de fonte propre à l'affinage, que de fonte de moulage dans le même temps.

Rapport entre le produit et la hauteur des fourneaux.

Le produit des hauts-fourneaux n'est pas toujours en rapport direct avec leur hauteur; d'autres conditions que la capacité paraissent, en certains cas, l'emporter. M. le comte Achille de Jouffroy, dit que « le petit fourneau d'Old-Park produit » régulièrement par semaine, depuis quatre ans, » 55 tonnes de gueuse; tandis qu'un fourneau de » plus grandes dimensions, situé à un mille de » distance, près de Waterloo, en fournit tout au » plus 40 tonnes de qualité semblable dans le même » espace de temps. »

Durée des campagnes.

La durée des campagnes est ordinairement de quatre à six ans : au bout de ce temps, on est obligé de mettre hors et de réparer le creuset, l'ouvrage et les étalages. La durée moyenne de la chemise est d'environ douze ans, en sorte qu'une chemise peut durer deux ou trois campagnes.

Moyen de les prolonger.

On prolonge quelquefois la durée des campagnes en réparant l'ouvrage avec de l'argile, à mesure qu'il se dégrade, ou en déterminant la formation de dépôts de fer affiné aux environs de la tuyère, afin de rétrécir le fourneau. On marche ainsi jusqu'à ce que la fonte devienne trop mauvaise ou la consommation en combustible trop considérable pour que l'on puisse continuer plus long-temps avec avantage. On a fait de cette manière des campagnes de quinze et même de vingt ans.

§ 3. — *Consommations, dépenses.*

Le tableau suivant donne les consommations de six hauts-fourneaux des environs de Dudley, au moyen desquelles nous avons calculé le prix de fabrication d'une tonne de fonte propre à l'affinage (*forge-pig*).

D'après nos données.

	HAUTS-FOURNEAUX DE											
	Gospelosk.		Guildo-Hill.		Mouscrift.		Willing-Worth.		Broodmeadows.		Caponfield.	
	tonn.	qx.	tonn.	qx.	tonn.	qx.	tonn.	qx.	tonn.	qx.	tonn.	qx.
Houille. . . .	3	18	3	15	3	16	3	18	3	17	3	15
Minerai cru.	3	»	2	18	2	18	2	18	2	17	3	»
Castine. . . .		15		12		14		15		15		12

Le résultat moyen de ces six hauts-fourneaux, est :

Houille. . . .	3 tonn.	16 9	60 liv.	(3,884 kil.)
Minerai. . . .	2	18 »	100	(2,988,69)
Castine. . . .	»	13 »	100	(705,06)

(Le quintal est de 112 livres.)

Les consommations en houille du grillage et du haut-fourneau sont réunies; il faut y ajouter la houille brûlée pour la machine soufflante; la quantité est quelquefois considérable. Elle est d'une tonne ou de trois quarts de tonne de houille menue lorsque la machine ne souffle qu'un seul fourneau, mais d'une demi-tonne seulement lorsque la machine souffle plusieurs fourneaux. Dans notre calcul, nous la supposerons d'une demi-tonne.

La houille menue vaut de 2 à 3 shillings la tonne.

La houille employée à faire le coke, vaut de 6 à 7 shillings la tonne; nous supposerons qu'elle coûte moyennement 6 shillings.

Le prix des différens minerais dont on se sert pour fabriquer la fonte de forge, varie de 4 à 10 shillings la tonne; il descend rarement au-dessous de 7 shillings. Nous prendrons 7 shillings pour moyenne.

Enfin, après plusieurs années de travail dans une usine bien conduite, on a trouvé que les faux frais de la fabrication d'une tonne de fonte comprenant la main-d'œuvre, les frais d'administration, l'intérêt des capitaux, etc., étaient de 22 à 23 shillings.

Cela posé, voici le prix de fabrication d'une tonne de fonte de fer (*forge-pig*) :

t.	quint.	liv.		sh.		liv.	sh.	d.
3	16	60	de houille,	à 6	la tonne..	1	3	»
2	18	100	de minerai,	à 7	..	1	»	8
	13	100	de castine,	à 6	..	»	3	11
	10	»	de houille menue,	à 3	..	»	1	6
			Faux frais.		....	1	2	6
					TOTAL.....	3	11	7

Réduisant ces nombres en kilogrammes, on

trouve que le prix de fabrication d'un quintal métrique de fonte peut être ainsi établi :

383k00 de houille,	à 0,74 les 100 kil.	2f	83c
295,00 de minerai,	à 0,87	2	55
70,00 de castine,	à 0,74	»	52
50,00 de houille menue,	à 0,37	»	18
Faux frais................		2	79
TOTAL.....		8	87

Pour la fonte douce, on brûle plus de houille, et l'on se sert de minerai plus pur, dont le prix moyen monte jusqu'à 10 shillings la tonne. La main-d'œuvre et la partie des intérêts du capital, réparties sur une tonne, sont aussi un peu plus considérables.

Voici à peu près les prix de fabrication d'une tonne :

t.	quint.	liv.		sh.		liv.	sh.	d.
4	10	»	de houille,	à 6	la tonne..	1	7	»
2	15	»	de minerai,	à 10	..	1	7	6
»	10	»	de houille menue,	à 3	..	»	1	6
»	15	»	de castine,	à 6	..	»	4	6
			Main-d'œuvre, intérêts, etc.	33	....	1	6	»
					TOTAL........	4	6	6

D'où l'on déduit pour le prix du quintal métrique :

450k00 houille,	à 0,74 le quint. métr.	3f	33c	
275,00 minerai,	à 1,25	3	43	
50,00 houille menue,	à 0,37	0	18	
75,00 castine,	à 0,74	0	54	
Main-d'œuvre, intérêts, etc......		3	22	
	Total...	10	70	(1)

D'après les notes de M. de Jouffroy.

M. Achille de Jouffroy, dans une note que nous avons déjà citée, dit que dans une usine du Staffordshire, composée de 3 hauts-fourneaux, de deux feux d'affinerie et un moulin à fer, alimentés par une machine à vapeur de 118 chevaux, dont 82 employés aux souffleries, 6 au halage du minerai au sommet des hauts-fourneaux, et 30 aux cylindres, les consommations et les produits pour 6 jours de travail, ou 144 heures, sont :

(1) Ces prix de fabrication éprouvent nécessairement des variations en plus ou en moins, suivant la position des usines. Aussi ne prétendons-nous donner qu'un exemple du coût de la fonte aux établissemens placés dans une situation moyennement favorable. On pourra objecter à l'exactitude de nos calculs, que des fontes de forge ont été livrées cet été (1828), à 3 liv. st. 15 sh. la tonne, et des fontes douces à 4 liv. 10 sh.; mais le profit était très petit, et même, il n'est pas impossible que, comme cela est arrivé dans quelques-unes de nos usines en France, on ait vendu à perte. Nous faisons d'ailleurs entrer dans les faux frais l'intérêt du capital à 5 p. 100, tandis que les Anglais se contentent souvent de 1 ½ ou 2. Toujours est-il qu'aujourd'hui (juillet 1829), d'après le journal de Birmingham, plus de vingt fourneaux du Staffordshire chôment, à cause du bas prix des fontes.

Consommations.

Minerai de fer, 5,500 quint. mét., à	1f 90	..	10,450f
Castine, à..................	» 72	..	1,485
Houille, 5,500 quint. métr., à...	» 95	..	5,225
Main-d'œuvre................			1,227
	Total....		18,387

Produit.

Gueuse brute, 1,452 quintaux. En réduisant ces données à 1 quintal métrique, pour comparer avec le résultat précédent, on a

385 kil. de minerai, à....	1f 90c	..	7f	32c
143 de castine, à.....	» 72	..	1	03
385 de houille, à.....	» 95	..	3	65
Main-d'œuvre..........	» 85	..	»	85
Total.....			12	85

La consommation en minerai, qui est ici de 385 kilogrammes par quintal métrique de fer, nous paraît trop considérable, le minerai rendant plutôt 30 pour 100 de fonte que 28. Le prix de la main-d'œuvre est au contraire trop peu élevé, la tonne de 1,015 kilogrammes coûtant 15 à 16 shillings, c'est-à-dire de 19f 26 à 20f 12; mais le résultat total approche beaucoup de la réalité.

Les consommations étant du plus grand intérêt pour toutes les personnes qui s'occupent du travail du fer, nous ajouterons encore ici quelques données sur la mine de Donnington (Shropshire) et sur l'usine de Wrockwordine qui appartient au même propriétaire.

Ces renseignemens ont été recueillis en 1827, mais ils indiquent les prix relatifs des différens minerais.

Le charbon revient à 4 shillings 9 pence la tonne pesant 2,240 livres ou 1,015 kilogrammes. Le shilling vaut 1 fr. 25 cent. Le prix du quintal métrique de houille est donc de 0,58c.

Prix des minerais.

La tonne des différens minerais revient, pour celui appelé

	sh.		fr. c.
Black-flat-iron........	16,25	...	20,43
Black................	16,17	...	20,35
Ball.................	17,80	...	22,37
Pemmery.............	17,30	...	21,74
Brickmeasure.........	16,85	...	21,06
Sinking..............	10,20	...	12,82

Le prix moyen de la tonne de ces différens minerais est donc de 15 sh. 76; ce qui met le quintal métrique à 1 fr. 93.

Prix de fabrication à Wrockwordine.

Un quintal métrique de fonte exige, dans l'usine de Wrockwordine :

			Le q¹ mét.
300 kil. de minerai cru, à......	1f 93c	..	5f 79c
350 de houille pour le haut-fourneau, à........	» 60	..	2 10
50 pour la machine soufflante.............	» 56	..	» 28
56 pour griller le minerai..	» 56	..	» 31
100 de castine, à.........	» 51	..	» 51
Main-d'œuvre, à.............	1 86	..	1 96
Intérêts de la mise de fonds, réparations, etc. (moyenne de trois années)...............			» 75
			11 70

Les renseignemens suivans sont extraits d'un mémoire sur la fabrication du fer dans le Shropshire que M. Aikin a publié, en 1826, dans le *Technical Repository*. Prix de fabrication dans le Shopshire, d'après M. Aikin.

91,41 de minerai brut, + 22,85 de houille, produisirent 68,73 de minerai grillé ;

68,73 de minerai grillé, + 147,28 de houille (ou 73,64 de coke), + 17 de castine, produisirent 32,73 de fonte.

Ou, en réduisant en kilogrammes, un quintal métrique de fonte exige :

279 kil. de minerai brut, ou 200 kil. de minerai grillé ;
61 de houille pour le grillage ;
452 de houille pour le fourneau, ou 223 de coke ;
52 de castine.

On remarquera que la consommation en houille est considérable, ce qui tient à ce qu'elle perd beaucoup par la carbonisation.

FABRICATION DE LA FONTE DANS LE SUD DU PAYS DE GALLES.

§ 1. — *Fourneaux, machines et matières premières.*

Les usines du sud du pays de Galles et du Monmouthshire sont construites sur une bien plus grande échelle que celles du Staffordshire. Presque toute la fonte est affinée, et la production en fer malléable est considérable. Ces usines sont établies sur une ligne allant du nord-est au sud-est et ayant dix lieues de longueur environ. Les premières qu'on rencontre du côté de l'ouest sont celles de Hirwain dans le Brecknockshire, et d'Aberdare dans le Glamorganshire, en s'avançant de là vers Pontypool et Abergavanny, dernières usines à l'est, on rencontre successivement les vastes établissemens de Cyfarthfa, de Dowlais, Pen y Darran, Tredgar, Nansy-Glo, Blaenavon, Varteg et Abersychan.

Forme et mode de construction.

Les hauts-fourneaux de la principauté de Galles sont plus élevés que ceux de tous les autres comtés. Leur forme est celle d'une pyramide quadrangulaire tronquée, dont la base a de 30 à 50 pieds de côté, terminée quelquefois par un tronc de cône : une des faces est ordinairement masquée par son adossement à une colline.

Ils sont en général bâtis en grès houiller à grain fin et consolidés par de fortes barres de fer et des plaques de fonte. Trois ou quatre embrasures sont pratiquées dans la partie inférieure, une sur le devant pour la coulée, deux sur les côtés et quelquefois une par derrière pour recevoir les buses de la machine soufflante.

On remarque un petit nombre de hauts-fourneaux d'une construction très légère, sur lesquels nous donnerons quelques détails.

De même que dans le Staffordshire, de vastes hangars soutenus par d'élégantes colonnes en fonte, sont construits en avant des hauts-fourneaux. Hangars.

La hauteur des fourneaux est plus grande que dans le Staffordshire; elle est le plus souvent de 45 à 50 pieds anglais : nous avons vu un fourneau qui avait 62 pieds d'élévation. Hauteur.

On distingue enfin quatre parties dans les hauts-fourneaux du pays de Galles, savoir : le *creuset*, l'*ouvrage*, les *étalages* et la *chemise*. Dans ces dernières années, on en a construit un grand nombre dans lesquels l'ouvrage est complétement supprimé, quelques-uns même n'ont pas de creusets; l'intérieur consiste en deux troncs de cône réunis par leur grande base. La sole de ces nouveaux fourneaux est arrondie vers la *rustine;* le travail en est plus facile; on a été conduit à adopter cette nouvelle forme de fourneau, en observant qu'au bout de deux mois de travail dans les fourneaux ordinaires, l'ouvrage est dégradé de manière que le fourneau la prend réellement, et l'on espère, en la lui donnant de suite, faire de plus longues campagnes. Différentes parties.

La largeur du creuset varie de 2 pieds 4 pouces à 6 pieds; la longueur perpendiculairement à la face de la rustine de 6 à 7 pieds; enfin la profondeur de 2 pieds 2 pouces à 5 pieds.

Dimension du creuset et de l'ouvrage.

Les fourneaux qui ont un creuset de 2 pieds 4 pouces à 2 pieds 6 pouces de largeur ont un ouvrage. La hauteur de l'ouvrage et du creuset est de 6 pieds 6 pouces à 8 pieds; le diamètre supérieur de l'ouvrage est de 3 pieds 6 pouces à 5 pieds. Ces deux parties du fourneau sont bâties en grès réfractaire à gros grains; celui-ci renferme quelquefois des morceaux de quarz assez gros : il se trouve à la partie inférieure du terrain houiller dite *millstone grit*.

On a fait dernièrement un essai qui apporterait une grande économie dans la construction des hauts-fourneaux, c'est de construire le creuset en briques réfractaires. Jusqu'à présent ces expériences ont eu un succès qui a dépassé les espérances que l'on avait conçues.

On a beaucoup écrit sur les meilleures formes qu'il convient d'assigner au creuset et à l'ouvrage d'un haut-fourneau, et l'on a peut-être attaché trop d'importance aux dimensions à donner à ces appareils, car peu de temps après le commencement du fondage, ces formes et ces dimensions sont complétement changées.

Étalages.

Les étalages ont de 6 à 9 pieds de hauteur; le diamètre au ventre est de 14, 17 et même 20 pieds.

La pente à donner aux étalages est importante

à considérer ; si elle est trop rapide, le minerai et le combustible pèsent trop sur le creuset et les charges descendent trop vite. Si elle est trop faible, les charges s'arrêtent et des masses de fer à demi affiné se déposent sur les parois. Nous donnons des coupes d'un grand nombre de fourneaux, sur lesquelles l'inclinaison des étalages est indiquée.

La chemise a de 28 à 32 pieds de hauteur; elle est souvent conique et se compose quelquefois de deux parties, d'une partie cylindrique et d'une partie conique; souvent aussi elle est courbe, de manière que sa tangente est verticale aux points de raccordement avec les étalages, qui quelquefois aussi sont arrondis. Nous avons remarqué cette disposition dans l'usine de Cyfartha, appartenant à M. Crawshay. Chemise.

Les gueulards sont considérables, leur diamètre varie entre 6, 10 et même 12 pieds. Gueulard.

Les étalages sont souvent bâtis en grès jointoyé avec de l'argile réfractaire, et quelquefois, ainsi que la cheminée, en briques réfractaires faites dans l'usine même.

L'argile (*fire clay*), qui entre dans la fabrication de ces briques, forme une couche assez épaisse placée immédiatement au-dessus de la couche principale de houille : cette argile est assez compacte. On commence par l'écraser entre des cylindres, et, pour cela, on la jette dans une trémie, d'où elle tombe d'abord sur une paire de cylindres cannelés dans le sens des arêtes; puis sur Fabrication des briques réfractaires.

une seconde paire de cylindres polis. L'argile ainsi préparée est broyée dans une danaïde; le reste de la fabrication des briques ne présente rien de particulier; les cylindres sont souvent menés par une roue hydraulique.

Cheminée.

Les hauts-fourneaux sont surmontés d'une cheminée en brique de 10 à 15 pieds de hauteur. Cette cheminée présente deux ou quatre grandes portes par lesquelles on charge le fourneau; ces ouvertures sont souvent fermées par des portes de tôle dans l'intervalle des charges.

Comme nous l'avons dit à l'article du grillage des minerais, les hauts-fourneaux sont adossés à des collines, et le grillage du minerai, ainsi que la carbonisation de la houille, se fait à la hauteur du gueulard; on évite ainsi les appareils élévatoires employés près de Dudley.

Croquis de hauts-fourneaux.

Nous joignons ici quelques croquis de hauts-fourneaux du pays de Galles.

La fig. 1, pl. IX, donne les dimensions exactes d'un fourneau de Pontypool. Il est à trois tuyères; le plus souvent on ne souffle que par deux à la fois: elles ne sont pas tout-à-fait vis-à-vis l'une de l'autre; car en prolongeant les lignes qui passent suivant leurs axes, on trouve que la moindre distance de ces lignes est d'un pouce. Les tuyères sont en fonte, et ont la forme d'un demi-tronc de cône; les dimensions de l'orifice qui donne dans le fourneau sont de 4 pouces de hauteur et 4 pouces deux huitièmes de largeur. Le massif de ce fourneau est en briques, la cuve et les étalages sont en briques réfractaires; le creuset et l'ouvrage sont en grès.

Les fig. 2 et 3 représentent les coupes de deux fourneaux de l'usine de Cyfartha.

Dans une autre usine des environs de Merthyr-Tydwil aux Plymouth-Works, on emploie des fourneaux de dimensions différentes; les premiers ont la forme ordinaire, environ 40 pieds (12^m,20) de hauteur et 15 pieds (3^m,96) de diamètre au ventre; les autres ont 45 pieds (13^m,72) de hauteur, et 13 pieds (5^m,48) de diamètre au ventre; ces derniers n'ont pas d'ouvrage.

Le fourneau, fig. 4, appartient à l'usine de Dowlais, c'est le plus vaste de tout le pays. Les dimensions nous ayant été communiquées par les ouvriers, nous ne sommes pas bien certains de leur exactitude. Nous donnerons plus loin le dessin exact d'un haut-fourneau de ce genre qu'on bâtit actuellement en Écosse. L'usine de Dowlais renferme neuf autres hauts-fourneaux ayant 18 pieds de diamètre au ventre.

On a également construit des hauts-fourneaux d'une très grande capacité aux Plymouth-Works. Les étalages, l'ouvrage et le creuset sont circulaires.

Ces nouveaux fourneaux reçoivent le vent de trois tuyères; ils donnent jusqu'à cent et cent vingt tonnes de fonte par semaine. Ils ne paraissent pas offrir d'avantage, et nous croyons qu'ils sont maintenant abandonnés.

La fig. 6 donne les dimensions exactes d'un fourneau existant à Neath-Abbey, chez M. Price; il produit principalement de la fonte de moulage. Il est souvent soufflé par trois tuyères.

Fourneaux légers de Pontypool et de Swansea.

Dans le pays de Galles, notamment à Pontypool, il existe des fourneaux plus légers, dont la partie supérieure est composée, soit d'un seul rang de briques, soit de deux rangs de briques.

Lorsqu'on n'emploie qu'un seul rang, les briques ont 20 pouces de long, 4 d'épaisseur et 9 de large.

Lorsque les parois des fourneaux sont composées de deux rangs, les briques ont 14 pouces, 12 et 4 et demi. Les deux rangs sont séparés par une petite couche d'argile réfractaire.

Les briques ont un côté circulaire. L'intérieur de ces fourneaux présente dans la partie supérieure la forme d'un cône renversé; la partie inférieure est la même que pour les autres fourneaux: c'est un massif de maçonnerie en briques reliées par du mortier, garni intérieurement d'une chemise de briques réfractaires de mêmes dimensions que celles de la partie supérieure du fourneau.

Le creuset est toujours formé de quatre pierres de grès réfractaire, provenant ordinairement des couches nommées *millstone-grit*.

Pour donner de la solidité à ces fourneaux, et pour qu'ils soient capables de résister à la chaleur intense qui est produite dans leur intérieur, on les arme de cercles horizontaux, fig. 5, pl. X, placés de 3 pieds en 3 pieds, ou même beaucoup plus près, par exemple, de 6 pouces en 6 pouces. Ces cercles sont composés de quatre pièces, qui s'assemblent sur des barres de fer verticales, portant des espèces d'oreilles ou anneaux, dans lesquels les cercles entrent et où ils sont retenus par des clavettes, comme on le voit fig. 6, pl. X. Au lieu d'oreilles, on se sert également de vis et d'écrous pour faire cet assemblage. Les cercles s'assemblent alternativement sur chaque barre verticale, au nombre de huit.

L'intérieur de ces fourneaux est le même que celui des autres fourneaux. Ils ont généralement de 12 à 14 pieds de diamètre au ventre, et 50 à 55 pieds de haut.

Ce genre de construction présente des avantages qui paraissent importans; la légèreté des fourneaux est remarquable.

Ces fourneaux durent aussi long-temps que ceux composés de deux massifs, l'un extérieur et l'autre intérieur. M. de Granville, qui nous a communiqué ces détails, nous a dit qu'il connaissait deux de ces fourneaux en feu depuis plus de trois ans, et dont la marche faisait présumer qu'ils pourraient servir encore plus d'une année.

Ces appareils ne présenteraient donc que le désavantage d'une grande déperdition de chaleur; désavantage qui, dans certains cas, peut-être considérable.

Enfin, le fourneau, fig. 6, 7, 8 et 9, pl. VIII, est bâti dans les environs de Swansea; il est remarquable par la hauteur du ventre; ensuite il a la forme de l'intérieur même du fourneau, puisqu'à partir de là il n'y a pas de massif, mais une simple chemise faite d'une seule épaisseur de briques. Près du gueulard, les briques n'ont que 9 pouces de longueur, 2 pouces et demi d'épaisseur et 3 pouces de largeur. Aux étalages les briques ont environ 17 pouces de longueur.

Ce fourneau a trois embrasures de tuyères; les fig. 6 et 7 en représentent le plan. Les parois sont en pierre, et les lignes horizontales représentent la projection horizontale de sept pièces de fonte soutenant l'ouvrage et les étalages; on peut voir ces pièces en projection verticale dans les fig. 8 et 9; elles sont rangées en escalier. Les piliers *aa* et *bb*, fig. 9, sont en fonte, et ont environ 9 pieds de hauteur. Le fourneau est soutenu par huit de ces piliers, deux à chaque embrasure de tuyère et deux à l'embrasure de coulée; leur épaisseur est de 14 pouces. Ils supportent des pièces D en fonte, fig. 9, de 8 pouces de hauteur et 3 d'épaisseur; les briques avancent jusque sur ces plaques, en sorte qu'elles ne font aucune saillie.

Le fourneau est relié dans toute sa hauteur par des cercles de fer formés de quatre pièces. On place d'abord contre le massif, et suivant la hauteur, quatre barres de fer *fg*; on ramène sur une de ces barres les deux extrémités *i* et *k* du cercle; on place par-dessus une pièce de fer *mn*, et l'on unit toutes ces pièces par cinq boulons.

Les cercles sont à peu près à 3 pouces et demi ou 4 pouces de distance les uns des autres; ils ont 4 pouces de hauteur et 1 pouce et demi d'épaisseur. Il y en a soixante-six sur toute la hauteur du fourneau; le dernier est un peu au-dessus du plan des tuyères. Ils sont moins rapprochés au bas du fourneau, à partir des piliers de fonte, que dans la partie supérieure. Entre ceux-ci il n'y a que des portions de cercles, qui leur sont attachées par des boulons.

Les tuyères sont en fonte; elles ont 2 pouces et demi de diamètre horizontal, 3 pouces et demi de diamètre vertical, et 18 pouces de longueur.

On voit, à l'inspection des croquis de ces divers fourneaux, combien leurs dimensions diffèrent. Nous ne possédons pas de renseignemens assez précis sur leurs consommations, pour décider laquelle de ces formes mérite la préférence. Il paraît d'ailleurs que ces consommations sont à peu près les mêmes partout.

Raison de la différence de dimensions entre les fourneaux du pays de Galles et ceux du Staffordshire.

Ainsi que nous l'avons déjà dit, les dimensions des hauts-fourneaux, dans le sud du pays de Galles, sont plus grandes que dans le Staffordshire. Cela tient en partie à ce que les établissemens du pays de Galles sont moins nombreux et plus considérables que ceux des environs de Dudley et de Bilston, à ce que les matériaux de construction sont beaucoup moins chers dans le pays de Galles; et peut-être aussi faut-il attribuer cette différence dans la capacité des hauts-fourneaux à la qualité du combustible; mais de toutes les causes qui exercent leur influence sur les dimensions, c'est encore l'usage que l'on fait de leurs produits que nous plaçons au premier rang. Dans le pays de Galles, où toute la fonte est destinée à être affinée, on vise surtout à l'abondance, et l'on donne aux fourneaux de grandes dimensions, et principalement une grande largeur. Dans le Staffordshire, où une partie de la fonte est employée en moulerie, on cherche à n'en obtenir que d'une qualité propre à cet usage, et l'on donne aux fourneaux moins de hauteur et de largeur que dans le pays de Galles.

Produit considérable de certains fourneaux.

Le produit de quelques-uns de ces vastes fourneaux est énorme; ceux qui ont 18 pieds au ventre, donnent 90 et même 100 tonnes de fonte (*forge-pig*) par semaine. Il existe aujourd'hui à Couillet, près de Charleroy, des fourneaux qui, comme ceux du pays de Galles, ont 18 pieds au ventre, et produisent des quantités considérables de fonte de forge par semaine. On a aussi fabriqué, dans ces fourneaux, de la fonte de moulage; mais elle était de qualité inférieure à celle des fourneaux étroits. On espère que le fourneau (fig. 4) donnera jusqu'à 120 tonnes par semaine. Ce fourneau a été mis en feu peu de jours avant notre arrivée à Merthyr-Tydwill (1).

---

(1) Nous avons appris qu'un accident avait forcé de mettre hors.

La plupart des massifs de ces fourneaux sont bâtis en grès houiller à grains fins.

Machines soufflantes.

Nous décrirons d'abord la seule forme de machines soufflantes employée dans le pays de Galles; nous indiquerons ensuite les dimensions de quelques-unes. Elles sont mises en mouvement par des machines à vapeur ou par des roues hydrauliques. Plusieurs sont mues par des machines à vapeur à double effet, construites sur le principe de celles de Bolton et Watt. Les tiges des pistons sont attachées par des parallélogrammes aux extrémités d'un même balancier. La vapeur est formée le plus souvent dans trois chaudières, dont deux sont toujours employées, la troisième en réparation : elles sont en tôle et très allongées.

La machine dont nous donnerons la description a été construite, chez M. Price, à Neath-Abbey (Glamorganshire) : c'est de cette usine que sortent la plupart des machines soufflantes du pays de Galles.

Cylindre.

Elle consiste en un grand cylindre en fonte à double effet, parfaitement alésé : l'air entre à la partie supérieure par des boîtes portant des clapets de cuir; à la partie inférieure, par des trous pratiqués à la base du cylindre, fermés également par des clapets de cuir. L'air sort par des tuyaux en passant par des clapets verticaux, qui s'ouvrent en sens contraire des premiers; ces tuyaux se réunissent à une certaine distance. Tout l'appareil repose sur un soc en fonte.

Piston. Le piston est construit de la manière suivante (*voy*. pl. IX, fig. 7 et 7 *bis*) : sur un disque en fonte *ab* (fig. 7) est fixée une plaque *gg* également circulaire, avec un rebord *ee*, et portant huit saillies triangulaires *cc*. Un cylindre creux *pq*, auquel aboutissent les saillies *cc*, et qui atteint également à la plaque *gg*, est traversé par la tige T; cette tige est fixée par une clavette *nn*. Un anneau *dd*, subdivisé en huit segmens *s* (*voyez* la fig. 7 *bis*), est posé sur la plaque *ge* (fig. 7), et lui est attaché par des vis et écrous; enfin, une double bande de cuir *ff'* est serrée entre cet anneau et la plaque *ge*. Lorsque le piston monte, la pression de l'air fait frotter la garniture *f* contre les parois du cylindre; lorsqu'il descend, l'air, arrivant au-dessus de la plaque *ab*, dans l'intérieur du piston, au moyen de huit trous *x* dont cette plaque est percée, presse également la garniture inférieure *ff'* contre les parois du cylindre : on évite ainsi toute déperdition d'air autour du piston. La plaque *ab* sert principalement à bien centrer le piston et à le guider dans le cylindre.

Dimensions. Les dimensions de cette machine varient; les plus grandes ont un cylindre de 112 pouces (2^{m},84) de diamètre, et de 9 pieds (2,74) de hauteur. Ce cylindre alésé pèse 7 tonnes (7,105 kilogrammes); son prix est calculé à raison de 30 livres sterling la tonne (75 fr. le quintal métrique).

Les dimensions suivantes sont celles que l'on donne le plus souvent à la machine soufflante :

Diamètre, 105 pouces (2^m,66);

Course du piston, 8 pieds (2^m,44);

Nombre de levées du piston par minute, 15.

Machine à vapeur motrice.

Le diamètre du cylindre de la machine à vapeur dont la force est employée à mouvoir le piston, est toujours la moitié du diamètre du cylindre soufflant. Ainsi, pour les dimensions que nous venons d'indiquer, la machine à vapeur a 52 pouces et demi (1^m,33); elle est de la force de 110 chevaux.

En général, le piston des machines soufflantes, de même que celui des machines à basse pression employées dans les forges, parcourt 220 pieds anglais par minute.

Nombre de fourneaux alimentés.

Ces dimensions conviennent pour une machine soufflante destinée à trois hauts-fourneaux et trois fineries. En admettant que 21 chevaux soient nécessaires pour les trois fineries, il en résulte qu'il faut 22 et $\frac{2}{3}$ chevaux pour souffler un haut-fourneau. Cette machine est quelquefois employée à souffler quatre hauts-fourneaux; mais alors on augmente un peu la vitesse du piston.

Quantité d'air fourni.

En admettant pour le piston une course de 220 pieds par minute, et supposant que tout l'air aspiré sorte par les buses, la quantité d'air fournie, calculée au moyen de la surface du cylindre et de l'espace parcouru par le piston, serait de 14,200 pieds cubes ($397^{m.c.}$,60) anglais par minute. Ces machines étant exécutées avec beaucoup de soin, on peut supposer que les 0,95 de l'air total sont lancés dans les fourneaux, ou 13,490 pieds cubes ($377^{m.c.}$,15) par minute.

Machine de Pontypool.

Deux machines, avec les dimensions que nous venons d'indiquer, soufflent les six hauts-fourneaux de Pontypool, appartenant à la *British-iron-company*. Nous avons donné plus haut les dimensions des fourneaux. L'air sortant des cylindres se rend dans une grande boîte rectangulaire, qui sert de régulateur.

Autre Machine.

Les régulateurs secs sont généralement préférés aux régulateurs à eau dans le pays de Galles. L'air sorti des régulateurs à eau est chargé de trop d'humidité ; la marche du fourneau peut, surtout en été, en être dérangée.

La machine soufflante de trois hauts-fourneaux dont les dimensions sont données par la fig. 1, pl. IX, a 100 pouces de diamètre; la course du piston est de 8 pieds; le nombre des levées de seize par minute. La pression du vent varie de 2 livres à 2 livres un quart pendant la course du piston. La machine souffle deux fineries, outre les trois hauts-fourneaux; elle est menée par une machine à vapeur de la force de 100 chevaux, ce qui fait 28 à 29 chevaux par fourneau.

Le vent entre dans les hauts-fourneaux par six buses, ayant chacune 3 pouces (0^{m},076) de diamètre. Calculant la quantité d'air fournie par la machine, on trouve 13,280 pieds cubes ($375^{m.c.}$,82) par minute, à la pression et à la température de l'air extérieur.

Le régulateur est un grand vase en tôle cylindrique, terminé par deux calottes sphériques; il a 30 pieds (9^{m},15) de longueur, et 16 pieds (4^{m},88) de diamètre, environ 6,029 pieds cubes ($170^{m.c.}$,68): c'est près de quatorze fois le volume du cylindre soufflant.

Machine de Pen-y-Darran.

A l'usine de Pen-y-Darran, près de Merthyr, trois hauts-fourneaux, dont les dimensions sont données par la fig. 5, reçoivent le vent d'une machine soufflante de 108 pouces (2^{m},74) de diamètre, de 8 pieds (2^{m},44) de course, et faisant quatorze levées par minute. Cette machine souffle quelquefois quatre hauts-fourneaux; le nombre des levées est alors de dix-huit par minute. La machine à vapeur a 52 pouces et demi (1^{m},33) de diamètre; sa force est estimée de 95 chevaux.

La pression du vent est de 2 livres un quart anglaises par pouce carré, ou 0^{k},1701 par centimètre carré. Chaque fourneau est ordinairement soufflé par 2 tuyères; les buses ont 2 pouces et demi à 3 pouces de diamètre. En supposant que la machine fasse quatorze levées par minute, on trouve qu'elle fournit 13,530 pieds cubes ($402^{m.c.}$,901) d'air par minute.

Machine de Swansea.

Le petit fourneau (fig. 9, pl. VIII) est soufflé par une machine dont le diamètre est de 50 pouces; la course du piston est de 6 pieds 3 pouces; il donne dix-huit levées par minute : outre le haut-fourneau, elle souffle une petite finerie et deux fourneaux à la Wilkinson.

Machine de Cyfartha.

Dans une soufflerie employée à Cyfartha, mue par une machine à vapeur de 90 chevaux, le cylindre soufflant a $2^{m},843$ (9 pieds 4 pouces anglais) de diamètre, et $2^{m},339$ (100 pouces) de hauteur. La course du piston est de $2^{m},438$ (8 pieds), et le nombre de levées est de treize; ce qui donne, en calculant comme ci-dessus, une quantité d'air de 12,457 pieds cubes (352 mètres cubes par minute).

A l'usine de Cyfartha, pour souffler sept hauts-fourneaux et les sept fineries correspondantes, on emploie trois machines à vapeur, l'une de 90 chevaux, l'autre de 80, et la troisième de 40; ce qui fait en tout une force de 210 chevaux, ou 24 chevaux deux dixièmes par haut-fourneau, en supposant que les fineries consomment un cinquième du vent. Dans l'ensemble des établissemens de M. Crawshay, propriétaire de cette usine, la force de 550 chevaux environ est dépensée pour souffler douze hauts-fourneaux et les fineries correspondantes; ce qui, en admettant que les fineries consomment un cinquième du vent, suppose que chaque fourneau dépense moyennement, pour la production du vent qui lui est nécessaire, une force de 23 à 24 chevaux.

Dans une autre usine près de Merthyr, appartenant à M. Forman, on consomme une force d'environ 140 chevaux, pour souffler cinq hauts-fourneaux et les cinq fineries qui les accompagnent. Cette proportion est un peu moindre que celle employée dans les établissemens de M. Crawshay ; et, aussi, les fourneaux de M. Forman sont-ils un peu moins grands.

Dans l'usine de Plymouth-Works, située également auprès de Merthyr-Tydvill, quatre hauts-fourneaux et quatre fineries reçoivent le vent d'une machine soufflante composée de quatre cylindres en fonte, ayant chacun $1^m,325$ (5 pieds) de diamètre intérieur, et $1^m,828$ (6 pieds) de haut. Le nombre des coups de piston est de dix-huit par minute. Les pistons sont mis en jeu par des roues hydrauliques. En calculant, comme il a été dit ci-dessus, la quantité d'air lancée par cette machine, et en supposant que les fineries en consomment un cinquième, on trouve que la quantité de vent lancée par minute dans chaque haut-fourneau, est de 3,672 pieds cubes (104 mètres cubes). Comme cette machine est plus compliquée que les machines soufflantes mues par la vapeur, il est probable que le résultat est un peu au-dessus de la vérité. Machines de Plymouth-Works.

Si l'on suppose que dans les établissemens de M. Crawshay et de M. Forman, cités plus haut, les fineries consomment un cinquième de l'air lancé, on trouvera que chacun des hauts-fourneaux du premier consomme 3,531 pieds cubes (100 mètres cubes) d'air par minute, et chacun de ceux du second 3,289 pieds cubes (93 mètres cubes) d'air par minute. Il résulte de ce qui précède que, dans les usines du pays de Galles, la pression à Rapport entre la force des machines et la quantité de vent fourni.

laquelle l'air est soumis à la sortie, surpasse rarement 2 livres un quart par pouce carré; que pour souffler un haut-fourneau d'une hauteur moyenne totale de 50 pieds et une finerie, on emploie une force qui varie de 28 à 36 $\frac{2}{3}$ chevaux; en supposant que le cinquième du vent soit consommé par la finerie, il reste pour chaque fourneau une force de 22 à 30 chevaux. Comme les mêmes hauts-fourneaux produisent à peu près 50 à 60 tonnes de fonte par semaine, on voit que la force d'un cheval, employée à donner du vent à ces appareils, correspond à la production d'environ 2 tonnes par semaine, et qu'elle donne moyennement 130 pieds anglais cubes (5^{m},72 cubes) d'air par minute. On assure que la force des machines est quelquefois beaucoup plus considérable, qu'elle s'élève à 40 ou 45 chevaux pour les hauts-fourneaux ayant 18 pieds de diamètre au ventre, et donnant 90 tonnes de fonte par semaine; enfin, qu'il faudra une force de 50 à 60 chevaux pour souffler le haut-fourneau dont les dimensions sont données par la figure 4. Cela ne doit pas étonner, puisqu'on ne peut augmenter la production sans augmenter aussi la quantité de combustible consommée, et par suite la quantité de vent projetée dans le fourneau.

Régulateurs. Avant de passer au traitement du minerai de fer dans le pays de Galles, nous nous arrêterons un instant sur la meilleure disposition à donner aux régulateurs du vent; ils sont de trois espèces, savoir :

1°. Régulateurs secs, à volume constant, comme ceux que nous avons déjà décrits.

2°. Régulateurs secs à volume variable, consistant en un cylindre alésé, dans lequel se meut un piston. Ce cylindre doit être d'une capacité un peu plus grande que le cylindre soufflant; quelquefois on emploie deux cylindres placés de part et d'autre de la machine soufflante.

3°. Régulateurs à eau, consistant en une grande chambre en fonte; renversée dans un bassin d'eau.

Appareil pour régler l'introduction de la vapeur.

Nous devons faire remarquer, en outre, que l'on adapte ordinairement aux machines soufflantes, un appareil qui règle le moment de l'introduction de la vapeur, à l'aide du débit du vent. Si l'on emploie un régulateur sec à volume constant, l'appareil consiste en une cataracte, qui ne s'abaisse que lorsque la pression diminue dans le régulateur. Comme tous les mouvemens de la machine ne peuvent être instantanés, il arrive que la pression varie dans d'assez grandes limites; ce qui est un grave inconvénient pour le travail des hauts-fourneaux et des mazeries. On trouve alors qu'il vaut mieux consommer un peu plus de houille, et donner toujours au vent un assez grand orifice de sortie, pour que la machine produise tout son effet. Ainsi donc, si l'on n'a pas un assez grand nombre de fourneaux en feu pour employer tout le vent, on se trouve dans l'obligation d'en perdre, et par suite de brûler de la houille inutilement.

Avec les régulateurs à volume variable, dans lesquels la pression est constante, on peut régler l'introduction de la vapeur au moyen d'un flotteur, dans le cas d'un régulateur à eau, ou avec le mouvement du piston, dans le cas d'un régulateur à cylindre. La machine à vapeur n'agit donc que lorsque le vent est débité; elle ne donne qu'un petit nombre de coups de pistons si tous les fourneaux ne sont pas en feu, et l'on ne produit pas inutilement de la vapeur.

Les régulateurs secs étant préférables aux autres, par des motifs que nous avons déjà donnés, ce serait ceux de la seconde espèce que nous conseillerions d'employer.

Nature de la houille.

Nous avons déjà donné un aperçu du bassin houiller de la principauté de Galles, et, en décrivant la fabrication du coke, nous avons parlé des diverses qualités de houille que présente cette province, la plus riche en charbon de la Grande-Bretagne.

On évite d'employer dans les hauts-fourneaux, au moins en grande quantité, la houille dont la cendre est rougeâtre, et qui contient beaucoup de fer sulfuré, ou celle qui renferme de la magnésie. La première donnerait un fer cassant à chaud; la seconde rendrait plus difficile la fusion du minerai. A l'égard de la magnésie, *voir* les Mémoires de Descotils et de M. Berthier.

On traite presque uniquement, dans cette contrée, du fer carbonaté lithoïde, qui se trouve en rognons et en veines dans l'argile schisteuse du terrain houiller, et qui s'exploite sur les pentes des collines, soit à ciel ouvert, soit par galeries, soit par puits et galeries. Le minerai le plus riche forme des rognons à surfaces arrondies et à cassure conchoïde, d'un gris noirâtre. Le minerai en veines aplaties est moins riche; sa cassure est unie et un peu terreuse. Le minerai, au sortir de la mine, demeure encore enveloppé d'un peu d'argile schisteuse. En cet état, on le range en tas rectangulaires, d'après le cubage desquels on paie provisoirement les ouvriers qui l'ont extrait. Le minerai, ainsi exposé à l'air, se dépouille promptement de l'argile schisteuse qui y adhère : celui de la variété la moins riche jaunit beaucoup par cette exposition à l'air. Il présente quelquefois, d'une manière très prononcée, la structure désignée sous le nom de *cone in cone coral* : il contient aussi quelquefois des coquilles bivalves. Nature des minerais.

Dans quelques usines de ces contrées, notamment dans celle de Cyfartha, on emploie quelquefois, concurremment avec le fer carbonaté lithoïde, une petite quantité d'hématite rouge, très riche, qu'on apporte par mer de la partie septentrionale du Lancashire. Eu égard à sa richesse de 70 pour 100, ce minerai ne revient pas beaucoup plus cher que l'autre, et il procure au maître de forges qui en a un approvisionnement, l'avantage de se trouver un peu moins dans la dépendance des ouvriers mineurs, avantage qui, dans ce pays, n'est pas sans importance.

Addition de scories.

On ajoute aussi des scories de chaufferies qui sont riches et assez pures; quelquefois même, on fond celles provenant de l'opération du puddlage; mais les scories de fineries sont souvent rejetées comme impures.

A l'usine de Pen-y-Darran, on a remarqué que l'addition des scories produisait une fonte dont le retrait est considérable.

A Abergavanny, on n'emploie quelquefois que l'hématite et les scories; le mélange alors se compose de quatre parties de scories et d'une de fer hématite.

Ce sont MM. Hill et compagnie, propriétaires de Plymouth-Works, près de Merthyr, qui les premiers ont essayé de fondre des mélanges de scories et de minerais de fer. Après beaucoup d'expériences, il est reconnu maintenant que l'on peut fondre avec avantage ces mélanges lorsqu'il n'entre qu'une assez faible quantité de scories. Il est difficile d'en obtenir de la fonte autre que celle d'affinage, et sa qualité, ainsi que celle du fer qui en résulte, est toujours inférieure à celle que donne le minerai seul. Enfin cette fonte subit par l'affinage un déchet plus considérable que celle que l'on obtient sans addition de scories. Le même procédé a été employé avec plus de succès dans les usines du Staffordshire.

Richesse des minerais.

On emploie dans le pays de Galles des minerais crus dont la richesse varie, après leur exposition à l'air, de 18 à 55 pour 100. Le mélange prêt à griller a une richesse moyenne de 30 à 33 pour 100; il perd par le grillage de 20 à 30 pour 100. La richesse est alors de 38 à 40 pour 100.

La richesse est quelquefois plus considérable. On nous a dit à Dowlais que 2 tonnes 5 quintaux à 2 tonnes 10 quintaux de minerai cru donnaient une tonne de fonte. La perte, dans le grillage, est de deux septièmes du poids. En admettant que 2 tonnes 9 quintaux donnent une tonne de fonte, la richesse du minerai cru serait de 40 pour 100, et celle du minerai grillé de près de 60.

On ne concasse que très grossièrement le minerai avant le grillage. Après cette opération, il contient encore beaucoup de morceaux de la grosseur du poing, qu'on jette sans autre préparation dans le fourneau.

Nature de la castine.

On emploie comme castine, dans les hauts-fourneaux de Merthyr-Tydwill, du calcaire compacte, gris noirâtre, à cassure unie un peu conchoïde, qu'on extrait à peu de distance dans des carrières ouvertes dans le calcaire dit carbonifère ou de montagne (*carboniferous or mountain limestone*) qui supporte le terrain houiller. On ne prend pas la peine de casser la castine en petits morceaux; il y reste encore beaucoup de fragmens de la grosseur du poing et au-dessus. On emploie une tonne de castine pour 3 tonnes de minerai non grillé, ou, ce qui revient au même, une tonne de castine pour obtenir une tonne de fonte. Cette quantité est quelquefois un peu moindre; elle varie d'ailleurs avec la nature de la fonte que l'on veut obtenir.

On évite avec soin d'employer le calcaire magnésien, puisque la substance étrangère qu'il contient diminue ainsi que nous l'avons déjà dit, la fusibilité du mélange.

§ 2. — *Travail des hauts-fourneaux du pays de Galles.*

Simplicité du travail.

Ce travail est aussi simple dans le pays de Galles que dans le Staffordshire; on n'a d'autres règles que de tenir les hauts-fourneaux aussi pleins que possible, et pour cela on y ajoute une nouvelle charge, dès qu'il s'est fait au-dessous du gueulard un vide suffisant pour la recevoir.

Quantité de vent.

Nous avons déjà donné la quantité de vent versée dans un haut-fourneau; elle varie entre 3,000 à 4,000 pieds cubes, le volume étant pris à la pression atmosphérique. Cet air est le plus souvent lancé par deux orifices, dont le diamètre est de 2 pouces et demi à 3 pouces et quelquefois de 4 pouces. Les grands fourneaux ayant 18 pieds au ventre, travaillent ordinairement avec 3 tuyères. La pression du vent n'est jamais bien considérable;

elle est de $1\frac{1}{4}$ à $1\frac{3}{4}$ de livre; rarement elle dépasse 2 livres par pouce carré ($0^k,0946$ à $0,1133$ à $0^k,1510$ par centimètre carré).

La quantité de vent lancé dans un haut-fourneau, doit varier avec la qualité de la fonte que l'on se propose d'obtenir. Si elle est considérable, les charges passent vite, on obtient beaucoup de fonte en peu de temps, mais de qualité médiocre et qui ne peut être employée que pour la fabrication du fer. La fonte de moulage ne s'obtient que par une plus longue opération, par une descente moins rapide des charges et conséquemment par une moins grande quantité d'air, lancée dans le même temps dans le haut-fourneau. Mais si l'on tenait compte de la durée de l'opération, on trouverait peut-être que la fabrication d'une tonne de fonte de moulage exige plus d'air que celle d'une même quantité de fonte d'affinage.

Influence des mélanges sur la qualité des fontes.

Le mélange pour obtenir de la fonte de moulage contient proportionnellement plus de calcaire que celui qui donne de la fonte d'affinage, et le combustible est moins chargé de mine. L'augmentation de calcaire produit un laitier moins fusible, la descente des charges est retardée et par suite le mélange est exposé plus long-temps à la chaleur que pour la fabrication de la fonte d'affinage. Ce n'est qu'en soumettant les matières à fondre à une plus forte chaleur, que l'on obtient de la fonte grise.

La fonte grise au moment de la coulée est toujours plus chaude et reste plus long-temps liquide que la fonte d'affinage. Si l'on admet que dans un fourneau le mélange doit produire un laitier fusible à une température un peu supérieure à celle à laquelle la fonte à obtenir doit être maintenue en fusion, on concevra comment la fonte grise étant celle qui exige le plus de chaleur pour être ainsi maintenue en fusion, doit être produite en même temps que des laitiers moins fusibles que ceux qui conviennent à une autre allure. Cependant il est à remarquer que la chaleur est toujours moins intense dans un haut-fourneau à charbon de bois, marchant en fonte grise que dans un haut-fourneau au coke. Nous reviendrons encore sur ce sujet.

Influence du régulateur sur les produits des fourneaux.

Nous avons déjà dit que l'on préférait les régulateurs secs aux régulateurs à eau. Ces derniers ont le désavantage d'envoyer dans les fourneaux de l'air chargé d'humidité, surtout en été, lorsque la température est un peu élevée. Supposons en effet que l'air soit à 25° et qu'il se sature d'humidité en traversant le régulateur, chaque mètre cube d'air entraînera près de 25 grammes d'eau, et, si dans une heure on lance dans le haut-fourneau 6,000 mètres cubes d'air, on aura versé en même temps près de 150 kilogrammes d'eau. Cette quantité d'eau est trop considérable pour qu'elle soit sans action, et on la regarde généralement comme nuisible.

Les hauts-fourneaux donnent en effet toujours

plus de produits en hiver qu'en été; à la vérité la quantité d'air calculée à la pression de $0^m,76$ à la température de 0°, est plus grande pendant l'hiver. En admettant une pression égale pendant les deux saisons et une différence de température de 25°, 100 mètres cubes d'air en hiver représenteront 109 mètres cubes en été. Les machines, travaillant toujours sous la même pression, il en résulte que dans ces limites de température le volume d'air lancé dans le haut-fourneau pendant l'été, n'est que les dix-onzièmes du volume d'air lancé pendant l'hiver.

On avait pensé que l'air chaud de l'été était moins favorable à la combustion que l'air froid; mais des expériences récemment faites, dont le succès paraît certain, et qui consistent à envoyer dans les hauts-fourneaux de l'air à une haute température, détruisent cette idée. Nous publierons sur ce sujet le mémoire de l'un de nous, M. Dufrénoy.

Produit des hauts-fourneaux

Les fourneaux du pays de Galles rendent moyennement 8 tonnes de fonte (8,126 kilogrammes); il en est qui produisent par semaine jusqu'à 70 tonnes (71,109 kilogrammes). On consomme au moins 21 de coke pour obtenir 10 de fonte (*pig-iron*), ou environ 2 de carbone pour produire un de fonte. Par conséquent, en un jour, pour obtenir 8 tonnes de fer, on brûle 16 tonnes de carbone, qui exigent, pour être converties en acide carbonique, 43,73 tonnes d'oxigène, dont 3,50 tonnes sont fournies par l'oxide de fer réduit, et 40,23 ne peuvent l'être que par l'air atmosphérique. Ces 40,23 tonnes d'oxigène équivalent à 40,800 kilogrammes, qui, à une pression et une température moyenne de 16 centimètres et 8° centigrades, auraient un volume de 29,430 mètres cubes, et correspondraient à 147,159 mètres cubes d'air atmosphérique. Cette quantité d'air étant celle qu'un haut-fourneau du pays de Galles doit consommer en vingt-quatre heures, la consommation en une minute doit être de 104$^{m.c}$,575, ou à peu près 105 mètres cubes. Nous avons vu précédemment que pour un fourneau de moyenne grandeur, c'est-à-dire de la dimension de ceux qui donnent 8 tonnes de fonte par jour, la quantité d'air lancé par la machine soufflante ne s'élève pas tout-à-fait à 100 mètres cubes par minute. L'un de nous dans un travail (1) rédigé, il y a plusieurs années, sur le haut-fourneau de Framont, alimenté par du charbon de bois, avait fait l'observation suivante, qui paraît, d'après ce qui précède, s'appliquer aux hauts-fourneaux alimentés par le coke. « L'oxigène contenu dans le minerai et celui » que lancent les soufflets ne sont pas tout-à-fait » suffisans pour brûler un poids égal à celui du » charbon consumé même en diminuant celui-ci » de 0,02, pour avoir égard aux cendres qu'il

(1) *Notice sur les Mines de fer et les Forges de Framont et de Rothun;* par M. L. Élie de Beaumont, élève ingénieur des Mines. (*Annales des Mines*, tome VII, page 521.)

» contient ; cela tient, 1° à ce qu'il contient un » peu d'eau, ce qui, à la vérité, peut être en partie balancé par l'hydrogène qu'il contient aussi, » et qui absorbe plus d'oxigène qu'un poids égal de » carbone ; 2° à ce qu'il n'est pas entièrement converti en acide carbonique. » C'est probablement cette insuffisance de l'oxigène fourni par les machines soufflantes qui fait que les gaz qui parviennent au gueulard d'un haut-fourneau sont encore combustibles et produisent constamment une flamme dont la forme et la couleur varient souvent avec l'état intérieur du fourneau.

Accidens et moyens d'y remedier.

Souvent on travaille à tuyère obscure ou avec un nez plus ou moins long. Il arrive quelquefois que les matières s'épaississent et que le fourneau se refroidit : le nez devient alors très saillant, et ceux des deux tuyères opposées finissent par se réunir. D'autres fois, les matières sont trop liquides et le nez ne peut pas se former. On conçoit combien la distribution de l'air dans le haut-fourneau peut varier dans les diverses circonstances que nous venons d'examiner, et elle n'est pas indifférente. Le fondeur a plusieurs moyens à sa disposition pour remédier aux nombreux inconvéniens que nous venons de signaler ; il peut briser le nez, arrêter le vent d'une des tuyères et continuer à lancer la même quantité d'air dans le fourneau, en augmentant un peu les dimensions des buses placées dans les autres tuyères, ou changer cette quantité, augmenter ou diminuer les charges et varier les proportions de combustible, de minerai et de castine qui les composent. Mais il se présente des accidens dont la cause, encore inexpliquée par les métallurgistes, résiste à tous les moyens employés pour rendre à l'opération une marche régulière.

Les hauts-fourneaux se dérangent souvent à la fin d'un fondage, lorsque l'ouvrage et le creuset se sont beaucoup élargis. Le point où la fusion du minerai s'opère, s'abaisse, et les tuyères se brûlent. C'est dans ce cas qu'il faut chercher à élever le point de fusion et à déterminer dans l'intérieur du fourneau, près des tuyères, le dépôt de matières qui puissent resserrer le creuset. Pour cela, il faut diminuer un peu la charge en minerais et doser le mélange de manière que les scories soient un peu moins fluides; par cette diminution de la charge, on obtient une plus grande chaleur dans l'intérieur du fourneau et l'on parvient à déterminer la fusion à la partie supérieure de l'ouvrage. Les scories et des matières ferrugineuses coulant vers les tuyères, se refroidissent, se figent, forment un nez et tapissent les parois du fourneau; la tuyère devient obscure. On avance alors les tuyères en ayant soin de garnir d'argile l'espace qu'elles doivent occuper. Lorsque le creuset et l'ouvrage sont suffisamment resserrés, on charge le fourneau comme à l'ordinaire.

Ce moyen est employé au commencement d'un fondage, lorsqu'il arrive que les tuyères sont trop chaudes et que le creuset s'élargit trop rapidement, à la fin du fondage, pour en prolonger la durée. Mais la charge étant moindre, les produits diminuent et par suite coûtent plus cher; ces changemens d'allure dans le fourneau, amenant souvent des accidens, il arrive un moment où l'on est obligé de mettre hors; la continuation du fondage deviendrait, sinon impossible, du moins trop dispendieuse.

Lorsqu'on veut amener un haut-fourneau donnant de la fonte d'affinage à produire de la fonte grise ou noire pour moulage, on commence également par diminuer la charge de minerais et par augmenter la proportion de chaux de manière à rendre les scories moins fluides : il arrive alors que le point de fusion s'élève et que la tuyère devient obscure, quoique l'opération se fasse réellement à une plus haute température. Le changement d'allure du fourneau arrive en trente-six ou quarante-huit heures; les scories prennent un aspect pierreux. On emploie alors des minerais de bonne qualité, suivant la nature de la fonte que l'on veut obtenir. Après trois ou quatre jours, la fonte devient très grise et bientôt noire, et à grandes facettes, si l'on emploie de bons minerais.

Nous avons dit que le plus souvent on ne cherchait qu'à tenir le fourneau constamment plein; le nombre des charges est donc très variable. Au moyen de la plate-forme qui se trouve au niveau du gueulard, on apporte le coke dans des *barrows*, longue brouette à jour faite en barres de fer plat. Elle a environ 4 pieds de longueur dans œuvre, 2 pieds de largeur et 2 pieds et demi de profondeur; elle contient ordinairement 18 pieds cubes ou 450 livres de coke (200 kilogrammes environ); on en fait également contenant 6 quintaux de coke.

Charge des fourneaux.

On coule deux fois en vingt-quatre heures et le produit est chaque fois d'environ 6 tonnes de fonte. On fait en général cinquante charges en douze heures, composées de

6 quintaux de minerai grillé,
6 de coke,
2 38 livres de castine.

On consomme donc 15 tonnes de minerai grillé ou environ 18 tonnes de minerai cru; 15 tonnes de coke ou environ 22 tonnes 10 quintaux de houille et 6 tonnes de calcaire en douze heures. Le produit étant de 6 tonnes de fonte, il en résulte que les consommations pour 1 tonne de ce métal sont :

3 tonnes de minerai cru,
3 15 quintaux de houille,
1 de castine.

A Pen-y-Darran, le chariot contient 3 quintaux de coke; la charge consiste en quatre chariots ou 12 quintaux; on les verse successivement par les quatre portes de la cheminée.

A Neath-Abbey (fourneau fig. 6), les charges

sont assez petites; on en fait soixante en vingt-quatre heures. Chaque charge consiste en 3 quintaux et demi (1) ou

420 livres	de coke........	190k310
420	de minerai.....	190,310
105	de castine......	47,575

Ce fourneau donne de la fonte pour moulage, environ 30 tonnes par semaine; il est soufflé par trois tuyères de 2 pouces et un quart de diamètre (0^m,0571).

Enfin le combustible employé dans le petit fourneau, fig. 7, se compose de coke et de *stone coal* non carbonisé; ce *stone coal* est une sorte d'anthracite qui ne peut pas donner de coke, la charge se compose d'un barrow de combustible, contenant :

	2 ½ quintaux de coke.....	126k867
	1 ½ quintal de *stone coal*.	76,120
Plus,	4 à 5 quintaux de minerai grillé..	202k988 à 253,735
	1 à 1 ⅓ quintal de castine..........	50,747 à 67,662.

Ce fourneau donne de la fonte propre au moulage, on coule même plusieurs pièces en fonte de première fusion. Le produit est de 25 à 30 tonnes par semaine.

On consomme 4 tonnes et demie de combusti-

(1) Il est question ici du quintal de 120 livres.

ble pour faire une tonne de fonte : ces 4 tonnes et demie se composent de 2,80 de coke et 1,70 de *stone coal*. La conduite de ce fourneau ne présente rien de particulier.

Coulée.

On fait généralement deux coulées par vingt-quatre heures. Les laitiers sortent naturellement par dessus la dame ; cependant on travaille ordinairement quatre fois dans le creuset, dans l'intervalle de deux coulées.

Nous ferons remarquer que dans le fourneau le combustible porte moins de mine que dans les autres fourneaux, à larges massifs, et que la consommation de combustible par tonne de fonte est plus considérable. La déperdition de chaleur par les parois ne serait donc pas insignifiante.

Nature des laitiers.

On distingue principalement deux sortes de laitiers : l'un, très compacte, gris, contient beaucoup de chaux ; il provient du travail pour obtenir de la fonte de moulage (*foundry-pig*) ; l'autre, pour fonte à affiner (*forge-pig*) est vitreux, très bulleux et d'un vert sombre près de la surface ; opaque, un peu cristallin et d'un jaune verdâtre dans l'intérieur. On voit quelquefois des veines bleues tant dans la partie vitreuse que dans la partie opaque. Lorsque le fourneau donne de la fonte blanche, difficile à affiner, ce qui est l'effet ordinaire des divers dérangemens auxquels il est sujet, les laitiers sont noirâtres, un peu vitreux et translucides, presque toujours très bulleux.

En général, les laitiers des hauts-fourneaux anglais contiennent une beaucoup plus grande quantité de chaux que ceux des hauts-fourneaux alimentés par le charbon de bois, ce qui les rend moins fusibles que ces derniers. Depuis longtemps on savait que les Anglais avaient l'habitude d'ajouter à leur minerai une grande quantité de castine. M. Berthier a fait voir dans un mémoire publié dans les *Annales de Chimie et de Physique*, tome XXXIII, page 154, que cet excès de chaux avait pour but de s'emparer d'une partie du soufre que renferment assez habituellement la houille et les minerais de fer des houillères. Dans ce mémoire, consacré à l'examen de l'action des alcalis des terres alcalines sur quelques sulfures métalliques, M. Berthier prouve que ces sulfures sont facilement décomposés par les alcalis et les terres alcalines, à l'aide du charbon; mais que lorsque ces mêmes terres sont combinées ou qu'elles peuvent se combiner avec une certaine proportion de silice ou d'acide borique, elles n'ont plus d'action sur les sulfures. Ainsi le bisilicate de chaux ou un mélange de chaux et de quartz, dans les proportions qui constituent le bisilicate de chaux, n'agit que faiblement sur le sulfure de fer, même à une température très élevée. Mais, au contraire, lorsqu'il existe un excès de base, une portion de cette base reste en combinaison avec l'acide, tandis que l'autre portion se réduit à la faveur du charbon, et décompose une certaine quantité de sulfure. On voit de suite que, pour obtenir de la fonte qui contienne le moins possible de soufre, il convient de surcharger les laitiers de castine, et l'on n'est arrêté dans l'addition de chaux que par l'infusibilité qu'elle donne aux laitiers. Une longue expérience a fait adopter en Angleterre la proportion d'une partie de castine sur deux parties un quart de minerai grillé. M. Berthier a trouvé, par l'examen de plusieurs laitiers, que cette proportion est telle que la silice contient à peu près autant d'oxigène que toutes les bases réunies.

Les laitiers se composent en général de 50 de silice, 32 de chaux et 19 d'alumine. Nous avons déjà dit qu'un léger excès de chaux était sans inconvénient.

Voici la composition des laitiers analysés :

Composition des laitiers.

	Dowlais, dans le pays de Galles.		Dudley, Staffordshire.	Saint-Étienne (départ. de la Loire).	
	(1)	(2)	(3)	(4)	(5)
Silice........	0,432	0,354	0,406	0,366	0,388
Chaux.......	0,352	0,384	0,322	0,358	0,370
Magnésie....	0,040	0,015	.....	0,048	0,032
Alumine.....	0,120	0,162	0,168	0,184	0,152
Protoxide de manganèse.	.....	0,026	.....	.....	.....
Protoxide de fer........	0,042	0,012	0,104	0,020	0,044
Soufre.......	.....	0,014	.....	0,010	0,008
	0,996	0,967	1,000	0,986	0,994

Le laitier n° 1 provient du fourneau de Dowlais à Merthyr-Tydwil; il est de la nature la plus fréquente. On l'obtient lorsque la marche du fourneau est régulière, et que la fonte est de bonne qualité; il est d'un vert jaunâtre, opaque et pierreux, il présente cependant quelques parties vitreuses; il a une tendance à la cristallisation. On observe souvent, dans les cavités, des cristaux en prismes droits à base quarrée et en prismes à huit faces, qui s'accordent assez bien avec la forme de l'idocrase; il paraît que leur composition est aussi analogue à celle de cette substance. Ces laitiers dégagent une odeur terreuse.

Le laitier n° 2 provient du même fourneau; il a été obtenu lorsque la fonte était mauvaise; il est noir, bulleux; il contient une assez grande quantité de soufre.

Si l'on compare les deux analyses des laitiers n° 1 et 2, on trouve que ces laitiers diffèrent très peu dans leurs principes constituans : si l'on analysait les fontes produites en même temps que ces laitiers, on ne trouverait probablement que de très faibles différences dans la quantité des matières qui les composent. Ces produits du même haut-fourneau ne varient donc que dans leurs propriétés physiques, ou plutôt dans leurs modes de combinaison. Ne serait-ce pas dans les variations de température que le haut-fourneau peut éprouver qu'il faut chercher une explication de ce phénomène? Les mêmes substances ne pourraient-elles pas se combiner dans les mêmes proportions à des températures différentes, et donner des composés qu'on ne pourrait distinguer entre eux que par l'ensemble de leurs propriétés physiques? Il faudrait donc, dans la conduite des hauts-fourneaux, chercher à les maintenir à une température constante. Les détails que nous avons donnés précédemment montrent assez combien cette uniformité de température doit être difficile à obtenir, et comment elle est le but des efforts continuels des *fondeurs*.

Le laitier n° 3 a été recueilli dans une usine des environs de Dudley (Staffordshire), le fourneau allant bien.

Les n°s 4 et 5 sont des laitiers de haut-fourneau du Janon à Saint-Étienne; nous ne rapportons ici leurs analyses que pour faire remarquer que ces laitiers contiennent une assez grande quantité de soufre. Nous ajouterons que, d'après des renseignemens que nous avons recueillis, la fonte de ce fourneau, de mauvaise qualité dans les premiers mois de sa mise en activité, est devenue grise et de bonne qualité depuis que les laitiers ont été surchargés de chaux.

Cet excès de chaux est aussi favorable quand les minerais contiennent du phosphate de chaux, comme il arrive souvent dans les minerais des houillères. La chaux n'agit plus ici comme dissolvant; mais elle rend plus difficile la décomposition du phosphate de chaux. Il faut observer néanmoins que, d'après les propriétés connues de l'acide phosphorique, quel que soit l'excès de chaux qu'on ajoute, il ne paraît pas possible d'éviter la formation d'une certaine quantité de phosphure de fer dans les hauts-fourneaux.

Matière alcaline scoriacée.

Il se dépose journellement sur la surface de la tympe et dans les interstices des pierres qui entourent les ouvertures des tuyaux, lorsque ces interstices peuvent donner passage à la flamme, une matière scoriacée, riche en alcali, qui est recueillie pour faire la lessive. Cette substance déliquescente contient, d'après une analyse de M. Berthier (*Annales de Physique et de Chimie*, tome XXXIII, page 217),

Sels solubles.	0,385
Substances insolubles. ...	0,615

Les sels solubles ont été trouvés composés de

Carbonate de potasse.	0,63
Sulfate de potasse.......	0,37
Silice.	trace
	1 00

Les substances insolubles ont donné à l'analyse

Silice................	0,343
Protoxide de fer.	0,260
Alumine..............	0,040
Chaux................	0,052
Potasse.	0,205
Laitier mélangé........	0,100
	1,000

L'alcali provient sans doute de l'argile schisteuse dont le fer carbonaté des houillères est toujours intimement mélangé, ainsi que des cendres de coke.

Produit en fonte.

Le produit en fonte est considérable; il est moyennement de 60 à 65 tonnes par semaine; certains fourneaux donnent 90 et même jusqu'à 100 tonnes. On peut compter que les fourneaux donnent un quart de moins lorsqu'ils travaillent pour fonte de moulage, du moins c'est d'après cette règle qu'on calcule le salaire des ouvriers des hauts-fourneaux. On affine une grande partie de la fonte fabriquée en pays de Galles; c'est pour cette raison qu'on s'attache plutôt à produire une grande quantité de fonte qu'à améliorer la qualité.

La fonte est coulée en gueusets, comme dans le Staffordshire.

Durée des campagnes

La durée des campagnes est en général de quatre à cinq ans; quelquefois elle se prolonge jusqu'à dix ans. Malgré la longueur de cette campagne, le fourneau n'est souvent que faiblement endommagé, et l'on n'a ordinairement à refaire que sa partie inférieure. La chemise dure beaucoup plus long-temps, nous avons vu démolir un de ces appareils dont la chemise avait trente-huit ans de fondage.

M. Henry, propriétaire d'un haut-fourneau en Bretagne, a fait venir des pierres (*pudding stone*) ordinairement employées dans le pays de Galles pour construire les creusets. Ces pierres n'ont résisté que huit à neuf mois dans un haut-fourneau marchant au charbon de bois. L'alcali que contient ce combustible suffirait-il pour mettre en fusion aussi promptement des pierres qui résistent plusieurs années à une chaleur plus intense, produite par la combustion du coke ?

§ 3. — *Consommations, dépenses.*

Voici les élémens du prix de fabrication des deux espèces de fonte dans diverses localités du pays de Galles :

1°. Chez M. Crawshay, à Cyfartha, près Merthyr, on dépense pour faire une tonne de fonte de forge : A Cyfartha.

t.	q.	l.		liv.	sh.	d.
3	10	»	houille, à 4 sh. la tonne.	»	14	»
3	»	»	minerai, à 10.	1	10	»
»	14	«	castine, à 1 sh. 6 d......	»	1	»
Main-d'œuvre....................				»	12	»
Ferme.........................				»	1	5 $\frac{1}{7}$
Administration..................				»	»	8 $\frac{26}{35}$
Entretien des machines.........				»	1	»
			Total (1)....	3	0	1 $\frac{31}{35}$

(1) Nous avons recueilli, depuis la publication de la première édition de cet ouvrage, de nouveaux renseignemens, qui confirment la parfaite exactitude de ce prix de revient en 1825.

D'où l'on déduit pour le quintal métrique :

kil.	
350,00 houille, à 0,50 le quint. métr. .	1f. 75
300,00 minerai, à 1,24.	3 72
70,00 castine, à 0,18.	0 13
Main-d'œuvre.	1 50
Ferme.	0 18
Administration.	0 09
Entretien des machines.	0 12
Total.	7 49

A Pontypool.

2°. A Pontypool, chez M. Hunt, pour une tonne de fonte douce :

t.	q.	l.				
6	»	»	houille, à 4 sh. la tonne.	1	4	»
»	14	»	houille menue, pour grillage et machine, à 1 sh. 6 d. . . .	»	1	1
3	3	»	minerai, à 7 sh.	1	2	1
»	15	»	castine, à 2 sh. 6 d.	»	1	10
Frais généraux, y compris les intérêts. . .				1	1	»
			Total (1).	3	12	»

D'où l'on déduit pour le quintal métrique :

600k,00 houille, à 0,50 le quintal métrique.	3 fr. 00
70,00 houille menue, à 0,18.	0 13
315,00 minerai, à 0,87.	2 74
75,00 castine, à 0,31.	0 23
Frais généraux.	2 60
Total.	8 70

(1) Nous ne sommes pas parfaitement certains des prix du minerai et de la castine, ainsi que des frais généraux.

3°. A Neath : A Neath.

t.	q.		liv.	sh.	d.
4	»	houille, à 4 sh. le tonneau..	»	16	»
3	10	minerai, à 12 sh..........	2	2	»
1	»	castine, à 3 sh............	»	3	»
Frais généraux...................			1	»	»
		Total (1).......	4	1	»

D'où l'on déduit pour le quintal métrique :

400k,00 houille à 0f,50 le quint. mét.	2 fr.	»
350 ,00 minerai, à 1,50............	5	25
100 ,00 castine, à 0,35............	»	37
Frais généraux....................	2	48
Total.......	10	10

Les usines précédentes sont favorablement situées ; une grande partie des cent douze fourneaux qui existaient en 1825 dans les comtés de

Toutes les autres données peuvent être considérées comme parfaitement exactes. La grande consommation de houille tient à la qualité inférieure de ce combustible.

(1) Quoique ce compte ait été établi par M. Price lui-même, devant nous, nous pensons que la consommation de houille est trop faible, vu que dans cette usine on ne fait que de la fonte douce de première qualité pour machines. D'ailleurs, cela devient évident si l'on considère la composition des charges, si l'on fait entrer dans le calcul la perte en poids de la houille et des minerais à la calcination, et si l'on songe à la quantité de combustible exigée pour la mise en feu.

Monmouth et de Glamorgan, payaient le charbon de 5 à 7 shillings la tonne. Beaucoup sont obligés, pour traiter leur minerai houiller, dont le prix s'élève jusqu'à 14 shillings, d'y ajouter un quart de minerai riche de Lancaster, coûtant 20 shillings. Quant au prix de la main-d'œuvre, il revenait entre 12 et 20 shillings par tonne.

Un de nos amis a été témoin, à cette époque, d'un marché de mine regardé comme excellent, pour le fourneau de Neath. En voici le détail :

Droits au propriétaire du sol.........	1sh.	»
Exploitation, etc....................	7	»
Chemin de fer........................	»	4
TOTAL.....	8	4

A quoi il faut ajouter environ 3 shillings pour conduire le minerai au fourneau.

Détails du prix de fabrication à Verteg.

Voici maintenant tous les détails du prix de revient d'une tonne de fonte de forge et d'une tonne de fonte douce, tels qu'ils étaient en avril 1823 au fourneau de Verteg près Pontypool (1) :

(1) Nous donnons ces renseignemens, quoiqu'ils se rapportent à l'année 1823, parce que nous pouvons en garantir la parfaite authenticité. Certains prix ont changé, mais les rapports entre les frais n'ont pu qu'être légèrement modifiés : les résultats sont la moyenne d'un mois ; si l'on prenait la moyenne d'une campagne, le prix de fabrication de la fonte serait nécessairement plus élevé.

	Pour fonte douce.	Pour fonte de forge.
Fondeurs (*keepers*)..........	2 d.	» 10
Chargeurs (*fillers*)..........	1 »	» 8
Ouvr. qui remplit les brouettes de laitiers (*cinder filler*)...	» 10	» 8
Casseur de castine (*limestone breaker*)................	» 5	» 5
Ouvrier qui fait le coke (*coker*).	1 3	1 3
Ouvrier qui charrie le coke (*coke hallier*)................	» 3 ½	» 3 ½
Ouvr. qui remplit les brouettes de coke (*coke filler*)........	» 4 ½	» 4 ½
Grilleur de minerai (*mine burner*)....................	» 5 ½	» 5 ½
Ouvriers qui s'occupent de la machine (*engineers*)......	» 6	» 6
Peseur de fonte (*pigweigher*).	» 2	» 2
Homme qui renouvelle les plaques du gueulard (*plate layer*)..................	» 2	» 2
Homme chargé du soin du plan incliné qui mène au gueulard (*bridge stocker*)............	» 6	» 6
Ouvr. dont nous ignorons l'emploi (*box filler*)..........	» 4	» 4
Réparations aux outils.......	» 2 ½	» 2 ½
TOTAL.......	7 8	6 10

A ces frais de main-d'œuvre il faut ajouter :

A l'homme qui emmène les laitiers.	3l.	10 sh.	» par mois.
A l'homme qui emmène la castine..	1	10	»
Aux gardes de nuit...............	3	10	»
A différens autres ouvriers, dont nous ignorons l'emploi (*cropper, brass filler, horse driver and boy, champmine filler*..............	6	16	3
En tout.........	15	6	3

Ce qui, réparti sur 240 tonnes, production de l'usine pendant le mois, fera par tonne 1 sh. $3\frac{1}{4}$.

Nous aurons, de plus, des frais divers de main-d'œuvre, qui, se montant à 39 liv. 1 den. pour 527 tonnes, seront, pour une tonne, 1 sh. $6\frac{3}{4}$.

Additionnant entre eux ces élémens du prix de fabrication, nous obtiendrons pour les frais complets de main-d'œuvre :

	Pour fonte douce.		Pour fonte de fer.	
Frais de main-d'œuvre acquittés par tonne..........................	7 sh.	8 d.	6 sh.	10 d.
Frais de main-d'œuvre acquittés au jour ou au mois................	1	$3\frac{1}{4}$	1	$3\frac{1}{4}$
Frais divers de main-d'œuvre.....	1	$6\frac{3}{4}$	1	$6\frac{3}{4}$
Les frais d'administration ont été 830 liv. st. pour 6,240 tonnes, cela fait par tonne................	2	8	2	8
Chevaux et sable................	1	$1\frac{1}{2}$	1	$1\frac{1}{2}$
Houille, à 5 sh. la tonne; dont on a brûlé 5 tonnes 2 quintaux pour la				
Total *à reporter*....	14	$3\frac{1}{2}$	13	$5\frac{1}{2}$

Report.....	14 sh.	3 ½ d.	13 sh.	5½ d.
fonte de forge, et 5 tonnes 12 quintaux pour la fonte douce...	28	»	25	6
Minerai, à 7 sh. la tonne, 3 tonnes 13 quintaux pour l'une et l'autre espèce de fonte...............	25	5	25	5
Castine, 1 tonne pour fonte douce et $\frac{4}{6}$ par tonne pour fonte de forge.........................	2	6	2	»
Coût à l'usine.....	70	2 ½	66	4 ½
Transport à Newport (port du pays de Galles).....................	6	» ½	6	» ½
Frais d'embarcation, etc.........	3	»	3	»
Coût de la tonne embarquée.	79	3	75	5

Il est ici question de la tonne (*long weight*) de 2460 liv.; la tonne ordinaire de 2240 liv., dite tonne *short weight*, coûterait seulement,

Si c'est de la fonte douce...	75	»	(93f,06),
Si c'est de la fonte de forge.	70	5	(88,52).

Nous ne traduirons en mesures françaises que les chiffres des principaux élémens dont se composent ces prix de fabrication : cela nous donnera, pour le coût du quintal métrique à l'usine :

	Pour fonte douce.		Pour fonte de forge.	
Houille, à 0f,62 le quint. métr., 560 kil. pour fonte douce, et 510 kil. pour fonte de forge..................	3 fr.	47	3 fr.	16
Minerai, à 0,87 le quint. métr., 365 kil.	3	18	3	18
Total *à reporter*.....	6	65	6	34

Report.......	6	65	6	34
Castine, à 0,31 le quint. métr., 100 kil. pour fonte douce et 80 kil. pour fonte de forge......................	0	31	0	25
Frais de main-d'œuvre et réparations..	1	44	1	34
Frais d'administration..............	0	33	0	33
TOTAL....	8	73	8	26

A ces divers frais il faudrait ajouter les intérêts du capital.

En 1824, la houille ne coûtait que 4 sh.; la tonne de fonte de forge n'est revenue à l'usine qu'à 3 liv. 3 sh. (79 f. 18).

Voici la moyenne des consommations pour la fabrication d'une tonne de fonte de forge, avec les détails de la consommation en combustible, dans le fourneau de Verteg, pendant un trimestre de l'année 1824 :

Houille pour le haut-fourneau.....	3 t.	17 q.
Houille pour la machine..........	»	10
Houille pour le grillage des minerais dans des fours............	»	3
TOTAL de la houille consommée..	4	10
Minerai..........................	2	19
Castine..........................	1	3

Nous n'avons pas les consommations de ces fourneaux en 1828.

On voit que la quantité de combustible et même celles de minerai et de castine varient pour un même fourneau et une même espèce de fonte.

On ne s'en étonnera pas si l'on songe que la qualité de la houille et celle des minerais changent suivant les couches que l'on exploite, et qu'enfin la quantité que l'on en consomme dépend aussi de la conduite du fourneau, des accidens qui peuvent survenir, etc., etc.

A l'usine dite *Plymouth-Works*, près de Merthyr, on ne consomme pas tout-à-fait trois tonnes de houille pour une tonne de fonte de forge, mais il faut songer que six tonnes de houille y donnent cinq tonnes de coke. A Pen-y-Darran, on brûle trois tonnes; à Dowlais, quatre; à Abergavanny, trois tonnes 10 quintaux. Voici enfin les

Détails du prix de revient du charbon, du minerai et de la fonte, dans les usines à fer d'Abersichan, pendant le mois de mai 1830.

	POIDS des matières consommées.	PRIX d'une tonne.	TOTAUX.	QUANTITÉ de tonnes.	Matière consommée par tonne de fer.	DÉTAILS du prix par tonne.	PRIX TOTAL de revient par tonne.
HOUILLÈRES.	t. qx. qua. l.	l. sh. d.	liv. sh. d.		ton.	l. sh. d.	l. sh. d.
Main-d'œuvre et extractions.........	» » » »	» » »	558 » 6	5532	»	» 2 » 1/4	» » »
Travaux divers.....	» » » »	» » »	4 » 4	»	»	» » » »	» » »
— de recherches...	» » » »	» » »	37 17 5	»	»	» » 1 3/4	» » »
— extraordinaires..	» » » »	» » »	15 10 »	»	»	» » » 3/4	» » »
Boisage...........	» » » »	» » »	1 3 6	»	»	» » » »	» » »
Briques consomm..	» » » »	» » »	1 7 10	»	»	» » » »	» » »
Moulages..........	3 15 » »	4 » »	15 » »	»	»	» » » 3/4	» » »
Charbon aux mach.	76 7 » »	» 2 5	9 4 6	»	»	» » » 1/2	» » »
Fer pour outils, etc.	» 19 » 23	6 » »	5 15 2	»	»	» » » 1/4	» » »
Fournitures diverses, huile, etc....	» » » »	» » »	20 15 »	»	»	» » » 3/4	» » »
			669 5 3			2 5	» » »
Vieux moulages rentrés aux affineries.	» » 3 »	......	2 10 3			» » »	» » »
			666 15 »		Coût par tonne.....		» 2 5

	Poids des matières consommées.	Prix d'une tonne.	Totaux.	Quantités de tonnes.	Matière consommée par tonne de fer.	Détails du prix par tonne.	Prix total de revient par tonne.
MINES DE FER.	t. qx. qua. l.	l. sh. d.	liv. sh. d.		t. qx. q.	l. s. hd	l. sh. d.
Main-d'œuvre et extraction	» » » »	» » »	557 6 3	2203	»	» 5 » 1/2	» » »
— recherches	» » » »	» » »	119 10 1	»	»	» 1 1	» » »
Travaux divers	» » » »	» » »	4 11 3	»	»	» » » 1/2	» » »
— recherches extraordinaires	» » » »	» » »	25 4 2	»	»	» » 3	» » »
Houille pour les machines	» » » »	» » »	» » »	»	»	» » »	» » »
Boisage	» » » »	» » »	1 3 6	»	»	» » »	» » »
Briques consomm.	» » » »	» » »	» » »	»	»	» » »	» » »
Fournitures diverses	3 15 » »	» » »	15 13 8	»	»	» » 1 1/2	» » »
Moulages	» » » »	4 » »	15 » »	»	»	» » 1 3/4	» » »
Fer consommé	» » » »	» » »	» » »	»	»	» » »	» » »
			738 8 11			» 6 8 1/4	
Vieux moulages rentr. aux affineries	16 3 » »	......	2 10 3			» » » 1/4	
			735 18 8	Coût par tonne.		» 6 8	» 6 8
FONDAGE DANS DEUX HAUTS-FOURNEAUX.							
Main-d'œuvre	» » » »	» » »	343 5 11	920	» » » »	» 7 5 1/2	» » »
Transport des matières	» » » »	» » »	74 16 9	»	» » » »	» 1 7 1/2	» » »
Houille aux gueulards.. 2263 5							
Houille à la mach. soufflante. ... 438 5	2855 9 » »	» 2 5	345 » 8	»	3 2 0 9	» 7 6	» » »
Houille au grillage. .. 153 19							
Minerai consommé	2662 8 » »	» 6 8	887 9 4	»	2 17 3 15	» 19 3 1/2	» » »
Castine	891 3 » »	» 3 6	155 19 »	»	» 19 1 14	» 3 4 1/2	» » »
Briques	» » » »	» » »	3 15 8	»	» » » »	» » 1	» » »
Moulages	» 6 3 15	4 » »	1 7 6	»	» » » »	» » » 1/2	» » »
Réparations	» » » »	» » »	» 18 »	»	» » » »	» » » 1/4	» » »
Fer consommé	» 10 3 26	6 » »	3 5 11	»	» » » »	» » » 3/4	» » »
Fournitures diverses, pelles, suif, etc.	» 10 3 26	» » »	19 19 3	»	» » » »	» » 5 1/4	» » »
Redevance au propriétaire de la surf.	» » » »	» 7 »	322 3 6	»	» » » »	» 7 »	» » »
Frais généraux	» » » »	» » »	76 18 4	»	» » » »	» 1 8	» » »
			2234 19 10			2 8 6 1/4	» » »
Vieux moulages rentrés aux affineries	1 6 » »	3 » »	3 18 »			» » » 1/4	
			2231 1 10			2 8 6	2 8 6

Pour convertir ces dimensions en mesures françaises, faisons observer qu'à Abersichan, le poids de la tonne varie de la manière suivante :

Pour le charbon, il est de...	1197 kilogr.
—— le minerai............	1197
—— la pierre à bâtir........	1197
—— la castine.............	1088
—— la fonte...............	1028

La tonne se subdivise en 20 quintaux, le quintal en 4 quarters, et le quarter en livres.

La redevance se paie par tonne (*long-weight*), qui est de 1100 kilogrammes.

Voici maintenant le tableau donné précédemment, converti en mesures françaises.

Prix de revient des matières et du fer pendant le mois de mai 1830 *(4 semaines), poids et prix anglais, réduits en poids et prix français.*

	Poids des matières consommées.	Prix d'une tonne.	Totaux.	Quantité de tonne.	Matière consommée par tonne de fer.	Détails du prix par tonne.	Prix total de revient par tonne.
HOUILLÈRES.	kil.	fr. c.	fr. c.	kil.	kil.	fr. c.	fr. c.
Main-d'œuvre et extractions	»	» »	13950 60	6609	»	2 11	» »
Travaux divers	»	» »	114 16	»	»	» 2	» »
— de recherches	»	» »	940 72	»	»	» 14	» »
— extraordinaires	»	» »	387 50	»	»	» 6	» »
Boisage	»	» »	29 37	»	»	» 1	» »
Briques consomm.	»	» »	34 37	»	»		» »
Moulages	4,125	91 »	375 »	»	»	» 5	» »
Charbon aux mach.	91,387	2 52	230 62	»	»	» 3	» »
Fer pour outils, etc.	1,014	144 »	143 95	»	»	» 2	» »
Fournitures diverses, huile, etc.	»	» »	525 »	»	»	» 8	» »
			16731 29			2 52	
Vieux moulages rentrés aux affineries	920	68 25	62 81			» »	
			16668 48				2 52 la tonne de houille.
MINES DE FER.							
Main-d'œuvre et extraction	»	» »	13932 81	2637	»	5 28	» »
— recherches	»	» »	2987 60	»	»	1 13	» »
Travaux divers	»	» »	114 16	»	»	» 4	» »
— recherches extraordinaires	»	» »	630 20	»	»	» 24	» »
Houille pour les machines	»	» »	» »	»	»	» »	» »
Boisage	»	» »	29 37	»	»	» 1	» »
Briques consomm.	»	» »	» »	»	»	» »	» »
Fournitures diverses	»	» »	392 8	»	»	» 15	» »
Moulages	4125	91 »	375 »	»	»	» 13	» »
Fer consommé	»	» »	» »	»	»	» »	» »
			18461 22			6 98	
Vieux moulages rentrés aux affineries	920	68 25	62 82			» 2	
			18398 40			6 96	6 96 la tonne de miner.

	POIDS des matières consommées.	PRIX d'une tonne.	TOTAUX.	QUANTITÉ de tonnes.	Matière consommée par tonne de fer.	DÉTAILS du prix par tonne.	PRIX TOTAL de revient par tonne.
FONDAGE DANS DEUX HAUTS-FOURNEAUX.	kil.	fr. c.	fr. c.	kil.	kil.	fr. c.	fr. c.
Main-d'œuvre.	»	» »	8581 93	946	»	9 8	» »
Transport des matières.	»	» »	1870 93	»	»	1 99	» »
Houille aux gueulards. 2709 10							
Houille à la mac. soufflante ... 514 58	3417,83	2 52	8628 80	»	3612	9 12	» »
Houille au grillage. . 184 15							
Minerai consommé.	3186,41	6 96	22186 66	»	3368	23 45	» »
Castine.	1066,54	3 65	3898 75	»	1127	4 12	» »
Briques.	»	» »	94 55	»	»	» 10	» »
Moulages.	373	» »	33 97	»	»	» 3	» »
Réparations.	»	» »	22 50	»	»	» 2	» »
Fer consommé.	560	144 »	81 93	»	»	» 8	» »
Fournitures diverses, pelles, suif, etc.	»	» »	499 5	»	»	» 53	» »
Redevance au propriétaire de la surf.	»	8 52	8054 37	»	»	8 52	» »
Frais généraux.	»	» »	1922 91	»	»	2 3	» »
			55873 33			59 7	
Vieux moulages rentrés aux affineries.	1430	» »	95 62			» 10	
			55777 71			58 97	58 97 la tonne de fonte.

FABRICATION DE LA FONTE DANS LE NORD DE L'ANGLETERRE ET EN ÉCOSSE.

Nous ajouterons ici quelques mots sur les usines que nous avons visitées dans le Yorkshire, à Newcastle et en Écosse.

Nous avons visité deux usines assez considérables dans les environs de Bradford : l'une et l'autre consistent en plusieurs hauts-fourneaux, des forges, une fabrique de machines et une fonderie de canons.

La fig. 8, Pl. XI, donne les dimensions exactes des hauts-fourneaux d'une de ces usines; ils ont environ 45 pieds de hauteur, et diffèrent peu des hauts-fourneaux du Staffordshire. Au-dessous de la ligne AB, le fourneau est carré; l'intérieur est bâti en pierres réfractaires : au-dessus de cette ligne, la section horizontale est un cercle, et la chemise est faite en briques réfractaires.

Les numéros indiquent les portions de la chemise, dans lesquelles entrent les quantités de briques suivantes :

N° 1.....	950
N° 2.....	1750
N° 3.....	1030
N° 4.....	770
N° 5	600
N° 6.....	430
	5530

Ainsi que dans le Staffordshire, ces briques n'ont pas toutes les mêmes dimensions.

Dans la figure, la tympe est dessinée en lignes ponctuées.

Dans une autre usine, nous avons vu un haut-fourneau bâti depuis huit ans, dont les dimensions et la forme sont indiquées par la fig. 9, Pl. XI. La hauteur totale est de 45 pieds. On remarque que ce fourneau a la forme d'un *flussofen;* il n'a ni ouvrage ni creuset; il reçoit le vent par une seule tuyère de 4 pouces de diamètre : la pression est de deux livres par pouce carré. Dans cette usine, une force de cent quarante chevaux est employée à souffler quatre hauts-fourneaux, deux fineries et trois fourneaux à la Wilkinson.

Dans l'usine dont nous avons donné plus haut les dimensions des fourneaux, une machine à vapeur de quatre-vingt quatre chevaux souffle trois hauts-fourneaux ; ils reçoivent le vent par deux tuyères. La pression est de 2 livres $\frac{1}{2}$ par pouce carré. Charge.

La charge est versée dans le haut-fourneau au moyen d'un chariot de tôle dont le fond est mobile dans une coulisse. Lorsqu'on roule ce chariot vers le fourneau, il rencontre près du gueulard une pièce de fer qui accroche le fond, le fait glisser, et le chariot, continuant à rouler, se vide dans le fourneau. En le retirant, l'ouvrier l'incline en avant, de manière que le fond rencontre un nouvel arrêt et se referme.

On passe, dans le fourneau ci-joint, seize à vingt charges en douze heures. La charge se compose de

8 quintaux de coke.	405k,976
8 quintaux de minerai. . . .	405 ,953
3 quintaux de castine. . . .	15 ,341

La richesse du minerai est d'environ 38 p. 100 après le grillage.

A la première usine dont nous avons parlé, on

passe vingt-deux à vingt-quatre charges en douze heures. La charge est de

5 $\frac{3}{4}$ quintaux de coke....	291k,735
6 $\frac{3}{4}$ quintaux de minerai..	342 ,540
2 $\frac{3}{4}$ quintaux de castine...	139 ,552

La fonte est destinée à l'affinage. On diminue la quantité de minerai lorsqu'on travaille pour fonte de moulage.

A Bradfort, la richesse moyenne du minerai cru est de 27 à 28 p. 100. La consommation totale de combustible est d'environ quatre tonnes de houille pour faire une tonne de fonte.

Haut-fourneau de Sheffield.

A Sheffield, on passe trente à trente-deux charges en douze heures. La charge est de

430 livres de coke.........	190k,30
280 livres de minerai.	126 ,87
112 livres de calcaire......	50 ,747

On travaille pour fonte de moulage.

La production moyenne de ces hauts-fourneaux est de quarante tonnes par semaine.

Hauts-fourneaux de Newcastle-sur-Tyne en 1828.

Nous avons visité la seule usine à fer existant aux environs de Newcastle-sur-Tyne en 1828; elle consiste en deux hauts-fourneaux, une forge et une fonderie.

Les hauts-fourneaux ont 54 pieds : on bâtit en ce moment une nouvelle usine près de Newcastle, dont on nous a dit que les fourneaux seraient encore plus élevés. Le gueulard est terminé par une partie ayant la forme d'un tronc de pyramide carrée, qui a 2 $\frac{1}{2}$ pieds de hauteur : la fig. 10, pl. XI, donne les autres dimensions.

Machine soufflante.

Ce fourneau est soufflé par une seule buse de 3 $\frac{1}{2}$ pouces de diamètre. Quelquefois la buse est un peu évasée, elle n'a alors que 3 pouces à l'endroit resserré. La machine soufflante servant à un seul des hauts-fourneaux et à deux petits fourneaux à la Wilkinson, travaillant ordinairement 4 heures par jour, a 60 pouces de diamètre, 6 pieds de course, et fait quinze à seize levées par minute; nous ne connaissons pas la pression du vent. La machine à vapeur est de la force de trente-deux chevaux.

Au moyen de ces données, on trouve, en se servant de la formule $Q = 0{,}95\ \pi\ R^2.V$, que la quantité d'air lancée dans le fourneau est de 3,356 pieds cubes ($94^{m.c.},975$) par minute.

Avant d'arriver au fourneau, le vent passe dans un régulateur à eau.

Charge.

La charge et le produit du haut-fourneau varient avec la fonte que l'on peut obtenir. Pendant notre séjour à Newcastle, on travaillait pour fonte douce; le produit par semaine était d'environ trente-cinq tonnes. La charge se composait de

6 quintaux de coke........	$304^k,824$
4 $\frac{1}{2}$ à 5 qx de minerai grillé..	228 ,361 à $253^k,735$
2 quintaux de craie........	101 ,494

On emploie la craie comme castine; quelques bâtimens de commerce en apportent pour lest.

On passe moyennement trente-deux charges en douze heures. Lorsqu'on travaille pour fonte d'affinage, on charge $6\frac{1}{2}$ et jusqu'à 7 quintaux de minerai, $2\frac{1}{2}$ quintaux de craie; la quantité de coke ne varie pas. On remarquera que, proportionnellement, on charge plus de craie lorsqu'on veut faire de la fonte de moulage que lorsqu'on veut faire de la fonte d'affinage.

On emploie quelquefois dans cette usine des minerais du Lancashire et du Cumberland, mais très rarement; le fer carbonaté des houillères est à peu près le seul qui soit fondu.

Hauts-fourneaux de Newcastle en 1833.

En 1833, l'un de nous a visité la nouvelle usine établie auprès de Newcastle, sous le nom de *Bitterley-Iron-Works*. Elle renferme deux hauts-fourneaux accolés.

La fig. 1, pl. X, représente l'un de ces fourneaux. La maçonnerie qui entoure le fourneau dans sa partie supérieure ne s'étend pas au-dessous du ventre. Elle porte sur des anneaux qui laissent à découvert les briques des étalages et de l'ouvrage.

Cette maçonnerie a 2 pieds d'épaisseur, la couche de sable qui la sépare de la chemise a 6 pouces, et la chemise elle-même a 1 pied 3 pouces.

La chemise est composée d'un seul rang de briques, dont la forme varie suivant la place qu'elles occupent; elles ont 15 pouces de largeur; il y a des cercles de 3 pouces de largeur de 4 pieds en 4 pieds.

Le chargement s'opère au moyen d'un chariot

qui roule sur deux coulisseaux, et dont la largeur est égale à celle du gueulard.

Ce chariot a la forme d'un prisme plat. Il se meut sur quatre roulettes *m* (fig. 2 et 2 *bis*, pl. X). Des barres de fer *n* le traversent de bout en bout, et il est exactement fermé par des plaques de fer qui se meuvent sur des chariots. Ces plaques ou trappes s'abattent au moyen d'un déclic qu'on lâche et qui laisse tomber un contre-poids. Pour les relever, il faut relever le contre-poids.

La plupart des usines à fer d'Écosse sont à peu de distance de Glasgow, nous en avons visité trois dans les environs de cette ville. Usines à fer d'Écosse.

L'une consiste en quatre hauts-fourneaux, dont le produit est ordinairement de la fonte douce pour moulage ou fonte pour seconde fusion. La fig. 1, pl. XI, donne les dimensions d'un des fourneaux; il est en feu. Ce fourneau est assez petit: ceux que l'on construit aujourd'hui (1828) ont des dimensions beaucoup plus considérables, c'est ce que montrent les fig. 2, 3, 4 et 5; elles représentent un fourneau actuellement en construction; on compte en bâtir un second avec des dimensions plus grandes encore. On remarquera que ce fourneau a double chemise: toutes les deux sont en briques réfractaires. Vient ensuite un massif en briques communes, et enfin l'extérieur du fourneau est en pierres.

Pendant notre séjour à Glasgow, on construisait les étalages de ce fourneau. Les briques étaient Construction des étalages.

posées en retrait, les unes sur les autres, de manière à laisser des vides en forme d'escalier : ces vides étaient remplis avec de l'argile réfractaire.

Voici comment on avait raccordé la partie circulaire des étalages à la partie carrée de l'ouvrage : celle-ci était en briques. Supposons-la projetée horizontalement, suivant le carré *a, b, c, d,* et verticalement suivant la droite i', h' (fig. 9, Pl. XI), soit le cercle de section des étalages à la hauteur k' k'' projetée horizontalement suivant le cercle *ef,* et verticalement suivant la droite $k'f'$; un autre cercle à la hauteur l'' l' projetée horizontalement suivant le cercle *cg* et verticalement suivant la droite $l'g'$. Entre les points h,h', f,f', g,g', l'élargissement a lieu par des décroissemens successifs des briques, en sorte que la projection verticale d'une ligne passant par les points extrêmes de ces briques serait représentée par une ligne droite ou légèrement courbe $h,f'g'$. Dans les angles *a, b, c, d,* ou dans leur voisinage, il y a évasement du fourneau dans un sens, en montant à partir d'un certain point au-dessus du carré de l'ouvrage, et évasement dans un autre sens au-dessous de ce point, en sorte que la ligne passant par les points extrêmes des briques se projetterait verticalement suivant une courbe h', p', q', ou i, m' n'. Les briques pour les raccordemens de ce genre qui ne peuvent pas se faire par lignes droites continues sont cassées ou émoussées au marteau, ou bien on les emploie de très petites dimensions. C'est contre le carré de briques réfractaires de l'ouvrage que viennent s'appuyer les pierres de cette partie du fourneau, et sur ces pierres se posent les grandes briques réfractaires, qui vont se terminer postérieurement aux petites briques.

De même qu'à Pontypool, l'argile réfractaire appartient au terrain houiller. Les briques sont faites dans l'établissement même ; leur fabrication ne présente rien de particulier, si ce n'est que pour écraser l'argile on la place sur un plateau en fonte, à rebord, sur lequel reposent deux meules verticales à centre fixe. On imprime un mouvement de rotation au plateau, et les meules sont mises en mouvement par le frottement. Toute la différence, avec le procédé ordinaire, est donc que l'on fait tourner le plateau au lieu de faire tourner les meules.

L'ouvrage est en grès. Cette pierre réfractaire forme une couche dans le terrain houiller, à environ 80 mètres au-dessus des couches de houille. Ouvrage.

La fig. 6 représente un fourneau appartenant à une autre usine voisine de la première. Autres fourneaux.

La fig. 7 donne les dimensions des hauts-fourneaux d'une troisième usine ; ces fourneaux viennent d'être mis en feu. On bâtit un nouveau fourneau dans cette usine sur des dimensions beaucoup plus grandes, elles sont données exactement par la fig. 8 ; on adopte en outre la forme qui paraît s'introduire maintenant dans le sud du pays de Galles, ce qui se borne à supprimer l'ouvrage. On prétend que les fourneaux s'embarrassent le plus souvent dans la partie au-dessous des étalages, et que, par cette nouvelle disposition de l'appareil, on évite en grande partie cet inconvénient.

Fondations. La construction de ce fourneau était commencée depuis peu (3 septembre 1828). On avait creusé un trou de 8 à 9 pieds sur 18 à 20 de section, et 7 pieds de profondeur. Après en avoir égalisé et battu le fond, on avait établi sur le sol ainsi affermi, une maçonnerie en pierres cimentées, s'élevant à la hauteur de 3 pieds. Au milieu de ce massif et parallèlement à sa longueur, on avait ménagé un canal allant aboutir à un autre conduit, qui le coupait perpendiculairement, et qui, passant devant tous les fourneaux de l'établissement, en emmenait l'humidité dans la Clyde. La largeur de ce canal était de 9 pouces. On le recouvrait presque entièrement avec des dalles, et on ne laissait qu'une ouverture A (pl. XI, fig. 10) à son extrémité antérieure, pour établir la communication avec des canaux en croix, supérieurs, établis dans la *fausse sole* (*false bottom*). Cette fausse sole est un massif en maçonnerie, d'environ 2 pieds d'épaisseur, dans lequel on ménage des canaux en croix, comme l'indique la fig. 11, pl. XI. Au-dessus sont placées des dalles ou vieilles plaques de fonte; puis, sur ces dalles, un lit de sable d'environ 2 pieds. Sur ce lit de sable, vient encore une maçonnerie épaisse de 2 pieds, et enfin, sur cette maçonnerie, est assis le fond du creuset : ce fond est formé de six pierres de grès, qui ont 3 pieds 10 pouces de longueur, et 2 pieds sur 2 pieds 4 pouces de section. On en place six à côté l'une de l'autre, en les couchant sur leur longueur, de manière qu'elles sont comprises dans un rectangle d'environ 14 pieds de longueur et 3 pieds 10 pouces de largeur. On lute les joints avec de l'argile réfractaire, et sur la surface de ce rectangle on pose les costières et la rustine autour de l'espace déterminé pour le fond. Les fondations, y compris la sole, ont ainsi environ 12 pieds de hauteur.

Fourneau léger près de Glasgow.

A l'usine connue sous le nom de *Monkland-Iron-Works*, dans le voisinage de Glasgow, on a construit un fourneau léger, représenté fig. 3, pl. X.

Les parois de ce fourneau se composent de deux rangées de briques seulement sur toute la hauteur. Celles qui ont été employées pour la construction de la partie supérieure du fourneau ont 1 pied en longueur et 8 pouces d'épaisseur. D'autres, qui ont servi pour celle de la partie inférieure, ont 18 pouces de longueur.

Les parois de la cuve reposent sur un anneau en fonte (fig. 4 et 4 *bis*), qui lui-même s'appuie sur huit colonnes en fonte. Les colonnes sont creuses, ont 13 pouces de diamètre et 18 lignes d'épaisseur.

L'anneau a 18 pouces de large sur 6 pouces de hauteur, et il présente des renflemens entre les colonnes.

Les parois sont maintenues par des cercles placés de 2 pieds en 2 pieds sur toute la hauteur du fourneau, et ayant 3 pouces de largeur sur 18 lignes d'épaisseur.

Nous avons vu, en France, à Hayanges, un fourneau construit à peu près de la même manière; il paraissait donner des résultats satisfaisans. C'est en Allemagne que, pour la première fois, on a adopté ce mode de construction.

Machines soufflantes.

Les machines soufflantes sont cylindriques, à pistons. Deux hauts-fourneaux, dont les dimensions sont données par la fig. 1, sont soufflés par un cylindre de 5 pieds 6 pouces de diamètre; le piston donne dix-huit levées par minute, et a 7 pieds 9 pouces de course. La machine fournit donc 6,392 pieds cubes d'air, à la pression ordinaire, dans une minute. La machine à vapeur est de la force de soixante-dix chevaux.

Quantité de vent et pression.

Le vent entre dans chaque fourneau par deux buses, qui ont chacune 2 $\frac{5}{8}$ pouces de diamètre; lorsqu'on travaille en fonte douce, la pression est de 4 livres (1^k,8122) par pouce carré.

Le vent arrive d'abord dans un régulateur à eau de 24 pieds de longueur, 8 pieds de largeur et 10 pieds de profondeur, ou 1,920 pieds cubes de capacité; on travaille souvent avec une tuyère obscure.

Le fourneau représenté par la fig. 6 est soufflé par une machine de la force de quarante chevaux. Pendant notre séjour à Glasgow, on faisait des expériences dans le but de diminuer la pression du vent. On avait élargi les tuyères, elles avaient 3 pouces $\frac{1}{4}$ de diamètre ; le cylindre soufflant a 54 pouces de diamètre ; le piston donnait vingt-trois coups par minute, et avait 7 pieds de course ; la pression était de 3 livres par pouce carré : la quantité de vent était donc de 4,880 pieds cubes. Cette machine devait bientôt souffler deux fourneaux.

Les expériences prouvaient qu'il y avait de l'avantage à diminuer la pression ; le produit était augmenté de près de dix tonnes par semaine ; la consommation de coke, proportions gardées, était restée la même.

Trois hauts-fourneaux, dont les dimensions sont données par la fig. 7, sont soufflés par une machine de la force de soixante chevaux ; la pression du vent est de 3 $\frac{1}{4}$ livres par pouce carré. Souffleries.

Les minerais fondus dans toutes ces usines sont de deux ou trois espèces, la richesse moyenne avant le grillage est de 30 p. 100. Deux de ces espèces ressemblent assez au minerai ordinaire du Staffordshire, et forment de petites couches dans le terrain houiller. La troisième espèce est un peu schisteuse, présente des veines d'une couleur plus foncée que la teinte ordinaire du minerai, et contient une petite quantité de matière Richesse et nature des minerais.

bitumineuse. Ce minerai est souvent grillé à part, et, contre l'usage ordinaire, on tâche de lui faire subir un commencement de fusion par cette opération : il se délite un peu par le grillage.

Nombre de charges passées.

Dans les fourneaux (fig. 1), on passe quarante-deux à quarante-quatre charges en vingt-quatre heures; la charge consiste en

8 quintaux de coke......	405k,976
6 quintaux de minerai....	304 ,482
1 $\frac{1}{2}$ quintal de castine....	76 ,180

Production.

La production moyenne des fourneaux est de 35 à 40 tonnes par semaine. Ils produisent en été 8 à 10 tonnes de moins qu'en hiver; la pression du vent et la marche de la machine soufflante restent les mêmes dans les deux saisons.

Dans le fourneau (fig. 6) on passe quatre-vingt-dix charges en vingt-quatre heures; la charge consiste en

4 $\frac{1}{2}$ quintaux de coke.....	228k,361
2 $\frac{3}{4}$ à 3 quintaux de minerai.	139 ,552 à 152k,241
$\frac{3}{4}$ quintal de castine.....	38 ,058

Production moyenne, 45 tonnes par semaine.

Dans les fourneaux (fig. 7) on passe soixante-douze à quatre-vingts charges en vingt-quatre heures; la charge est de

5 quintaux de coke......	253k,735
3 quintaux de minerai...	152 ,241
110 livres de castine.......	39 ,841

Production moyenne, 45 tonnes par semaine.

On calcule généralement, dans les environs de Glasgow, que l'on consomme 8 tonnes de houille pour faire 1 tonne de fonte (*foundry-pig*); on comprend dans cette consommation la houille usée dans le grillage et par la machine à vapeur. Il faut remarquer en outre que, dans cette localité, la houille perd beaucoup à la conversion en coke, surtout lorsqu'on la carbonise par l'ancien procédé. La pression du vent nous paraît aussi beaucoup trop considérable; il est permis de présumer qu'en la diminuant et introduisant le procédé du Staffordshire pour la carbonisation, la consommation diminuera (1828).

Consommation en combustible.

La houille coûte, aux maîtres de forge des environs de Glasgow, 4 $\frac{1}{2}$ shillings la tonne, et le minerai à peu près le même prix. Aussi, n'épargnant pas le combustible, fabriquent-ils d'excellentes fontes de moulage, qui se vendent, malgré les distances, sur les marchés de Londres, Newcastle et Liverpool, en concurrence avec celles du Staffordshire et du pays de Galles.

CONCLUSION.

Comparant les données consignées dans ce mémoire avec d'autres résultats généralement connus, il nous semble que l'on peut tirer cette conclusion : *Que les différences qui existent entre la plupart des variétés de houille, et surtout entre les variétés de minerais, si elles ont quelque influence sur la détermination de la forme et des dimensions des hauts-fourneaux à coke, ne nécessitent cependant pas, dans ces élémens de la construction, des modifications aussi importantes qu'on pourrait d'abord le supposer.*

Dans le Staffordshire, où les houilles sont de nature diverse, la forme intérieure des hauts-fourneaux est partout la même, et les principales dimensions ne sont modifiées que dans d'étroites limites, suivant la qualité de la fonte que l'on veut produire. Dans le Yorkshire et en Écosse, on se sert, avec des avantages à peu près égaux, de fourneaux semblables à ceux du Staffordshire, et de fourneaux dont la forme et les dimensions se rapprochent de ceux de Merthyr. En Silésie et en France (1), on emploie également presque

(1) En Silésie (*Kœnigshütte*), où les houilles, et surtout les minerais, diffèrent entièrement des houilles et minerais du Staffordshire, les dimensions des fourneaux sont à peu près les mêmes que celles du fourneau, pl. VIII, fig. 4, excepté la hauteur et par conséquent l'inclinaison des étalages, qui sont plus grandes. A la Voulte, à Saint-Chamond et à Saint-Étienne, où le combustible a quelque ressemblance avec celui du Staffordshire, mais où les minerais sont très différens, les formes intérieures des hauts-fourneaux sont analogues à celles que l'on adopte dans ce comté.

partout des hauts-fourneaux ayant 40 à 45 pieds de hauteur, de 11 à 13 pieds au ventre, etc. A Merthyr, la grandeur des fourneaux, le diamètre au ventre et au bas des étalages surtout, dépassent toutes les limites dans lesquelles on s'est restreint dans d'autres localités. Cela tient-il à la densité des houilles de ce district, qui se rapprochent plus de l'anthracite qu'en aucun autre endroit, et à leur pureté, ou bien est-ce la conséquence d'un rapport nécessaire entre la qualité des fontes que l'on cherche à fabriquer et la grande quantité que l'on veut en produire en un certain temps? C'est ce que nous n'oserions décider. Les houilles de Merthyr ne pourraient-elles servir également dans des fourneaux semblables à ceux du Staffordshire, avec l'avantage de donner une meilleure fonte, et sans autre inconvénient qu'une production moindre? Il n'y a aucun doute que oui. Des fourneaux de ce genre ont existé ou existaient encore à Cyfartha, chez M. Crawshay; mais, réciproquement, les houilles du Staffordshire s'emploieraient-elles aussi facilement que celles du pays de Galles dans des fourneaux semblables à ceux de Merthyr? Nous ne le croyons pas. On nous a même assuré que l'on avait fait des expériences à cet égard qui n'avaient pas réussi; et c'est plus particulièrement cette anomalie, dans le cas d'une différence dans la nature des houilles que l'on ne rencontre nulle part ailleurs, qui nous a fait dire, en énonçant le principe général, la plupart des variétés, et non toutes les variétés (1).

Une plus grande hauteur, une diminution d'un ou plusieurs pieds du diamètre au ventre, et une moindre inclinaison des étalages, combinés avec un travail convenable, paraissent être généralement considérées comme améliorant la qualité de la fonte.

Pour ce qui est de l'inflence des matières premières sur la nature des produits, il paraîtrait, d'après nos observations, *que l'on peut, avec des houilles assez sulfureuses, et, généralement parlant, de qualité inférieure, produisent d'excellentes fontes; mais qu'alors il ne faut pas craindre le grand déchet nécessaire à leur purification lors de la conversion en coke, et les épargner dans le haut-fourneau.* Les usines de Pontypool (chez M. Hunt), Glasgow et plusieurs usines du Staffordshire, en sont une preuve. Nous ignorons s'il est possible de corriger, en tous cas, les minerais impurs. Il paraîtrait que, dans quelques localités où les houilles et les minerais en même temps sont impurs, on n'a pu parvenir à couler que des fontes blanches ou truitées.

---

(1) La diversité des formes et dimensions adoptées en Angleterre, surtout dans le pays de Galles, par une même usine ou des usines voisines, pour les mêmes houilles et les mêmes minerais, et convenant à peu près également à ces matières premières, confirme ainsi le principe que nous avons énoncé.

Les dimensions des machines soufflantes pour des fourneaux de certaine grandeur, paraissent ne varier que dans d'étroites limites; mais la pression du vent était encore, lors de notre voyage en Angleterre (1828), un objet de discussion entre les maîtres de forges du pays de Galles et ceux du Staffordshire. Il semble évident que de hautes pressions doivent convenir à des cokes compactes, et de basses pressions à des cokes moins denses. Dans le Staffordshire et dans le pays de Galles, cependant, où les cokes diffèrent beaucoup, on paraît avoir préféré presque partout une pression moyenne de $1\frac{1}{2}$ à 2 livres, ou quelquefois $2\frac{1}{4}$ livres par pouce carré : il en est de même dans le Yorckshire et en France. En Écosse, la pression est énorme; mais on paraît trouver de l'avantage à la baisser. Partout, le travail en fonte grise exige un vent plus comprimé. En Silésie (*Kœnigshütte*), on travaille avec $2\frac{1}{2}$ à $2\frac{3}{4}$ livres; mais les machines soufflantes sont mauvaises, et l'on brûle des cokes pesans très terreux et sulfureux.

Enfin, nous ne terminerons pas sans faire remarquer encore une fois combien est grande la différence de consommation de combustible et de calcaire dans la fabrication de la fonte d'affinage et de la fonte douce; elle est d'environ un tiers : en sorte que *la fonte douce ne paraît pouvoir être obtenue que par une chaleur beaucoup plus forte que celle qui est nécessaire à la fabrication de la fonte d'affinage.*

EMPLOI DE LA HOUILLE EN NATURE DANS LES HAUTS-FOURNEAUX, A DECAZEVILLE, EN FRANCE.

Nous avons présenté les faits divers que nous avons pu recueillir en Angleterre et en Écosse sur la fabrication de la fonte, pendant nos voyages de 1824 et de 1828; nous allons maintenant indiquer une grande économie apportée à cette fabrication dans ces derniers temps : nous voulons parler de la substitution de la houille au coke dans les hauts-fourneaux.

Long-temps on a cru que la houille ne pouvait être employée à la fusion des minerais. Cette opinion était fondée sur des expériences, qui, si elles sont inexactes, inspiraient au moins de la confiance.

Substitution de la houille au coke dans le pays de Galles.

Le prix de vente du fer s'abaissant chaque jour, les maîtres de forges ont dû rechercher tous les moyens possibles de réduire leurs dépenses; la substitution de la houille au coke était certainement un moyen très efficace. Cependant cette substitution n'a pas été essayée directement; elle a été le résultat des expériences faites dans le pays de Galles. Dans l'emploi de l'air chaud, les appareils à chauffer l'air s'étant dérangés, on a reconnu que, sauf quelques modifications à faire dans la charge, la houille pouvait encore convenir avec l'air froid. D'après les renseignemens que nous avons recueillis, quinze fourneaux des environs de Merthyr-Tydvill, ne consomment en ce moment (1835) que de la houille, et vingt-huit consomment un mélange en parties égales de houille et de coke. La substitution de la houille crue au coke, a amené une diminution considérable dans la dépense en combustible; de 3 à 4 tonnes par tonne de fonte (consommation que nous avons indiquée précédemment) elle est tombée, moyennement, à 2 tonnes 10 quintaux, ainsi qu'on en voit le détail dans la note suivante. L'un de nous, M. Coste, a introduit cette amélioration dans l'usine de Decazeville. Aujourd'hui, sept hauts-fourneaux appartenant à la compagnie de l'Aveyron, ne consomment que de la houille crue.

La substitution de la houille au coke dans cette usine s'est faite progressivement. La charge se composant de 250 kilogrammes de coke, on a commencé par mélanger 225 kilogrammes de coke et 25 kilogrammes de houille : lorsqu'au bout de deux ou trois jours, on a eu la certitude que cette charge était descendue aux tuyères, on a de nouveau remplacé 25 kilogrammes de coke par 25 kilogrammes de houille. On a ainsi amené rapidement les fourneaux à consommer trois cinquièmes de houille et deux cinquièmes de coke, sans rien changer à la charge en minerai, ni à l'allure du fourneau. Mais, lorsqu'on voulut aller plus loin, la descente des charges se ralentit, le fourneau parut se refroidir, et l'on jugea utile

Substitution à Decazeville.

d'augmenter la proportion de coke. Le fourneau ayant repris une bonne allure, les expériences furent recommencées, et au lieu d'ajouter du coke, on diminua un peu la charge en minerai : c'est ainsi qu'on parvint à une substitution complète.

Quantité de coke remplacée par une certaine quantité de houille.

On est arrivé rapidement à reconnaître que 200 kilogrammes de coke peuvent être remplacés par 250 de houille, et que lorsqu'on veut, dans un fourneau marchant au coke, substituer immédiatement la houille, il faut diminuer la charge en minerai et en castine d'un quart ou d'un tiers, puis augmenter ensuite peu à peu cette charge, si l'allure du fourneau le permet.

Influence sur le rendement.

Long-temps nous avons cru que l'emploi de la houille diminuait le rendement des fourneaux ; mais l'expérience nous a prouvé depuis que ce rendement était le même que lorsqu'on employait le coke. Nous avons en même temps acquis la preuve que, proportionnellement, les fourneaux à la houille consomment un peu moins de castine que les fourneaux au coke ; voici les analyses de deux laitiers provenant d'une bonne allure des fourneaux : elles ont été faites par M. de Montmarin, ingénieur des mines :

Analyses des laitiers.

Silice (1)	0,460	0,440
Chaux	0,253	0,281
Magnésie	0,046	0,090
Alumine	0,170	0,140
Protoxide de fer	0,020	traces
Protoxide de manganèse	0,015	0,010
Soufre	0,023	0,019
	0,987	0,980

Nous ferons remarquer que la proportion de chaux est moindre que celle des laitiers ordinaires des fourneaux au coke. La quantité de soufre est considérable.

Qualité de la fonte.

La qualité de la fonte, assez médiocre lorsqu'on employait le coke, est restée la même par la substitution de la houille.

Nature de la houille.

La houille versée dans les fourneaux doit être en gros morceaux et triée avec soin. Les houilles maigres se mettent en poussière, tombent sans brûler jusqu'aux tuyères, et nuisent beaucoup à la marche du fourneau; elles doivent être rejetées avec soin. Les houillés qui paraissent le mieux réussir, sont moyennement grasses, et peuvent

(1) Dans les laitiers provenant de hauts-fourneaux chauffés au coke, la silice contient à peu près autant d'oxigène que les bases. Pour un de ces laitiers obtenus à la houille, l'oxigène de la silice est 0,239, et celui des bases 0,176. Pour l'autre, les quantités sont 0,223, 0,131.

être carbonisées. Les charges sont calculées en poids, avec les proportions suivantes :

4 de houille,
3 de minerai,
1 de castine.

Nous devons faire remarquer que nos expériences n'ont été faites que dans une seule localité. Ces résultats, quoique très importans, doivent cependant être vérifiés avant de pouvoir conduire à établir un système. Nous croyons que la houille ne pourrait être employée avec toute espèce de minerais, avec ceux, par exemple, qu'en France on désigne sous le titre de *minerais froids*, sans qu'on les mélangeât avec d'autres minerais plus fusibles ou avec des scories de chaufferie.

Nous ignorons si l'on peut obtenir à la houille de la fonte de moulage; les matériaux à notre disposition ne donnaient pas ordinairement cette espèce de produit. Nous croyons cependant qu'avec de la houille un peu collante et des minerais exempts de soufre et de phosphore et assez fusibles, on pourrait y parvenir.

La substitution de la houille au coke, à Decazeville, a donné une économie notable; on remplace ce combustible, coûtant 15 fr. la tonne, par un autre qui, dans beaucoup de localités, n'en coûte que 6. Si donc l'on consomme 2500 kilogrammes de houille au lieu de 2000 kilogrammes de coke pour produire 1000 de fonte, on obtient une économie de 15 fr.

Le tableau suivant donne les dimensions des fourneaux employés pour ces expériences :

	HAUTEUR EN MÈTRES					LARGEUR EN MÈTRES						
	du creuset au gueulard.	du creuset.	des étalages.	de la cuve.	de la chemise.	au bas du creuset.	en haut du creuset.	aux étalages.	au tiers de la cuve.	au 2 tiers de la cuve.	gueulard.	inclinaison des étalages.
N° 1. Decaz.	14,70	2,20	2,05	10,45	3,30	0,83	1,30	4,80	1,30	3,10	1,40	50
2	14,50	2,20	2 »	10,30	id.	0,80	1,30	4,30	1,30	2,80	1,70	53
3	15	2,20	2 »	10,80	id.	0,85	1,30	4,50	1,30	»	2 »	50
4	16,80	2,30	3,50	11 »	id.	1 »	1,40	5 »	1,40	»	2,30	64
5	15,60	2,30	2,30	11 »	id.	0,90	1,20	4,30	1,20	2,50	1,60	58

Nous renverrons, pour plus de détails, aux articles qui seront publiés à ce sujet dans les *Annales des Mines*, par M. de Montmarin et par M. de Sénarmont, ingénieurs des mines.

EMPLOI DE L'AIR CHAUD DANS LES HAUTS-FOURNEAUX.

A l'époque où la première édition de cet ouvrage a paru, l'air que l'on introduit dans les hauts-fourneaux pour en alimenter la combustion, était lancé dans ces appareils à la même température que l'air ambiant; aujourd'hui encore, dans la plupart des usines, l'air puisé dans l'atmosphère par les machines soufflantes est introduit immédiatement dans les hauts-fourneaux; nous avons cru, en conséquence, devoir rejeter à la fin de la description des procédés de fabrication de la fonte, les détails sur l'emploi de l'air chaud dans les hauts-fourneaux. Une autre circonstance qui nous a engagés à consacrer un article particulier à cette nouvelle méthode destinée à produire une révolution dans le travail du fer, c'est qu'elle paraît également applicable aux fourneaux marchant à la houille et aux fourneaux alimentés par le charbon de bois. Nous réunirons, en conséquence, dans cet article, aux données nombreuses que l'un de nous a recueillies dans les usines de l'Ecosse et de l'Angleterre quelques détails sur l'emploi de l'air chaud dans les hauts-fourneaux qui consomment du charbon de bois; nous extrairons ces détails de différens mémoires sur ce sujet, et nous aurons soin d'en indiquer les sources.

L'emploi de l'air chaud a produit dans presque tous les établissemens où il a été adopté, une économie plus ou moins grande; sur plus de deux cents hauts-fourneaux (1) où ce nouveau procédé est maintenant en usage, on en compte seulement

---

(1)

En Angleterre, environ..	120
En France.............	65
Belgique..............	10
Provinces allemandes....	12

cinq ou six dans lesquels il n'est résulté aucune économie de combustible, et deux où la consommation a augmenté. Dans tous les autres, sans exception, la consommation de combustible a diminué dans une proportion relative à l'imperfection première de la fabrication, et à la nature de la houille. En Ecosse, par exemple, l'économie qui est résultée de l'introduction de l'air chaud s'est élevée aux deux-tiers, tandis que dans le Lancashire elle n'a été que d'un tiers. L'économie de combustible, par le nouveau procédé, est donc maintenant complétement certaine; dans le plus grand nombre des usines, le rendement journalier des fourneaux a en outre été augmenté par l'emploi de l'air chaud, et presque toujours on a pu diminuer la quantité de fondant.

Économie de combustible résultant de l'emploi de l'air chaud.

La nature de la fonte a éprouvé presque toujours un changement par la substitution de l'air chaud à l'air froid; en général elle devient plus grise, souvent même noire, et cette opération donne de la fonte de première qualité. Ce changement a été observé dans toutes les usines de l'Écosse, ainsi que dans la plupart de celles de l'Angleterre: le haut-fourneau de Torteron, dans le département de la Nièvre, nous fournit aussi un exemple remarquable de cette amélioration. La fonte qu'il produisait de qualité médiocre avant l'emploi de l'air chaud, est maintenant comparable à la fonte anglaise, avec laquelle elle soutient la concurrence sur le marché de Paris. Quant à la qua-

Changement dans la nature de la fonte.

lité de la fonte de forge produite par le nouveau procédé, il règne encore quelque incertitude à son égard : en Angleterre, cette fonte a d'abord été reçue dans le commerce avec désavantage, et son prix sur le marché était inférieur à la fonte de forge obtenue à l'air froid, mais ce préjugé a bientôt disparu, et maintenant il n'existe plus de différence dans les prix sur le marché de Liverpool; les fontes d'Écosse sont aujourd'hui cotées aussi haut que celles du Staffordshire. En France, deux usines de la Franche-Comté marchant en fonte de forge ont abandonné le nouveau procédé; cette circonstance a fait supposer que l'air chaud, très favorable pour la production de la fonte de moulage était désavantageuse pour la fonte de forge. D'après des renseignemens certains que nous avons recueillis, il résulte que dans ces usines, la fonte était devenue grise et plus difficile à affiner, mais la qualité du fer n'avait éprouvé aucune altération. Aucun fait positif à notre connaissance ne confirme l'opinion, que la qualité de la fonte pour fer ait été détériorée par l'emploi de l'air chaud. Seulement, il est évident que la substitution de l'air chaud tend constamment à rendre les fontes plus grises, et qu'il faut, quand on emploie ce procédé, changer les charges et l'allure du fourneau.

Premières expériences sur l'air chaud.

Les premières expériences sur l'emploi de l'air chaud ont été faites sur un simple feu de maréchal, par M. Neilson, directeur de l'usine, au gaz de Glasgow, il communiqua ses idées à M. Macintosch, connu depuis long-temps dans le monde industriel pour son esprit d'invention. Ils se réunirent pour entreprendre à l'usine de La Clyde, de concert avec M. Wilson, l'un des propriétaires de cet établissement, une série d'expériences, afin d'éclaircir cette importante question. Dans la première expérience, l'air fut chauffé dans une espèce de coffre rectangulaire en tôle de 10 pieds de long sur 4 pieds de haut et 3 de large, semblable aux chaudières des machines à vapeur. L'air provenant de la machine soufflante était introduit dans cette capacité, où il s'échauffait avant de se rendre dans le haut-fourneau. Malgré l'imperfection de ce procédé, qui ne permit d'élever la température de l'air qu'à 200° Fahrenheit (93° 3 cent.), on pouvait déjà pressentir que l'idée de M. Neilson était destinée à produire une révolution dans le travail du fer. Ce premier appareil n'ayant résisté que peu de temps à l'action de la chaleur et de l'oxidation, et son renouvellement étant très coûteux, on lui substitua un tube en fonte présentant au centre un renflement analogue à une boule de thermomètre; ce second appareil produisit déjà une grande amélioration; sa durée fut beaucoup plus longue, et la température que l'on put donner à l'air s'éleva à 280° Fahrenheit (137°,7 cent.): cette augmentation de température, quoique assez faible, apporta une économie notable de combustible.

MM. Neilson, Macintosh et Wilson comprirent alors de quel avantage il serait de pouvoir élever la température de l'air de plusieurs centaines de degrés. Ils abandonnèrent ce tube-chauffeur et construisirent un nouvel appareil, présentant un grand développement de tuyaux, chauffés en plusieurs points de leur longueur. Au moyen de cette nouvelle construction, la température de l'air fut portée à 612° Fahrenheit ou 322°,2 cent., température supérieure à celle du plomb fondu, et à laquelle ce métal se volatilise.

Cette augmentation de température produisit une économie considérable dans la consommation du combustible. On obtint encore un autre avantage d'une grande importance, celui de pouvoir substituer la houille crue au coke (1), sans que la marche du fourneau en éprouvât le moindre dérangement; la qualité de la fonte fut au contraire améliorée, et le fourneau qui rendait à peu près moitié de fonte n° 1, et moitié de fonte n° 2, lorsqu'il était alimenté par du coke, donna une proportion beaucoup plus grande de fonte n° 1, après la substitution de la houille crue. En outre,

(1) Nous avons déjà indiqué que dans quelques localités (pays de Galles, usines de l'Aveyron en France), on avait pu faire la substitution de la houille au coke, même à l'air froid; mais il paraît certain qu'en Écosse, on ne pourrait pas se servir de houille crue avec l'ancien procédé.

la consommation en castine fut considérablement diminuée; cette dernière circonstance tient à ce que la température du fourneau étant plus élevée, il n'est plus nécessaire d'ajouter une aussi grande quantité de fondant pour déterminer la vitrification de la gangue qui accompagne le minerai; c'est probablement aussi à cette augmentation de température que l'on doit attribuer la possibilité de substituer la houille au coke.

Pour mieux faire juger de l'accroissement progressif des économies obtenues à l'usine de la Clyde, dans les expériences que nous venons de citer, nous allons indiquer, pour chacune d'elles, les différentes consommations qui ont eu lieu en houille et en castine.

En 1829, la combustion étant alimentée par de l'air froid : Expériences faites à l'usine de la Clyde.

	t.	q.	t.	q.
Houille.				
1°, Pour la fusion, 3 tonnes de coke, correspondant à....	6	13	7	13
2°. Pour la machine soufflante.	1			
Castine..................................				10 $\frac{1}{2}$

En 1831, les fourneaux étant soufflés avec de l'air chauffé à 450° Fahr. (232°, 2 cent.), on brûlait encore du coke pour la fusion du minerai :

Houille.	t.	q.	t.	q.
1°. Pour la fusion, 1 t. 18 q. de coke, correspondant à......	4	6	4	18
2°. Pour l'appar. à chauffer l'air.		5		
3°. Pour la machine soufflante.		7		
Castine..................................				9

En 1833, au mois de juillet, la température de l'air était élevée à 612° Fahr. (322°,2 cent.) La fusion avait lieu seulement avec de la houille crue :

Houille.	t.	q.	t.	q.
1°. Pour la fusion...........	2		2	19
2°. Pour l'appareil à chauffer..		8		
3°. Pour la machine soufflante.		11		
Castine..................................				7

A cette dernière époque, l'emploi de l'air chaud avait augmenté le rendement des fourneaux de plus d'un tiers, et par suite avait apporté une grande économie dans la dépense en main-d'œuvre. Enfin, la quantité de vent nécessaire pour l'alimentation des hauts-fourneaux, avait éprouvé aussi une diminution sensible; la machine soufflante de la force de 70 chevaux, qui desservait en 1829 seulement trois hauts-fourneaux, est assez puissante maintenant pour en faire marcher quatre.

Malgré la réussite complète de ces expériences, l'introduction de l'air chaud dans les usines à fer a éprouvé de grandes difficultés; il a fallu vaincre non-seulement la puissance de l'habitude, mais encore le préjugé général, que la houille est sulfureuse et que sa transformation en coke est non-seulement favorable à la combustion dans les hauts-fourneaux, mais qu'elle est indispensable pour fabriquer de la fonte de bonne qualité.

Ce procédé, en usage depuis six ans dans les usines des environs de Glasgow, qu'il a sauvés d'une ruine certaine, a eu peine à franchir les frontières de l'Écosse; cependant les avantages presque miraculeux qu'il a produits ont fini par triompher des préjugés, et l'emploi de l'air chaud s'étend de proche en proche dans les différentes provinces de l'Angleterre. En 1833, vingt-une usines contenant ensemble 67 hauts-fourneaux marchaient au moyen de l'air chaud. Aujourd'hui, ce procédé est en usage dans 120 hauts-fourneaux.

Dans le plus grand nombre des établissemens, on a substitué la houille crue au coke. Dans quelques-uns où cette substitution n'avait pas encore été adoptée, on supposait, comme à *Monkland-Iron-Works*, près de Glasgow, que la température de l'air n'était pas assez élevée pour que l'on pût se passer de la fabrication du coke. Dans quelques autres, la qualité de la houille extrêmement bitumineuse, comme près de Newcastle, paraît être un obstacle à l'usage de la houille en nature.

L'emploi de l'air chaud n'est pas encore introduit (1834) dans les belles usines de Merthyr-Tidvil dans le pays de Galles. La faible consommation de houille qui est employée en nature, ainsi que le prix élevé du brevet en retardent l'adoption; mais il est probable que ce procédé produirait également, dans ce pays, une économie sensible dans la consommation du combustible.

Pour faire apprécier l'avantage qui résulte de l'emploi de l'air chaud, nous décrirons succinctement les procédés employés dans les principaux établissemens de l'Angleterre, en comparant les consommations et les dépenses qu'exigeait, dans ces usines, la fabrication d'une tonne de fonte avant l'introduction de l'air chaud à celles qui ont lieu aujourd'hui.

Avant de commencer cette description, nous devons payer un juste tribut de reconnaissance aux propriétaires des usines à fer de l'Angleterre; presque tous nous ont procuré, avec une noble générosité, les moyens d'étudier avec fruit leurs établissemens ; ils ont montré dans cette circonstance, que la seule rivalité qui existe encore entre la France et l'Angleterre est le désir des améliorations.

Usines des environs de Glasgow.

Les usines à fer des environs de Glasgow sont placées au centre même du bassin houiller dans lequel se trouvent réunis la houille, le minerai de fer, la castine, et même presque toujours l'argile réfractaire nécessaire à la construction des hauts-fourneaux. Ces avantages inappréciables étaient un peu compensés par la perte énorme que les houilles éprouvaient par la carbonisation, ainsi que par la légèreté du coke qu'elles produisaient; il résultait de ces circonstances, que la fabrication d'une tonne de fonte exigeait en Écosse une quantité de combustible beaucoup plus considérable que dans les autres forges de l'Angleterre; aussi l'emploi de l'air chaud a-t-il produit dans les usines de l'Écosse, une véritable révolution, en leur permettant de soutenir avec avantage la concurrence du pays de Galles.

L'usine de la Clyde, dite *Clyde-Iron Works*, est, ainsi que nous l'avons indiqué, le premier établissement dans lequel le procédé de l'air chaud a été mis en pratique. L'appareil actuellement en usage, se compose (Pl. XII, fig. 1 et 2), pour chaque haut-fourneau d'une double ceinture de tuyaux horizontaux *a*, *a*, d'un développement de 150 pieds; ces tuyaux ont un diamètre intérieur de 19 pouces et une épaisseur d'un pouce et demi. La ceinture extérieure se termine à la hauteur du milieu du fourneau, et l'air se divise en deux parties, de manière à se porter en égale abondance à chaque tuyère; des soupapes placées en E peuvent régulariser la distribution de l'air, elles servent aussi à l'intercepter, lorsque des réparations exigent qu'on ôte le vent. Dans cette longueur de 150 pieds, les tuyaux passent au milieu

Usine de la Clyde.

de cinq fourneaux ou chauffoirs F, dont deux sont placés près des tuyères, afin que l'air n'ait pas le temps de se refroidir avant d'entrer dans le fourneau. Les fig. 1 et 2 donnent une idée exacte de la forme et de la disposition de ces cinq fourneaux; ils sont réunis entre eux par un conduit en brique *g* qui enveloppe les tuyaux. Au moyen de cette disposition, la flamme et la fumée qui s'échappent des fourneaux circulent autour des tuyaux et les échauffent dans toute leur longueur. Pour empêcher que les parties des tuyaux exposées immédiatement à l'action du feu ne se détériorent, on les enveloppe d'une ceinture de briques réfractaires de la longueur des fourneaux. Dans le premier appareil de ce genre que l'on a construit, on avait placé les tuyaux l'un dans l'autre, de manière qu'ils pussent jouer et que la dilatation ne causât aucune rupture. Cette disposition ingénieuse a été abandonnée parce qu'il se faisait par ces jointures des pertes d'air considérables; en outre, comme on a remarqué que les dégradations avaient presque toujours lieu à l'assemblage des tuyaux, on ne s'est pas contenté de les réunir par des boulons et des écrous, on a recouvert les assemblages d'un anneau de fonte coulé après coup. Au moyen de cette précaution, les tuyaux durent plus long-temps; à l'époque de notre visite à l'établissement de la Clyde, il y avait cinq mois que l'appareil n'avait eu besoin de réparations.

Forme de l'appareil.

On pratique sur le porte-vent une petite ouverture *v*, au moyen de laquelle on peut s'assurer à chaque instant du degré de chaleur de l'air; cette précaution est indispensable, parce qu'une condition essentielle dans l'emploi de l'air chaud, est de donner à celui-ci une température constante. Avec ces appareils, on élève l'air à 612° Fahr. (322°,2 cent.), température supérieure de quelques degrés à la chaleur nécessaire pour la fusion du plomb.

Dans l'usine de la Clyde, deux des quatre hauts-fourneaux sont desservis chacun par un appareil semblable à celui qui vient d'être décrit; pour les deux autres, l'emplacement ne permettant pas le développement des tuyaux, on a replié deux fois sur eux-mêmes ceux qui ne sont pas chauffés directement.

La marche de l'opération est exactement la même qu'avant l'introduction de ce procédé; la seule différence consiste dans la substitution de la houille en nature au coke. Cette substitution n'a pas suivi immédiatement l'adoption du nouveau procédé; ce n'est que long-temps après, et seulement lorsque la température de l'air a été portée à un degré supérieur à la fusion du plomb, que cette amélioration immense a eu lieu; c'est aussi à partir de cette époque que les dépenses ont été diminuées dans une si grande proportion. Il paraît, ou du moins c'est l'idée généralement adoptée en Écosse, que certaines qualités de houille ne peuvent être employées en nature que lorsque l'air est fortement échauffé ; nous avons déjà annoncé que dans l'usine de Monkland-Iron-Works, où la température n'est portée qu'à 460° à 490° Fahr. (237°,7 à 254°,4 cent.) on consomme encore du coke.

La descente du fourneau est très régulière ; on charge à des distances à peu près égales, cependant le vide qui se forme au gueulard est le véritable guide du chargeur. La richesse du minerai non grillé variant depuis 22 jusqu'à 34 pour 100, la composition des charges doit suivre ces variations ; à l'époque où nous visitâmes cet établissement, la teneur moyenne du minerai était de 44 pour 100, après le grillage, et les charges étaient composées de

660 livres de houille,
520 livres de minerai grillé,
100 livres de calcaire.

On fait ordinairement 40 de ces charges par 24 heures. Pendant les deux jours que nous avons suivi les travaux de l'usine de la Clyde, le nombre des charges a été de

Nombre de charges.

Le 4 juillet,	de 6 h. du matin à 6 h. du soir,	38
Id.,	de 6 h. du soir à 6 h. du matin,	39
Le 6 juillet,	de 6 h. du matin à 6 h. du soir,	37
Id.,	de 6 h. du soir à 6 h. du matin,	40

Le rendement du fourneau a été dans les quatre coulées de 4 tonnes 8 quintaux, 4 tonnes 9 quintaux, 4 tonnes 6 quintaux et 4 tonnes 12 quintaux, ce qui fait 17 tonnes 15 quintaux pour 154 charges, ou 8 tonnes 17 quintaux $\frac{1}{2}$ par 24 heures.

Il résulte de ces nombres que, moyennement, une tonne de fonte dépense 4856 livres de houille, ou 2 tonnes 8 quintaux $\frac{1}{4}$. La consommation de l'appareil est de 8 quintaux par tonne de fonte, ce qui élève la dépense totale à 2 tonnes 16 quintaux et demi, à peu près 2 tonnes $\frac{3}{4}$ par tonne de fonte.

Tuyères à eau.

Les coulées ont lieu de 12 en 12 heures. La fonte que l'on obtient est ordinairement un mélange de fonte n° 1 et de fonte n° 2 : celle qui sort la première du creuset est le n° 1; on distingue ces deux variétés de fonte par la manière dont elles coulent, et surtout par la disposition des stries qui sillonnent la surface du métal à mesure qu'il se refroidit. Les tuyères sont hermétiquement fermées avec de l'argile, et comme elles ne résisteraient pas à la température élevée à laquelle elles sont soumises, on a substitué aux tuyères ordinaires des tuyères à eau semblables à celles en usage dans les fineries. La fig. 3, Pl. XII, représente les tuyères employées à la Clyde; elles sont en fonte; leur durée est très variable, elle est moyennement de 5 à 6 mois.

On bouche les tuyères pour empêcher qu'il ne s'établisse un courant d'air froid qui se précipiterait dans le haut-fourneau; cette disposition n'a du reste aucun inconvénient, parce que la face du vent est maintenant tellement chaude qu'il ne s'y attache point de scories ou de nez et par suite qu'il n'est presque jamais utile de travailler aux tuyères. La température, dans cette partie du fourneau, est d'un blanc très éclatant; néanmoins il n'y a presque point d'étincelles produites par l'oxidation du fer, et les gouttelettes qui tombent présentent une partie centrale noire, qui montre que la fonte est recouverte d'une petite couche de laitier en fusion.

La flamme qui s'échappe du haut-fourneau est d'un beau rouge, tandis qu'elle est jaunâtre dans les fourneaux alimentés par du coke et marchant à l'air froid. La différence de couleur est presque aussi marquée que celle qui existe entre la flamme que donnent des solutions alcooliques de strontiane et de baryte.

Pression du vent.

La pression du vent dans le réservoir à air est de 2 livres $\frac{1}{2}$ ou 5 pouces de mercure par pouce carré. Elle est sensiblement la même près de la tuyère, seulement le manomètre qui l'indique est sujet à de grandes oscillations. Cette pression était anciennement de 3 livres. L'ouverture de la buse est de 3 pouces; elle était de 2 pouces $\frac{1}{2}$ lorsque les fourneaux marchaient à l'air froid. La quantité d'air lancée dans le fourneau est moins grande; la machine soufflante dont la force est de 70 chevaux, desservait seulement trois hauts-fourneaux : maintenant elle en alimente quatre avec facilité. D'après les dimensions du cylindre soufflant (1), la quantité de vent qui était de 2827 pieds cubes par minute, pour les fourneaux

Dimiantion de la quantité de vent.

---

(1) La force motrice nécessaire pour souffler un haut-fourneau n'a pas diminué dans la même proportion que la quantité de vent qui en alimente la combustion. Le frottement que l'air éprouve dans les tuyaux de l'appareil à chauffer l'air, oppose une résistance à son mouvement qui exige une augmentation dans la puissance de la machine; la dilatation de l'air, dont le volume a 322° cent., un peu plus que double de son volume à 10°, serait une cause beaucoup plus puissante que le frottement, si on ne la compensait en élargissant l'ouverture des buses.

On évalue à $\frac{1}{12}$ la force nécessaire pour vaincre le frottement de l'air dans les tuyaux; mais, dans la plupart des usines anglaises, la diminution de la quantité de vent étant de plus de $\frac{1}{4}$ de celle anciennement employée, il en résulte que la puissance de la soufflerie d'un haut-fourneau marchant à l'air chaud, est moins grande que pour le haut-fourneau soufflé par de l'air froid.

Le cylindre de la machine soufflante a 80 pouces de diamètre sur 10 pieds de haut. Le piston est plein, il a 1 pied de hauteur; sa course est de 7 pieds 6 pouces, et le nombre de ses levées est de 10 par minute; il aspire en montant et en descendant. La pression de l'air est de 2 livres et demie.

La machine à vapeur qui fait marcher la soufflerie est à double effet; le cylindre de cette machine a 10 pieds de hauteur et 40 pouces du diamètre, la course du piston est de 7 pieds 6 pouces; la pression de la vapeur dans la chaudière est de 24 pouces 9 lignes.

alimentés par l'air froid, n'est plus actuellement que de 2120 pieds cubes.

Les fourneaux de la Clyde n'ont subi aucune modification depuis l'introduction de l'air chaud; ils étaient en feu depuis long-temps, lors de l'adoption de cette nouvelle méthode; l'un d'eux est en roulement depuis sept ans, et la régularité de sa marche permet de croire qu'il fournira encore une carrière aussi longue.

Tableau des consommations et produits.

Quoique nous ayons déjà énoncé l'économie de charbon et de castine qu'on avait obtenue à l'usine de la Clyde, par l'emploi de l'air chaud, nous croyons néanmoins utile, pour montrer l'exactitude de ces chiffres, de transcrire un relevé des différentes dépenses de la fonte pendant un mois à l'air froid, et le mois correspondant à l'air chaud. Ce relevé a été fait sur les livres de fonte qui nous ont été communiqués avec une rare bienveillance.

Consommations et produits de trois hauts-fourneaux marchant à l'air froid et au coke, pendant le mois de février 1829.

	Coke.		Miner.		Castine.		FONTES						Objets moulés.		Total.	
							N° 1.		N° 2.		N° 3.					
	ton.	q.	ton.	q.	ton.	q.	ton.	q.	ton.	q.	ton.	q.	ton.	q.	ton.	q.
1re sem.	386	»	227	9	68	2	72	13	32	13	18	13	1	13	125	12
2e sem.	411	10	242	11	72	11	51	19	37	11	47	2	»	6	136	19
3e sem.	401	»	231	16	70	18	44	16	48	2	38	7	»	3	131	8
4e sem.	301	10	177	13	53	6	53	»	27	9	25	3	»	»	105	12
(1)	1500	»	879	9	264	17	222	8	145	15	129	5	2	2	499	11

(1) Il faut ajouter la consommation de la machine soufflante, qui a été moyennement d'une tonne de menue houille par tonne de fonte produite.

Consommations et produits de quatre fourneaux alimentés par l'air chaud et la houille, pendant le mois de février 1833.

	Charbon cru.		Minerai.		Castine.		FONTES						Moulage.	Total.	
							N° 1.		N° 2.		N° 3.				
	tonn.	q.	tonn.	q.	tonn.	q.	ton.	q.	ton.	q.	ton.	q.		tonn.	q.
1re sem.	516	15	490	7	91	16	81	4	28	15	155	3	»	265	2
2e sem.	514	»	491	6	91	7	48	8	46	61	161	18	»	257	1
3e sem.	521	15	486	8	91	8	94	12	59	20	109	8	»	264	»
4e sem.	470	10	434	12	81	18	75	2	47		102	1	»	224	3
(1)	2023	»	1902	13	356	9	299	6	182	10	528	10	»	1010	6

(1) Consommation de la machine soufflante, moyennement, 11 quint. par tonne de fonte,

De l'appareil à chauffer l'air, 8 quint. *id.*

Il résulte de l'examen de ces tableaux que, pour une tonne de fonte produite, on consommait :

En 1829 à l'air froid et avec du coke.	t. q.	t. q.	En 1833 à l'air chaud à 322°,2 centig. et à la houille crue.	t. q.	t. q.
1°. Houille pour la fusion, 3 tonnes de coke, correspondant à houille.	6 15	7 15	Houille crue.	2	2 19
Pour la machine soufflante (1). . .	1		. . . .	11	
Pour l'ap. à chauffer l'air.	« »		. . . .	8	
2°. Minerai grillé 3523 livres, ou Sa teneur moyenne est de 57 pour cent.		1 15	3780 livres environ. . . Sa teneur moy. est de 56 pour cent.		1 18
3°. Castine, 1056 livres		10 ½	704 livres.		7
La production journalière des fourneaux était de 11904 livres environ.		6	de 18035 livres environ.		9

(1) La machine à vapeur qui met en mouvement la machine soufflante, dépense 20 tonnes de menu charbon par jour ; ce charbon coûte seulement 1 shilling 8 pence la tonne.

La production journalière s'étant élevée à l'usine de la Clyde, de 6 tonnes à 9 tonnes, l'introduction de l'air chaud a apporté à la fois une économie dans la consommation de combustible, et dans les dépenses de main-d'œuvre et de frais généraux.

Prix de revient.

Le tableau suivant fait connaître le prix de fabrication de la fonte à ces deux époques.

Prix de revient d'une tonne de fonte à l'usine de la Clyde.

Matières employées.	En 1829 à l'air froid.				En 1833 à l'air chaud.			
	tonn.	q.	fr.	c.	tonn.	q.	fr.	c.
Houille pour la fusion, à 5 shillings (6 fr. 30 c.) la tonn.	6	13	41	89	2	»	12	60
Pour la machine soufflante à 1 shill. 8 pence (2 fr. 05 c.) la tonne.	2	»	2	05	»	11	1	15
Pour l'appareil à chauffer.	»	»	»	»	0	8	2	52
Minerai grillé à 12 shill. (1) (15 fr. 49 c.) la tonne. .	1	15	27	07	1	18	29	43
Castine, demi-tonne à 7 shill. (9 fr.) la tonne.		10	4	50	»		3	15
Main-d'œuv. à 10 sh. (12 fr. 60 c.)			12	60			8	40
Frais généraux, intérêt du capit., 6 shillings (7 fr. 75 c.)			7	75			5	17
	Totaux.		95	86			63	42

(1) Ce minerai est très riche ; la teneur moyenne des minerais houillers du bassin de Glasgow est de 44 pour 100 après le grillage ; ils coûtent à cet état de 8 shillings 6 pence à 9 shillings la tonne ; la dépense du minerai serait alors à très peu de chose près la même que celle indiquée dans le tableau.

Usine de Calder. Cette usine, située à trois milles de Glasgow, sur la route d'Édimbourg, marche depuis plus de trois ans (1833) au moyen de l'air chaud ; deux fourneaux sont alimentés par des appareils semblables à ceux de l'usine de la Clyde ; mais, pour les deux autres, l'air est chauffé au moyen d'un système de petits tuyaux, dont les fig. 6, 7, 8 et 9, Pl. XII, sont la représentation exacte.

Appareil de Calder.

Cet appareil se compose de deux gros tuyaux horizontaux *ac* et *a'c'* de 10 pieds de long, de 9 pouces de diamètre intérieur et de 1 pouce ½ d'épaisseur. Deux petits tuyaux *b* ayant 6 pouces de diamètre extérieur et trois intérieurement, repliés sur eux-mêmes, à la manière des siphons, sont placés verticalement sur les tuyaux *ac* et *a'c'* dans lesquels ils entrent à frottement au moyen des gorges *d*. Ce système de tuyaux est placé dans un fourneau rectangulaire de 10 pieds de long sur 3 de large, et de 12 à 15 de haut. L'observation ayant appris que les jointures se détériorent assez promptement, on a construit le fourneau de manière à les garantir de l'action du feu. Les assemblages *mn* des gros tuyaux sont placés en dehors du fourneau; quant aux assemblages des petits tuyaux sur les gros, on les met à l'abri de l'oxidation par une maçonnerie en briques réfractaires *ef*, qui règne tout le long des gros tuyaux. La flamme, en s'échappant du foyer, se rend donc dans le fourneau par la fente (1) longitudinale *gh* pratiquée dans toute la longueur du fourneau : elle se répand ensuite entre les tuyaux, les enveloppe de tous côtés, et gagne la cheminée au moyen des ouvertures *o*, *o*, *o*.

---

(1) La disposition des hauts-fourneaux de Calder n'a pas permis de donner une largeur plus grande à cette partie du fourneau. Il serait préférable de procurer une large issue à la flamme. Ce qu'on obtiendrait en ouvrant l'angle des petits tuyaux.

La température de l'air est portée avec cet appareil au-dessus de 612° Fahr. (322°,2 cent.), comme dans les appareils de la Clyde ; la consommation en houille est de 7 quintaux par tonne de fonte produite.

Cet appareil est préférable à celui de la Clyde ; il tient moins de place. Les coudes que présentent les petits tuyaux, doivent, il est vrai, faire éprouver des frottemens à l'air qui les traverse, mais cette circonstance paraît n'avoir qu'une légère influence sur son mouvement ; la force que la machine soufflante est obligée d'exercer n'est pas supérieure à celle de la machine de la Clyde ; la pression du vent est de 2 lignes $\frac{3}{4}$ par pouce carré.

Dépense de construction de l'appareil.

La dépense de construction est très faible. La plus grande partie consiste en fonte qui pourrait être repassée au fourneau dans le cas où l'appareil serait mis hors de service. On peut évaluer à 800 fr., environ, la construction du fourneau ; quant à la fonte, il peut y en avoir 7 tonnes, savoir :

1400 à 1500 kilogr. pour les deux gros tuyaux, et 5,000 à 5,400 pour les neuf petits.

En évaluant à 120 fr. la tonne de fonte moulée en tuyaux, ce qui est la moyenne sur les usines qui marchent à la houille, chaque appareil coûterait environ

Maçonnerie..................	500 fr.
Ferrement pour le fourneau....	300
Fonte......................	840

26..

La dépense serait donc environ de 3280 fr. par haut-fourneau. A Calder, on l'estime à 35 liv. sterling (875 fr.) par chaque tuyère. L'appareil de la Clyde est beaucoup plus coûteux; on peut évaluer à 17 à 18 tonnes la quantité de fonte qu'il nécessite, et le développement de maçonnerie est environ 12 fois plus considérable.

Le travail des hauts-fourneaux de Calder présente les mêmes circonstances que ceux de la Clyde; nous ne les répéterons pas; mais, pour montrer les progrès successifs de l'introduction de l'air chaud, nous allons indiquer :

1°. Les consommations et les produits d'un fourneau de Calder marchant à l'air froid, et consommant du coke;

2°. Les dépenses et les produits du même fourneau alimenté par l'air chaud à 300° Fahr. (147° 3 cent.) et consommant encore du coke;

Consommations à l'air chaud et à l'air froid.

3°. Les consommations et les produits qui avaient lieu au mois de juillet dernier, avec l'air chaud et la houille crue.

Ces résultats sont extraits du livre de fonte de l'établissement.

Consommations et produits du haut-fourneau n° 3, en 1828, à l'air froid et au coke.

	Coke.	Min. grillé.	Castine.	Fonte n° 1.	Fonte n° 2.	Fonte n° 3.	Total.
	t. q. d.	t. q. d.	t. q. d.	t. q.	t. q.	t. q.	t. q.
Du 6 janv. au 3 fév.	550 2 »	276 8 »	105 3 »	95 4	39 1	20 3	154 8
Du 3 fév. au 2 mars.	545 1 »	274 5 »	101 » 1	100 1	34 2	18 2	152 5
Du 2 mars au 30.	575 » 1	295 6 1	108 » »	106 6	44 3	15 14	166 3
	1670 3 1	845 19 1	314 3 1	301 11	117 6	53 19	472 16
Perte du charbon pour être transformé en coke, 55 p. 100.	2041 6 1	563 18 3	Perte du minerai 40 p. 100.				
Houille.	3711 10 »	1409 18 3	Minerai cru.			Pression de l'air, 3 livres 1 quart.	

Consommations et produits du haut-fourneau n° 3, en 1831, à l'air chaud à 300° F. et au coke.

	Coke.	Min. grillé.	Castine.	Fonte n° 1.	Fonte n° 2.	Fonte n° 3.	Total.
	t. q. d.	t. q. d.	t. q. d.	t. q.	t. q.	t. q.	t. q.
Du 2 janvier au 16.	189 12 »	120 3 »	52 10 1	57 11	11 »	42 2	110 13
Du 16 janvier au 30.	204 3 »	130 6 »	64 7 »	46 7	» »	27 »	73 7
	393 15 »	250 9 »	116 17 1	103 18	11 »	69 2	184 »
Perte du charbon.	481 5 »	166 19 1	Perte du minerai.				
Houille.	875 » »	417 8 1	Minerai cru.			Pression de l'air, 3 livres un dixième.	

Consommations et produits du haut-fourneau n° 3, pendant 12 semaines, en 1832 et 1833, à l'air chaud et à la houille crue.

	Coke.	Min. grillé.	Castine.	Fonte n° 1.	Fonte n° 2.	Fonte n° 3.	Total.
	t. q. d.	t. q. d.	t. q. d.	t. q.	t. q.	t. q.	t. q.
Du 4 nov. 1832 au 2 décembre 1832.	406 » »	379 2 »	65 5 »	102 15	62 »	55 10	220 5
Du 24 fév. au 23 m. 1833.	458 8 »	389 6 1	64 7 1	116 10	31 »	52 10	220 »
Du 24 mars au 21 avril 1833.	476 4 »	427 14 1	53 19 1	121 10	36 10	62 »	220 »
	1340 12 »	1166 3 »	183 12 »	340 15	129 10	170 »	640 5
Perte du minerai de fer.		797 8 »					
Minerai cru.		1993 10 »	Pression de l'air, 2 livres 3 quarts.				

La comparaison de ces tableaux nous apprend que, pour une tonne de fonte produite, le fourneau n° 3 consommait :

En 1828 à l'air froid et au coke.	En 1831 à l'air chaud à 300° F. et au coke.	En 1833, à l'air chaud à 612° F. et à la houille.
Houille. t. q. d.	t. q. d.	t. q. d.
7075 de coke, correspondant à 15724 de houille, ou. . . 7 17 »	4279 de coke, corr. à 9510 de h., ou 4t 15 } 5 1 »	Houille crue 4187, ou 2t 2 } 2 10 »
Pour chauffer l'appareil. . . . . . . » » »	éval. à. » 6 }	. . . . . . » 8 }
Minerai grillé 3792, ou. . . . . 1 18 »	2717 liv., ou 1 7 »	3735 liv., ou 1 17 »
correspondant à Minerai cru 5970, ou. 2 19 1/2	4575 liv., ou 2 6 »	6228 liv., ou 3 » »
Castine 1330, ou. . » 13 »	1260 liv., ou » 12 1/2	572 liv., ou » 5 1/2

Nota. Il faut ajouter la consommation de la machine à vapeur.

Ce fourneau a produit par 24 heures.

Fonte 11238 liv., ou 5 12 1/4	13143 liv., ou 6 13 »	16428 liv., ou 8 4 1/4

La consommation en combustible a donc diminué dans la proportion de 7 tonnes 17 quintaux à 2 tonnes 2 quintaux. On remarquera qu'il y a eu également une grande diminution sur la dépense en castine dont la quantité de 13 quintaux par tonne de fonte en 1828 n'est plus aujourd'hui que de 5 quintaux et demi.

La quantité de vent a été réduite de 3500 (1)

(1) La machine soufflante employée à Calder est composée de deux cylindres placés l'un sur l'autre, et ayant le même axe, de sorte que les pistons des deux cylindres sont adaptés sur la même tige; le cylindre supérieur a

pieds cubes par minute, à 2627 pieds cubes; sa pression a éprouvé peu de variation, de 3 livres $\frac{1}{4}$ elle est descendue à 2 livres $\frac{3}{4}$.

La dépense de l'appareil varie de 7 quintaux à 8 quintaux par tonne de fonte.

La consommation de la machine soufflante est restée la même; mais comme elle fait marcher un fourneau de plus, et que leur rendement a été porté de 5 tonnes 12 quintaux à 8 tonnes 4 quintaux, elle est réduite par tonne de fonte de 1 tonne 4 quintaux à 14 quintaux (on brûle seulement de la houille menue).

La consommation de minerai a éprouvé des variations notables, mais les laitiers ne contenant jamais plus de 0,02, à 0,015 de fer, elle dépend de la richesse des minerais, qui varie beaucoup selon que l'on emploie de la mine en rognons (*Ball-Ironstone*) ou de la mine en couche (*Flat-Ironstone*).

A Calder, comme dans l'usine de la Clyde, la production journalière de fonte a été augmentée dans une grande proportion; de 5 tonnes 12 quintaux, elle a été portée à 8 tonnes 4 quintaux : cette circonstance réagit aussi d'une manière puissante sur le prix de fabrication de la fonte

---

50 pouces de diamètre, le cylindre inférieur 7 pieds; la hauteur des cylindres est de 8 pieds; la levée du piston seulement de 7; le piston a 9 pouces d'épaisseur; le nombre de levées est de 16 par minute.

qu'on peut établir de la manière suivante, aux deux époques que nous considérons.

Prix de revient d'une tonne de fonte.

Prix de la fabrication d'une tonne de fonte à l'usine de Calder.

En 1828, à l'air froid et au coke.	t. q. d.	fr. c.	En 1833, à l'air chaud à 322° centigr. et à la houille crue.	t. q. d.	fr. c.
1°. Houille.					
Pour la fusion, à 4 shil. 6 pence (5 fr. 66 c.) la tonne................	7 17 1/2	44 43	A 5 shil. (6 fr. 39 c.) la tonne.	2 2	13 42
Pour la mac. soufll., 1 shil. 8 pence (2 f. 05 c.) la t.	1 4	2 46	....	» 14	1 43
Pour l'appareil..........	» »	» »	....	» 8	2 50
2°. Minerai cru, 6 shil. (7 fr. 75 c.) la tonne..........	2 19 1/2	23 25	Minerai grillé, à 12 sh. (15 fr. 49 c.) la tonne.	1 17	28 65
Frais de grillage, 10 pence (1 fr. 02 c.) la tonne...	» »	3 15	....	» »	» »
3°. Castine, 7 shil. (9 fr.)......	» 13	5 85	....	» 5 1/2	2 40
4°. Main-d'œuvre, à 10 shil. (12 fr. 60 c.) par tonne..	» »	12 60	Réduit proportion. à la prod.	» »	8 45
5°. Frais génér., intérêts, etc., à 6 shil. (7 fr. 75 c.)......	» »	7 75	Id.	» »	5 30
Total..............		99 49	Total		62 15

Usine dite Monkland Iron-Works, près de Airdrie. L'appareil employé dans cet établissement pour chauffer l'air a beaucoup d'analogie avec celui de Calder; il se compose également de deux gros tuyaux et d'un certain nombre de petits tuyaux qui s'emboîtent dans les gros : on a seulement changé leur position relative. Les deux gros tuyaux *ab*, *a'b'* (fig. 4 et 5, Pl. XII), ont la forme

Appareil de l'usine de Monkland.

d'un fer à cheval et sont placés verticalement; les petits tuyaux *c'c*, etc., qui les mettent en communication sont horizontaux, ils ont 5 pieds de hauteur. Cette différence de position, et surtout le moindre développement des petits tuyaux ne permet pas de donner à l'air, au moyen de cet appareil, une température aussi élevée que dans les usines de Calder et de la Clyde. A l'époque où nous avons visité l'établissement de Monkland, l'air était chauffé seulement à 450° Fahr. (232° 2 cent.). On se servait encore du coke pour la fusion des minerais.

Les économies en houille et en castine obtenues dans cette dernière usine depuis l'introduction de l'air chaud, sont à peu près identiques avec celles signalées dans l'usine de Calder, lorsque l'air n'était élevé qu'à 300° Fahr., et qu'on brûlait encore du coke dans les hauts-fourneaux. En effet, avant l'adoption du nouveau procédé, on consommait à l'usine de Monkland, pour obtenir une tonne de fonte, de 7 à 8 tonnes de houille; depuis cette époque, on dépense seulement :

Consommations.

4 tonnes de houille pour les hauts-fourneaux,
6 quintaux pour l'appareil à chauffer l'air,
3 tonnes un quart de minerai cru,
1 demi-tonne de castine.

La production journalière des hauts-fourneaux est actuellement de 6 tonnes.

La pression du vent est de 2 livres 3 $\frac{1}{4}$, elle était de 3 livres.

La fonte produite dans les trois usines sur lesquelles on vient de donner des détails, est en grande partie destinée au moulage : la fonte n° 3 est seule transformée en fer ; elle est vendue pour cet usage aux forges de Newcastle.

Les fontes n° 1 et n° 2 quoique destinées toutes deux au moulage ne sont pas employées indifféremment. La fonte n° 1 sert principalement pour le moulage des pièces qui doivent être travaillées, comme les cylindres de machines à vapeur, ou celles qui doivent supporter une grande pression ; la fonte n° 2, quoique encore très facile à entamer par l'alésoir, est néanmoins plus dure que la fonte n° 1 ; aussi est-elle employée de préférence pour le moulage des engrenages et des pièces qui exigent une certaine dureté. Nature de la fonte.

Outre les usines sur lesquelles nous venons de donner quelques détails, il existe encore en Écosse plusieurs autres usines marchant à l'air chaud ; les résultats obtenus dans ces établissemens par l'adoption de ce nouveau procédé sont les mêmes que ceux que nous avons cités, il nous paraît donc inutile de les indiquer.

Usines des environs de Newcastle upon Tyne.

Le bassin houiller du Northumberland, le plus vaste et le plus riche de la Grande-Bretagne, qui fournit, ainsi que nous l'avons déjà indiqué, la presque totalité du charbon consommé dans la ville de Londres et sur tout le littoral de la Tamise ne possède que deux usines à fer; l'une, *Birtly Iron-Works*, est située à 6 milles de Newcastle sur la route de Londres; l'autre, dite *Tyne Iron-Works*, est placée sur les bords de la Tyne, à 3 milles de la ville. Ce faible développement de l'industrie du fer, dans un pays sillonné dans tous les sens par des chemins en fer, et dans lequel la consommation de la fonte est si grande, est dû à la pauvreté du terrain houiller en minerai de fer. Cette pauvreté est telle que, malgré les recherches les plus minutieuses, il est impossible d'alimenter exclusivement ces deux établissemens avec du minerai houiller; la position de ces usines sur les bords de la Tyne les dédommage de cette circonstance défavorable, en leur permettant de tirer du Lancashire et du Cornouailles, du minerai de fer à un prix inférieur à celui auquel il revient dans la plupart de nos forges.

Environs de Newcastle.

Ces deux usines marchent depuis le milieu de l'année 1833 à l'air chaud.

Usine de Birtly.

L'usine de *Birtly* se compose de deux hauts-fourneaux de 45 pieds de hauteur, de 4 fourneaux à réverbère et de plusieurs cubilots (fourneaux à la Wilkinson). Toute la fonte produite par cet établissement est destinée au moulage.

L'appareil pour chauffer l'air employé dans cette usine ne produit pas de résultats assez avantageux pour que nous en donnions le dessin; il consiste en un tuyau plié cinq fois sur lui-même à angle droit, et disposé de manière que la coupe en travers présente cinq cercles, dont quatre ont pour centres les angles d'un parallélogramme rectangle, et le cinquième le point où se coupent ses deux diagonales. Ces tuyaux sont placés horizontalement et réunis les uns aux autres par des oreilles qui portent des boulons et des écrous.

Le diamètre intérieur de ces tuyaux est de 14 pouces; ils ont 15 lignes d'épaisseur; le développement de la partie chauffée est de 50 pieds; les tuyaux sont placés horizontalement dans un fourneau rectangulaire un peu moins long que les tuyaux, afin que les jointures et les parties coudées ne soient pas exposées à l'action du feu. Forme de l'appareil.

La chaleur de l'air, en sortant de cet appareil, ne dépasse pas 400° Fahr. (204°,4 cent.); on la mesure constamment avec un thermomètre à mercure. La dépense de cet appareil, correspondante à la production d'une tonne de fonte, est de 6 quintaux de gros charbon.

La pression du vent est d'une livre et demie; elle était la même avant l'introduction de l'air chaud : la quantité de vent est un peu moindre, on en donne maintenant davantage aux Wilkinson.

Les charges du fourneau se composent de :

700 liv. de coke (la houille donne 45 p. 100 de coke),
650 de minerai grillé (composé d'un mélange en parties égales de minerai houiller et de fer oxidé rouge du Lancashire,
400 de castine.

D'après le registre de fonte, on avait fait dans le fourneau n° 1,

Consommations.

Le 10 juillet....	40	charges ou 40 moyennement.
Le 11 juillet....	42	
Le 12 juillet....	38	

Ce même fourneau a produit, dans ces trois jours, la quantité de 23 tonnes 11 quintaux de fonte, ou 7 tonnes 17 quintaux par jour. En calculant d'après ces données, on trouve qu'une tonne de fonte consomme à Birtly :

4 tonnes de houille pour la fusion,
6 quint. de houille en gros morceaux pour l'appareil,
1 13 de minerai grillé,
1 de castine.

La quantité de castine employée est très considérable, ce qui tient à ce qu'elle est chargée de beaucoup d'eau, c'est de la craie marneuse qui provient des bords de la Tamise. Elle est apportée en lest par les bâtimens qui font le commerce de la houille.

Le mélange de minerai grillé contient 60 pour 100 de fer.

Pour apprécier l'économie qui est résultée à

l'usine de Birtly, de l'emploi de l'air chaud, il serait nécessaire de connaître exactement les consommations que nécessitait une tonne de fonte avant l'introduction de ce nouveau procédé. Nous n'avons pu nous procurer ces renseignemens; mais M. J. Hunt, directeur de l'établissement, nous a assuré qu'on dépensait alors 7 tonnes de houille.

Si l'on compare ces résultats avec ceux obtenus en Écosse, on trouvera que les consommations à Birtly correspondent à peu près à celles de Calder en 1831, lorsque la température de l'air n'était portée qu'à 300° Fahr. (148°,8 cent.), et qu'on brûlait encore du coke. A Newcastle, le prix de la houille s'oppose à son emploi en nature, attendu qu'il faut pour cet usage se servir de houille en gros morceaux, et que cette qualité de charbon coûte 7 fr. 05 cent. la tonne, tandis que le menu ne vaut que 2 fr. 15 cent.

Usine de la Tyne.

(*Usine dite Tyne-Iron-Works.*) Les consommations dans cette usine, correspondantes à une tonne de fonte sont à peu près les mêmes qu'à Birtly; mais il existe une différence importante entre ces deux établissemens, c'est que, à Tyne-Iron-Works, une grande partie de la fonte est transformée en fer. Ce fer, de qualité supérieure, est presque exclusivement destiné à la fabrication de la tôle forte avec laquelle sont faites les chaudières des machines à vapeur. C'est dans les mêmes fourneaux et avec les mêmes minerais qu'on fabrique

Fonte pour fer.

ces deux variétés de fonte ; il suffit de modifier les proportions relatives de minerai et de coke.

Cubilot. Dans l'établissement qui nous occupe, les cubilots ou fourneaux à la Wilkinson sont également soufflés à l'air chaud ; leur consommation est de 225 livres de coke pour une tonne de fonte moulée. Ces fourneaux n'ayant été construits que depuis l'adoption de l'air chaud, on n'a pas de résultats comparatifs.

Environs de Manchester et de Liverpool.

Les usines dites *Rant Iron-Works*, près de Wrexham dans le Flintshire, d'*Apedale*, de *Laneend*, de *Silverdale*, près de Newcastle Under-Lyne (Staffordshire), ont adopté le procédé de l'air chaud. Les appareils en usage dans ces différens établissemens ont une grande analogie avec l'appareil à petits tuyaux représenté dans la Pl. XII, fig. 7 et 8. A Apedale, il est exactement le même ; les résultats obtenus depuis l'introduction de l'air chaud sont presque identiques avec ceux de l'usine de Calder.

La chaleur de l'air est portée à Apedale de 600° à 612° Fahr. (315° à 322°,2 cent.)

La consommation en houille, autrefois de 6 tonnes par tonne de fonte, est maintenant réduite à 3 tonnes $\frac{1}{4}$ (1). On emploie encore du coke, la

(1) Les compositions des charges, à Apedale, sont :

houille étant sulfureuse; la dépense de l'appareil est de 7 quintaux par tonne de fonte produite.

La quantité de castine est également beaucoup diminuée; sa proportion est maintenant de 4 quintaux par tonne de fonte.

Au mois de juillet 1834, lorsque nous visitâmes l'usine d'Apedale, un seul fourneau était en feu; il y avait cinq ans qu'il marchait, et depuis dix-huit mois, on y avait appliqué l'air chaud.

Depuis cette époque, la production de ce fourneau a été portée de 6 tonnes à 7 tonnes par jour. La fonte qu'il produit est presque complétement de la fonte n° 1, tandis qu'avant l'introduction de l'air chaud, il donnait à peu près parties égales de fonte n° 2 et de fonte n° 3, cette dernière était revendue pour être transformée en fer.

Environs de Derby.

Le bassin houiller de Derby, prolongement de celui de Sheffield, possède plusieurs grandes usines à fer; trois de ces établissemens, *Butterley-Iron-Works*, *Codnor-Park* et *Alpdon*, avaient adopté le procédé de l'air chaud. A l'époque de notre dernier voyage dans cette contrée, nous avons visité les

---

300 liv. de minerai grillé.
500 de coke (la houille donne 50 p. 100 de coke).
60 de castine (calcaire de transition).

On fait 36 à 40 charges par 24 heures.

deux premières qui appartiennent à M. Jessop, l'un des maîtres de forges les plus instruits de l'Angleterre. Les appareils employés dans chacun de ces établissemens diffèrent de ceux que nous avons déjà décrits; ils présentent en outre entre eux des différences essentielles. Ces circonstances nous engagent à les faire connaître, quoique les résultats qu'ils donnent soient moins avantageux que ceux obtenus dans l'appareil à petits tuyaux de Calder.

Usine de Butterley.

Butterley-Iron-Works. Cette usine renferme trois hauts-fourneaux. La fonte qu'ils produisent est destinée au moulage, soit de première, soit de seconde fusion. Un seul fourneau était en feu à l'époque où nous visitâmes le Derbyshire.

L'air qui alimente la combustion de ce fourneau est chauffé au moyen d'un appareil placé à chaque tuyère : ces appareils se composent (Pl. XIII, fig. 11 et 12) de trois gros tuyaux A, B, C, de 27 pouces de diamètre intérieur, placés horizontalement les uns au-dessus des autres, et séparés chacun par des voûtes plates $m\,n$, $m'\,n'$. Ces tuyaux réunis deux à deux par des tuyaux coudés $d\,e$, $d'e'$, présentent des plis droits comme le tube d'une trombone. L'air, au sortir de la machine soufflante, entre dans l'appareil par le tuyau c et sort en g, après avoir parcouru successivement la longueur des trois tuyaux. Les jointures sont placées extérieurement au fourneau proprement dit; pour empêcher que l'air ne se refroidisse en tra-

Forme de l'appareil.

versant ces parties coudées, on les entoure d'une chemise de briques.

Les tuyaux coudés qui établissent la communication entre les tuyaux horizontaux sont plats; ils portent des oreilles et sont réunis au moyen de boulons et d'écrous; les tuyaux ont 1 pouce ½ d'épaisseur; ils reposent sur des taquets en briques *t*, *t* placés de distance en distance sur les voûtes plates *m n*, *m' n'*; cette disposition permet à la flamme d'envelopper les tuyaux de tous côtés. Le premier tuyau A n'est pas exposé immédiatement à l'action du feu; il est séparé de la grille par une voûte qui règne dans toute la longueur de l'appareil, et qui laisse passer la flamme par des carneaux *o*, *o*. Les cloisons *m n* portent des ouvertures *p* et *q* placées aux extrémités opposées du fourneau, de manière à forcer la flamme à traverser le fourneau dans toute sa longueur avant de s'échapper d'un étage à l'autre.

Toutes les voûtes sont en briques réfractaires; elles ont une brique d'épaisseur.

La dépense de cet appareil est de 6,2 quintaux de houille par tonne de fonte.

L'air est élevé dans cet appareil à la température de 360 degrés Fahr. (182°,2 cent.). Malgré cette faible température, la consommation de charbon a diminué dans une grande proportion, ainsi qu'il résulte du rapprochement des nombres ci-dessous.

Consommations et produits, dans l'année 1830, du fourneau n° 2, marchant à l'air froid.

159 tonnes	5 quint.	de coke, correspondant à
218	10	de houille,
109	17	de minerai,
35		de castine.

Production

83 tonnes de fonte.

Consommations et produits du fourneau n° 2, alimenté par de l'air chaud, le 17 juillet 1833.

On a passé dans le fourneau 41 charges composées chacune de

Consommations et produits.

Houille en nature...	9 quint.
Minerai grillé......	9
Castine............	3

La moyenne de la première quinzaine de juillet a été de 40 charges par jour et de 7 tonnes de fonte produite.

En comparant d'après ces données les consommations à ces deux époques, une tonne de fonte exigeait :

En 1830, à l'air froid et au coke.			En 1833, à l'air chaud et à la houille.			
	tonn.	q.		tonn.	q.	
Houille..	5 ...	16	....	2	18	y compris la dépense de l'appareil.
Minerai..	3 ...	»	....	2	11	
Castine..	1 ...	»	Environ......	1		

Pour avoir la dépense totale du combustible, il faudrait ajouter la consommation de la machine soufflante, sur laquelle nous n'avons aucune donnée précise; mais cette dépense doit avoir diminué proportionnellement à l'augmentation du rendement du fourneau.

Il est donc résulté de l'adoption du procédé de l'air chaud à Butterley une économie de moitié sur la dépense en combustible. Quant à la consommation en castine elle est restée la même; cette forte proportion de chaux est nécessitée par la nature sulfureuse du minerai.

La quantité de vent, qui était de 2500 (1) pieds cubes par minute, n'est plus que de 2160 pieds cubes. Diminution dans la quantité de vent.

La pression du vent est de 2 livres et demie; elle n'a éprouvé aucune variation. L'ouverture des buses a été portée de 2 pouces et demi à 3 pouces.

La fonte produite est de la fonte noire pour moulage.

---

(1) La machine soufflante alimentait seulement deux hauts-fourneaux; elle donne maintenant le vent à trois. Il est vrai que, pour obtenir assez de vent pour les trois hauts-fourneaux, il a fallu augmenter légèrement le diamètre du cylindre. Lorsque la machine ne servait qu'à deux fourneaux, ses dimensions étaient : diamètre, 70 pouces; hauteur de la levée, 8 pieds; nombre de coups par minute, 13; actuellement le cylindre a 80 pouces de diamètre. La levée du piston et le nombre de coups par minute sont restés les mêmes.

Usine de Codnor-Park.

(*Usine de Codnor-Park.*) Cette usine est composée de trois hauts-fourneaux, de trois fineries, et du nombre de fourneaux à réverbères nécessaire pour transformer toute la fonte produite en fer métallique. Les hauts-fourneaux marchent depuis 1833 à l'air chaud et à la houille crue. La substitution de l'air chaud a produit dans l'usine de Codnor-Park une économie de combustible analogue à celle que nous venons de signaler dans les hauts-fourneaux de Butterley; il suffit maintenant de 2 tonnes 9 quintaux de houille pour obtenir une tonne de fonte, tandis qu'avant l'emploi de l'air chaud, la consommation s'élevait à 5 tonnes. On fera remarquer que la dépense en houille a toujours été un peu moins grande à Codnor-Park qu'à Butterley (1), circonstance en rapport avec la nature de la fonte obtenue dans ces deux usines. La différence de consommation serait beaucoup plus sensible si l'on employait la même qualité de houille; mais on brûle à Codnor-Park de la houille tendre (*soaft coal*), tandis qu'à

Consommations.

(1) *A l'air froid.*

A Butterley.	A Codnor.
5 tonnes 16 quint.	5 tonnes.

A l'air chaud.

2 tonnes 12 quint.	2 tonnes 9 quint.
Pour l'appareil 6	6
Total.. 2 tonnes 18 quint.	2 tonnes 15

Butterley on se sert de cherry-coal, qui résiste beaucoup mieux à l'action du vent.

L'appareil employé à Codnor-Park pour chauffer l'aire st composé de deux tuyaux A, B (Pl. XIII, fig. 13 et 14), placés l'un au-dessus de l'autre, et dans lesquels sont adaptés des petits tuyaux *a* et *b*, ayant les mêmes axes que les tuyaux A et B. Ces différens tuyaux sont réunis par des coudes, de telle façon que l'air, au sortir de la machine soufflante, arrive dans le tuyau intérieur *b*, se répand dans l'espace annulaire *cd* compris entre les tuyaux B et *b*, passe ensuite dans le second tuyau intérieur *a*, et se rend dans le fourneau en traversant la seconde surface annulaire A. Forme de l'appareil.

Cette disposition de doubles tuyaux l'un dans l'autre a été adoptée pour remédier à un inconvénient grave que l'on a éprouvé à Butterley; inconvénient que présentent en général les tuyaux d'un grand diamètre, dans lesquels l'air s'échauffant inégalement détermine un courant d'air froid suivant l'axe des tuyaux, ce qui rend impossible de porter l'air à une température élevée.

Les tuyaux A et B sont en fonte, ils ont 30 pouces de diamètre extérieur, et 27 intérieurement. Les petits tuyaux *a* et *b* sont en tôle de 6 lignes d'épaisseur, ils ont 18 pouces de diamètre intérieur.

La disposition du fourneau est exactement la même qu'à Butterley, les fig. 13 et 14 en donnent une idée exacte.

L'air est chauffé au moyen de cet appareil, à 400° Fahr. (204°,4 cent.). La consommation est de 6 quintaux par tonne de fonte.

Nous avons déjà annoncé que toute la fonte produite à Codnor-Park était transformée en fer; ce fer est employé dans les ateliers même de M. Jessop, à la construction de différentes machines; il sert également à la fabrication de la tôle forte, pour les chaudières de machines à vapeur, usages qui exigent du fer de très bonne qualité.

Environs de Birmingham.

L'emploi de l'air chaud commençait à peine à s'introduire dans les nombreuses usines du Staffordshire, à l'époque où nous avons étudié les usines de ce comté, l'opinion long-temps accréditée que la fonte obtenue par ce procédé ne donne que du fer de mauvaise qualité, en a retardé l'essai jusqu'au commencement de l'année 1834; une seule usine, près de Wenesbury, appartenant à MM. Lloyd, Forster et compagnie, marchait alors à l'air chaud; le succès obtenu dans cet établissement commençait à se répandre, et lors de notre passage à Birmingham, trois autres usines se mettaient en mesure de faire de semblables essais.

Usines de Wenesbury.

L'appareil employé dans l'établissement de M. Forster est au-dessus du gueulard : c'est, nous croyons, le seul de cette nature qui existe en An-

Appareil placé au-dessus du gueulard.

gleterre; il se compose d'un solide annulaire pyramidal (Pl. XIII, fig. 15 et 16), ABCD, et d'une série de petits tuyaux *t* qui s'avancent dans le fourneau.

La surface intérieure *abcd* du solide annulaire, composée d'un long cylindre en fonte de 4 pieds de diamètre et de 12 pieds de hauteur, remplace la cheminée qui surmonte ordinairement le gueulard; la surface extérieure de ce même solide présente la forme d'une pyramide à huit faces, elle est composée de plaques de tôle clouées ensemble à la manière des chaudières à vapeur; son diamètre au milieu de la hauteur est de 6 pieds, d'où il résulte que le vide annulaire a moyennement 2 pieds de largeur. Pour garantir la surface extérieure de cet appareil du contact de l'air, elle est recouverte d'une enveloppe de briques.

Le vent au sortir de la machine soufflante est porté au haut du fourneau, et se répand dans un tuyau circulaire *e, e, e*, placé à la hauteur du gueulard. Il se divise ensuite dans huit tuyaux verticaux *fg* élevés devant les faces de la pyramide, et qui sont adaptés sur le tuyau circulaire; enfin chacun des tuyaux verticaux communique avec six petits tuyaux *t*, qui traversent horizontalement la surface annulaire, et se prolongent jusque dans l'intérieur même du gueulard. Cette partie des tuyaux *t* entre dans des tuyaux *t'*, fermés à leur extrémité de telle façon, que l'air chaud dans son mouvement est forcé de se répandre dans la surface annulaire. Ces différens tuyaux sont en fonte; la réunion des tuyaux *t* sur les tuyaux de distribution *fg* a lieu au moyen de manches en cuir *t''*.

L'air après s'être échauffé dans les tuyaux *t'*, et dans la surface annulaire ABCD, *abcd*, redescend vers les tuyères au moyen d'un porte-vent : pour empêcher l'air de se refroidir dans ce long trajet, on a placé le porte-vent dans la cheminée de la machine à vapeur, distante seulement de 12 ou 15 pieds. Une espèce de pont en brique *hi* réunit cette cheminée au gueulard du fourneau.

Malgré ces précautions, l'air acquiert dans cet appareil une température qui ne dépasse pas 360° Fahr. (182°,2 cent.). Pour lui donner une température plus élevée, on le chauffe de nouveau dans un foyer placé à quelques pieds de l'embrasure du fourneau.

La consommation de ce foyer est à peu près de 4 quintaux par tonne de fonte.

Cet appareil a coûté fort cher à établir, et il exige des réparations fréquentes; la faible économie de charbon qu'il produit [environ 3 quintaux (1) par tonne de fonte] est plus que compensée par les dépenses de construction et d'entretien, et surtout par les arrêts nombreux qui résultent des réparations presque journalières.

Consommations et produits.

L'introduction de l'air chaud a produit dans

(1) La consommation moyenne des appareils à chauffer l'air s'élève à 7 quintaux par tonne de fonte produite.

l'établissement de MM. Forster et compagnie, des économies semblables à celles que nous avons signalées dans presque toutes les usines où ce procédé est actuellement adopté : une tonne de fonte exigeait encore en 1831, 3 tonnes de coke, ou 5 tonnes 9 quintaux de houille. En 1834, la même quantité de fonte ne consommait que 2 tonnes 14 quintaux de charbon, ainsi qu'il résulte du relevé suivant :

Le 20 juillet, on a passé au fourneau 40 charges composées de

10 quint. de houille en nature,
9 de minerai grillé,
6 de castine.

On a obtenu 8 tonnes de fonte ; chaque tonne de fonte a donc consommé

	t.	q.	t.	q.
Houille pour la fusion..........	2	10	2	14
pour l'appareil à chauffer.		4		
Minerai grillé..........................			2	5
Castine................................			1	10

La consommation en castine est considérable, ce qui tient à la nature sulfureuse des minerais ; les laitiers qui proviennent de ce fourneau sont cristallins, et dégagent une forte odeur de soufre.

Avant l'introduction de l'air chaud, la production des fourneaux était seulement de 6 tonnes par jour. On a donc obtenu, outre l'économie de charbon, une diminution sur les frais généraux et de main-d'œuvre. La quantité de vent n'a point éprouvé de changement, seulement on a été obligé d'agrandir les ouvertures des buses; de 2 pouces 9 lignes, elles ont été portées à 3 pouces 6 lignes.

Une partie de la fonte produite dans l'établissement de MM. Forster est destinée au moulage, l'autre est transformée en fine-metal. La même coulée donne les deux espèces de fonte; celle qui sort la première du creuset, et qui par suite en occupe le fond est de la fonte n° 1, la partie supérieure du bain donne le n° 2. On distingue ces deux espèces de fonte à la manière dont elles coulent, et aux stries qui se produisent sur leur surface lorsqu'elles se refroidissent.

Usines du pays de Galles.

Usines du pays de Galles.

Il n'existait en 1834, dans le pays de Galles, que deux usines marchant au moyen de l'air chaud, celle de *Warteg* et *Blaen-avon-Works*, à 10 milles d'Abergaveny. Aucune des usines de Myrthir-Tidvil n'employait ce procédé, à l'époque dont nous parlons, quoique cependant on ait fait dans plusieurs d'entre elles, et notamment à *Dowlais* et à *Pen-y-Darran*, des essais pour l'introduire; l'abandon de l'air chaud dans un pays si riche en forges, et dans lequel les propriétaires sont constamment occupés de perfectionnemens, a fait naître beaucoup de doutes sur la réalité des avantages qui résultent de cette nouvelle méthode. Les moins incrédules ont pensé que, si effectivement l'air chaud avait apporté une économie considérable dans les usines d'Écosse où l'on obtenait de la fonte de moulage, ce procédé n'était pas susceptible d'être employé pour la fonte destinée à la fabrication du fer : les exemples que fournissent les usines de Newcastle, de Codnor-Park et Wenesbury, dans lesquelles on fabrique du fer de très bonne qualité, prouvent que cette opinion n'est pas fondée. On doit attribuer l'abandon de ce procédé dans le pays de Galles, en partie à la mauvaise disposition des appareils, mais surtout à ce que la faible économie qui en résulterait depuis l'emploi du charbon en nature serait presque compensée par les droits du brevet. En effet, les consommations qui étaient jadis de

Causes de l'abandon de l'air chaud dans le pays de Galles.

	t.	q.
Houille............	3	7
Minerai............	3	
Castine............	1	

sont réduites depuis l'emploi de la houille en nature, ainsi qu'il suit :

	t.	q
Houille............	2	10
Minerai............	2	16
Castine............		18

En comparant ces consommations avec celles des usines marchant à l'air chaud, l'introduction de ce procédé dans les forges du pays de Galles produirait au plus une économie du tiers de la consommation actuelle de houille, ou 17 quintaux, de laquelle il faudrait retrancher la dépense de l'appareil qu'on peut évaluer environ à 6 quintaux. L'économie effective ne serait donc que de 11 quintaux; la tonne de houille revenant à 3 shillings 7 pence (4 fr. 51 cent.) dans le pays de Galles, la diminution dans la dépense serait seulement de 2 fr. 48 cent., et comme le brevet coûte 1 fr. 25 cent., elle se réduirait à 1 fr. 23 cent. Cette économie, très légère en elle-même, serait surtout peu sensible dans un pays où le bon marché des matières premières permet de fabriquer la fonte à un prix inférieur à celui auquel elle revient dans les forges des autres provinces de l'Angleterre.

Il ne faut pas conclure de la non-adoption de l'air chaud dans les usines du pays de Galles, que ce procédé n'apporterait aucune diminution dans la consommation de charbon; tout porte au contraire à penser qu'il y aurait économie comme dans les autres usines où cette méthode est en usage; mais il est évident que la dépense en houille étant très faible dans le pays de Galles, l'économie ne serait pas aussi marquée que dans les forges d'Écosse.

Usine de Warteg.

L'usine de Warteg dont nous avons parlé au commencement de ce paragraphe, vient à l'appui de cette opinion; dans cet établissement, l'appareil à chauffer l'air n'a qu'un faible développement de tuyaux, de sorte que l'air ne peut y acquérir une température supérieure à 400° Fahr. (204°,4 cent.); la houille très grasse et qui perd 55 pour cent, dans la fabrication du coke, n'est pas susceptible d'être employée en nature dans le fourneau, du moins avec la faible température à laquelle l'air est élevé : il résulte de ces deux circonstances, que l'économie obtenue dans cette usine n'est pas aussi grande que dans les hauts-fourneaux d'Écosse; elle est comparable à l'économie qui a eu lieu dans ce pays lorsque les appareils étaient moins perfectionnés, et qu'on brûlait encore du coke; néanmoins, la diminution du prix de revient est encore notable. En effet, avant l'introduction de l'air chaud, une tonne de fonte consommait 2 tonnes de coke (1), correspondantes à 4 tonnes 3 quintaux de houille; la consommation en coke est encore d'environ 2 tonnes; mais la houille n'ayant pas besoin d'être complétement carbonisée, ces 2 tonnes de coke représentent seulement 3 tonnes de houille.

La production a été augmentée de 6 tonnes à 8 tonnes de fonte par 24 heures.

---

(1) Ces nombres m'ont été indiqués par M. Kenrich, l'un des propriétaires de l'usine de Warteg; je n'ai eu aucun moyen de les vérifier, n'ayant passé que peu d'heures sur cet établissement.

Emploi de l'air chaud en France.

Les renseignemens qui précèdent sur l'emploi de l'air chaud ont été recueillis dans l'année 1834. Depuis cette époque, le nombre d'usines qui ont adopté ce procédé a presque doublé et une seule a cessé de s'en servir.

L'emploi de l'air chaud se répand donc chaque jour davantage, et si quelques usines ont abandonné ce procédé, cela tient sans doute à des circonstances particulières qu'il serait intéressant d'approfondir.

En France, 65 hauts-fourneaux sont maintenant au régime de l'air chaud; à l'exception de deux ou trois exemples, et particulièrement d'un fourneau de Decazeville, dans l'Aveyron, tous les autres ont éprouvé une économie assez notable de combustible, ou une amélioration dans la qualité de la fonte, qui est devenue grise et propre au moulage.

Les combustibles employés dans les hauts-fourneaux sont dans quelques-uns de la houille, dans d'autres un mélange de coke ou de houille et de charbon de bois; dans plusieurs enfin, du charbon de bois seul.

Il résulte de cette différence dans la nature du combustible, une variété dans les formes des appareils. Nous pensons donc utile, quoique ce soit en dehors de notre sujet, d'indiquer succinctement les résultats obtenus dans plusieurs de ces usines.

La plupart des détails que nous donnerons sont extraits de mémoires insérés dans les *Annales des Mines;* nous aurons soin d'en indiquer les sources.

Usine de la Voulte.

Usine de la Voulte. Les trois hauts-fourneaux dont se compose cet établissement marchent à l'air chaud depuis deux ans. Les appareils ont été construits par M. Philippe Taylor, ingénieur civil. Il est analogue à celui de Calder; il consiste en un tuyau horizontal de $0^m,57$ de diamètre extérieur sur 48^m de longueur, portant des branches qui se dirigent vers chaque buse; ce tuyau est placé sur des rouleaux de fonte suffisamment rapprochés, lesquels reposent sur des plaques de fonte munies de rebords. Afin de laisser la dilatation s'opérer librement, on a ménagé quatre compensateurs également espacés sur la longueur du grand porte-vent. Ils se composent de deux tuyaux entrant l'un dans l'autre; les pertes d'air sont prévenues par une boite remplie de bourrelets d'amiante serrés à vis et écrous.

Forme de l'appareil.

Les joints sont faits avec beaucoup de soin. Chaque boîte est tournée et polie; on les assemble en interposant un bout de tube de fer ainsi qu'une rondelle de même métal aussi tournée et polie : on serre les écrous et l'on remplit le reste du joint du mastic ordinaire de limaille de fer et de soufre.

Le tuyau dans lequel l'air est échauffé est enveloppé d'une maçonnerie de briques qui laisse à la flamme un passage de $0^m,3$ tout autour, sauf les étranglemens causés par la saillie des brides. Ce canal reçoit la flamme d'une chauffe particulière, ainsi que celle de tous les canaux enveloppés de tuyaux verticaux. Auprès de chaque tuyère, il existe aussi une chauffe dont la flamme monte, comme on vient de le dire, dans le canal qui enveloppe le grand porte-vent et se rend de là dans une cheminée commune de 40 mètres d'élévation.

La partie des tuyaux qui avoisine le foyer est toujours préservée du courant de la flamme, d'abord par un pont, puis par une enveloppe d'argile réfractaire faite avec beaucoup de soin. La surface exposée à la chaleur est de 177,795 mètres carrés et la quantité d'air lancée à chaque buse est de 500 pieds cubes par minute.

L'introduction de l'air chaud dans l'usine de la Voulte (1) a été suivie presque immédiatement par une diminution considérable dans la consommation de combustible et par un changement dans la nature de la fonte. De truitée elle est devenue grise dès le second jour et bientôt après noire, à grandes lames brillantes avec beaucoup de graphite, semblable aux belles fontes anglaises tant qu'on a conservé l'ancien dosage, qui était de 230 kilogrammes et 200 de coke; au bout de six jours, la quantité de minerai ayant été portée à 350 kilogrammes avec la même charge de coke

(1) Mémoire de M. Varin, *Annales des Mines*, 3e série, tome V, page 504.

et de castine; la fonte est devenue plus ou moins grise, mais en général peu tenace; ce défaut du reste a disparu par une seconde fusion, et les objets moulés avec la fonte à l'air chaud et à l'air froid sont maintenant de même qualité.

Le produit en fonte qui était de 6 tonnes par vingt-quatre heures a été porté jusqu'à 13, ce maximum n'a été atteint qu'une fois, il paraît dû à une forte augmentation de vent.

Consommations et produit.

Pour faire apprécier les économies importantes qui sont résultées à la Voulte de l'emploi de l'air chaud, nous allons mettre en regard les résultats d'un fondage de huit mois au vent froid et de quatre-vingt jours au vent chaud pour le fourneau n° 2, pendant l'année 1833, ainsi que les produits et consommations vers la fin de 1835.

Consommations et produits.	A l'air froid de janvier 1833 à août inclusivement.	A l'air chaud du 12 septembre 1833 au 1er décembre. 80 jours de roulement.
	kil.	kil.
Coke consommé.	3.623 800	839 400
Minerai.	4.013 550	1.354 560
Castine.	1.000 470	251 820
Fonte obtenue.	1.684 068	585 760

Nous ne faisons pas mention dans cette comparaison de la consommation de la houille pour chauffer l'air. Comme pendant une partie du temps indiqué il n'y a qu'un seul fourneau soufflé au vent chaud, la dépense en houille a dû être nécessairement trop forte.

En réduisant les nombres précédens pour une tonne de fonte, on a

	Pour une tonne de fonte à l'air froid.	Pour une tonne de fonte à l'air chaud.
Coke.	2.150	1430
Minerai.	2.380	2310
Castine.	650	430
Fonte obtenue en 24 heur.	6.930	7320

Cette comparaison est faite au désavantage du roulement au vent chaud, 1°. parce qu'on a chômé plusieurs fois dans l'intervalle de quatre-vingts jours; 2° parce qu'on n'a changé le dosage que progressivement, et qu'on n'a fait plusieurs coulées de fonte noire; 3° enfin parce que le fourneau était dégradé et que le fondage tirait à sa fin.

Voici les élémens de la consommation actuelle :

	Par charge.	Par tonne de fonte.
	kil.	kil.
Coke.	200	1.300
Minerai.	360	2.350
Castine.	60	392

Fonte produite en 24 heures........	90,00 kil.
Ainsi, une consommation de 1 de coke s'est réduite à celle de...........	0,60
1 de castine à celle de.............	0,60
et 1 de fonte produite en 24 heures, est devenue....................	1,29

La consommation de combustible pour chauffer le vent est en vingt-quatre heures de 9,200 kilogrammes de houille, mesure de Rive de Gier. La main-d'œuvre de chauffage coûte 13 fr. 50 cent. pour les trois hauts-fourneaux.

Il faut donc par tonne de fonte :

Houille.........	340 kil.
Main-d'œuvre...	0 fr. 50

Aussitôt que le vent chaud est mis dans les hauts-fourneaux, la température intérieure s'élève presque subitement, et l'on obtient de suite la qualité de fonte qui exige ordinairement la plus forte chaleur. Les laitiers sont très fluides et coulent à 8 ou 10 mètres de la dame. En même temps la flamme du gueulard disparaît presque totalement et se trouve remplacée par une fumée blanche fort abondante. Il se dépose des quantités considérables de cadmie grise et pulvérulente sur les parois intérieures de la cheminée.

Les tuyères s'obscurcissent en moins d'une heure. On est obligé de les débarrasser très souvent, ce qui tient à l'impureté du coke. Cette circonstance a empêché de luter les buses aux tuyères : il fallait rouvrir celles-ci trop souvent.

Fourneau de Vienne.

Le fourneau de Vienne, dans le département de l'Isère, marche depuis trois ans avec le procédé de l'air chaud; il consomme des minerais de la Voulte et du coke de Rive de Gier; on avait d'abord établi un appareil de la Clyde, mais depuis peu on l'a remplacé par celui à petits tuyaux de Calder. La fonte que l'on obtient est destinée au moulage, sa qualité a été singulièrement améliorée par le nouveau procédé : la consommation en coke pour obtenir 100 kilogrammes de fonte a été réduite ainsi qu'il résulte du tableau, de 275 kilogrammes à 170 ou 180. Le produit journalier qui était de 4 tonnes et demie a été porté de 5 tonnes et demie à 6 tonnes.

Consommations et produits du haut-fourneau de Vienne, pendant les mois de septembre, novembre et décembre 1832, et août 1833.

Désignation des mois.	Coke pour la fusion.	Mélange et quantités de minerais (1).		Castine.	Houille pour chauffer l'air.	Fonte produite.	Nombre des charges.
	k.		k.	k.	k.	k.	k.
Sept. 1832, à l'air froid, jusqu'au 25, à l'air chaud; du 25 au 30.	274920	De la Voulte. 145000 De Comté. . . 32012 Du Bujet. . . 39700	216712	65650	»	90869	1201
Nov. 1832, à l'air chaud.	241696	De la Voulte. 262112 Du Bujet. . . 34400	216712	50612	652	143929	1016
Déc. 1832, à l'air chaud.	236104	De la Voulte. 230850 Du Bujet. . . 14525	245375	54562	644	122298	1012
Août 1833, à l'air chaud.	218391	De la Voulte. 166974 Du Bujet. . . 63237	230211	63237	537	108622	1015

(1) On traite dans le fourneau de Vienne, un mélange de minerai de fer de la Voulte, de Franche-Comté et de Villebois ou du Bujet.

Le minerai de la Voulte est un mélange de fer oligiste compacte et de fer carbonaté.

Le minerai de Franghe-Comté vient d'Autrey; c'est un minerai en grains, qui rend de 25 à 28 pour 100 de fer.

Le minerai de Villebois ou du Bujet est très pauvre, il est composé de petits grains oolitiques disséminés dans du calcaire; on s'en sert pour diminuer la proportion de castine.

D'après ces données, on a calculé dans le tableau suivant, les quantités de coke, de minerai, et de castine consommées aux différentes époques que nous venons de citer, pour obtenir 100 kil. de fonte. On a ajouté en outre à ce tableau la quantité de fonte produite dans vingt-quatre heures; et pour que la comparaison avec les usines anglaises soit plus facile, on a transformé le coke en houille; nous avons admis pour cette transforma-

Produits et consommations.

tion que l'hectolitre de houille pèse 75 kilogrammes, et que la houille rend 50 pour 100 de coke.

Consommations pour obtenir 100 kilogrammes de fonte.

	Minerai	Castine.	Coke pour la fusion.	Houille pour chauffer l'air	Houille totale.	Fonte en 24 h.	Nombre des charges en 24 h.	Composition des charges.
	k.	k.	k.	hect.	k.	k.		k.
1828, air froid.	255,00	109,28	275,00	»	550	3500,00	51	Coke. 200 Min. 75 Cast. 75
Sept. 1832, air froid.	238,45	72,24	302,50	»	905	3028,90	40	Coke. 228 90 Min. 180,44 Cast. 54,66
Nov. 1832, air chaud.	206,01	35,16	167,92	0,453 ou kil. 33,97	369,8	4797,60	33,90	Coke. 237,88 Min. 291,84 Cast. 49,81
Déc. 1832, air chaud.	200,63	44,61	184,87	0,526 ou kil. 39,45	409,4	3945,09	32,80	Coke. 232,15 Min. 241,27 Cast. 53,63
Août 1833, air chaud.	211,93	58,21	201,05	0,493 ou kil. 36,47	439,1	3503,92	32,72	Coke. 215,16 Min. 226,71 Cast. 62,30

Il résulte de l'inspection de ce tableau que le mois de novembre est celui qui offre les résultats les plus avantageux, tant sous le rapport de la quantité de fonte produite, que sous le rapport des consommations de minerai et de castine. Il est vrai de dire que, dans ce mois, la fonte fut presque toujours truitée blanche; on s'attacha plutôt à la grande production de la fonte qu'à sa qualité.

Pendant le mois d'août, la quantité de fonte

produite a été moins considérable, ainsi que la diminution dans les consommations, mais la fonte a été d'une qualité supérieure.

La diminution dans les dépenses résultant de l'emploi de l'air chaud, a donc été, en comparant les produits de l'année 1828 à l'air froid, et du mois de novembre 1832 à l'air chaud, pour 100 kilogrammes de fonte, de 49 kilogrammes de minerai, 74 kilogrammes, 12 de castine, 180 kilogrammes, 20 de houille.

La production en fonte a été augmentée de 1,297 kilogrammes, 60 par vingt-quatre heures.

Application de l'air chaud à un haut-fourneau alimenté par un mélange de coke et de charbon de bois.

M. Boigues, qui a si puissamment contribué aux progrès de l'industrie du fer par la construction de la belle forge à l'anglaise de Fourchambault (Nièvre), a également fait les premiers essais pour l'emploi de l'air chaud, en France; il l'a d'abord appliqué au fourneau de Torteron, dans le département du Cher, dépendant de l'usine de Fourchambault. Ce fourneau, qui marche avec un mélange de charbon de bois et de coke de Saint-Étienne, donne de la fonte de moulage.

Fourneau de Torteron, marchant au coke et au charbon de bois.

L'appareil construit par M. Boigues présente, comme celui de la Clyde, un long développement de tuyaux. L'application de l'air chaud à ce fourneau n'a pas produit d'économie de combustible, ainsi qu'on l'espérait; mais la nature de la fonte a complétement changé; de blanche elle est devenue grise, et maintenant ce haut-fourneau donne une fonte propre au moulage des pièces les plus délicates, et qui peut lutter avec les fontes anglaises. Lorsque cette fonte est coulée en gueuses, son grain est gros, à structure écailleuse, testacée et très brillante. Le grain de cette fonte devient beaucoup plus fin lorsqu'elle est coulée en objets de peu d'épaisseur, ou moulée en seconde fusion; dans ce cas, elle est remarquablement douce au ciseau.

Marche du fourneau.

Le fourneau de Torteron est en feu depuis trois ans, sa marche est très régulière, et les charges se succèdent à des intervalles à peu près égaux; on fait moyennement 42 à 44 charges par vingt-quatre heures; on y traite deux espèces de minerai, l'une, dite *mine froide*, est le véritable minerai de fer du Berry, elle est en petits grains ronds bruns ou légèrement ocreux. La seconde espèce, appelée *mine chaude*, est très argileuse; elle se compose de grains disséminés dans de l'argile tenace et fine.

Nous n'avons pas les données nécessaires pour apprécier avec exactitude les changemens apportés dans la consommation en combustible par l'introduction de l'air chaud au haut-fourneau de Torteron; mais, à leur défaut, nous allons comparer les résultats obtenus dans deux fourneaux peu distans l'un de l'autre, Torteron et la Guerche

(Cher); appartenant à la même compagnie et marchant dans des circonstances assez analogues. Nous sommes redevables des nombres que je vais transcrire, à M. Boigues, qui a eu la complaisance de nous communiquer les livres de fonte de son établissement.

Consommations et produits.

Consommations et productions du fourneau de la Guerche, marchant à l'air froid.

Semaines.	Charbon de bois.	Coke.	Minerai.	Castine.	Fonte produite.
	k.	k.	k.	k.	k.
Du 24 au 30 novem. 1835	33320	16800	101500	22400	41524
Du 1er au 7 décemb. . .	34510	17400	99000	22400	40460
Du 8 au 14 décemb. . . .	33320	16800	93000	22400	38430
	101150	51000	293500	67200	120414

Houille pour la machine à vapeur du 24 novembre au 14 décembre 335 hect., 95.

Consommations et produits du fourneau de Torteron, marchant à l'air chaud.

Semaines.	Charbon de bois.	Coke.	Minerai.	Castine.	Fonte produite.
	k.	k.	k.	k.	k.
Du 24 au 30 novem. 1835	38528	20640	129000	44720	46969
Du 1er au 7 décembre. .	34384	18420	115125	39910	40607
Du 8 au 14 décembre. . .	35504	19020	122675	39625	43307
	108416	58080	366800	124255	130883

Houille pour la machine à vapeur du 24 nov. au 24 déc. 364 hect., 69.
— pour l'appareil à chauffer l'air. . . . . 543 16.

Il suit de ces tableaux, que pour une tonne de fonte, ou 1000 kilogrammes, on consomme

	La Guerche.	Torteron (1).
Charbon de bois.........	833 kil.	828 kil.
Coke..................	413	443
Minerai................	2437	2802
Castine................	558	949
Houille pour la machine.	2,79 hect.	2,71 hect.
——— pour l'appareil....	»	4,15

La comparaison qui résulte du rapprochement de ces nombres n'est pas favorable à l'emploi de l'air chaud; mais on doit ajouter que la marche des deux fourneaux n'est pas entièrement comparable, à cause de la différence qui existe entre la nature et la quantité des matières premières qui y sont employées; ainsi la richesse du minerai fondu dans le haut-fourneau de la Guerche est de 41 pour 100, tandis que la richesse du minerai de Torteron n'est que de 35 pour 100. La quantité de castine ajoutée au minerai est, à Torteron, presque double de celle employée au fourneau de

(1) La puissance de la machine à vapeur qui fait marcher la soufflerie du fourneau de Torteron, est de seize chevaux; la consommation de houille de cette machine est augmentée dans une assez grande proportion depuis que ce fourneau est alimenté par l'air chaud; cette circonstance prouve, ainsi que nous l'avons annoncé qu'il faut une force plus grande pour projeter dans un fourneau, une même quantité d'air lorsqu'il est échauffé.

la Guerche; malgré ces deux circonstances défavorables, le produit journalier du fourneau de Torteron surpasse celui de la Guerche. Si donc, au lieu de comparer la quantité de combustible consommé à la fonte produite, on cherchait le rapport entre la quantité de matière à fondre et le combustible, on trouverait que le fourneau de Torteron marche plus économiquement que celui de la Guerche. En effet, dans ce dernier fourneau, 1000 kilog. du mélange de minerai et de castine exigent 419 kilog. de combustible; tandis qu'à Torteron 1000 kilog. du même mélange ne consomment que 339 kilog. de charbon.

L'emploi de l'air chaud présenterait donc encore à Torteron une économie assez prononcée; mais il est un avantage non moins essentiel, c'est l'influence que ce procédé exerce sur la nature de la fonte qui est devenue propre au moulage; cette circonstance lui a donné une valeur qui surpasse d'un quart au moins le prix de la fonte produite à l'air froid.

Application de l'air chaud dans les fourneaux alimentés par du charbon de bois.

M. Gueymard, ingénieur en chef des mines, a le premier introduit l'usage de l'air dans des hauts-fourneaux marchant au charbon de bois. C'est dans l'usine de Rioupéroux, dans le département de l'Isère, qu'il a fait ses premières expériences, lesquelles ont été couronnées d'un plein succès. Ce fourneau, qui consommait 1610 kilogrammes de charbon de bois par tonne, lorsqu'il marchait à l'air froid, ne dépense plus, depuis l'emploi de l'air chaud, que 1270 de charbon, non compris l'antrachite qui sert à chauffer l'appareil. Plusieurs autres usines ne consommant que du charbon de bois ont adopté ce procédé, et ont également trouvé de grands avantages dans son usage. Nous allons donner quelques détails sur l'usine de Wasseralfingen, située dans le royaume de Wurtemberg, parce que l'appareil que l'on emploie est placé au gueulard du fourneau, et qu'on économise par ce moyen le combustible nécessaire pour chauffer l'air. Ces détails sont extraits d'un mémoire de M. Voltz, ingénieur en chef des mines; il a été inséré dans le tome IV de la troisième série des *Annales des mines*.

Haut-fourneau de Wasseralfingen.

L'usine de Wasseralfingen, composée de deux hauts-fourneaux placés au milieu d'un vaste atelier de moulage et de plusieurs autres ateliers accessoires, est située dans le royaume de Wurtemberg, sur le Kochen, à une demi-lieue en aval de la petite ville d'Aalen, et à 16 lieues au levant de Stuttgard. Elle appartient au gouvernement, ainsi que tous les hauts-fourneaux de ce pays.

Les deux fourneaux de cet établissement portent les noms de *Wilhem* et de *Frédéric*; le premier a marché au vent froid jusqu'au 15 mai 1833;

le deuxième a marché au vent chaud depuis le mois de décembre 1832. Ils livrent au commerce principalement des fontes moulées qui sont fort estimées. Leur hauteur est de 32 pieds $= 9^m,18$, ils ont chacun 2 tuyères et marchent au charbon de bois; le diamètre du gueulard est de 5 pieds $= 1^m,435$. L'intérieur est rond jusqu'aux étalages. L'ouvrage est carré. Le plus grand diamètre du ventre est de 8 pieds et demi $= 2^m,44$. Au fourneau Wilhem, l'ouvrage a dans le haut un diamètre de 2 pieds un quart $= 0^m,646$, au niveau des tuyères, le diamètre est de 1 pied deux tiers $0^m,267$, la hauteur de l'ouvrage est de 5 pieds $= 1^m,435$.

On traite dans ces fourneaux un mélange de minerais composé de une partie de mine pisiforme, de quatre parties de mine en roche, qui est une oolite ferrugineuse, à grains très fins, formant des couches subordonnées dans le *grès supérieur du lias*. Ce minerai est fort semblable au minerai en roche de Hayange (Moselle) que l'on exploite dans l'*inferior-oolite*. Le mélange rend moyennement environ 31,150 pour cent de fonte; jusqu'à ces derniers temps, le fourneau Frédéric consommait, aux 100# de fonte terme moyen, 185# de charbon, savoir 9,87 pieds cubes de charbon de hêtre pesant 10#,125 l'un, et 13,13 pieds cubes de charbon de sapin de mauvaise qualité pesant 6#50 l'un (1); c'est la moyenne du précédent fondage

(1) Les 100 kilogrammes wurtembergeois = 104# poids

qui a duré 206 semaines. Le fourneau Wilhem consommait ordinairement un peu moins ; la moyenne du dernier fondage, de 242 semaines, a été de 176# et demie de charbon par 100# de fonte.

L'appareil est placé ainsi que nous l'avons indiqué au gueulard du fourneau, la légende suivante, et le dessin, Pl. XIV, le font complétement connaître.

Forme de l'appareil.

A. Partie supérieure du fourneau.

B. Gueulard.

C. Doublure en fonte formant le revêtement de l'embrasure destinée au passage de la partie de la flamme du gueulard qui est employée au chauffage du vent.

D. Aile de la pièce C. Elle sert à fixer celle-ci dans la maçonnerie du gueulard.

E. Sol du four où le vent est chauffé.

F. Mur de devant *af a'f'* du four.

G. Deux murs *cc*, *d'd'* formant les parois latérales et intérieures du four. Ils supportent les tuyaux K où le vent est chauffé.

H. Intérieur *gg' hh'* du four renfermant les tuyaux K, et recevant par l'embrasure C une par-

---

de Cologne = 43^{k},63. Le pied wurtembergeois = 127 lignes du pied de roi = 0^{p},832 = 0^{m},287, il est divisé en 10 pouces, et le pouce en 10 lignes. Le pied cube wurtembergeois = 0^{p},686 de pied cube de roi = 0^{m},03445 mètres cubes.

tie de la flamme du gueulard, laquelle s'échappe ensuite par la cheminée Q.

I. Plaques en fonte sur lesquelles reposent les tuyaux K.

K. Tuyaux en fonte où l'air est chauffé. Ils ont 6 pieds 2 pouces wurtembergeois de diamètre intérieur$=0^m,178$ et 7 pouces$=0^m,201$ de diamètre extérieur. Ces tuyaux sont au nombre de 16, le vent les parcourt dans l'ordre de leurs numéros. Il passe par les doubles genoux M pour aller d'un tuyau à l'autre; il entre et il sort du côté du mur $d'c'$. L'air froid entre par le n° 1, l'air chauffé sort par le n° 16.

L. Collets ou renflemens des extrémités des tuyaux K; ils reçoivent les genoux M. Le vide entre L et M de 15 millimètres environ est rempli d'un mastic particulier.

M. Genoux ou tuyaux courbes en fonte; qui entrent dans les collets L des tuyaux K, et sont fixés par le moyen de vis de pression *a*.

N. Mur de revêtement qui ferme complétement l'espace des genoux M.

O. Espace entre les murs G et N que l'on remplit de débris de briques et autres matières peu conductrices de la chaleur. On voit que les joints des genoux avec les tuyaux K, ne sont pas exposés à une chaleur aussi forte que ces derniers.

P. Plaque en fonte recouverte d'une faible épaisseur de maçonnerie *g* fermant le haut du four. Cette maçonnerie n'est pas figurée dans le plan fig. 1.

Q. Cheminée par où sort la flamme entrée par C.

R. Plaque en fonte, avec un renflement à l'entour de l'orifice de la cheminée, sur lequel on peut appliquer le couvercle *s*. Elle n'est dessinée que dans la fig. 3.

S. Couvercle de la cheminée suspendu à un levier, et que l'on peut fermer ou ouvrir plus ou moins au moyen de la tringle *e* (fig. 3).

T. Portes ou coulisses (fig. 1 et 3), au moyen desquelles on peut fermer ou ouvrir plus ou moins l'entrée du four en C.

V. Ouvertures latérales par lesquelles les coulisses T entrent dans le four. Ces ouvertures sont plus larges que les portes, en sorte qu'il reste un espace de 5 centimètres environ de largeur, par lequel l'air pénètre dans le four afin d'opérer la combustion du gaz carboné, ce qui augmente considérablement la chaleur et est indispensable.

W. Ouverture supérieure du four (*fig.* 1).

X. Portes postérieures du four (fig. 2).

Le courant du gueulard dépose beaucoup de poussière sur les tuyaux K, et l'on est obligé de les balayer deux ou trois fois par semaine; autrement ils ne se chauffent plus convenablement. C'est par les ouvertures W et X que l'on opère ce balayage.

Y. Porte par laquelle on retire cette poussière.

A la sortie du tuyau n° 16, qui est encore prolongé de 2 pieds environ, le vent est conduit par un genou jusqu'au sol de la plate-forme du fourneau et là il se bifurque ; l'une des branches tourne à droite pour se rendre à la tuyère de droite en faisant plusieurs coudes, l'autre se rend à la tuyère de gauche.

Toute la partie des tuyaux placée sur la plate-forme est entourée d'un corps de maçonnerie ayant environ 1$^{pi.}$,30 pouces de diamètre. Les parties qui descendent aux tuyères sont placées à l'extérieur du massif de maçonnerie du fourneau et entourées de manchons carrés en planches de 1$^{pi.}$,50 de côté, dont l'extérieur est rempli de matières peu conductrices de la chaleur.

L'assemblage de ces tuyaux se fait au moyen du mastic dont il a déjà été question, et d'anneaux en cuivre très tendre.

Le mastic est composé de limaille de fer pétrie d'argile grasse et réfractaire, dont la proportion est tout juste celle nécessaire pour donner du liant à la pâte ; le mélange est humecté avec du vinaigre en telle proportion, que la pâte prend une consistance épaisse. Ce mastic est excellent, il durcit promptement, n'est pas sujet à se gercer, et est parfaitement inaltérable à une grande chaleur.

Les joints des tuyaux conducteurs du vent sont munis de brides qu'on assemble au moyen de vis ; on place en même temps un anneau de cuivre de 12 millimètres d'épaisseur entre les deux brides et les vis. En serrant fortement les écrous, le cuivre s'aplatit entre les brides et forme une fermeture hermétique. On a soin ensuite de recouvrir le tout de mastic et d'en former un bourrelet tout à l'entour du joint des deux tuyaux, ainsi qu'à l'entour des boulons et des écrous des vis.

Ce four est tout-à-fait semblable à celui du fourneau de Frédéric, où le vent prend une température de 165 à 210° Réaumur, sans que les tuyaux soient chauffés au-delà du rouge-cerise faible. La longueur totale des parties de ces tuyaux, exposée au feu du four est de $65^{pi.},60 = 18^{m},73$, la longueur partielle de chaque tuyau entre les murs *dd* et *d'd'* (fig. 2) du four étant de $4^{pi.},10 = 1^{m},18$. Toute la disposition de cet appareil est si bien entendue, qu'il n'est guère sujet à se détériorer par l'action du feu, et que celui du fourneau Frédéric, qui est en activité depuis 23 semaines, n'a montré encore aucune détérioration ou perte de vent jusqu'à ce jour (16 mars 1833). La dilatation des tuyaux par la chaleur n'a causé aucun embarras, sans doute parce que d'une part la température n'y est pas excessivement élevée, et que d'autre part, ils ont un peu de jeu dans les massifs de maçonnerie qui les entourent, ainsi que dans les manchons de bois qui les renferment.

Conduite de l'opération.

Au moment où l'on a commencé à chauffer le vent, c'était pendant la septième semaine du fondage, le fourneau consommait 174 livres de charbon par 100 livres de fonte, ainsi que cela était souvent arrivé dans les campagnes précédentes; et cette proportion n'était que peu au-dessous de la moyenne générale. La température du vent ne s'élevait dans les premiers temps qu'à 120° Réaumur; on était cependant arrivé pendant la seconde semaine de l'emploi du vent chaud, à ne faire qu'une consommation en charbon de 137 livres par 100 livres de fonte, puis elle est descendue à 120 livres. Cette consommation a diminué à mesure que la température du vent a été portée plus haut; aujourd'hui la température varie de 165 à 210 degrés Réaumur, et la consommation moyenne est de 113 livres de charbon par 100 livres de fonte, c'est-à-dire à 0,643 de ce qu'elle était au moment où l'on a donné le vent chaud, et 0,611 de la consommation moyenne de la campagne precédente du fourneau Frédéric.

Changemens apportés au fourneau.

Relativement à celle-ci, la température du vent n'est pas le seul élément qui ait varié dans ce nouveau fondage, puisque l'on a fait deux autres changemens encore, l'un dans la construction de l'ouvrage et des étalages, l'autre dans le volume de la charge. Les étalages avaient anciennement une inclinaison de 45°, laquelle a été portée à 60; en même temps l'ouvrage a été élargi de 2 à 3 pouces et sa hauteur a été diminuée de 6 pouces; la grandeur des charges a en outre été augmentée; de 33 pieds $\frac{1}{4}$ cubes wurtembergeois $=$ 22$^{pi.}$,87 cubes de France de charbon, elle a été portée à 46 pieds $\frac{2}{3}$ cubes wurtembergeois $=$ 31$^{pi.}$,22 cubes de France et la charge du minerai a été augmentée d'abord dans la même proportion, mais on a pu ensuite l'augmenter encore très promptement;

elle était en premier lieu de 70^{liv},90, et aujourd'hui elle est, terme moyen, de 102 livres. L'augmentation du volume des charges a eu pour but de rendre les charges moins fréquentes, afin de tenir l'entrée de l'embrasure C entièrement libre pendant des intervalles plus longs, parce qu'au moment des charges, cette entrée est toujours un peu embarrassée, ce qui nuit au chauffage du vent.

Économie dans la consommation du combustible.

Il est évident que ce ne sont pas ces changemens qui ont produit une différence si considérable dans la consommation en charbon. D'ailleurs, comme on l'a déjà vu, le fourneau avait marché pendant six semaines à l'air froid, et ses consommations et produits pendant les quatrième et cinquième semaines étaient telles qu'on les avait souvent vu anciennement; mais ils se sont améliorés presque subitement dès qu'on a donné le vent chaud.

En même temps qu'on a donné le vent chaud, il a fallu augmenter la levée de la palle. Le manomètre indiquait anciennement une hauteur de 11 pouces=0^{m},316 d'eau environ pour la pression du vent froid; pour la pression du vent chaud, il indique celle de 14 pouces=0,40 d'eau. La consommation par semaine en charbon n'a guère varié par le vent chaud; mais le produit en fonte, qui s'élevait à 527 quintaux pendant la sixième semaine du fondage s'est élevé dès la huitième, à 676 quintaux; à la neuvième, elle était de 725, et depuis que la température du vent dépasse constamment 165°, elle est, au terme moyen, de 734 quintaux=357 quintaux métriques par semaine.

L'allure du fourneau a été de beaucoup améliorée; aussi la fonte est plus propre aux moulages, elle prend des empreintes plus nettes; car il ne se forme plus de graphite, bien qu'elle soit très carbonée. La marche du fourneau est plus régulière, les scories sont en général mieux vitrifiées et plus fluides.

La fonte est plus propre au moulage.

Ces beaux résultats ont engagé l'administration royale à employer le même procédé au fourneau de Wilhem, qui était en feu depuis quatre-vingt-deux semaines. Il a fallu un mois de temps pour construire le four et tout ce que comprend l'appareil destiné à chauffer le vent.

L'introduction de l'air chaud a été marquée au fourneau de Wilhem, comme à celui de Frédéric, par une économie de plus d'un tiers sur le combustible. La fonte destinée au moulage est de bonne qualité.

Usine de Bachzimmern. Aussitôt que les expériences de Wasseralfingen eurent constaté que la substitution de l'air chaud à l'air froid dans le travail des hauts-fourneaux produisait une grande économie dans la consommation du combustible, ce nouveau procédé fut introduit dans plusieurs usines du Wurtemberg et de la Bavière. Nous citerons encore l'usine de Bachzimmern, qui marche au bois, et dont l'appareil chauffé par la flamme du gueulard diffère essentiellement de celui de Wasseralfingen.

Une caisse rectangulaire D formée avec de fortes plaques de fonte boulonnées à vis et recouvertes de maçonnerie légère, placée au-dessus du gueulard, conduit la flamme dans l'espace EEE (Pl. XV, fig. 1, 2 et 3) bâti en briques, et dans lequel sont disposés les tuyaux où l'air doit se chauffer. La flamme après avoir parcouru tout cet espace E est conduite au moyen d'un rampant H (fig. 4) dans une cheminée de tirage séparée F, qui a 25 à 30 pieds de haut.

Forme de l'appareil de Bachzimmern.

La caisse DD porte immédiatement au-dessus du gueulard une ouverture A qui sert pour faire le chargement. On ferme cette ouverture avec le couvercle B.

Des ouvreaux que l'on peut augmenter ou diminuer à volonté servent à introduire dans la caisse D la quantité d'eau nécessaire à la combustion des vapeurs combustibles qui sortent du gueulard.

L'ensemble des tuyaux placés dans l'espace E a une longueur de 120 pieds, sans compter la partie extérieure ou comprise dans l'épaisseur des murs. Ces tuyaux sont disposés comme le montre la figure. Ils ont de 7 à 8 pouces de diamètre extérieur.

L'air chauffé au sortir de l'appareil passe dans un tuyau contenu lui-même dans un tuyau plus large T, qui amène l'air froid dans l'appareil. De cette manière, la chaleur que l'air chauffé peut perdre dans son trajet depuis sa sortie de l'appareil jusqu'à la tuyère donne à l'air froid un premier degré d'échauffement.

Ainsi l'air froid arrive par le tuyau extérieur T, entre dans l'appareil par le tuyau coudé I, monte successivement dans les tuyaux jusqu'en D où il se trouve exposé à la plus grande chaleur; puis redescend par d'autres tuyaux jusqu'en J d'où il se rend aux tuyères par le tuyau intérieur au gros tuyau T.

Auprès des tuyères on a établi une disposition qui permet de donner à volonté de l'air froid ou de l'air chaud au fourneau. Cette disposition est représentée fig. 5 et 6.

L'air froid arrive des machines soufflantes par le tuyau D (fig. 5), passe successivement en E, F, puis dans l'espace t' du gros tuyau T, et se rend ensuite dans l'appareil de chauffage.

L'air chaud vient de l'appareil par le tuyau t intérieur au tuyau T, passe en b', en a, et de là aux tuyères. Dans la disposition représentée dans la fig. 5, le fourneau reçoit de l'air chaud, mais si l'on veut lui donner de l'air froid, il suffit de pousser le piston k en k', le piston l en l', et le piston b en b'.

Cet appareil coûte un peu plus cher que celui de Wasseralfingen, mais il a sur celui-ci quelques avantages notables. D'abord l'étendue des tuyaux chauffés est beaucoup plus considérable; l'air après être arrivé à son maximum de température continue à descendre dans un espace très échauffé et n'a qu'une distance très petite à parcourir avant d'arriver aux tuyères et ne peut par conséquent se refroidir notablement.

Enfin il présente encore cet avantage qui peut produire de très bons effets dans des dérangements du fourneau, c'est que l'on peut élever davantage la température de l'air en chauffant directement avec du bois que l'on jetterait dans l'espace D.

On a obtenu avec cet appareil une température de 310° cent. à la tuyère, tandis qu'à Wasseralfingen, il ne paraît pas qu'on ait chauffé l'air au-delà de 180 à 200° centigr.

Les essais à l'air chaud ont produit de très bons résultats, malgré qu'il aient été faits dans des circonstances défavorables, le manque d'eau ayant obligé de les interrompre à plusieurs reprises.

Consommations et produits.

On peut juger néanmoins des avantages que l'on doit attendre de l'adoption de ce nouveau procédé, par le tableau suivant dans lequel nous avons comparé les consommations et les produits à l'air froid et à l'air chaud. Il est bien certain que la proportion de charbon brûlé par rapport à la fonte obtenue aurait été notablement diminuée, si l'on avait pu disposer d'une force motrice suffisante. A partir de la quatre-vingtième semaine, les eaux ayant beaucoup baissé, on a donné moins de vent, ce qui explique l'augmentation dans la consommation de combustible, soit à l'air chaud, soit à l'air froid; après la quatre-vingt-douzième semaine, cette cause a obligé de mettre le fourneau hors feu.

Tableau comparatif des produits et consommations du haut-fourneau de Bachzimmern, alimenté successivement à l'air froid et à l'air chaud.

Semaines de fondages.	Nombre des charges.	Charbon dur.	Charbon tendre.	Castine.	Minerai en grains.	Fonte obtenue.	Un quintal fonte a brûlé charbon.	
		Zuber.		quintaux	quintaux	q. l.	pied cube	
40ᵉ s.	304	159	449	411	1000	369,64	20,5	Vent fr.
41	271	135 1/2	406 1/2	367	862	273,27	22,»	Vent fr.
42	203	101 1/2	304 1/2	298	757	252,99	17,8	Vent chaud.
43	170	85	255	268	688	217,59	17,3	Vent chaud.
44	181	86 1/2	275 1/2	286	733	227,53	17,6	Vent chaud.
45	164	118 1/2	209 1/2	236	601	184,95	19,7	Vent chaud.
80	»	64 1/2	291 1/2	117	362,70	54,57	22,8	Vent chaud.
81	»	126	216	267	620,10	209,32	19,9	Vent chaud.
82	»	64 1/2	316 3/4	291	704,70	212,95	20,6	Vent chaud.
83	»	111	222	240	571,05	203,73	24,7	Vent fr.
84	»	153	381	301	771,03	238	24,9	Vent fr.

Nous joignons ici les principales circonstances que l'on a observées pendant ces essais.

Marche du fourneau.

Quand on a voulu commencer à souffler à l'air chaud, on a laissé le fourneau reposer pendant vingt-quatre heures sans donner de vent, puis on a recommencé avec le vent chaud. Pendant ce temps de repos, le fourneau s'était refroidi, et par conséquent ne pouvait pas supporter immédiatement la même charge de minerai qu'auparavant; néanmoins on a continué la même charge et la fonte qu'on a obtenue avec l'air chauffé s'est trouvée par hasard avoir conservée la même qualité. La tuyère est devenue beaucoup plus brillante; mais au bout de quelques jours, quand le fourneau a repris son point normal de température, la fonte est devenue extrêmement noire et annonçait une proportion beaucoup trop considérable de charbon. On a alors augmenté successivement la charge de minerai, et l'on est parvenu à en mettre jusqu'à un quart de plus sur la même charge de charbon; il est probable que l'on aurait pu aller encore plus loin, si l'on avait été maître d'augmenter la pression du vent; mais les eaux ont au contraire baissé d'une manière trop rapide.

Avec l'air chaud, les laitiers étaient mieux fondus, la fonte de très bonne qualité, mais un peu plus poreuse que celle obtenue à l'air froid. Cette remarque a été d'ailleurs faite déjà dans plusieurs autres usines.

Économie du combustible, proportionnelle à la température de l'air.

Pour s'assurer si l'économie de combustible augmentait proportionnellement à l'élévation de température, on a baissé successivement la température de l'air de dix en dix degrés, depuis 300 jusqu'à 200. On a fait varier la température de vingt-quatre heures en vingt-quatre heures, afin d'être sûr d'obtenir l'état qui convient à cette température. A chaque abaissement, la marche est devenue très promptement plus difficile, et la fonte présentait les caractères de surcharge de minerai.

Il résulte de ces expériences, que la température qui produit le *maximum* d'avantages au fourneau de Bachzimmern, n'a pas de limites au moins au-dessous de 300°.

Emploi de l'air chaud dans les cubilots.

Il existe plusieurs cubilots ou fourneaux à la Wilkinson, dans lesquels la combustion est alimentée par un courant d'air chaud. Le peu d'attention qu'on apporte en Angleterre, à la consommation de la houille répandue presque partout avec une si abondante profusion, fait qu'on se donne rarement la peine de peser la quantité de coke jetée dans les cubilots. Cette circonstance nous a empêché de constater par nous-mêmes les avantages qui résultent de ce nouveau procédé; nous croyons néanmoins utile de faire connaître le peu de renseignemens que nous avons recueillis à ce sujet. Nous avons donné aussi la description de deux appareils adaptés aux gueulards des cubilots.

Cubilots près de Newcastle.

Dans l'usine de Tyne-Iron-Works, que nous avons déjà citée en parlant des forges des environs de Newcastle, il existe deux cubilots qui marchent à l'air chaud. Ils sont alimentés par le même appareil qui fournit l'air aux hauts-fourneaux. Ces cubilots sont circulaires; ils ont 3 pieds et demi de haut, et 30 pouces de diamètre intérieur. Construits intérieurement en briques réfractaires, ils sont formés extérieurement d'un cylindre en fonte : ils reçoivent le vent par deux buses placées l'une au-dessus de l'autre, et ayant chacune 2 pouces $\frac{3}{4}$ de diamètre.

D'après les renseignemens que l'un des propriétaires a eu la complaisance de nous donner, la consommation de ces fourneaux est de 280 livres de coke pour une tonne de fonte moulée. On y fond moyennement une tonne de fonte par heure. Ces cubilots ont été construits seulement depuis l'adoption du procédé de l'air chaud.

Cubilot de Wenesbury.

A Wenesbury, dans l'usine de MM. Lloyd, Forster et compagnie, les fourneaux à la Wilkinson sont rectangulaires; ils ont environ 7 pieds de haut, et leur vide intérieur a 36 pouces sur 30. Le vent est donné par deux buses ayant 3 pouces de diamètre; on fond, dans ce fourneau, une tonne de fonte par heure, et chaque opération dure vingt minutes. La consommation de coke est de 260 livres par tonne de fonte; avant l'adoption de l'air chaud, on consommait 400 livres de coke pour la même quantité de fonte. L'influence la plus grande de l'air chaud, dans les cubilots, est sur la durée de l'opération; une fonte qui a lieu maintenant en vingt minutes, en demandait quarante avant l'adoption de ce procédé.

Il résulte des consommations que nous venons de citer à Wenesbury, qu'un quintal de fonte, qui exigeait à l'air froid vingt livres de coke, n'en consomme plus que treize, depuis que les cubilots sont soufflés par de l'air chaud.

La quantité de charbon consommée dans les cubilots de Birmingham, de Manchester et de Newcastle est moyennement de 25 pour cent; si on rapproche ces nombres des indications que nous venons de donner, on voit que l'adoption de l'air chaud aurait produit une économie de moitié dans la consommation de la houille et dans les autres dépenses de seconde fusion de la fonte. Consommations.

Dans la plupart des usines où l'air destiné à alimenter les cubilots n'est pas fourni par les appareils qui desservent les hauts-fourneaux, on est dans l'habitude de profiter de la flamme qui s'échappe de ces cubilots pour chauffer l'air qu'il consomme; nous joignons ici la description succincte de deux de ces appareils placés au-dessus du gueulard; ils ont été construits dans les ateliers de MM. Jeffries et Patton, de Londres.

L'appareil représenté (Pl. XIII, fig. 19 et 20), consiste en une série de tuyaux a, a', a'', disposés horizontalement au-dessus du gueulard, et communiquant au moyen de coudes, dans deux boîtes b et b', placées sur les faces verticales du cubilot; l'air, au sortir de la machine soufflante, arrive dans le tuyau c, entre dans le compartiment d de la boîte b, passe dans le tuyau c' et le compartiment d' de la boîte b', en suivant la direction indiquée par les flèches, il arrive ensuite en f, où il Appareils placés sur les cubilots.

se divise pour se distribuer entre les deux buses; toutes les parties de cet appareil sont en fonte.

Le second appareil (Pl. XIII, fig. 17 et 18) se compose d'une série de tuyaux verticaux *a*, disposés circulairement sur la paroi du gueulard; ces tuyaux, qui ont 3 pouces de diamètre intérieur, communiquent par leurs extrémités dans deux anneaux A et A', placés, l'un immédiatement sur le pourtour du gueulard, l'autre à la partie supérieure des tuyaux *a*. Un large cylindre en tôle *b* enveloppe extérieurement l'ensemble des tuyaux, et force la flamme à circuler autour d'eux.

L'air au sortir de la machine soufflante arrive dans l'anneau supérieur A' au moyen de tuyaux *c* (fig. 18); il se divise entre les tuyaux verticaux *a*, *a'*, et se réunit ensuite dans l'anneau inférieur A : enfin il se distribue aux tuyères au moyen des deux tuyaux verticaux *d*, *d'*.

On a ménagé à la partie supérieure du gueulard, et au-dessus de l'anneau inférieur A, une ouverture P pour charger le fourneau.

Nous n'avons pas vu fonctionner ce dernier appareil; il nous paraît préférable à celui que nous avons décrit d'abord; l'air doit y acquérir une température plus élevée et éprouver moins de résistance dans son mouvement.

Il existe dans l'usine de Torteron (Nièvre) dont nous avons déjà parlé, un cubilot soufflé à l'air chaud. L'appareil employé pour cet usage est figuré

Pl. XIII, fig. 19 et 20. L'application du nouveau procédé au cubilot de Torteron n'a produit qu'une légère économie de combustible; mais il en est résulté une grande accélération dans l'opération, et par suite plusieurs avantages. Ainsi, la fonte restant moins long-temps exposée au courant d'air des soufflets, n'éprouve pas de commencement d'affinage, comme cela arrive souvent. Cette accélération de vitesse permet en outre de faire un plus grand nombre de fondages dans un temps donné.

Consommations du cubilot de Torteron, soufflé à l'air chaud, pendant 6 jours.

1834.	Consommation		Produit en moulerie.		Consommation en fonte et combustible pour 100 k. de moulage.	
	de fonte.	de coke.	Nombre des pièces.	Poids.	Fonte.	Coke.
	kil.	kil.	kil.	kil.	kil.	kil.
8 décembre.	2700	740	131	2460	108	30
9 décembre.	3600	1070	246	3345	107	32
10 décembre.	2550	710	135	2366	108	30
11 décembre.	2650	740	139	2451	108	30
12 décembre.	2600	720	126	2380	109	30
13 décembre.	2400	680	117	2169	110	31
	16500	4660	894	15171	108	30

Emploi de l'air chaud dans l'affinage du fer (1).

On a fait à plusieurs reprises, en Angleterre, des essais pour souffler les fineries à l'air chaud. Jusqu'ici, ils paraissent n'avoir donné aucun résultat favorable, c'est du moins ce qu'on doit penser de leur abandon. Ce procédé a été récemment introduit dans quelques forges du Wurtemberg, ainsi que plusieurs changemens dans le chauffage du fer. Ces différentes circonstances ont produit une économie notable dans la consommation du combustible, et il paraît certain que l'emploi de l'air chaud a été en partie cause de cette amélioration. Nous croyons donc utile de dire quelques mots de ces différens changemens.

Usine de Hammereisenbach. L'usine de Hammereisenbach, dans la principauté de Furstemberg est celle où ces améliorations ont été introduites la première.

La Pl. XIV, 4, 5 et 6, représente les feux d'affinerie de cet établissement.

Au-dessus du foyer F, on a construit trois fours à réverbères, C, D, E, placés à la suite l'un de l'autre. La flamme au sortir du foyer est d'abord

(1) Le travail du fer sera décrit seulement dans le second volume de cet ouvrage, nous avons cru néanmoins devoir joindre les essais de l'air chaud dans l'affinage, à son emploi dans les hauts-fourneaux, afin de réunir en un seul chapitre tout ce qui se rapporte au nouveau procédé.

attirée dans les fours à réverbère, puis se rend dans la grande cheminée de tirage en fonte, qui a environ 30 pieds de haut. Des portes P, P′, P″ correspondent à chacun des fours servant à la manœuvre.

Forme de l'appareil.

Immédiatement au-dessus du foyer d'affinage, on a construit une caisse en fonte K, composée de plusieurs compartimens, fig. 5. Cette caisse est léchée par la flamme et sert à chauffer l'air, lequel au sortir de la machine soufflante est envoyée dans cette caisse dont il parcourt successivement les compartimens et en sort pour se rendre à la tuyère T. Il atteint par cette construction très simple, une température de 180 à 200°. Auprès de la tuyère se trouve un système à robinets S, qui permet d'envoyer à volonté dans le foyer de l'air froid ou de l'air chauffé.

Les fours à réverbère servent à chauffer le fer et à le préparer aux différentes opérations qu'il doit subir. La plus haute température se produit dans le four C, puis vient le four D, enfin le four E. La température du four C n'est cependant pas suffisante pour produire la chaleur nécessaire pour souder les lopins provenant immédiatement de la division de la loupe; ces lopins sont réchauffés dans le foyer même; mais après cette première chaude et le martelage qui la suit, on les réchauffe dans le four C pour achever leur étirage et les amener à l'état de barres ordinaires. Le four D sert à étirer les barres ordinaires en petit fer et en verges. Il remplace parfaitement les petits feux qui sont maintenant tout-à-fait supprimés.

Dans le four E, on échauffe la fonte qui doit servir au prochain affinage. On la sort de ce four à une température rouge-cerise pour la mettre dans le foyer d'affinage.

L'opération est singulièrement abrégée par tous ces perfectionnemens, l'affineur n'étant plus gêné par l'étirage des barres qui devait se faire pendant le temps que la nouvelle fonte mettait à entrer en fusion.

Conduite de l'opération.

Pour exécuter l'affinage, on commence par nettoyer le creuset et le remplir de charbon incandescent. On sort du four E les morceaux de fonte que l'on met sur les charbons, on donne le vent chaud. La fusion marche très rapidement, elle dure à peine la moitié du temps qu'elle demandait dans l'ancienne opération à l'air froid. Quand la fonte s'est rendue au fond du creuset, on arrête le vent chaud et l'on donne le vent froid.

Pendant toute la période d'oxidation, on retourne plusieurs fois la loupe en la cassant en morceaux que l'on ressoude sous le vent de la tuyère. L'opération dure en tout quatre heures; elle a été abrégée d'une heure environ par les nouveaux perfectionnemens, et la consommation de combustible a été de beaucoup diminuée.

Anciennement, un quintal de fer affiné consommait moyennement 20 pieds cubes de charbon; actuellement, il en consomme seulement

14 ou 15. Si l'on tient compte en outre de l'économie de combustible que l'on fait par la suppression des petits foyers pour petit fer, on verra que cette économie est énorme, et que les nouveaux procédés sont destinés à relever complétement la fabrication du fer au charbon de bois.

Nous joignons ici un tableau des consommations et des produits de quatre feux d'affinerie de l'usine de Hammereisenbach pendant une semaine. Consommations.

Les deux premiers marchent avec tous les perfectionnemens. Les nos 3 et 4 sont des forges anciennes encore alimentées par de l'air froid.

La quantité de fer obtenue est trop faible et la consommation de combustible est trop forte dans ce tableau. Cela tient à ce que, pendant la semaine dont nous donnons les consommations, les feux d'affinerie ont eu à traiter une fonte blanche de très mauvaise qualité provenant des premières semaines de fondage du haut-fourneau qui, comme nous l'avons déjà dit, ont été très mauvaises.

Tableau des consommations et des produits de quatre forges de l'usine de Hammereisenbach, pendant une semaine.

Numéros des foyers.	Fonte affinée.	Charbon.	Nombre de jours.	Fer obtenu.	Un quintal fonte a donné fer.	Un quintal fer a brûlé charbon pieds cub.
Forges marchant à l'air chaud.						
I......	26106	261	14	17614	67,54	16,46
II.....	26858	275	16	19469	72,48	15,69
Forges marchant à l'air froid.						
III......	24764	319 $^1/_2$	17 $^1/_2$	17516	70,73	20,24
IV......	5750	113 $^1/_2$	10	5942	»	21,22

Usine de Laufen, en Wurtemberg. Nous citerons encore cette usine, comme un exemple de l'avantage qui est résulté de l'emploi de l'air chaud dans l'affinage du fer. Et comme on n'a rien changé aux dispositions des forges de Laufen (1), il est certain ici que toute l'économie de combustible est due à l'adoption du nouveau procédé.

Les feux d'affinerie et les petits foyers reçoivent le vent d'une trompe haute de 30 pieds. L'air, au sortir du réservoir est chauffé par la chaleur perdue du foyer, à une température de 160° Réaumur.

(1) Mémoire de M. Combes, sur le haut-fourneau de Sargans, *Annales des Mines*, 3e série, tome VI, page 462.

L'appareil est disposé de façon que l'on puisse lancer à volonté de l'air froid ou de l'air chaud sur le foyer. L'ouvrier amène de l'air froid quand il faut avaler la loupe, et qu'il a à travailler dans le foyer. Pendant le reste de l'opération, l'air est échauffé avant d'arriver dans la buse. Affinage

Voici quelle a été en 1835, la marche des feux d'affinerie où l'on traitait de la fonte de Plons obtenue au vent froid; dans la première semaine de 1835, les feux d'affinerie allant au vent chaud, $94^{q},17$ de fonte ont fourni $78^{q},62$ de fer en barres, en consommant 1,188 pied cubes de charbons tendres.

Ainsi, on a consommé pour obtenir 100 kil. de fer en barres : Consommations.

Fonte............	$119^{k},60$
Charbons tendres..	$30^{p.c.},2$

Le second feu d'affinerie produisit pendant une semaine du même mois de février, $71^{q},87$ de fer en barres, en consommant 86,62 de fonte et 1,092 pieds cubes de charbons tendres.

C'est pour 100 kil. de fer en barres une consommation de :

Fonte............	$120^{k},50$
Charbons tendres..	$30^{p.c.}40 = 118^{k},86$ environ.

Le troisième feu qui ne marche pas toute la semaine, a produit $53^{q},72$ de fer en barres, en consommant $65^{q},01$ de fonte et 828 pieds cubes de charbon, et par suite, pour 700 kil. de fer en barres :

Fonte..........	121 kil.
Charbon tendre..	30p. c.,80 = 120k.,40

Avantages sur l'ancien procédé.

Avant d'employer le vent chaud, on consommait en moyenne pour affiner, 100 kil. de fonte de Plons, 40 pieds cubes de charbon, et le produit hebdomadaire d'un feu n'était que d'environ 3,000 kil., au lieu de 3,600 à 3,900 de fer en barres qu'on obtient avec le vent chaud. On a donc réalisé une économie constante de un quart sur le combustible dépensé, en augmentant sensiblement la quantité du produit.

Emploi de l'air chaud dans les forges de maréchal.

Nous avons indiqué au commencement de ce chapitre que le premier essai de l'air chaud avait été fait par M. Nielson sur une forge de maréchal qui dépend de l'usine au gaz de Glasgow. L'appareil consiste en une double boîte en fonte, Pl. XIII, fig. 21, qui forme le sol de la forge, de sorte que l'air est chauffé par le foyer même de la forge ; l'air en arrivant par le tuyau F se rend dans le fond D de la boîte et ressort par la tuyère E, après avoir traversé les compartimens H et H'.

Air chaud appliqué aux forges de maréchal.

Nous avons vu marcher cet appareil, et M. Neilson a eu la complaisance de faire forger devant nous plusieurs barres de fer de différens calibres :

n'ayant pu faire d'essais comparatifs, nous avons seulement constaté que, dans cette forge, on travaillait le fer avec une grande facilité, mais nous ne possédons aucunes données sur les avantages résultant de ce procédé. Depuis deux ans l'appareil de Glasgow a été adopté à Paris, pour un grand nombre de forges de maréchal, et plus de cent cinquante feux marchent actuellement par ce nouveau procédé. M. Lecocq, ingénieur des mines, a fait chez MM. Jacquemard frères, serruriers à Paris, des expériences pour constater les avantages que l'application de l'air chaud a produit dans le travail des forges de maréchal; il résulte (1) de ces expériences, sur lesquelles nous allons donner quelques détails, qu'il y a une économie notable dans la main-d'œuvre et dans le déchet du fer. Quant à la consommation du combustible, elle n'éprouve pas de variation sensible par l'application de l'air chaud. Les avantages que nous venons de signaler ont augmenté avec la diminution dans le diamètre de la tuyère.

Expériences dans les forges de Paris.

Les expériences ont consisté à faire le soudage de barreaux de fer de $0^m,04$ d'équarrissage et un demi-mètre de longueur. Les barres de fer ont été pesées après et avant le soudage, pour qu'on pût évaluer le déchet.

La houille consommée a été également pesée avec beaucoup d'exactitude; un thermomètre

(1) *Annales des Mines*, 3ᵉ série, tome VI, page 37.

placé dans l'appareil a indiqué que la température de l'air chaud était de 200 à 205 degrés Réaumur.

Dans la première série d'expériences, on a fait treize soudures; le diamètre de la tuyère à l'air froid était $0^m,30$, et celle à l'air chaud était $0^m,33$.

Le tableau suivant indique les résultats comparatifs de ces premiers essais.

	Durée de la chauffe, pour chaque.	Temps du soudage, p. chaque.	Déchet du fer p. les 13.	Consommation de combustible p. les 13.
	minutes.	minutes.	kil.	kil.
Air froid.........	13,50	19	6,3	64,03
Air chaud........	10,50	13,50	5,7	65,50
Différences des quantités.........	3,00	5,50	0,6	1,47
Rapport des différ. aux quantités corresp. à l'air fr.	0,222	0,289	0,095	»

Dans la deuxième série, on fait également treize soudures; la seule différence a consisté dans le diamètre de la tuyère qui a été réduit de $0^m,30$ à $0^m,27$. La température était également de deux cents degrés environ.

Les résultats de ces essais sont consignés dans le tableau suivant :

	Durée de la 1re chaude pour chaque soudag.	Durée de la 2e chaude pour chaque soud.	Temps total du soudage pour chaque soudage.	Déchet du fer pour les 13 soudag.	Consommation de la houille pour les 13 soudag.
	min.	min.	min.	kil.	kil.
Air froid........	9,50	6,61	25,69	7,00	62,68
Air chaud........	7,08	5,58	19,12	4,60	63,20
Différences des quantités.......	2,42	1,03	6,57	2,40	0,52
Rapports des différ. aux quantités correspond. à l'air fr.	0,254	0,155	1,250	0,34	0,0082

Ce tableau montre que par l'application de l'air chaud, la durée du soudage des barreaux a été diminuée d'un quart; le déchet du fer de plus d'un tiers, et que la consommation de combustible est restée à peu près la même.

Remarques sur la nature des houilles employées dans les fourneaux alimentés par la houille crue.

On a dû remarquer, dans ce qui précède, que certaines houilles, celles du pays de Galles, sont employées en nature pour la fusion des minerais de fer dans les hauts-fourneaux alimentés par de l'air froid. Qu'un grand nombre d'autres, les houilles de Glasgow, par exemple, sont également susceptibles de servir à l'état cru lorsque les fourneaux marchent à l'air chaud : enfin que, pour quelques-unes, la transformation en coke paraît encore indispensable, quel que soit le procédé au moyen duquel on fabrique la fonte.

Pour apprécier les causes de ces différences si remarquables dans les propriétés des houilles, nous avons recueilli des échantillons de la plupart des charbons employés dans les usines dont nous avons parlé dans cet ouvrage. M. Berthier a eu la complaisance de les essayer au laboratoire de l'École des Mines, et nous transcrivons les résultats qu'il a eu la complaisance de nous communiquer.

Houilles employées, à l'état cru, dans les fourneaux du pays de Galles, marchant à l'air froid.

Houilles employées à l'état cru à l'air froid.

	Dowlais.	Cifartha.	Pen-y-Darran.
Charbon..........	0,795	0,784	0,768
Cendres..........	0,030	0,028	0,032
Matières volatiles..	0,175	0,188	0,200
	1,000	1,000	1,000

Houille de Dowlais. Elle est lamelleuse, se sépare en travers des couches par des plaques lisses et brillantes; cette houille se compose de deux parties distinctes : l'une brillante, se divise en petits fragments cubiques; l'autre complétement matte, dure, à cassure conchoïde, est en tout analogue au *cannel-coal ;* ces deux charbons ne se mêlent pas, ils forment, dans chaque couche, des petits lits plus ou moins puissans. La partie brillante est de beaucoup la partie dominante; la houille de Dowlais ne tache pas les doigts, elle se boursoufle très peu et ne colle pas; ses cendres sont complétement blanches.

Houille de Cifartha. Elle n'est ni schisteuse ni lamelleuse; elle est composée, comme la précédente, de la réunion de parties brillantes et de parties compactes noires, mélangées dans tous les sens, à la manière des cristaux de quartz et de feldspath dans un granite. Ces deux variétés de charbon se comportent très différemment; la variété éclatante se boursoufle et s'agglutine assez fortement, tandis que la partie terne est sèche et ne change pas de forme par son exposition au feu; c'est probablement ce mélange qui donne à la houille employée à l'usine de Cifartha, la propriété de résister plus que toute autre à l'action du vent et aux différens mouvemens qui ont lieu dans le fourneau. C'est en outre à cette circonstance qu'est due la friabilité qu'elle possède; mais le bitume, qui existe en assez grande abondance dans le charbon éclatant, agglutine les différentes parties de cette houille, et lui donne une grande solidité, une fois qu'elle a été exposée au feu (1).

(1) La propriété que présente la houille employée à Cifartha, a fait naître l'idée de se servir de l'anthracite

Houille de Pen-y-Darran. Elle est de même nature que la précédente. Seulement le mélange des parties ternes et des parties brillantes est moins intime.

Ces trois houilles proviennent du bassin houiller du pays de Galles; elles sont très sèches, et doivent cette propriété à l'excès de carbone qu'elles contiennent; elles sont analogues à la houille de Rolduc.

Houilles employées, à l'état cru, dans les fourneaux marchant à l'air chaud.

Houilles employees à l'etat cru à l'air chaud.

		Environs de Glasgow.			Staffordshire.	Derbyshire.	
		La Clyde.	Calder	Monkland. Works.	Tipton, près Wenesbury.	Butterley	Codnor. Park.
Charbon		0,644	0,510	0,562	0,675	0,57	0,515
Cendres		0,046	0,040	0,014	0,025	0,83	0,030
Matières volatiles.	Eau	0,005	0,039	0,115			
	Gaz	0,139	0,081	0,094	0,300	0,40	0,455
	Goudron	0,166	0,330	0,215			
		1,000	1,000	1,000	1,000	1,00	1,000

La *houille des environs de Glasgow*, employée

---

en le carbonisant légèrement avec de la houille très grasse. Ce procédé, sur lequel nous n'avons du reste aucun détail, a donné, nous a-t-on assuré, des résultats très satisfaisans, dans le travail des hauts-fourneaux.

dans les usines de la Clyde, de Calder et de Monkland-Works présente des caractères assez constans, et leur composition est très analogue, ainsi qu'il résulte du tableau précédent.

Ce charbon est généralement terne, un peu compacte, dur, ne se rompt pas entre les doigts. Il présente, dans la cassure en travers, une série de petites lignes qui lui donnent une apparence schisteuse, quoiqu'il ne possède pas réellement cette propriété. Il est très bien stratifié, et les morceaux se fendent en fragmens plats plus ou moins épais. Les surfaces de séparation sont presque toujours marquées pas de la matière charbonneuse noire, qui tache les doigts, et ressemble au charbon de bois par son aspect fibreux et sa couleur terne. Cette houille est fréquemment traversée par des filets extrêmement minces de chaux carbonatée, dont la direction est perpendiculaire aux couches; enfin on y distingue aussi quelques pyrites.

Des fragmens de houille de Glasgow soumis à l'essai, n'ont éprouvé qu'un léger ramollissement; ils se sont agglutinés sans changement de forme.

La *houille de Tipton*, qui alimente l'usine de MM. Lloyd et Forster, près de Wenesbury, est schisteuse; elle est composée de petits lits de quelques lignes d'épaisseur, séparés presque toujours par une couche extrêmement mince de matière charbonneuse noire, analogue au charbon de bois. Cette substance est tellement abondante, qu'il est rare de trouver un morceau de houille de Tipton, de 4 pouces d'épaisseur, qui ne présente une ou deux couches de cette matière friable. Ce charbon, éclatant dans sa cassure, se divise en petits fragments pseudo-réguliers; il est peu collant, et ne se boursoufle que légèrement.

Les houilles des environs de Derby se divisent en deux qualités principales, désignées sous les noms de *cherry-coal* et *soaft-coal;* la première, plus dure, résiste mieux à l'action du feu. Les hauts-fourneaux de Butterley, qui marchent à l'air chaud, consomment exclusivement du *cherry-coal*. Ce charbon est schisteux et présente des lignes noires ternes, qui lui donnent beaucoup de ressemblance avec la houille d'Écosse.

Le *soaft-coal*, employé principalement pour le chauffage des machines à vapeur et des fourneaux à puddler, sert aussi, à Codnor-Park, à la fusion des minerais ; ce charbon, assez éclatant et schisteux, se sépare en fragmens par la plus légère pression ; il contient des parties de cette matière charbonneuse, noire et friable, que nous avons déjà signalée plusieurs fois.

Malgré la perte considérable que ces deux charbons éprouvent par la distillation, ils ne changent presque point de forme ; ils se gonflent et collent à peine ; leurs cendres sont parfaitement blanches.

Houilles qu'il paraît nécessaire de transformer en coke pour les employer, même dans les fourneaux marchant à l'air chaud.

Houilles qu'il est nécessaire de carboniser.

	Birtly-Iron-Works, près de Newcastle.	Tyne-Iron-Works, Northumberland.	Apedale, près de Newcastle, Staffordshire.
Houilles...........	0,605	0,675	0,624
Cendres...........	0,040	0,025	0,035
Matières volatiles..	0,355	0,300	0,341
	1,000	1,000	1,000

La houille qui alimente les usines de Birtly et de Tyne-Works, provient des mines des environs de Newcastle Upon-Tyne; elle est éclatante, à la fois lamellaire et esquilleuse, ne tache pas les doigts, et ne s'écrase pas sous une légère pression. Cette houille, en général d'une grande pureté, ne contient ni veines de chaux carbonatée ni pyrites. Elle est très collante, se gonfle beaucoup par l'action de la chaleur, de sorte que le volume de son coke surpasse celui de la houille employée. On nous a assuré, à l'usine de la Tyne, qu'on avait essayé infructueusement de se servir de la houille de Newcastle sans la transformer en coke.

La houille d'*Apedale-Works* est lamelleuse, éclatante et esquilleuse, dans le sens des strates, et se divise en petits fragmens quadrangulaires.

Dans sa cassure en travers, elle présente de larges bandes, des espèces de rubans, entièrement unis et très brillans. Cette disposition tient à la superposition de petites couches de nature un peu différente; cette houille est très collante; elle gonfle au feu et donne un coke léger, argentin, mais très solide.

Si l'on compare la composition des différentes houilles que nous venons d'étudier, on reconnaît bientôt que,

Résumé sur la nature de la houille.

1°. Les houilles employées, à l'état cru, dans les fourneaux marchant à l'air froid, sont sèches, très carbonées, et constituent de véritables anthracites;

2°. Les houilles, comme celles d'Écosse et du Derbyshire, qui, quoique bitumineuses, servent à l'état cru, à la fusion des minerais de fer dans les hauts-fourneaux soufflés à l'air chaud, sont cependant encore des houilles sèches.

3°. Enfin, les houilles grasses, bitumineuses, collantes, qui changent de volume et se gonflent par l'action du feu, paraissent jusqu'à présent devoir être transformées en coke, pour donner des résultats avantageux dans le travail du fer.

Qualité de la fonte et du fer obtenus dans les usines qui marchent à l'air chaud.

Malgré une expérience de quatre ans, c'est encore un préjugé assez généralement répandu, que la fonte obtenue à l'air chaud est impropre à la fabrication du fer. Les nombreuses observations que nous avons faites, tendent à prouver que, pour la fonte de moulage, les produits des fourneaux marchant à l'air chaud, sont supérieurs à ce qu'ils étaient à l'air froid. Quant à la fonte destinée à la fabrication du fer, elle est également bonne, mais l'emploi de l'air chaud paraissant rendre les fontes plus carburées, il faut changer la marche du fourneau pour fabriquer cette espèce de fonte. Du reste, dans toutes les usines où nous avons vu produire ce genre de fonte, on ne mettait aucune différence entre l'ancien et le nouveau procédé.

Il serait à désirer que cette question si importante pût être décidée par des expériences directes; à leur défaut, nous allons rapporter les usages de ces différens produits, dans les arts, usages qui sont peut-être aussi concluans que des expériences.

Dans les usines des environs de Glasgow, on ne fait que du moulage; nous avons vu employer la fonte qu'elles produisent à la fabrication d'objets qui exigent à la fois une grande résistance et une grande ductilité, savoir : au moulage de *cylindres de machines à vapeur*, de *bouilleurs*, de *conduits pour le gaz*, et de différens *engrenages*, etc.

A Birtly, près de Newcastle, à Butterley, près de Derby, nous avons vu également couler des *cylindres de machines à vapeur*, des *tuyaux pour pompes élévatoires*, et des *fermes pour ponts en fer*.

Nous rappellerons que le fourneau de Torteron, qui dépend de l'usine de Fourchambault dans la Nièvre, donne, depuis qu'il est soufflé à l'air chaud, de la fonte grise qui se vend en concurrence avec les fontes anglaises.

Le fer fabriqué avec la fonte des fourneaux soufflés à l'air chaud, est aussi de très bonne qualité.

A Codnor-Park, près de Derby, ce fer est employé à la construction des *différentes pièces de machines à vapeur*, à la fabrication de *chaînes pour ponts suspendus*, de *tirans* et de *traverses* pour *ponts en fer*, etc.

Le fer produit à l'usine de la Tyne, près de Newcastle, est transformé en tôle forte pour la fabrication de *chaudières* de machines à vapeur, de *gazomètres*, etc.

A Wenesbury, le fer est aussi de bonne qualité, et sert aux usages qui exigent le plus de résistance.

Ces différens exemples prouvent qu'au moyen du procédé à l'air chaud, on peut, comme à l'air froid, obtenir des fontes de qualité supérieure pour le moulage, et des fontes propres à la fabrication du fer. Mais il ne faut pas en conclure que, par ce moyen, on puisse corriger les défauts qui résultent de la nature du minerai, ou de celui du charbon.

Température à laquelle on doit élever l'air chaud.

Il résulte des détails qui précèdent, que la substitution de l'air chaud à l'air froid dans le travail du fer, a presque constamment produit des avantages prononcés; dans quelques usines, comme en Écosse, ces avantages ont marché proportionnellement à la température de l'air : aussi l'économie de combustible, seulement de un tiers, quand l'air était chauffé à 147°, s'est élevée jusqu'à deux tiers, lorsque l'air eut atteint la température de 322° Réaumur.

Le haut-fourneau de Bachzimmer en Wurtemberg, a donné des résultats analogues; on pourrait peut-être croire que l'on peut élever indéfiniment la température, et que l'économie de combustible suivrait la marche ascensionnelle de la chaleur de l'air; mais si l'on réfléchit à la marche des fourneaux, on sera bientôt convaincu qu'il existe un *maximum* de chaleur qu'on ne peut dépasser sans inconvénient : en effet, à mesure que la température de l'air s'élève, ce gaz se dilate de plus en plus; on conçoit donc qu'il pourrait arriver que la dilatation fût telle, qu'il n'y aurait plus assez d'oxigène dans un espace déterminé, pour entretenir une combustion active. Ce *maximum* de température doit varier avec la nature du combustible, la pression de l'air, et enfin, avec les nombreux élémens dont se compose la marche d'un fourneau ; l'expérience seule peut l'indiquer, et ce n'est qu'après de nombreux essais, faits dans des conditions différentes, qu'on peut déterminer ce *maximum*. Il paraît varier dans des limites très larges, si toutefois les données qu'on a recueillies jusqu'ici sont exactes. Ainsi, en Écosse, il est supérieur à 312°; au haut-fourneau de Bachzimmer en Wurtemberg, on s'est assuré qu'au-delà de 300°, l'économie de combustible augmente encore, tandis qu'il paraîtrait qu'à la Voulte, la faible température de 180° produit l'économie la plus forte qu'on ait obtenue par l'introduction de l'air chaud.

Des causes probables de l'augmentation de chaleur et des changemens dans la marche des fourneaux, résultant de l'emploi de l'air chaud.

Nous avons fait remarquer plusieurs fois, dans ce chapitre, que la température des fourneaux marchant à l'air chaud paraissait supérieure à la température des fourneaux alimentés par un courant d'air froid ; tous les signes que l'on consulte ordinairement pour se guider dans le travail des hauts-fourneaux, se réunissent pour prouver cette assertion ; ainsi, il ne s'attache plus de scories au-dessus des tuyères ; la couleur du feu, dans cette partie du fourneau, est d'un rouge-blanc que la vue a peine à supporter ;

les scories, plus liquides, coulent avec facilité; la fonte plus chaude peut être moulée directement en objets délicats; la quantité de minerai mis à chaque charge est augmentée dans une grande proportion, tandis que la quantité de castine est moins grande. Cette diminution, dans la proportion de fondant, est à elle seule la plus forte preuve qu'on puisse donner de l'augmentation de température du fourneau; elle nous indique en effet que les matières terreuses éprouvent une chaleur assez grande pour entrer en fusion avec une faible addition de flux. Il est probable que c'est également à cet excès de température que l'on doit attribuer la faculté d'employer à l'état cru certains charbons, qu'il paraît indispensable de transformer en coke lorsque la température de l'air est peu élevée. Malgré ces preuves certaines de l'augmentation de chaleur produite par l'introduction de l'air chaud dans les hauts-fourneaux, nous ne pouvons cependant démontrer son existence d'une manière positive; mais on peut, jusqu'à un certain point, rendre raison de ce phénomène, en comparant ce qui se passe dans les hauts-fourneaux par l'arrivée constante de l'air, à ce qui a lieu lorsqu'on mélange deux liquides de températures différentes, on sait que le mélange prend une température moyenne. La comparaison que nous établissons est juste, quoique les hauts-fourneaux soient dans des circonstances très différentes de liquides, ayant une température donnée, parce que la chaleur se reproduit sans cesse par la combinaison du carbone et de l'oxigène. En admettant cette cause d'augmentation de chaleur, on supposera peut-être qu'elle est bien légère, attendu la grande différence qui existe entre la température d'un haut-fourneau et celle de l'air qui en alimente la combustion; différence que nous n'avons aucun moyen exact d'apprécier (1). Nous indiquerons, quelques lignes plus bas, que cette cause n'est pas aussi faible qu'on peut le penser. Mais il est une autre cause beaucoup plus puissante, et qu'il est impossible d'évaluer; elle résulte de combinaisons qui ne pouvaient pas se produire à la température ordinaire des hauts-fourneaux, et qui se développent par l'augmentation de chaleur due à la substitution de l'air chaud à l'air froid. Nous voyons constamment, dans nos laboratoires, des exemples de ce phénomène; des substances, qui ne sont attaquées qu'avec beaucoup de peine et de lenteur dans un acide à la température de l'atmosphère, se dissolvent avec facilité quand on chauffe légèrement la liqueur, et la combinaison qui se forme devient souvent elle-même une source puissante de chaleur. Le travail des hauts-fourneaux nous présente

(1) Plusieurs chimistes, et notamment M. Dumas, admettent que la température d'un haut-fourneau correspond environ à 1500° cent.

peut-être une circonstance semblable : le bitume et certains gaz qui ne pouvaient brûler à la température des fourneaux à l'air froid, entrent en ignition, par la faible augmentation de chaleur produite par l'introduction de l'air chaud; cette combustion développe peut-être à son tour cette haute température que nous observons dans les fourneaux alimentés par l'air chaud; le peu de fumée qui sort du gueulard de ces fourneaux, lors même qu'on y brûle de la houille crue, ainsi que la couleur de la flamme, nous autorisent à croire que le bitume, le gaz hydrogène, l'acide carbonique, etc., sont en grande partie brûlés. Cette supposition répond naturellement à l'objection qu'on pourrait faire que, même en admettant une certaine augmentation de température par l'introduction de l'air chaud dans le fourneau, il n'en résulterait pas nécessairement une diminution dans la consommation de combustible, puisque le charbon brûlé, en moins, dans le fourneau, devrait être brûlé, en plus, dans l'appareil destiné à chauffer l'air.

Nous avons annoncé que la quantité d'air lancée dans le fourneau, pouvait, à cause de sa masse considérable, avoir une puissance réfrigérante assez forte; cette masse d'air s'élevait, dans les usines d'Écosse, avant l'adoption du procédé à l'air chaud, à 2,800 pieds cubes par minute, ou en poids (1) à 124$^{kil.}$,779.

(1) Un mètre cube d'air = 1$^{kil.}$,3.

La quantité d'air lancée dans le fourneau par jour, s'élève donc à la somme de 179681$^{kil.}$,76, ou environ 180 tonnes.

La somme du charbon, du minerai et de la castine, ne dépasse pas 44 tonnes : le poids d'air lancé dans un fourneau est donc quadruple de celui des matières solides qui y sont jetées. On conçoit alors qu'une masse d'air aussi considérable, dont un cinquième seulement sert à la combustion, injectée dans le fourneau à 10°, température moyenne de l'atmosphère, doit produire un refroidissement beaucoup plus grand que lorsqu'elle possède une température de 322° cent.

Théorie de l'action de l'air chaud.

On peut calculer l'influence de l'introduction de l'air sur la chaleur développée à chaque instant par la combustion du charbon (1); mais il

(1) La chaleur spécifique de l'eau étant représentée par 1,0000, celle de l'air atmosphérique est égale à 0,2669; d'où il résulte qu'un gramme d'air à 322° cent., température à laquelle l'air chaud est lancé dans les hauts-fourneaux de la Clyde, éleverait 0$^{gr.}$,733 d'eau à 100°, en supposant l'air ramené à 10°; et comme la quantité d'air introduite à chaque minute dans le fourneau est de 124,779 grammes, la chaleur qui résulte de cette masse est représentée par 91,463 grammes d'eau élevés à 100°.

On charge actuellement dans le fourneau de la Clyde 16,400 kilogrammes de charbon par 24 heures, ou 23$^{k.}$,90 par minute, quantité qui, après la défalcation des cendres, de l'eau et des gaz qui s'échappent sans être brûlés, nous paraît impossible d'apprécier l'augmentation qui résulte des combinaisons nouvelles auxquelles donne lieu la combustion.

M. Berthier (1), en admettant les causes d'augmentation de chaleur que nous venons de signaler, explique ainsi les changemens que la marche des hauts-fourneaux éprouve par l'emploi de l'air chaud. L'air acquérant, par son échauffement, une grande augmentation d'énergie chimique, ainsi que cela se remarque pour tous les gaz, se dépouille, dès le premier moment, d'une plus forte proportion d'oxigène, et brûle par conséquent plus de charbon pour un même poids lorsqu'il a été échauffé, que quand il est froid. La température qui, dans un espace rempli de combustible, est proportionnelle à la quantité brûlée dans l'unité de temps, doit donc être, selon son hypothèse, beaucoup plus élevée dans le premier cas que dans le second. Si, comme tout porte à le croire, l'air chaud abandonne la

---

s'élève au *maximum* à $20^{k},30$; la combustion complète de cette quantité de charbon éleverait par minute 1,465 kilogrammes d'eau de 0° à 100°. L'augmentation de chaleur qui résulterait de la température de l'air à 322°, relativement à celle produite par la combustion du charbon, serait comme 92 : 1465, c'est-à-dire un seizième ; ce rapport est un *minimum*, la quantité d'oxigène n'étant pas suffisante pour transformer le carbone en acide carbonique.

(1) *Annales de Chimie*, tome LIX, page 277.

presque totalité de son oxigène à une hauteur peu considérable au-dessus de la tuyère, la combustion se trouve alors à peu près concentrée dans le creuset, et les parties supérieures ne sont échauffées que par le calorique dont se dépouillent les gaz provenant des parties inférieures.

Une haute température dans le creuset est toujours nécessaire, afin que le métal et le laitier puissent acquérir une grande liquidité et se séparer facilement l'un de l'autre; l'air chaud développant une combustion plus vive, ainsi qu'on vient de l'expliquer, on comprend facilement que cette haute température s'obtient avec une moins grande quantité de combustible que par l'introduction de l'air froid : le changement principal dans la marche d'un haut-fourneau résultant de l'air chaud, serait plutôt une distribution différente de la chaleur, que l'élévation de la température; et par cette nouvelle distribution, la température serait plus forte, là où elle est le plus nécessaire, c'est-à-dire dans la partie du fourneau où la fusion a lieu, tandis qu'elle serait plus faible dans la zone où la réduction s'opère.

M. Le Play, ingénieur des mines, a récemment présenté à l'Académie des Sciences, un mémoire sur la théorie des hauts-fourneaux, dans lequel il donne une explication des phénomènes de l'air chaud; M. Le Play établit d'abord que la réduction des minerais s'opère par l'action du gaz oxide de carbone, et que dans sa marche dans les hauts-fourneaux, l'air se dépouille successivement d'oxigène, de sorte qu'à une certaine distance de la tuyère, il est transformé entièrement à l'état d'oxide de carbone : il en résulte que, sous le rapport de leur réaction, les gaz qui existent dans les hauts-fourneaux forment deux zones distinctes; l'inférieure, contenant l'oxigène libre, est oxidante, tandis que la supérieure agit seulement sur les minerais par voie de réduction. C'est de la proportion de ces deux zones que résulte la marche des hauts-fourneaux; car si le minerai réduit arrive dans la zone oxidante avant d'être ramolli, et par conséquent d'avoir perdu la porosité qu'il possède, le fer se combine instantanément avec l'oxigène, le minerai est pour ainsi dire reproduit à son premier état d'oxidation, et la marche du fourneau est altérée. Il faut donc combiner les différens élémens dont on dispose dans les hauts-fourneaux pour abaisser la zone oxidante, afin que les minerais n'arrivent dans cette partie du fourneau que ramollis, et présentent le moins de surface possible à l'oxidation. L'emploi de l'air chaud favorise, suivant M. Le Play, cette circonstance, attendu que l'oxigène se combine plus facilement avec le charbon à mesure qu'il est lancé dans le fourneau; il en échappe moins à la combustion, et par suite la zone oxidante est abaissée; le minerai arrive donc à l'état pâteux dans l'ouvrage, et la séparation des laitiers et du fer métallique se fait sous les conditions les plus favorables, de sorte qu'il doit en résulter une économie de combustible.

La combustibilité du charbon de bois, de la houille et du coke, étant différente, il en résulte que la température à laquelle on doit élever l'air qu'on lance dans le fourneau, doit varier avec la nature du combustible : en effet, si l'explication que l'on vient de donner de l'influence de l'air chaud est exacte, il est évident qu'il suffit de chauffer l'air à une température telle, qu'il cède immédiatement tout son oxigène au combustible chauffé au blanc. Une plus forte chaleur ne produirait que de faibles avantages, qui seraient loin d'indemniser des dépenses qu'il faudrait faire; l'expérience seule peut indiquer la température la plus convenable à donner à l'air. Il paraîtrait, ainsi que nous l'avons déjà indiqué, que 150 à 200° cent. suffisent pour les hauts-fourneaux marchant avec du charbon de bois, tandis que pour les fourneaux alimentés à la houille, les résultats les plus favorables ont été obtenus à des températures supérieures à 300°.

Résumé. — Pour qu'on puisse mieux saisir les circonstances principales qui se rapportent à l'emploi de l'air chaud, nous croyons devoir les réunir en quelques lignes.

Marche du fourneau et nature de la fonte.

I. La substitution de l'air chaud à l'air froid, dans la fusion des minerais de fer, a été marquée, dans presque toutes les usines, par le changement immédiat dans la nature de la fonte, qui est devenue plus carburée. Les charges ont descendu plus lentement; mais on a accéléré leur marche en augmentant la proportion de minerai.

II. La fonte produite dans les fourneaux qui marchent à l'air chaud, est donc généralement grise et propre au moulage; néanmoins, ce procédé est employé avec avantage dans les usines, dont la fonte est toute ou en partie transformée en fer en barres (Codnor-Park, Tyne-Works, Wenesbury-Works, etc.); il est seulement nécessaire d'apporter des modifications dans les proportions de minerai et de charbon.

III. Dans le plus grand nombre des usines qui ont adopté le procédé de l'air chaud, il est résulté de ce changement une économie dans la consommation de combustible et de castine, ainsi que dans la dépense de main-d'œuvre et de frais généraux.

IV. La production de la fonte a généralement éprouvé une augmentation considérable.

V. En Écosse, ces avantages ont suivi la même progression que la température à laquelle on a chauffé l'air. Dans plusieurs usines de France, on a obtenu le *maximum* d'économie avec de l'air chauffé à 200°; il y a donc une température qu'on ne saurait dépasser sans inconvénient, et qui varie avec la nature du combustible.

VI. La quantité de combustible brûlé par jour

dans les hauts-fourneaux, a éprouvé peu de variation par le nouveau procédé : on consommait par jour, à la Clyde, 18 tonnes de coke pour obtenir 6 tonnes de fonte; maintenant, on brûle 19 tonnes de houille pour produire 9 tonnes de fonte.

VII. En Écosse, l'introduction du nouveau procédé a été accompagnée d'une diminution dans la quantité de vent nécessaire pour la combustion. A la Clyde, par exemple, la même machine soufflante qui desservait trois hauts-fourneaux avec difficulté, en souffle maintenant quatre. Il n'en a pas été de même en France, surtout pour les fourneaux alimentés au charbon de bois; presque tous ont exigé plus de vent que lorsqu'ils marchaient à l'air froid : cette circonstance varie avec la nature du combustible et la quantité qui en passe dans le fourneau par 24 heures.

VIII. Le mouvement de l'air éprouve de la résistance par la dilatation, et sa vitesse augmente dans une grande proportion; pour remédier à ces inconvéniens, on a élargi l'orifice des buses : leur diamètre a été généralement porté de 2 pouces à 2 pouces $\frac{1}{2}$ et 3 pouces.

Application de l'air chaud à l'affinage et aux forges de maréchal.

IX. Le procédé de l'air chaud appliqué à l'affinage du fer, a produit en Wesphalie une économie notable de combustible : ce même procédé, appliqué aux forges de maréchal, a diminué le déchet du fer, et a donné une économie sur la main-d'œuvre.

Relativement aux appareils.

X. Les appareils formés par la réunion d'un tuyau d'un grand diamètre qui reçoit l'air et de petits tuyaux dans lesquels il s'échauffe et se dilate, nous paraissent devoir être préférés aux appareils composés d'une série de tuyaux d'un grand diamètre; ils exigent peu de place, sont moins coûteux à établir, et consomment moins de combustible que ces derniers; en outre, la température n'est pas uniforme dans toutes les parties de ces appareils, et il se forme, presque toujours, un courant d'air moins chaud au centre des tuyaux.

XI. Pour diminuer autant que possible la vitesse de l'air soumis à l'action de la chaleur, et pour éviter la résistance due à sa dilatation, il est nécessaire que la surface des petits tuyaux soit plus grande que celle du gros tuyau qui reçoit l'air de la machine soufflante.

XII. La capacité intérieure de ces petits tuyaux doit être plus grande que le volume de l'air injecté constamment dans le fourneau ; l'air reste, par cette disposition, un certain temps dans l'appareil, et y acquiert une température élevée.

XIII. Par suite de cette dernière condition, les appareils placés au-dessus du gueulard paraissent peu avantageux pour les hauts-fourneaux à la houille; on ne peut leur donner des dimensions telles que l'air y séjourne quelque temps; pour remédier à cet inconvénient, on est obligé de faire passer de nouveau l'air à travers des chauffoirs placés près des tuyères.

XIV. Pour les fourneaux au bois, la température de l'air devant être moins grande que dans les fourneaux à la houille, et la quantité d'air à chauffer étant beaucoup moindre, on peut se servir avec avantage d'appareils placés au-dessus du gueulard.

Relativement aux charbons.

XV. Les houilles très riches en coke, qui sont sèches et anthraciteuses, peuvent être employées à l'état cru dans les hauts-fourneaux marchant même à l'air froid.

XVI. Les houilles qui contiennent une assez grande proportion de matières volatiles (30 à 35 p. 100), mais néanmoins qui sont peu collantes, et ne changent pas de forme par la combustion, peuvent également servir, sans être carbonisées, au travail des hauts-fourneaux, lorsque l'air est chauffé au-dessus de 300° cent.

XVII. Il paraît enfin que, pour les houilles grasses et bitumineuses, comme celles de Newcastle, propres à la fusion des minerais de fer, il est nécessaire, même avec le procédé de l'air chaud, de les transformer en coke.

DES FONDERIES

D'ANGLETERRE.

FOURNEAUX.

La fonte est refondue dans les *fourneaux à manche* et dans les *fourneaux à réverbère*. Introduction.

Les premiers ont l'avantage de donner de la fonte toutes les demi-heures ou toutes les heures, mais en petite quantité : on doit donc les employer dans le moulage des poteries et des petits objets. Les autres peuvent contenir une grande quantité de fonte liquide à la fois, et doivent nécessairement servir dans le moulage des grosses pièces.

Toutefois, d'après M. Karsten, il existe des fourneaux à manche qui peuvent aussi contenir des quantités considérables de fonte. Dans quelques fonderies, à Londres, dit ce savant métallurgiste, on emploie des cubilots qui ont $2^m,15$ de hauteur, $0^m,90$ de largeur et qui sont pourvus de quatre tuyères placées l'une au-dessus de l'autre, de sorte qu'on peut retenir dans le foyer 3500 kilogrammes de fonte.

Fourneaux à la Wilkinson.

Forme, dimensions, mode de construction.

La forme intérieure des fourneaux à la Wilkinson ou cubilots varie peu; elle est toujours cylindrique ou plutôt un peu conique. Leur hauteur est de $4\frac{1}{2}$ à 7 pieds (1^m,37 à 2^m,13). Le plus souvent, dans le Staffordshire, ils ont 5 ou 6 pieds. Le diamètre varie de 1 pied (0^m,304) à 20 pouces et même 2 pieds (0^m,608); quelquefois la forme intérieure est carrée ou rectangulaire; le plus souvent, ces fourneaux ont deux tuyères, placées sur des faces opposées. On ménage, en outre, des trous à diverses hauteurs, dans lesquels on puisse placer les buses, à mesure que le fourneau s'emplit de fonte, et lorsque l'on désire obtenir une assez grande quantité de métal à la fois. L'intérieur du fourneau est en briques réfractaires et l'extérieur est toujours garni de fortes plaques de fonte. Les cubilots sont le plus souvent surmontés d'une cheminée assez haute en briques; on ménage seulement une ouverture pour le chargement dans la face postérieure de la cheminée, et l'on établit ordinairement une petite plate-forme, sur laquelle l'ouvrier monte pour verser dans le fourneau la fonte et le coke.

Emploi de la flamme perdue pour le chauffage d'une machine à vapeur.

Nous avons vu à Birmingham, un fourneau à manche dont la flamme est employée à chauffer une chaudière de machine à vapeur. La chaudière repose sur une voûte demi cylindrique, horizontale, qui s'étend jusque sur le gueulard;

cette voûte est ouverte à une des extrémités, afin qu'on puisse charger le fourneau; à l'autre extrémité aboutit une cheminée verticale. Le tirage fait incliner la flamme du côté de la cheminée, en sorte qu'elle passe tout entière sous la chaudière.

Le travail des fourneaux à manche est très simple et n'exige aucun soin: il consiste à tenir le fourneau plein de coke, et à charger par dessus les morceaux de fonte; celle-ci est en petites gueuses de $1\frac{1}{2}$ à 2 quintaux ($76^k,12$ à $101^k,49$); on les casse en quatre ou cinq morceaux pour les jeter dans le fourneau. Travail.

Le plus souvent on ajoute à la fonte une petite quantité de calcaire, environ 12 pour 100 de son poids. Le calcaire, par la chaux qu'il contient, enlève le soufre et le phosphore que la fonte peut renfermer. D'un autre côté, d'après des expériences que l'un de nous, M. Coste, a faites en France, la castine, ajoutée à la fonte dans des cubilots, la blanchit quelquefois en hâtant trop la fusion. Addition de calcaire.

On arrête le soufflet pendant la coulée. La quantité de vent donnée à un fourneau à manche est très variable et de cette quantité dépend principalement le produit des fourneaux; aussi voit-on des fourneaux peu différents par leurs dimensions l'être beaucoup par la quantité de leurs produits. La pression du vent est en général de $1\frac{1}{2}$ à 2 livres. Quantité de vent.

Déchet.

Le déchet de la fonte dans les fourneaux à manche est de 5, 6 ou 7 pour 100 (1).

Consommation en combustible.

La consommation de coke est ordinairement de 25 à 30 pour 100 du poids de la fonte. Elle s'élève quelquefois à 50 pour 100 lorsque le coke n'est pas de première qualité.

Voici des détails sur quelques fourneaux.

Fourneaux de Londres.

Dans une fonderie de Londres, un four à manche de $3^{m},20$ de hauteur sur $0^{m},95$ de largeur, recevait le vent d'une machine soufflante de la force de quatre chevaux. La machine donnant 40 coups par minute, envoyait à chaque coup $20^{m.c.},691$ d'air; mais en faisant abstraction de $\frac{1}{5}$ pour les fuites et pour la quantité perdue par les clapets, il reste pour chaque révolution $16^{m.c.},559$ d'air sous la pression de $\frac{1}{7}$ d'atmosphère ou environ 2 livres par pouce carré. On passait dans ce fourneau une tonne par heure en brûlant 220 kilogrammes de coke par tonne.

De Manchester.

Chez MM. Fairbairn et Lillie, à Manchester, les fourneaux à la Wilkinson ont 7 pieds de hauteur et 2 pieds de diamètre intérieur. Ils sont ronds, construits intérieurement en briques et entourés de fortes plaques de tôle réunies par

---

(1) M. Karsten dit que ce déchet peut s'élever jusqu'à 25 p. 100; mais ce cas ne paraît se présenter que fort rarement, lorsque la fonte et le coke sont de mauvaise qualité; car dans les nombreuses usines que nous avons visitées, nous n'avons trouvé aucun cubilot dont le déchet dépassât de 7 à 8 p. 100.

des boulons. Le vent, dont le pression monte jusqu'à 3 livres, est donnée par deux buses, chacune d'environ 1 $\frac{1}{4}$ pouce de diamètre. On n'y passait que de vingt à vingt-cinq tonnes en soixante heures, ce qui fait de deux tonnes à deux $\frac{1}{2}$ tonnes en six heures; mais on nous a dit que l'on pouvait aisément augmenter beaucoup cette quantité de produit fondu. Le coke dont on se servait dans cette usine était un coke pesant. D'après les livres que l'on a eu l'extrême obligeance de nous laisser consulter, on en consommait 32 livres pour 112 livres de fonte, ce qui fait un peu plus de 28 pour 100; mais ce nombre correspond au travail d'une semaine, et l'on arrête le fourneau chaque jour. On brûlerait moins de combustible si le fondage n'était pas ainsi interrompu.

Dans une autre fonderie de Manchester, les fourneaux étaient semblables à ceux que nous venons de décrire. La pression du vent était de 1 $\frac{1}{2}$ à 2 livres par pouce carré, le déchet de 7 à 7 $\frac{1}{2}$ pour 100. On passait de trois à trois tonnes et demie en six heures, et la consommation de coke était de 30 livres pour 112 livres de fonte.

A Stourbridge, près de Dudley, on nous a assuré que des fourneaux n'ayant que 4 pieds de hauteur passaient deux tonnes et demie en six heures. De Stourbridge.

A Newcastle-sur-Tyne, un fourneau de 6 $\frac{1}{2}$ pieds de hauteur, rectangulaire, ayant 22 pouces de côté sur 30, fondait, nous a-t-on dit, une De Newcastle.

tonne par heure. Cette production semble considérable; mais nous ferons observer que ce fourneau recevait le vent de deux buses ayant chacune 3 pouces de diamètre.

De Glasgow.

A Glasgow, on emploie des fourneaux de 7 pieds de hauteur et de 2 à 2 $\frac{1}{2}$ pieds de diamètre. Nous n'avons pu recueillir aucune donnée exacte sur leurs produits et consommations.

Dans l'expérience qu'a faite M. Coste, le fourneau avait 4 pieds de hauteur et recevait tout le vent que l'on donne habituellement, en France, à un haut-fourneau à charbon de bois; on ne pouvait passer cependant que 303 livres de fonte par opération de 45 minutes, ce qui ne fait que 24 quintaux en six heures.

Fourneaux à réverbère.

Avantages respectifs des fourneaux à double et simple voûte.

Les fourneaux à réverbère servant à refondre la fonte sont de deux espèces, à *simple et à double voûte*. Les fourneaux à double voûte sont généralement employés dans le Staffordshire. La fonte s'y réunissant après la fusion dans un espace étroit et profond, offre moins de surface à l'oxidation que dans les fourneaux ordinaires. Aussi trouve-t-on que ces fourneaux donnent moins de déchet que les autres. En outre ils consomment un peu moins de combustible et comme la fonte se rassemble dans le voisinage du foyer elle est plus liquide. Les fourneaux à simple voûte sont généralement en usage dans le pays de Galles; dans le Yorkshire et en Écosse, ils sont même préférés; ce qui peut tenir à ce que les fourneaux à double voûte sont d'une construction difficile.

Les *fig*. 5 et 6, Pl. XVI, donnent les dimensions exactes d'un fourneau à double voûte, employé à l'usine de Horseley, près de Dudley. On se sert de briques d'une forme particulière à la jonction des deux voûtes. La *fig*. 7 représente une de ces briques; elles ont 3 pouces 6 lignes d'épaisseur; les autres dimensions sont données par le dessin; les autres briques ont 9 pouces de longueur, 4 pouces 6 lig. de largeur, 2 pouces 6 lig. d'épaisseur. — Fourneau à double voûte de Horseley.

La cheminée à 45 pieds de hauteur.

Ce fourneau a trois ouvertures : une près de la cheminée pour charger la fonte; elle a 1 pied 11 pouces de hauteur et 2 pieds 1 pouce de largeur; elle est fermée par une porte en briques, bâtie dans un châssis de fonte. La seconde est en face du bassin dans lequel la fonte se rassemble, elle sert à nettoyer, à réparer le fourneau et à couler: elle est fermée par un mur de briques pendant l'opération; elle a 3 pieds 4 pouces de hauteur et 1 pied 4 pouces de largeur. Enfin, la troisième porte est celle de la grille; elle a 9 pouces $\frac{1}{2}$ de largeur et 10 pouces $\frac{1}{2}$ de hauteur.

Les figures 1, 2, 3 et 4, représentent un autre fourneau à double voûte, dessiné dans le Staffordshire.

Nous avons vu, à Stourbridge, des fourneaux à — De Stourbridge.

double voûte, dont les dimensions sont à peu près les mêmes que celles du fourneau précédent; la grille est carrée et a 4 pieds ($1^m,22$) de côtés. La longueur du fourneau, du pont à la cheminée, est d'environ 8 pieds ($2^m,44$). La hauteur du pont au-dessus de la grille est de 1 pied 8 pouces, et du pont à la voûte de 1 pied 10 pouces: trois fourneaux ont une cheminée commune, de 8 pieds de diamètre à la base et de 80 à 100 pieds (21, 37 à 30, 46) de hauteur. Cette cheminée est destinée à servir à un plus grand nombre de fourneaux.

Produit et déchet.

On peut fondre dans chacun de ces fourneaux de trois tonnes et demie à quatre tonnes de fonte à la fois. On brûle une demi-tonne de houille par tonne de fonte: le déchet est de 10 pour 100. On a trouvé, dans la même usine, que la consommation de houille était à peu près la même dans les fourneaux à simple voûte, mais que le déchet était de 12 et demi pour 100.

Fourneaux à simple voûte de Glasgow.

Nous avons vu, à Glasgow, des fourneaux à simple voûte, dont la sole est fort inclinée, et au moyen desquels on peut couler une quantité considérable de fonte à la fois: les gueuses sont chargées à différentes reprises. La sole a une pente de 18 pouces ($0^m,45$) du pont à la cheminée sur une longueur de 6 pieds 6 pouces ($1^m,98$). La distance du pont à la voûte est de 13 à 14 pouces.

La cheminée a 30 pieds ($9^m,15$) de hauteur.

Le travail de la fusion ne présente rien de particulier. Le plus souvent, on a soin de chauffer le fourneau pendant une heure et demie, avant d'introduire la fonte, afin de fritter la sole. Par suite de cette précaution, le déchet est peut-être un peu diminué, la fonte étant moins long-temps exposée au courant qui traverse le fourneau. Travail.

On fond environ une tonne de fonte par heure, on consomme une tonne de houille pour fondre la première tonne de fonte, et ensuite le fourneau étant échauffé, une demi-tonne de houille par tonne de fonte.

Les fourneaux à sole très inclinée comme celui de Glasgow sont loin d'être avantageux. A la fonderie de canons de Liége, en Belgique, l'habile officier, directeur de l'établissement, M. le major Frédérics, après avoir essayé des fourneaux à réverbère de différentes formes et dimensions, a donné la préférence au fourneau représenté en coupe et plan (fig. 8 et 9, Pl. XVI). Fourneaux à simple voûte de Liége.

La sole est presque horizontale, le fourneau est assez grand pour contenir jusqu'à 4500 kilogrammes à la fois.

On avait d'abord imaginé pour diminuer l'oxidation de la fonte, d'approfondir le bain, mais il en résultait une grande différence de température entre les couches inférieures et les couches supérieures du bain. On est parvenu à se préserver autant que possible de l'oxidation tout en conser- Moyen pour diminuer l'oxidation.

vant une sole presque horizontale et procédant de la manière suivante.

Avant de charger et d'allumer le fourneau on étend sur la sole une couche de grosses escarbilles qui proviennent du chauffage même du fourneau. Après le chargement lorsque le fourneau est en feu, le coke s'allume, rougit, élève la température intérieure, accélère la fusion des matières, puis il recouvre la fonte liquide et la préserve de l'oxidation. Ainsi non-seulement l'emploi du coke a permis de diminuer l'inclinaison de la sole, il a encore rendu la température près de la coulée beaucoup plus élevée, et l'on a pu couler la fonte aussi chaude qu'on le désirait, ce qui est très important pour la solidité des pièces. Dans cette seconde fusion la fonte ne subit aucun blanchiment. Elle reste grise.

Déchet.

Le déchet et les carcas sont beaucoup moindres. Il n'y a presque pas de déchet et les carcas qui montaient auparavant à 12 ou 15 pour 100 ont diminué de plus de moitié.

Consommation en combustible.

La consommation en combustible a été aussi très sensiblement réduite. Pour obtenir 100 parties de fonte liquéfiée on consommait avec les anciens fourneaux de 80 à 90 kilogrammes de houille. Avec les nouveaux, la consommation ne dépasse guère 55 à 60 kilogrammes.

Disposition de trous de coulée.

Comme les couches supérieures du bain sont toujours plus chaudes que les couches inférieures, on a ménagé deux trous de coulée à deux hauteurs différentes ; en sorte qu'on peut former la culasse des canons et le tonnerre avec la fonte qui a le plus haut degré de liquidité. Il est évident que cette partie du canon où se fait l'explosion est celle qui exige le plus de tenacité. Dans la fonderie on a trois exemples de canons dont les culasses ont éclaté lors des épreuves parce qu'elles provenaient de fonte qui n'était pas assez liquide. Quand le tonnerre est formé avec la fonte très liquide sortant du trou de coulée supérieur, on débouche le trou inférieur et les fontes inégalement chaudes se prolongent pour former le reste de chaque pièce.

Nous n'avons pu, en visitant les fonderies de l'Angleterre, nous y arrêter assez de temps pour examiner avec soin les méthodes de moulage ; nous rattacherons seulement à cet article quelques renseignemens sur un genre de fabrication intéressant que nous avons étudié dans deux fonderies différentes, l'une située à Oldbury, près de Birmingham, et l'autre à Glasgow, en Écosse.

FABRICATION DES POTS ÉTAMÉS.

On emploie en Angleterre une poterie de fonte étamée beaucoup plus légère et plus propre que la poterie ordinaire de France. Le procédé de fabrication est très simple.

Nous n'entrerons pas dans les détails du moulage des pots ; ils sont faits avec une fonte très Moulage.

grise que l'on fond dans des fourneaux à manche : on les coule dans des moules de sable mélangé d'une petite quantité de houille. Les produits sont remarquables par leur peu d'épaisseur.

Recuit.

Avant d'être étamés, les pots doivent être d'abord recuits, puis polis intérieurement. L'opération du recuit se fait dans un fourneau ressemblant à un four de verrerie. La grille occupe le milieu du fourneau ; son plan est un peu audessous de deux banquettes latérales, sur lesquelles on dispose les vases contenant les pots à recuire, mélangés avec de la poussière de houille. Ces vases sont placés sur des chariots, qui consistent en un plateau en briques, construit dans un châssis de fer et porté sur quatre roues de fonte ; ils sont introduits dans le fourneau par deux grandes portes, fermées, pendant l'opération, par une maçonnerie en briques enveloppée d'un châssis de fer, et mobile au moyen d'une chaîne passant sur une poulie.

Les vases contenant les pots à recuire sont en fonte; ils ont environ 5 pieds de hauteur et 2 pieds 6 pouces de diamètre à la partie supérieure. Nous ne savons pas le temps que dure une opération.

Moyen pour arrondir les pots.

Un certain nombre de pots ne sortent pas ronds du moulage. Pour leur donner la forme convenable, on les porte au rouge dans un petit fourneau à réverbère; puis on fait entrer dans chacun d'eux, à frottement, au moyen de quelques coups de marteau, un cercle de fer bien rond, ayant le calibre du pot. Ce cercle est fixé à l'extrémité d'un manche, et porte une saillie, qui empêche qu'il n'entre trop profondément dans le pot.

Les pots sont polis extérieurement avec une lime et intérieurement avec des ciseaux : on place le fond du pot dans une boîte de bois, où il n'est maintenu que par le frottement; cette boîte est fixée à un tour, auquel on peut donner un mouvement plus ou moins rapide au moyen d'une lanière de cuir que l'on fait passer à volonté sur des treuils de différens diamètres. On dispose, en avant du tour, une pièce horizontale en fonte, percée de plusieurs trous. L'ouvrier place à volonté dans l'un quelconque de ces trous une cheville de fer, contre laquelle il appuie le manche du ciseau, qui lui sert à polir le fond et les parois du pot. Polissage.

A Glasgow, au lieu d'employer une boîte de bois, on fixe les pots au moyen de quatre vis de pression, dont les écrous font partie d'un cadre en fonte, recevant le mouvement d'un tour.

L'étamage consiste à chauffer les pots de fonte sur un petit foyer semblable à celui d'un maréchal, à fondre l'étain dans le pot même que l'on veut étamer, à incliner ce pot dans tous les sens, de manière que l'étain fondu en mouille toutes les parois; puis à frotter ces parois avec un morceau de sel ammoniac, que l'on tient à l'extré- Étamage.

mité d'une tenaille : tout cela dure fort peu d'instans. On coule l'excès d'étain dans une autre pièce à étamer, et l'on plonge de suite dans l'eau le pot qui a reçu l'enduit. L'étain présente alors une sorte de cristallisation : on le polit en le frottant avec un peu de sable fin.

Les pots sont vernis extérieurement.

En Angleterre on se sert de ces pots pour remplacer dans les cuisines les casserolles en cuivre que l'on voit en France. Dans ce cas on leur ajoute un manche, qui n'est autre chose qu'une douille en fer terminée par une patte à deux oreilles au moyen desquelles on fixe la douille sur les pots avec deux clous rivés et dont les têtes sont aussi étamées du côté de l'intérieur des vases.

Prix des pots étamés.

Un de ces pots de la contenance de 290 centimètres cubes environ, a coûté à Birmingham, vendu au détail six pence et demi, ce qui fait 65 centimes de notre monnaie.

Émaillage de la fonte.

L'étamage n'étant pas très durable, on a imaginé de recouvrir l'intérieur des vases en fonte d'un verre ou émail moins susceptible de se détruire. L'une des plus grandes difficultés était d'obtenir un émail qui pût résister aux effets de la différence de dilatabilité avec le métal et qui ne fût pas attaquable par les acides faibles.

Émaillage de la fonte en Angleterre.

On a fait à Birmingham plusieurs essais pour émailler la fonte. Nous avons même vu des plaques de fonte qui avaient servi à ces expériences. Mais on n'a pas réussi et aujourd'hui on se borne dans les usines anglaises à étamer les vases culinaires.

En France les fonderies d'Alsace et de Franche-Comté ont fabriqué des pots émaillés; mais soit que l'émail ne fût pas solide, soit qu'il contînt des substances nuisibles (1) à la santé, soit plutôt que le prix élevé de ces vases empêchât de les vendre ce genre de fabrication n'a pas obtenu de très grands succès. Émaillage de la fonte en France.

En Allemagne, au contraire, on livre au commerce une immense quantité de pots émaillés. Au Hartz, en Saxe, et en Silésie, les fabriques trouvent dans le débit qu'elles en ont la source de grands bénéfices. Le procédé que l'on tient secret dans les usines n'est connu que par la description qui en a été donnée par M. Karsten dans le second volume de la seconde édition allemande de sa *Métallurgie du fer*. Bien que cette description soit incomplète, nous pensons qu'elle trouvera convenablement place à la suite des renseignemens que nous venons de donner sur la fabrication des pots étamés. Pots émaillés en Allemagne.

En Silésie où le procédé d'émaillage paraît être meilleur que dans aucune autre partie de Description du procédé de Silésie.

(1) Un morceau d'émail français, que nous avons essayé, contenait du plomb; nous ignorons si c'est une propriété commune à tous les verres employés en France, pour l'émaillage des pots.

l'Allemagne, on se sert de deux émaux différens, l'un qui s'applique immédiatement sur la fonte et l'autre qui forme une seconde couche plus unie.

Pour préparer le premier on vitrifie dans un creuset de la silice pure (quartz calciné et pulvérisé) avec du borax fondu. Le produit qui en résulte est réduit en poudre fine et mêlé avec de l'eau à laquelle on ajoute de l'argile bien dégagée d'oxide de fer et une très petite quantité de feldspath et l'on broie le tout sous des meules horizontales tournant dans une cuve contenant de l'eau.

M. Karsten n'indique pour aucun de ces verres les proportions des éléments qui les constituent.

Lorsqu'on veut émailler le pot, il faut commencer par en égaliser la surface intérieure aussi bien que possible. Il serait trop coûteux de les tourner ou de les aléser. On ne réussirait aussi qu'imparfaitement en les frottant avec des pierres de grès, alors même qu'on communiquerait le mouvement à des meules au moyen de machines, parce qu'on risquerait de ne pas enlever toute la rouille et les feuilles de graphite déposées dans les cavités de la fonte. On décape donc ces pots simplement au moyen de l'acide sulfurique étendu d'eau. On les lave ensuite immédiatement avec de l'eau chaude puis avec de l'eau froide et l'on se dépêche d'appliquer l'émail avant que la surface soit de nouveau recouverte de rouille.

Le premier émail, préparé ainsi que nous l'avons dit, est versé avec des cuillères dans le vase de fonte. On tourne ensuite le vase sens dessus dessous de manière que l'émail ne s'accumule pas dans le fond, mais s'étende uniformément; puis au bout de quelques instans, on le relève et l'on agite au-dessus un tamis contenant de la poussière sèche du second émail qui s'attache à la couche encore humide du premier.

Enfin on place le pot sous une moufle et on le chauffe jusqu'au rouge-blanc.

Épreuve des pots émaillés en Silésie.

L'émail de Silésie est très résistant; nous avons soumis ici un pot que nous avions rapporté de Gleivitz à diverses épreuves qui ont eu les résultats les plus satisfaisans.

Procédé suivi au Hartz.

Il paraît qu'au Hartz on suit pour l'émaillage des pots en fonte un procédé à peu près semblable à celui de Silésie; mais, d'après des renseignemens qui nous ont été communiqués à Clausthal, nous croyons qu'on mêle un peu d'oxide de plomb à l'émail.

Nécessité d'éviter l'oxide de plomb, comme fondant.

En Prusse on avait jadis employé aussi l'oxide de plomb comme fondant. Quoique au premier abord il puisse sembler que dans l'état de combinaison où il se trouve dans l'émail cet oxide ne présente aucun danger pour la santé des personnes qui se servent des pots émaillés, le gouvernement éclairé par l'expérience en a défendu l'usage.

MACHINES EMPLOYÉES DANS LES FONDERIES.

INTRODUCTION.

Introduction. Les machines anglaises jouissent d'une réputation méritée. Elles doivent leur supériorité à l'excellente qualité des fontes douces que fournissent les hauts-fourneaux de la Grande-Bretagne, à la perfection des machines-outils employées pour les fabriquer, et aussi à l'habileté que les ouvriers anglais ont acquise en répétant fréquemment les mêmes opérations. Assurés de nombreux débouchés, les Anglais ont pu monter leurs établissemens sur une échelle immense, n'épargner aucune dépense pour améliorer leur outillage ; et ils se sont partagé le travail de telle façon, que souvent on voit une immense usine, en Angleterre, occupée presque exclusivement à la fabrication d'une certaine espèce de machines : telles sont, par exemple, l'usine de MM. Fawcett et Preston, à Liverpool, où l'on s'est adonné spécialement à la fabrication des machines de bateaux ; celle de M. Stephenson à Newcastle, d'où sortent principalement des machines locomotives ; celle de M. Price, à Neath-Abbey, consacrée à la fabrication des machines soufflantes et beaucoup d'autres.

En France, nous sommes placés dans des circonstances beaucoup moins favorables. Nos fonderies, malgré les droits élevés qui pèsent sur les fontes anglaises, en tirent encore une certaine quantité de l'Angleterre, pour mélanger avec les fontes françaises; et ce n'est que depuis fort peu d'années que l'activité des commandes a permis d'introduire dans nos fabriques l'outillage coûteux, sans lequel on ne peut cependant obtenir des produits de première qualité.

Nous allons jeter un coup d'œil sur ces machines-outils, si utiles dans les fonderies.

Les principales sont connues sous le nom de *machines à tourner, à forer* et *aléser*, *à planer*, *à faire des vis*, *à découper le fer*. Ce serait nous écarter de notre but, et augmenter considérablement l'étendue de cet ouvrage que de décrire avec détails chacune de ces machines. Nous nous bornerons à en tracer l'esquisse.

Machine à tourner.

La fig. 1, Pl. XVII, représente la disposition d'un grand tour pour fileter et tourner des surfaces parallèles à son axe, des ateliers de Fox, à *Derby*. Ensemble de la machine.

Les pièces principales de cette machine sont :

1°. Un banc ou établi en fonte A, qui porte la poupée fixe C, et la contre-poupée mobile D, entre lesquels est placé l'objet à tourner, comme nous l'indiquerons plus loin.

2°. Un chariot E, qui porte l'outil, et qui glisse sur deux rails en fer B, B, attenant au banc. La contre-poupée peut aussi glisser sur un rail ; on la déplace pour fixer l'objet à tourner ; mais elle reste dans une position invariable pendant le travail, tandis que le chariot marche continuellement avec l'outil, dans un sens ou dans l'autre.

3°. Des poulies à plusieurs gorges F, D′, etc. ; des roues dentées J, M′, M″, H, etc. ; des pignons D, U, etc. ; des guides RR′, etc., pour imprimer le mouvement de rotation à l'objet, et celui de translation à l'outil.

Mécanisme pour donner le mouvement de rotation.

Nous allons décrire d'abord le mécanisme qui donne le mouvement de rotation.

F est une poulie à six gorges de différens diamètres, correspondant par une courroie avec une poulie semblable, qui doit être posée sur un arbre de couche, de manière que le plus grand diamètre de l'une corresponde au plus petit diamètre de l'autre ; l'arbre de couche reçoit le mouvement d'une machine à vapeur ; et l'on obtient six vitesses différentes par le seul changement de place de la courroie. Cette poulie F est folle sur l'arbre G du tour, c'est-à-dire qu'elle peut se mouvoir sans déterminer le mouvement de l'arbre. Une roue de champ I fait corps avec la poulie F, et par conséquent est entraînée avec elle dans le mouvement que lui imprime la courroie ; cette roue I engrène avec une roue de champ J. La roue J fixée ainsi que la roue d'angle M′ à un axe creux ou manchon, tournant librement sur l'axe K, communique son mouvement à cette roue M'. Au moyen du pignon d'angle M, la roue M'' tourne en sens contraire de la roue M'; elle est folle sur l'axe K, sur lequel le pignon N est calé; mais au moyen d'un manchon à griffe O, tournant avec l'axe K, susceptible de glisserentre les roues M' et M'', on peut embrayer avec l'une ou avec l'autre de ces roues, en sorte que le pignon N participe à volonté du mouvement de l'une ou de l'autre, et par conséquent tourne à volonté dans un sens ou dans l'autre. Ce pignon N engrène avec la roue H, qui tourne indépendamment des poulies F, et qui, par conséquent ne participe à leur mouvement que par l'intermédiaire des roues I, J, M'' ou M', et du pignon N. Un levier PP, dont le point d'appui est en R, sert à manœuvrer le manchon à griffes.

Communication du mouvement de rotation au tour et à l'objet à tourner.

Après avoir donné au tour le mouvement de rotation convenable, il s'agit de communiquer ce mouvement à la pièce que l'on veut tourner. Cette transmission s'effectue au moyen de pièces appelées *mandrins*. L'arbre du tour qui est creux, est terminé par une vis qui sert à fixer le plateau mandrin, porteur de l'écrou (*voy*. fig. 2). Un axe cylindrique C, dont l'extrémité conique est d'acier fortement trempé, forme saillie sur la plaque. Cet axe passant dans le vide de l'arbre creux du tour, ne partage pas le mouvement de la plaque. Un autre arbre C' semblable est fixé à la contre-poupée. L'objet à tourner est serré entre les deux pointes des arbres C et C', comme on le voit sur la figure. Quelquefois, lorsqu'il est sujet à balotter, on le supporte entre la poupée et la contre-poupée, au moyen de *lunettes* munies de crapaudines en bois, dans lesquelles on fait passer la pièce.

On communique le mouvement du mandrin à l'objet de diverses manières.

Le plus souvent le plateau-mandrin porte un boulon; ce boulon, au premier tour de la machine, vient frapper un toc (pièce que l'on fixe à l'aide d'une vis à la pièce à tourner), et lui communique son mouvement. D'autres fois, lorsque la pièce à tourner présente des parties planes sur son contour, on établit la communication au moyen d'un morceau de fer carré et courbé à angle droit, dont l'une des extrémités entre dans une ouverture carrée faite au mandrin, et dont l'autre extrémité s'appuie sur la partie plane de la pièce à tourner, de manière que cette dernière, dont l'axe de rotation est invariablement déterminé, est forcée de prendre le mouvement du mandrin.

Enfin, on peut aussi serrer la pièce à tourner dans un collier, au moyen de vis, et rendre ce collier solidaire avec le plateau-mandrin.

Voyons maintenant comment on imprime le mouvement au chariot.

Mécanisme pour donner le mouvement de translation au chariot porte-outil.

Sur le devant du tour on a placé un arbre RR', sur lequel peut glisser en tournant avec l'arbre une virole S (fig. 1 *bis*) en fonte, dont la partie extérieure est filetée et s'engage dans les dents d'une roue T. Cette virole est d'ailleurs liée invariablement au chariot E, de manière à en suivre tous les mouvemens. Sur l'axe de la roue T est un pignon U, qui engrène avec une roue V énarbrée avec un pignon X. Ce pignon X engrène avec une crémaillère Z adhérant au banc du tour ; et comme l'axe A′ tourne dans des coussinets qui sont attachés au-dessous du chariot, il l'entraîne dans son mouvement à droite ou à gauche. La vis S accompagnant le chariot dans son mouvement en glissant sur l'arbre RR′, engrène constamment avec la roue T. Le chariot avance plus ou moins rapidement, suivant que le pignon tourne plus ou moins vite. On peut obtenir un grand nombre de vitesses différentes, en combinant des roues et des pignons de différens diamètres.

Au *maximum* de vitesse, l'arbre du pignon X fait 7 révolutions par minute, au *minimum* une demi-révolution. Nombre de révolutions par minute.

Quand on veut tourner des cylindres, le chariot avance de $0^{m},001$ par révolution.

Lorsqu'on veut faire prendre au chariot E une autre position, afin de travailler dans une autre partie de la longueur du banc, on doit pousser le plateau B′ vers le banc du tour ; ce plateau étant fixé sur le même axe que le pignon U, ce dernier désengrène la roue T, alors le mouvement de la vis S ne pouvant plus se communiquer au chariot E, ce dernier reste immobile, et l'on peut faire agir la manivelle C′ sur l'axe de laquelle se trouve le pignon X, engrenant avec la crémaillère Z, et l'on déplace ainsi le chariot en le faisant avancer dans le sens de la longueur du banc, à droite ou à gauche, suivant le côté choisi pour faire agir la manivelle.

L'arbre RR′ reçoit son mouvement d'une poulie à trois gorges placée sur un arbre de couche, qui le transmet par une courroie à la poulie D′, qui est calée sur l'arbre d'un pignon engrenant avec la roue E′. Ce pignon est placé sous la roue E′.

Outils.

G′ est le porte-outil. L'outil est le plus ordinairement une barre d'acier ayant la forme d'un parallélépipède rectangle, ayant environ $0^{m},02$ carré de base et $0^{m},324$ de longueur. L'extrémité tranchante est allongée en pyramide rectangulaire et un peu recourbée. L'ouvrier forge lui-même, trempe et affûte ses outils; il donne au tranchant des formes différentes, suivant l'effet qu'il se propose de produire. En général, ces outils n'entament la pièce à tourner que sur une très petite partie, et cette partie en contact avec le tranchant de l'outil, doit être en raison inverse de la dureté de la matière à entamer.

Vitesse du tour.

Quant à la vitesse du tour, elle doit être moins grande pour tourner une pièce en fonte que pour en tourner une en fer de même dimension. C'est pour le cuivre que l'on prend la plus grande vitesse.

Lorsque la pièce montée sur le tour est en fer forgé et qu'elle a environ $0^m,080$ à $0,100$ de diamètre, le tour doit faire vingt révolutions par minute. Pour tourner de plus grosses pièces, telles que les corps de pompe, les pistons, les couvercles de cylindre, etc., des pièces en fonte d'environ $0^m,360$ de diamètre, le tour ne fait que cinq révolutions à la minute. Ce nombre de révolutions doit diminuer à mesure que le diamètre des pièces augmente.

La force de deux chevaux de vapeur suffit pour faire produire à ce tour, son maximum d'effet utile. Force nécessaire.

Lorsqu'on n'emploie que des tours de petites dimensions pour des objets volumineux, souvent l'outil n'est pas fixé sur un chariot comme dans le tour que nous venons de décrire; l'ouvrier le tient à la main, l'une des extrémités étant forgée et affûtée convenablement pour entamer l'objet, l'autre pénètre dans un manche. Dans les outils français, le manche est ordinairement en bois, et l'on y enfonce avec force la barre épointée; il en résulte que lorsque l'outil est neuf le manche est très éloigné du tranchant, et qu'il s'en rapproche à mesure que l'outil s'use. Cette variation dans la longueur du levier à l'extrémité duquel agit l'ouvrier, peut être nuisible à l'uniformité du travail, et on l'a complétement évitée dans les outils anglais. Outils pour le tour de petite dimension.

Dans les outils anglais, la tige de l'outil n'est pas fixée dans le manche par son extrémité; elle peut glisser dans une rainure que présente ce manche, et on l'y fixe dans la position que l'on juge convenable, au moyen d'un crampon dont la tige traversant un petit bras adapté perpendiculairement au manche est terminée par une vis, de manière qu'en y adaptant un écrou on peut, en le tournant dans un sens ou dans l'autre, fixer ou rendre libre l'outil (*Voy.* fig. 3, Pl. XVII).

L'ouvrier appuie son outil sur un support (fig. 5, Pl. XVII) : ce support doit pouvoir se placer dans toutes les positions possibles. On remplit cette condition au moyen de trois mouvemens : un mouvement vertical que le support peut prendre en l'enfonçant plus ou moins dans le porte-support et le fixant dans la position convenable au moyen d'une vis de pression V, et deux autres mouvemens horizontaux que peut prendre le porte-support. Le premier, parallèle aux poutres-jumelles qui forment établi ; le deuxième, perpendiculaire au premier. Une vis terminée par un grand anneau qui passe sous la table, sert à fixer le porte-support.

Tour en l'air.

La suspension de l'objet à tourner sur les deux pointes de la poupée et de la contre-poupée, est incompatible avec certaines opérations de tournage. Ainsi l'on ne pourrait avec le tour ordinaire tourner un plateau, forer, aléser une pièce ; il faut renoncer au point d'appui qu'offre la contre-poupée, et fixer invariablement au mandrin la pièce à tourner. Les tours prennent alors le nom de tours en l'air ; nous allons décrire une de ces machines fabriquées comme le tour ordinaire dont nous avons parlé dans les ateliers de Fox à Derby.

Les pièces principales de ce tour (fig. 4, Pl. XVII) sont : Ensemble de la machine.

1°. Un banc en fonte AAAA, composé de deux rails sur lesquels sont fixés les poupées B et B';

2°. D'un arbre porté sur les poupées B et B', et auquel est assujetti le plateau mandrin;

3°. D'un chariot porte-outil O;

4°. De poulies, roues dentées, etc., pour donner le mouvement au plateau-mandrin et au chariot.

Mécanisme pour imprimer le mouvement de rotation au tour.

Le mouvement de l'arbre de couche communiquant directement avec la machine à vapeur, se transmet au plateau-mandrin au moyen de la poulie D, à six diamètres différens fondus du même jet avec les deux pignons F et F'. Cette poulie est folle sur l'arbre BB', c'est-à-dire qu'elle peut céder au mouvement que lui transmet l'arbre de couche sans déterminer celui de l'arbre du tour BB'. Les deux pignons F et F', engrènent avec la roue G de 81 dents ou avec celle G' de 68 dents, suivant la vitesse que l'on veut obtenir. Ces roues sont calées à demeure, l'une sur l'axe en fer II'; l'autre sur l'axe HH'. Ces deux arbres portent à leur extrémité I et H, deux pignons, l'un de 11 dents et l'autre de 17, lesquels engrènent une denture pratiquée intérieurement sur le derrière du plateau-mandrin, et donne le mouvement à la pièce que l'on doit tourner. Le plateau-mandrin est vissé sur l'arbre; la pièce à tourner est solidement fixée à ce plateau.

Mécanisme pour imprimer le mouvement de translation à l'outil.

Le chariot porte-outil est susceptible de recevoir deux mouvemens, l'un parallèle à l'axe du tour, et l'autre perpendiculaire à cet axe.

Pour lui donner ces mouvemens, on a fixé à l'extrémité de l'arbre du tour, une poulie qui renvoie le mouvement de cet arbre BB' par l'intermédiaire d'une courroie à un tambour plein, sur un arbre de couche parallèle à cet axe et placé au-dessus. Ce tambour correspond par une autre courroie avec la poulie à trois gorges K. Cette poulie donne le mouvement à l'arbre LL', sur lequel elle est fixée, et le transmet au moyen du pignon d'angle P' et de la roue de 50 dents à l'axe MM', qui passe au-dessous du chariot. Cet axe MM' est fileté dans une partie de sa longueur, et s'engage dans un écrou solidaire avec le chariot. On voit, par conséquent, que le mouvement de cet axe détermine celui du chariot dans une direction perpendiculaire à l'axe du tour; ce mouvement est celui qui convient pour dresser des surfaces de plateau ou des cercles de piston.

L'arbre de couche dont nous venons de parler, porte un autre tambour qui correspond par une courroie à la poulie N fixée sur l'arbre RR'. Cet arbre transmet son mouvement par l'intermédiaire du pignon P, et la roue de 80 dents à l'axe S qui est fileté dans une partie de sa longueur, et qui s'engage dans un écrou solidaire avec le chariot O. Cet axe fait prendre au chariot un mouvement parallèle à l'axe du tour; c'est celui qu'on imprime pour tourner intérieurement des parties cylindriques.

Machine à forer et aléser.

On distingue les machines à aléser dans lesquelles l'axe du cylindre à aléser est horizontal, et celles dans lesquelles il est vertical.

Machines à alésoirs horizontaux.

Nous avons vu à Glasgow, une machine de la première espèce qui est très ingénieusement construite; en voici la description sommaire :

AA′ (fig. 1, Pl. XVIII) est la coupe verticale d'un arbre cylindrique d'environ 1 pied de diamètre, et AA′ (fig. 2), la coupe horizontale du même arbre. Deux cannelures cylindriques d'un $\frac{1}{2}$ pouce de hauteur environ, s'étendent à la partie supérieure et inférieure de cet arbre suivant toute sa longueur. Elles sont représentées par les rectangles *ab* et *a′b′* (fig. 1), et *ab* (fig. 2). Dans chacune de ces cannelures est logée une vis d'environ 1 pouce de diamètre; les deux vis sont représentées (fig. 1), par *ef* et *e′f′*, et (fig. 2) par *ef*. Alésoir de Glasgow.

CC′ est une bague en fonte, la fig. 3 représente la coupe de cette pièce par un plan DD′ perpendiculaire à l'axe de l'arbre AA′; on voit que la bague est percée d'un trou qui a exactement la forme et les dimensions de cet arbre, en sorte qu'elle peut aisément s'emmancher sur l'arbre. S et S′ sont des trous cylindriques taraudés intérieurement, dans lesquels passent les vis. La bague CC′ porte à sa circonférence les ciseaux alésoirs fixés comme à l'ordinaire.

La fig. 4 représente une coupe de l'appareil par un plan EE′ fig. 1, perpendiculaire à l'axe du grand arbre; *vv′*, fig. 1 et 4, sont deux roues portées sur les arbres des vis; NN′, fig. 1 et 4, est une grande roue dentée engrenant intérieurement avec les deux roues *v*, *v′* et extérieurement avec deux autres roues LL′, fig. 4.

L'alésoir travaillant, le grand arbre AA′ reçoit le mouvement de rotation d'une machine à vapeur au moyen de poulies en échelons, sur lesquelles passe une courroie. On peut, au moyen de cette poulie, faire varier la vitesse à volonté; la grande roue dentée NN′ est maintenue fixe par des crampons *k* et *k′*, fig. 1, et les petites roues *vv′* entraînées par l'arbre tournent en parcourant les dents intérieures. De cette manière, les vis elles-mêmes tournent sur leur axe, et la bague CC′ qui leur fait écrou parcourt une ligne droite de A′ en A ou de A en A′.

Les roues LL′ servent à faire glisser la bague dans une position quelconque à main d'homme. La machine à vapeur est alors arrêtée, ou au moins son mouvement a cessé de se transmettre à l'alésoir. On donne à la grande roue dentée la faculté de tourner autour de son axe, et l'on imprime le mouvement aux roues dans un sens ou dans l'autre, suivant que l'on veut faire avancer ou reculer la pièce porte-outil.

Le cylindre à aléser MM′ est fixé aussi solidement que possible, sur un socle. La fig. 1 en représente la coupe.

Moyen de communiquer le mouvement de translation au porte-outil employé à Chaillot.

Dans la plupart des fonderies de Paris, et dans plusieurs fonderies d'Angleterre, l'arbre de l'alésoir est solidaire avec une vis unique à filets carrés qui a le même axe et en forme le prolongement; cette vis tourne dans une écrou; si cet écrou était fixe, toutes les fois que la vis ferait un tour, l'arbre de l'alésoir et la pièce du ciseau fixée à cet arbre avanceraient ou reculeraient de la longueur d'un pas de vis. Or, l'épaisseur de la vis est trop considérable pour que les couteaux puissent enlever à chaque tour autant de matière, chaque filet devant avoir à peu près $0^m,012$; on devait donc chercher un moyen de retarder cette marche pour la mettre en harmonie avec la puissance des couteaux. On a résolu la question d'une manière fort ingénieuse (1), en communiquant au moyen d'un système de roues dentées, un mouvement de rotation à l'écrou moins rapide que celui de la vis. Il arrive alors que pour chaque

(1) M. Edwards père a imaginé et appliqué, pour la première fois, cette disposition, dans la fonderie qu'il possédait avec Woolf, à Londres, et dans son usine de Chaillot.

tour de vis, celle-ci n'avance plus d'un pas complet comme si l'écrou était fixe; elle n'avance que d'une longueur qui est au pas complet de la vis, comme la différence de vitesse de la vis et de l'écrou est à la vitesse de la vis.

Il semble d'abord qu'il eût été plus simple de faire une vis à pas très courts, mais on a craint qu'une vis de cette espèce n'eût pas une force de pulsion suffisante à beaucoup près. Il fallait une vis résistante à filet carré : cependant chez M. Bury à Liverpool, la pièce porte-outil reçoit son mouvement d'une seule vis à pas très court qui tourne dans un écrou fixe.

Alesoir de Newcastle.

A Newcastle-sur-Tyne, dans la fonderie de MM. Robert Stephenson, Longridge et compagnie, nous avons vu une machine à alésoir horizontal dans laquelle le mouvement de translation était également communiqué par une seule vis. L'arbre-écrou était intérieurement fendu dans toute sa longueur; c'est dans sa partie évidée que la vis qui lui était concentrique était logée, et elle était solidaire avec la pièce des ciseaux, qui, lorsqu'elle tournait, glissait sur l'arbre de l'alésoir, sans que cet arbre eût un autre mouvement que celui de rotation.

Alésoir de Manchester, chez MM. Fairbain et Lillie.

A Manchester, chez MM. Fairbain et Lillie, les ciseaux sont fixés à l'arbre de l'alésoir dans une position invariable; celui-ci tourne sur son axe, et c'est le cylindre à aléser qui reçoit le mouvement horizontal de translation.

La roue O (fig. 5, Pl. XVIII), au moyen d'une roue d'angle F, imprime le mouvement circulaire à un arbre vertical FF', et cet arbre, au moyen d'une vis sans fin V, engrenant avec une roue dentée, fait tourner une vis V', dont l'axe est horizontal. Le socle P, auquel est attaché le cylindre à aléser, forme écrou à la vis, et avance ou recule, suivant que celle-ci tourne dans un sens ou dans l'autre.

Alésoir chez MM. Sharp et Roberts.

Chez MM. Sharp et Roberts, également à Manchester, le mouvement de va et vient est imprimé au cylindre et l'outil n'a qu'un mouvement de rotation. Le mouvement est donné au cylindre au moyen d'une crémaillère horizontale, engrenant avec une roue dentée mise en communication par des engrenages. Dans quelques usines on emploie aussi ce moyen pour donner le mouvement de translation à la pièce porte-outil.

Autre alésoir de Manchester.

Dans une autre fabrique de Manchester, on a des alésoirs de différentes espèces, verticaux et horizontaux. Les alésoirs horizontaux sont employés pour les gros cylindres; dans ceux-ci, c'est la pièce des ciseaux qui a le mouvement de translation horizontal; elle le reçoit d'après l'ancienne méthode, au moyen de contre-poids agissant par l'intermédiaire de pignons et de crémaillères.

Alésoir chez MM Fawcett et Preston.

Chez MM. Fawcett et Preston à Liverpool, on se sert d'alésoirs du même genre.

Alésoir de Lowmoor.

A Lowmoor, dans le Yorkshire, on emploie pour l'alésage des gros cylindres, des alésoirs horizontaux ; l'arbre est creux intérieurement et fendu suivant une de ses arètes. Une cheville passant dans cette fente, lie la pièce des ciseaux à un nouvel arbre concentrique au premier, et d'un diamètre un peu moindre que celui du vide intérieur : ainsi l'arbre principal, la pièce des ciseaux et le cylindre intérieur tournent en même temps. L'arbre intérieur a de plus un mouvement de translation horizontal qui lui est communiqué par un système de contre-poids à l'aide d'engrenages.

Dans la même usine et à Bowling également dans le Yorkshire, nous avons vu des machines pour forer et aléser les canons, tout-à-fait semblables.

Petits alésoirs horizontaux de Manchester.

Chez MM. Fairbain et Lillie, et dans une autre fonderie de Manchester, il existe des alésoirs horizontaux pour de très petits objets, construits de la manière suivante :

Le cylindre à aléser est solidement attaché à une plaque *abcd*, fig. 6, qui avance horizontalement; cette plaque porte en-dessous un pignon *ef* engrenant avec une crémaillère *hi*, et énarbrée avec une autre roue dentée *ik*, que fait tourner une vis sans fin portée sur un arbre *ll'*. Cet arbre *ll'*, reçoit un mouvement de rotation par l'intermédiaire d'un système d'engrenage de l'arbre des ciseaux, qui lui-même est en communication directe avec celui de la machine à vapeur.

Les alésoirs à vis sont aujourd'hui généralement préférés aux alésoirs à contre-poids, parce que ceux-ci exigent la présence continuelle d'un ouvrier auprès de la machine, pour relever le contre-poids. Le travail des alésoirs à vis est d'ailleurs plus régulier. Supériorité des alésoirs à vis sur ceux à contre-poids.

Chez MM. Fawcett et Preston, une machine à vapeur de douze chevaux faisait marcher l'alésoir pour les gros cylindres dont nous avons parlé, et cinq tours pour tourner les gros arbres. Elle peut imprimer le mouvement à tous les appareils à la fois. Force nécessaire pour faire marcher les alesoirs.

Nous avons déjà donné quelques chiffres sur la vitesse qu'il convient d'imprimer aux outils avec lesquels on tourne la fonte. En général, les outils qui servent à travailler la fonte dans les machines à forer et aléser aussi bien que dans celles à tourner, ne doivent pas avoir une vitesse dépassant une certaine limite; autrement ils s'échaufferaient rapidement et se détremperaient. Cette vitesse pour la fonte au tranchant de l'outil, ne doit pas excéder 6 à 8 centimètres par seconde. Dans le grand alésoir de l'usine de Chaillot, décrit dans le Bulletin de la Société d'Encouragement (année 1823), la pièce porte-outil n'avance que de 0,00033 par tour, et il y a trois burins qui fonctionnent. Il en résulte que chaque burin n'enlève qu'un neuvième de millimètre à chaque tour. Vitesse qu'il convient de donner aux outils.

Machines à alésoirs verticaux.

On emploie, à l'usine de Bowling, dans le Yorkshire, un alésoir vertical, dont nous allons donner la description.

Alésoir de Bowling.

ABCD (fig. 7, Pl. XVIII) est un arbre vertical en fer, susceptible seulement de tourner sur son axe. Le rectangle NN′ est la coupe du porte-burin. Cette pièce porte une petite saillie qui pénètre dans une rainure rectangulaire de peu de profondeur, pratiquée suivant une arète de l'arbre. Elle peut ainsi glisser le long de cet arbre, tout en participant à son mouvement de rotation.

Soit (fig. 8) la coupe horizontale par un plan PP′. Dans une partie de l'épaisseur de la pièce des ciseaux s'étend une rainure circulaire *ff′*, (fig. 8) laissée en blanc dans la figure. Deux tiges *t* et *t′* (fig. 7), surmontées de deux crémaillères M et M′, traversent cette fente, et entrent dans un anneau vide circulaire de plus grand diamètre. Elles supportent le porte-burins au moyen de deux écrous *e* et *e′* que l'on introduit dans une ouverture *mopq*. On voit que par cette disposition, les deux tiges partagent avec la pièce des ciseaux le mouvement de translation verticale que lui imprime la pesanteur, tandis que cette pièce ne les entraîne pas dans son mouvement de rotation.

L'arbre principal ABCD reçoit le mouvement

d'une roue horizontale RR', placée à la partie inférieure du même axe, qui engrène avec une autre roue dentée énarbrée avec une poulie à échelons, sur laquelle passe un cuir sans fin ; ce cuir sans fin établit la communication avec un autre arbre mis directement en mouvement par la machine à vapeur.

Les crémaillères engrènent avec les roues dentées placées en K et K', et liées par un arbre horizontal à des systèmes de roues dentées placées en Q. Celles-ci portent un contre-poids P, que l'on augmente ou diminue à volonté, afin de régler l'effet de la pesanteur sur la pièce des burins. On se sert d'un système d'engrenage, au lieu d'un treuil simple, afin de pouvoir employer un contre-poids plus léger.

Dans une fonderie de Manchester, dont nous avons fait connaître les alésoirs horizontaux employés pour aléser les gros cylindres, on se sert, pour les cylindres de moyennes dimensions, d'un alésoir vertical. En voici la description :

Une roue dentée A (fig. 9) et un plateau B sont portés sur un même arbre. Le cylindre à aléser est solidement fixé au plateau B.

La roue A recevant le mouvement de la machine à vapeur, le communique au plateau B et au cylindre à aléser.

Les ciseaux sont fixés à un arbre C.

Cet arbre, terminé dans sa partie supérieure par une vis qui tourne dans un écrou fixe, a deux mouvemens : l'un de rotation autour de son axe, l'autre de translation vertical.

Le porte-burin et le cylindre à aléser tournent en sens contraire. L'arbre C reçoit son mouvement de l'arbre *ab*, au moyen d'un système d'engrenage qui n'est pas représenté sur la figure.

Chez MM. Fawcett et Preston, on emploie, pour les objets de moindre dimension, la machine à forer et aléser que nous allons décrire.

Petits alésoirs verticaux de Liverpool.

L'outil est fixé à un arbre AB (fig. 10) attaché par son extrémité supérieure à une crémaillère, indépendamment de laquelle il peut tourner. Cette crémaillère reçoit un mouvement de translation vertical d'un pignon *ab*, porté sur un arbre horizontal. L'ouvrier placé en *g*, au moyen d'un mécanisme convenable, fait marcher un pignon en *f*, et modère ainsi l'action de l'outil.

Le mouvement de rotation est imprimé à l'arbre AB, tantôt par les roues dentées C et N, tantôt par les roues C' et N'.

Une rainure *hl h'l'* s'étend de *h* en *h'* sur l'arbre AB. En passant une cheville *p* ou *p'* dans une ouverture ménagée dans un bourrelet de la roue C ou de la roue C', et l'enfonçant dans la rainure, on fait participer à volonté l'arbre AB au mouvement de rotation de la roue C ou à celui de la roue C'; mais ces roues soutenues par des collets *n* et *n'* attachés à un montant fixe de la machine, ne suivent pas les mouvemens de translation de l'arbre AB, qui glisse librement dans ces collets.

L'outil EE' est fixé en B à l'arbre AB par une cheville qq' ; FF' est le cylindre à forer ou à aléser, porté sur un socle.

Il est évident qu'on ne peut pas se servir des roues C et C' en même temps. Lorsque, au moyen des chevilles p et p', l'une d'elles communique son mouvement de rotation à l'arbre AB, l'autre doit être folle. On emploie l'une ou l'autre, suivant que l'on veut donner à l'alésoir un mouvement de rotation plus ou moins rapide.

L'arbre MM' reçoit son mouvement immédiatement de la machine à vapeur.

On peut éviter l'emploi du double système de roues dentées, et varier cependant la vitesse de rotation de l'arbre qui porte l'outil, en communiquant le mouvement à l'arbre HH', au moyen d'un cuir sans fin passant sur une poulie à échelons.

Dans d'autres machines à forer et aléser, la poulie à échelons est placée sur l'arbre même de l'alésoir. C'est ce qui a lieu dans la machine représentée (fig. 11). La tige du foret ou alésoir est suspendue par une chaîne qui passe dans la gorge d'une poulie fixée au plafond de l'atelier. Autres alésoirs verticaux.

Cette chaîne porte un contre-poids qui fait équilibre au poids de l'outil. L'arbre, au moyen d'une languette pénétrant dans une rainure, reçoit le mouvement de rotation de la poulie, qui, retenue par un collet, ne participe pas au mouvement de translation communiqué à l'arbre.

C'est l'ouvrier qui, agissant avec le pied, donne au foret le mouvement convenable de haut en bas. Au moyen d'un système de leviers coudés, il fait tourner un axe sur lequel s'enroulent deux chaînes métalliques, dont les extrémités sont fixées à la partie supérieure de l'arbre du foret, et abaisse ainsi le foret. La palette, que l'ouvrier presse du pied lorsqu'il veut produire cet effet, doit être dans sa position naturelle, inclinée à l'horizon. Elle se relève d'elle-même, lorsque l'ouvrier cesse de la presser.

L'ouvrier place la pièce qu'il veut percer, sur une table en fonte solidement fixée, et il lui suffit, généralement, de la tenir avec les deux mains pendant que le foret agit.

Machine à forer de Newcastle.

Dans l'usine de M. Robert Stephenson, à Newcastle, on emploie, pour forer des trous dans des plaques épaisses, la machine suivante.

ABCD (fig. 12), est un cadre qui peut glisser de haut en bas ou de bas en haut, dans des rainures pratiquées le long des piliers verticaux AC et BD. On lui imprime le mouvement au moyen d'un levier et d'une grande roue FE, avec pignon et crémaillère.

HIKL est un cylindre avec deux collets HK et H'K', qui le forcent à suivre le cadre dans son mouvement de translation; l'arbre NN', carré de N' en N, et pénétrant dans un trou de même forme et de mêmes dimensions, percé dans le cylindre HIKL, lui communique en outre un mouvement de rotation.

L'outil est fixé en IL, et l'arbre horizontal *ab* porte, outre la grande roue EF, une petite roue à rochets, qui n'est pas indiquée dans la figure.

Deux machines semblables sont placées à côté l'une de l'autre, et reçoivent le mouvement de rotation de la même roue R.

Alésoirs pour de très petits objets.

Dans les machines à forer et aléser de très petits objets, le mouvement de haut en bas est communiqué à l'arbre des alésoirs, en pressant sur l'extrémité supérieure de cet arbre, au moyen d'un levier. Quatre de ces petits alésoirs sont disposés symétriquement autour d'une colonne verticale; ils sont mis en mouvement, deux à deux, par des cuirs sans fin. Quatre becs à gaz sont attachés à la colonne verticale placée au centre, et le gaz circule dans l'intérieur de cette colonne, qui est creuse.

Avantages respectifs des alésoirs horizontaux et verticaux.

Dans les alésoirs horizontaux, le poids de la pièce à tourner agissant perpendiculairement à son axe, tend à la déformer. Cet inconvénient n'existe pas dans les alésoirs verticaux; cependant, ceux-ci sont beaucoup moins répandus que les premiers pour l'alésage des gros objets. Ce qui paraît tenir à ce qu'ils sont plus difficiles et plus coûteux à établir.

Machine à raboter ou planer les métaux.

La machine à raboter les métaux, employée seulement depuis quelque temps dans les fonderies, sous le nom de *machine à planer*, supplée, avec un grand avantage, au travail de la lime. Elle produit des surfaces parfaitement régulières, en même temps qu'elle dresse les pièces métalliques soumises à son action.

Machine à planer de Fox.

Voici la description abrégée d'une de ces machines, provenant des ateliers de Fox, à Derby.

Ensemble de la machine.

On distingue dans cette machine :

1°. Le banc CC′ (fig. 6, 7 et 8, Pl. XVII).

2°. Le chariot EE′, glissant sur ce banc dans le sens longitudinal.

C'est sur ce chariot que l'on fixe, par des boulons, la pièce que l'on veut dresser.

3°. Le porte-outil et l'outil F et F′ (fig. 6 et 7), placés au-dessus du chariot perpendiculairement à sa surface horizontale, et pouvant glisser sur un cadre en fonte dont le plan est perpendiculaire à celui du chariot.

4°. Un mécanisme servant à imprimer au chariot, et par conséquent à la pièce qu'il supporte, un mouvement de va-et-vient dans le sens longitudinal de E en E′ ou de E′ en E.

5°. Un mécanisme pour faire mouvoir l'outil dans le plan vertical de haut en bas, ou de bas en haut.

6°. Un mécanisme pour le faire mouvoir, dans le plan vertical, à droite ou à gauche, dans une direction perpendiculaire au plan du papier.

L'outil, qui est un simple ciseau, qui n'entame le métal que sur une très petite largeur, se place d'abord au moyen du mécanisme destiné à le faire descendre ou monter à telle hauteur que l'on juge convenable, suivant l'épaisseur de la pièce à dresser. Il entame l'objet à raboter lorsqu'il marche de E' en E, en creusant un sillon dans toute sa longueur. Cet objet revient ensuite de E en E', sans éprouver aucune action de la part du burin ; car le porte-outil est articulé au point f', afin de pouvoir se soulever en tournant sur ce point, et laisser passer la pièce. En même temps le porte-outil se déplace d'une petite quantité, par le jeu même de la machine, dans la direction perpendiculaire à celle du papier, en sorte que l'objet parcourant de nouveau la longueur du banc de E' en E, le burin trace un nouveau sillon contigu au premier, et ainsi de suite, jusqu'à ce que le burin ait tracé une série de sillons parallèles dans toute la largeur de l'objet.

Examinons d'abord comment le mouvement rectiligne alternatif du chariot est donné par le moteur, animé d'un mouvement circulaire continu. Mécanisme pour imprimer le mouvement de translation à la pièce à planer.

Un arbre horizontal est placé en XX (fig. 6) au-dessus de la machine et perpendiculairement à son axe. Il porte un tambour sur lequel passent deux courroies, l'une croisée et l'autre non croisée, qui doivent agir par intermittence sur trois poulies placées sur l'arbre HH; une de ces poulies est folle, et les deux autres sont fixes. Quand l'une des courroies est sur l'une des poulies fixes, l'autre courroie est sur la poulie folle, qui est double en largeur, de chaque poulie fixe ; il n'y a donc toujours qu'une seule courroie qui agisse sur l'arbre. Supposons que ce soit la courroie croisée qui soit sur la poulie n° 3, la poulie non croisée sera sur la poulie n° 2. Supposons aussi que l'arbre de couche X tourne de droite à gauche, la courroie croisée fera tourner l'arbre H de gauche à droite, et le pignon Z, fixé sur le même arbre que celle-ci, transmettra ce mouvement à la roue L, sur l'axe de laquelle se trouve un autre pignon placé sous le banc, et dans le milieu de sa largeur. Ce dernier pignon engrène avec une crémaillère fixée au chariot. On voit alors comment ce chariot est entraîné de droite à gauche.

Dès qu'il arrive à l'extrémité de sa course, après que l'outil a enlevé toute la matière qui excède sa hauteur, la cheville N′ fixée sur sa face latérale OO′, frappe le levier pp' (fig. 7), et l'oblige à décrire une portion de cercle $p'p''$, pour prendre la position pp'' ; la biele horizontale pP, liée à ce levier, transmet le même mouvement au levier qq', dont le point d'appui est en q. L'extrémité q'

décrit un arc de cercle, et pousse la biele $q'q''$ de gauche à droite. Cette biele agit sur le levier coudé $q''q'''q^{iv}$ (fig. 6), et l'extrémité de ce levier tire le guide H*h* des courroies : alors la courroie croisée passe de la poulie 3 sur la poulie folle, et la courroie non croisée qui était sur la poulie folle, passera sur la poulie n° 1. Au même instant l'arbre du pignon qui engrène avec la crémaillère, au-dessous du chariot, cesse de tourner de droite à gauche, pour tourner en sens contraire, et par conséquent ramène le chariot à son point de départ. Dès que le chariot arrive de nouveau à cette position, la cheville N fixée à la face latérale OO', vient frapper le levier pp'', et produisant un effet inverse de celui résultant du contact de la cheville N' dont nous avons parlé, le chariot commence sa course de droite à gauche, et ainsi de suite.

Voyons actuellement comment on imprime les deux mouvemens perpendiculaires l'un à l'autre du porte-outil dans le plan vertical. Mécanisme pour imprimer le mouvement à l'outil.

Les déplacemens de haut en bas ou de bas en haut, qui n'ont pour but que de placer l'outil convenablement relativement à l'objet que l'on veut raboter sont opérés par l'ouvrier, au moyen de la manivelle Gg (fig. 6 et 7). Sur l'axe de cette manivelle est fixé le pignon G, qui, par la combinaison des roues G', G'', G''', G^{iv} (fig. 6), avec lesquelles il communique, détermine le mouvement des deux vis V et V', qui servent d'axe aux roues extrêmes G″, G^{IV}. Les écrous de ces vis étant fixés à la traverse du porte-outil, l'obligent à descendre ou à monter, suivant la direction donnée à la manivelle.

Quant au mécanisme qui détermine par le jeu même de la machine, le déplacement de l'outil dans la direction perpendiculaire au plan du papier, toutes les fois que le chariot revient à son point de départ, il est un peu plus compliqué.

Sur la face latérale O″ O‴ du chariot, fig. 6 et 8, se trouve un goujon en fer T, qui vient presser sur un levier *kf* fixé à l'une des extrémités *k* de l'arbre. Ce levier tournant autour du point fixe *k*, le point *f* décrit un arc *ff′*, entraîne la bièle *fh*, et par conséquent, déplace de droite à gauche l'extrémité *h* du levier *h*M tournant autour du point fixe M. Sur ce levier en *n* est attaché un crochet *n*R″, dont l'autre extrémité R″ s'engage dans les dents d'un rochet monté à demeure sur la tête d'une vis qui lui sert d'axe, et dont l'écrou est fixé au porte-outil. Le crochet poussé de droite à gauche par le levier M*h*, fait tourner le rochet d'une petite portion de cercle; le rochet lui-même, fait tourner la vis dont l'écrou est fixé au porte-outil, et comme cette vis est fixée par les extrémités dans deux collets qui lui permettent de tourner et non d'avancer, l'écrou et le chariot qui est solidaire, se transportent perpendiculairement au plan du rochet, qui est aussi celui de la figure, et ce déplacement a lieu peu avant que le chariot qui porte la pièce à dresser soit revenu à son point de départ.

Le maximum de largeur que l'on puisse atteindre avec cette machine pour les pièces que l'on veut dresser, est de $0^m,449$, longueur de la course du porte-outil.

Maximum de largeur des pièces à dresser.

La longueur de ces pièces est toujours un peu moindre que la moitié de la longueur du banc.

Longueur.

Le pas de la vis de rappel du porte-outil, est de $0^m,005$.

Considérant la course du chariot comme composée d'une allée et d'une venue, ce chariot fait dix courses pendant que la vis fait une révolution entière; ainsi l'outil avance à chaque déplacement de $0^m,0005$. La durée de la course ne peut être précisée puisqu'elle dépend de la longueur de la pièce à dresser, mais au maximum de longueur, elle peut s'effectuer dans un tiers de minute.

Nombre de courses du chariot par minute, et déplacement de l'outil.

La force d'un cheval est plus que suffisante pour cette machine.

Force nécessaire.

Dans l'usine de M. Fox, à Derby, une machine à vapeur de huit chevaux, pouvait mettre en mouvement à la fois, sept machines à planer de différentes dimensions, et plusieurs tours.

Nous avons vu raboter avec l'une de ces machines, une pièce de 24 pieds de longueur.

Dans une partie de ces machines comme dans celles que nous avons décrites, l'outil n'agissait sur l'objet à raboter, que pendant la course du

Machine à planer à double effet.

chariot dans un sens, et non pendant son retour dans l'autre sens. Dans d'autres, l'objet était entamé lors du retour, aussi bien que lors de l'allée par des burins disposés convenablement.

Fabrication des vis par compression.

Les petites vis communes se font par compression de la manière suivante :

Dans un prisme A (fig. 13, Pl. XVIII), se trouve un vide *c*, semblable à celui d'un écrou fendu par le milieu ; dans un autre prisme B, une cavité égale et semblable. Lorsqu'on veut se servir de cet appareil, on lève la pièce B, on couche une tige cylindrique chauffée au rouge-blanc dans le vide de la pièce A; on pose de nouveau la pièce B sur celle-ci et on applique dessus un fort coup de marteau ; on marque ainsi l'empreinte des saillies de la vis dans le morceau de fer rond.

Machines à faire les vis.

Il y a trois machines employées ordinairement dans les fonderies pour faire les vis.

Machine pour les vis de très petit diamètre.

La première ne sert qu'à faire des vis d'un très petit diamètre, de 2 à 3 lignes de diamètre par exemple ; elle est si simple qu'elle mérite à peine le nom de machine. Elle consiste en une petite table sur laquelle sont fixés deux petits montans à coulisse entre lesquels on place un coussinet. On donne le nom de coussinet à un écrou en acier composé de deux demi-cylindres comme l'est un coussinet. L'ouvrier saisit avec une pince le petit cylindre dont il veut faire une vis, et le force à entrer dans le coussinet en tournant sa pièce, puis il l'en fait sortir en retournant en sens inverse; mais cette manière d'opérer est très fatigante pour l'ouvrier, qui quelquefois doit vaincre une assez grande résistance; elle est en outre imparfaite en ce que l'ouvrier maintient difficilement la vis dans l'axe de l'écrou, et lorsque la vis se dévie de côté ou d'autre de l'axe du coussinet, il en résulte des défauts qu'il est difficile de corriger. Ces inconvéniens disparaissent dans la machine suivante :

Machine pour fabriquer des vis d'un diamètre plus considérable.

On peut à l'aide de cette machine exécuter des vis et écrous d'un diamètre plus considérable, sans cependant pouvoir dépasser environ douze lignes.

Ici la vis n'a qu'un mouvement rectiligne, le mouvement de rotation est donné au porte-coussinet, et comme il faut pouvoir changer à volonté la direction de ce mouvement de rotation, sans quoi on ne pourrait faire sortir la vis après l'avoir fait entrer dans l'écrou, on emploie pour cela un embrayage dont voici la description :

L'arbre de la poulie à échelons B (fig. 14, Pl. XVIII), porte deux roues dentées, qui sont folles tant que la griffe d'embrayage est dans la position indiquée sur la figure. On voit d'ailleurs facilement, que suivant qu'on pousse la griffe d'embrayage à droite ou à gauche, on communique le mouvement de rotation dans un sens ou dans l'autre à l'arbre AA′ du tour.

On manœuvre la griffe d'embrayage au moyen d'une manivelle verticale, que l'ouvrier incline à droite ou à gauche, lorsqu'il veut mettre l'une ou l'autre des roues en mouvement et qu'il maintient verticale lorsqu'il veut que l'axe AA′ reste en repos.

Pour que ces transpositions soient bien stables, pour qu'il n'y ait pas hésitation ou dérangement possible, la même manivelle fait mouvoir un cercle en fonte armé de trois dents à la partie supérieure; une tige d'acier courbée, vient former arrêt en s'interposant entre ces dents facilement déplacées par le mouvement donné par l'ouvrier à la manivelle; elle se loge dans celui des trois angles qui convient à la position que l'ouvrier a donnée à la griffe, et la maintient dans cette position jusqu'à ce que l'ouvrier le déplace par un nouveau mouvement.

Le porte-coussinet se visse comme l'indique la figure, sur l'arbre AA′ de la machine; les deux moitiés du coussinet ou écrou peuvent être rapprochées plus ou moins l'une de l'autre à l'aide de deux petites vis.

Il ne suffit pas de faire passer la vis une seule fois dans le coussinet pour qu'elle soit achevée, il faut réitérer cette opération jusqu'à trois ou quatre fois et à chaque fois l'ouvrier rapproche à l'aide des petites vis les deux coussinets l'un de l'autre, de manière que l'écrou d'acier puisse mordre de plus en plus et qu'en définitive lorsqu'ils arrivent au contact, on ait exactement la vis dont le coussinet forme l'écrou.

La tige en fer dont on veut faire une vis est portée par une pièce appelée *porte-vis*. Elle est fixée au milieu du porte-vis à l'aide de deux vis qui agissent par pression sur deux pièces à coulisse entre lesquelles la tige de fer est placée. L'une de ces pièces est rectangulaire, l'autre est une moitié de coussinet dont le seul but est ici de fixer invariablement la vis. Le porte-vis présente deux bras dans lesquels passent deux arbres parallèles situés de part et d'autre du porte-coussinet; c'est en faisant glisser le porte-vis le long de ces deux axes que la vis est façonnée. L'ouvrier est chargé de produire ou plutôt de guider ce mouvement, car dès que la vis est saisie dans le coussinet, elle doit avancer ou rétrograder en vertu du mouvement de ce dernier.

Un soin que l'ouvrier doit encore prendre est d'arroser fréquemment son coussinet d'huile; autrement l'élévation de température détruirait l'effet de la trempe.

La même machine sert à faire les écrous en remplaçant les coussinets par la pièce dont on veut faire l'écrou foré en conséquence et la vis par un tarot d'acier fortement trempé.

Machine pour les vis et écrous de grandes dimensions.

Lorsqu'il s'agit d'exécuter des vis et écrous de grandes dimensions, l'emploi de coussinets et tarots n'est plus praticable ; on fait alors creuser par un ciseau le sillon sur la vis ou sur l'écrou.

L'opération a lieu sur un véritable tour, mais au lieu d'une vis animée d'un mouvement de translation et dont les pas sont d'une grande longueur pour faire marcher le chariot porte-outil, on emploie une vis qui s'étend dans toute la longueur de la machine, n'a qu'un mouvement de rotation et traverse le chariot qui lui sert d'écrou.

Le cylindre sur lequel il s'agit de creuser le sillon héliçoïdal est porté par deux pointes solidement établies dans la poupée et dans la contre-poupée.

Il faut établir entre les vitesses de rotation de la vis à construire et de la vis motrice un rapport tel que l'outil décrive sur la surface du cylindre l'hélice voulue. On remplit cette condition en donnant aux deux vis, la vis à construire et la vis motrice du support des vitesses angulaires, en raison inverse de leur pas et pour établir ce rapport de vitesses, on fixe aux deux arbres dont les deux vis partagent les mouvemens, deux roues dentées dont les rayons sont précisément dans les rapports des pas de vis.

On établit d'ailleurs la communication entre ces deux roues, lorsqu'il y a lieu, au moyen d'une troisième roue dont le centre peut être déplacé à volonté. A la rigueur on pourrait se dispenser de cette troisième roue et prendre deux roues dentées qui seraient complétement déterminées par la somme des rayons des deux roues et le rapport des mêmes rayons, mais de cet te manière, on réduirait de beaucoup le nombre des mouvemens des deux vis que l'on peut obtenir avec une collection déterminée de roues dentées; l'emploi de la roue intermédiaire n'est donc pas sans utilité.

On ne fait ordinairement travailler l'outil que dans son mouvement de la poupée vers la contre-poupée.

Au moyen d'un encliquetage, dès que l'outil est arrivé près de la contre-poupée, l'ouvrier soustrait rapidement la vis du support à l'action du tour et lui donne un mouvement inverse qui force le chariot à rétrograder.

Machines à percer les trous dans la tôle pour chaudières.

On emploie pour percer les feuilles de tôle servant à la fabrication des chaudières, la machine suivante.

L'emporte-pièce A, fig. 15, Pl. XVIII, est fixe. La pièce B, percée d'un trou *b*, est mue de bas en haut par un excentrique agissant en *d* sur la tige C*d* et soulève en même temps la feuille de tôle posée sur la surface *ss'*.

Lorsque la plaque est percée, comme elle pourrait être retenue entre la pièce A, la tige D est soulevée et fait baisser la pince EF mobile autour de E, laquelle fait tomber la feuille de tôle.

Plus loin, lorsque nous parlerons des forges, nous aurons occasion de décrire une autre espèce d'emporte-pièce employé comme le précédent pour percer les feuilles de tôle des chaudières.

Machines à vapeur.

Machines des fonderies de Newcastle.

Les machines à vapeur que l'on rencontre le plus souvent dans les fonderies et aux environs de Newcastle-sur-Tyne sont des machines à haute pression, celle-ci étant de 25 à 30 livres au-dessus de la pression atmosphérique par pouce carré de la soupape de sûreté.

Le système le plus communément employé pour conserver le mouvement rectiligne de la tige du piston est le système connu, dans lequel l'extrémité du balancier, à laquelle ne se rattache pas cette tige, décrit un arc de cercle de très grand rayon autour d'un point fixe, auquel elle est liée par une barre inflexible.

Machines des fonderies de Glasgow.

A Glasgow, nous n'avons vu que des machines de Watt à la pression de 3 ou 4 livres au-dessus de l'atmosphère sur la soupape de sûreté.

On conserve le mouvement rectiligne du piston par la méthode ordinaire du rectangle.

De Manchester.

A Manchester, on emploie dans plusieurs fonderies des machines de Watt également à la pression de 3 à 4 livres au-dessus de l'atmosphère, mais qui ont deux balanciers placés, comme dans les bateaux à vapeur, dans la partie inférieure de la machine. Elles occupent moins de place que les autres. On s'y sert aussi avec avantage de l'appareil connu, pour distribuer uniformément le menu charbon sur la grille.

A Birmingham, nous avons vu, à la fonderie dite *Eagle-fondery*, une machine de Watt, dans laquelle on maintenait le mouvement rectiligne comme à Newcasle, et dont on alimentait également le foyer avec de la menue houille, en se servant d'un appareil à peu près semblable à celui que nous venons de citer à Manchester. De Birmingham.

Ce sont donc les machines à basse pression de Watt, qui sont le plus généralement préférées.

DESCRIPTION

DES PROCÉDÉS DE CARBONISATION DE LA HOUILLE,

EMPLOYÉS PRÈS DE SAINT-ÉTIENNE,

A L'ÉTABLISSEMENT DU JANON.

Nous avons décrit les procédés de carbonisation de la houille, employés en Angleterre, et nous les avons comparés aux procédés suivis dans plusieurs usines de France. Une description complète de l'opération, telle qu'elle a été pratiquée pendant long-temps, ou telle qu'elle est pratiquée aujourd'hui à Saint-Étienne, nous a paru pouvoir accompagner avec avantage celle des procédés anglais. Nous allons donc reproduire un article de M. Delaplanche, qui déjà faisait partie de la première édition de cet ouvrage, et nous donnerons ensuite un autre article publié récemment par M. l'ingénieur Gervoy, sur les modifications que ces procédés ont subis depuis cette époque.

ANCIENS PROCÉDÉS.

La carbonisation de la houille se fait, à l'établissement du Janon, près de Saint-Étienne, à l'air libre, par un procédé particulier, que l'on n'emploie, je crois, nulle part ailleurs.

La houille que l'on convertit en coke est celle qui est tout-à-fait menue, presque en poussière; on a soin d'en séparer tous les morceaux, même ceux d'une dimension peu considérable : pour cet effet, on passe à une claie ordinaire en bois tout ce qu'on n'a pas pu trier facilement.

Cet emploi de la houille menue, passée ainsi à la claie, a le double avantage de ne carboniser que celle dont on ne trouverait qu'un débit peu élevé en la vendant, et de faire servir au reste de l'établissement, par exemple aux chaudières de la machine à vapeur, tous les morceaux moyens qu'on en sépare.

La houille étant dans l'état de ténuité que j'ai indiqué, il a fallu nécessairement pratiquer, dans l'intérieur des tas à carboniser, des canaux par lesquels l'air pût circuler facilement, et les disposer de manière à ce qu'ils divisassent toute la masse en se communiquant les uns aux autres; il a fallu en outre donner à la houille assez de consistance pour qu'elle conservât ces vides jusqu'au moment où elle s'agglutine d'elle-même par la chaleur. Ce second objet a été rempli, en la tassant avec un pilon, après l'avoir mouillée convenablement; ce qui se fait en l'étendant sur le sol et en la remuant avec un râble, après avoir jeté de l'eau dessus.

Il suit de ce que je viens de dire, que je dois

indiquer d'abord quelle est la disposition des tas ou fourneaux de carbonisation (pour me servir de la même expression que l'on emploie dans la fabrication du charbon de bois), et ensuite donner la conduite de l'opération elle-même. Je dirai enfin quelques mots sur les dépenses qui résultent de ce travail.

Formation des tas.

Ces tas sont, ou des troncs de cône reposant sur la grande base, ou des prismes allongés : l'emploi des uns ou des autres dépend de l'emplacement.

Tas coniques.

La construction des tas coniques, qui est la plus curieuse, se fait au moyen d'un moule en bois qui a la même forme que la surface extérieure. Il est composé de planches qui tiennent les unes aux autres par des crochets en fer : elles s'assemblent facilement, et laissent entre elles un vide intérieur en forme de tronc de cône (fig. 1, Pl. XIX). Dans leur hauteur, elles sont percées de trois rangs de trous circulaires, chaque rang comprend douze trous : le premier est à fleur de terre.

Au centre, on place un piquet carré vertical; puis, dans chaque trou du rang inférieur, on introduit un pieu circulaire de 3 à 4 pouces de diamètre, dont une des extrémités, garnie d'un anneau, sort de l'enveloppe. Ces pieux sont d'ailleurs disposés comme l'indique la figure 2.

Les pieux ainsi arrangés, deux ouvriers entrent dans l'intérieur du moule : l'un étend et égalise avec une pelle la houille menue et mouillée, que lui jette un troisième ouvrier du dehors; l'autre la tasse avec soin, au moyen d'un pilon en bois. Lorsqu'il y en a une couche de 3 à 4 pouces d'épaisseur au-dessus des pieux horizontaux, on introduit par la seconde rangée de trous autant de pieux que précédemment, et on les dispose de la même manière; mais, de même que les trous, ils ne correspondent pas immédiatement au-dessus des premiers; ils sont au tiers de l'intervalle qui sépare ceux-ci. Cela fait, l'ouvrier en place trois autres verticaux sur le milieu de la longueur des pieux de la première rangée en *m*, *m'*, *m''*, afin d'établir la communication des canaux inférieurs avec la base supérieure : il a eu soin auparavant d'ôter le charbon qui s'y trouvait, et ensuite d'assujettir ces pieux en les entourant de houille. Le second ouvrier, qui était sorti de l'intérieur du cône, y rentre pour tasser celle qu'on lui jette, jusqu'à ce qu'on soit parvenu à la troisième rangée de trous, que l'on dispose du reste comme la seconde.

Le tas conique étant rempli de houille menue et bien tassée, on retire les divers pieux au moyen des anneaux dont leurs extrémités sont pourvues. Cet arrachement se fait sans peine; on a eu soin pour cela de donner à chaque pieu une forme un peu conique. Si les ouvriers éprouvaient quelque difficulté, ils pourraient se servir d'un levier, qu'ils passeraient dans l'anneau et qu'ils enfonceraient en terre, comme ils sont obligés de le faire pour les grands tas prismatiques.

Les dimensions des tas coniques sont : 3 pieds et demi de hauteur, 12 pieds de diamètre à la base inférieure, et 7 pieds à la base supérieure ; leur contenu est à peu près de 75 bennes de 100 kilogrammes environ chacune.

Six ouvriers sont employés à leur formation ; le premier arrange la houille, dans l'intérieur, avec la pelle ; le second la tasse ; le troisième la jette dans la forme ; le quatrième l'apporte, dans des brouettes à bras, de l'endroit où on la mouille ; le cinquième remplit les brouettes, et le sixième mouille la houille et la mêle. On peut ajouter encore un manœuvre, qui crible et porte aux chaudières tout ce qui ne passe pas à la claie.

La journée des six premiers ouvriers est remplie lorsqu'ils ont fait trois de ces tas. Tous ne font pas constamment le même ouvrage ; ils alternent à volonté, et reçoivent chacun 2 fr. pour ce travail.

Tas prismatiques.

La construction des tas prismatiques est analogue à la précédente ; on ne l'emploie, comme je l'ai dit, que pour plus de commodité dans les emplacemens, lorsqu'on peut disposer d'un terrain plus étendu.

Six ouvriers sont de même occupés et ont chacun un travail semblable. Il me suffira donc d'indiquer la forme et les dimensions des tas.

Ces tas ont une forme prismatique, à peu près celle des piles de boulets, si ce n'est qu'ils sont tronqués au sommet. Ils ont 50 à 60 pieds de longueur, et même davantage suivant les localités, 3 pieds et demi de hauteur, 4 de largeur à la base inférieure, et 2 à la partie supérieure.

Pour les construire, on commence par poser la planche qui doit former une des extrémités : cette planche (fig. 3) a la forme d'un trapèze ayant 2 pieds de largeur et 4 en bas ; on l'incline légèrement pour que la houille se maintienne d'elle-même lorsqu'on ôte l'entourage, et on la fixe dans cette position au moyen de deux leviers en fer, que l'on enfonce en terre intérieurement ; puis, contre elle et latéralement, on appuie celles qui doivent garnir les longs côtés du prisme : toutes ces planches sont liées les unes aux autres par des crochets en fer, et reposent de même, de distance en distance, contre des leviers en fer, qui les soutiennent. Lorsqu'on a construit ainsi des côtés de 10 à 12 pieds de longueur, on ferme le prisme par une planche semblable à la première que l'on a posée ; mais cette dernière planche n'est que provisoire, on l'ôte dès que la première portion de prisme est remplie de houille, et l'on allonge de nouveau les côtés de 10 à 12 pieds.

Pour pratiquer des canaux dans l'intérieur, on a percé dans l'entourage en planches trois rangs de trous servant à introduire autant de pieux en bois légèrement coniques. Le rang supérieur correspond au premier, et les trous du second rang sont placés au milieu des intervalles qui séparent les autres.

La planche (fig. 3), fermant une des extrémités, est percée de quatre trous; celle qui lui correspond à l'autre bout n'en a qu'un en *a* : c'est par là que l'on introduit un pieu circulaire, parallèle aux longs côtés du prisme, et qui doit avoir un peu plus de 10 à 12 pieds; il est terminé, comme tous les autres, par un anneau, et doit être, en raison de sa longueur, un peu plus fortement conique.

Ce premier pieu étant placé convenablement, les autres, que l'on passe par les trous *a'*, viennent s'y appuyer perpendiculairement et de chaque côté (fig. 4). Deux ouvriers entrent alors dans l'enceinte, arrangent et tassent la houille jusqu'à leur niveau, et dès qu'ils y sont parvenus, ils placent en *b* d'autres pieux verticaux, qui arrivent un peu au-dessus de la base supérieure. Ils les assujettissent, et continuent à remplir jusqu'aux trous *a''*, par lesquels on introduit une seconde rangée de piquets horizontaux, qui, d'après leur position, vont rejoindre obliquement les pieux verticaux (fig. 5). La troisième rangée est directe comme la première; les trous *m* de la Pl. X sont de même remplis par des piquets, mais se terminant en *a'''* — *a*ᴵᵛ.

La cavité prismatique étant remplie de houille bien tassée, on désassemble le tout, après avoir retiré tous les piquets avec un levier en fer. Un ouvrier seul peut enlever les pieds latéraux ; quant à celui qui a 12 pieds de longueur, il faut beaucoup plus de force, les six ouvriers sont quelquefois obligés de le tirer ensemble. A mesure que l'on défait une des extrémités, on allonge l'autre d'autant, et l'on forme ainsi une seconde enceinte égale à la première. On continue de la même manière tant que la place le permet.

D'après cette disposition des tas, soit coniques, soit prismatiques, on voit que l'air circulant avec facilité dans leur intérieur, le feu pourra s'y propager sans peine, et que l'on pourra faire ainsi, avec de la houille menue et mouillée, du coke, dont la qualité ne dépendra que de la nature de la houille, puisque la carbonisation pourra s'effectuer facilement et également dans toutes les parties.

Six ouvriers sont chargés de carboniser les tas préparés par les autres. Cet ouvrage est pénible, à cause des fumées épaisses et de la grande chaleur qu'ils éprouvent au milieu de vingt à vingt-cinq tas coniques et de cinq à six tas allongés, tous très rapprochés les uns des autres. Ils reçoivent aussi une paie plus forte, 2 fr. 50 c. par jour; ils doivent d'ailleurs être plus exercés que les premiers ouvriers, avoir acquis une certaine habitude pour diriger l'opération, et, comme le charbonnier, avoir une connaissance assez exacte de ses diverses périodes, quoique cependant la

Carbonisation.

fabrication du coke soit bien loin d'être aussi difficile que celle du charbon de bois.

Des six ouvriers, trois travaillent douze heures pendant le jour, les trois autres la nuit. Avant d'allumer, ils placent sur la partie supérieure, et au-dessus des trous, des morceaux moyens de houille sur une hauteur d'un demi-pied, non pas dans toute la longueur du tas, mais de manière seulement à ce qu'ils se communiquent de trou en trou : on a soin de les placer la pointe en bas pour laisser plus d'ouverture, et de ne point en jeter dans les canaux verticaux; sans cela, on risquerait d'obstruer ceux-ci. Cela fait, de distance en distance, les ouvriers mettent quelques charbons embrasés au milieu des morceaux de houille, ce qui suffit pour enflammer successivement toute la masse. Peut-être conviendrait-il de n'allumer les tas prismatiques qu'à une extrémité; le feu se propagerait toujours par le haut, et l'on éviterait une chaleur trop grande.

La houille que l'on ajoute ainsi est complétement perdue pour le coke; mais sans elle le feu prendrait difficilement, et, en commençant à allumer par le haut, on a l'avantage de conserver le plus long-temps possible la forme des tas; ce qui n'aurait pas lieu si le feu était mis par le bas, puisque la houille augmentant de volume en se transformant en coke, et pouvant le faire inégalement, boucherait les canaux supérieurs, et empêcherait inévitablement une carbonisation parfaite de la partie supérieure.

Les tas étant allumés et la flamme paraissant dans les différens trous, les ouvriers veillent à ce qu'ils ne s'obstruent pas. Si cela arrive, ils les rétablissent, autant que possible, avec des ringards, jusqu'à ce que la houille leur paraisse assez carbonisée, ce dont ils s'aperçoivent lorsqu'il n'y a plus de flamme, et que la masse est seulement en feu; ils couvrent alors cette masse de terre ou de cendres, ou bien encore de débris de coke, et continuent ensuite les mêmes opérations, jusqu'à ce que chaque partie d'un tas ait passé par ces différens états. A cette époque, ils recouvrent de terre la masse entière : elle s'éteint facilement, mais conserve long-temps une chaleur assez forte pour incommoder vivement les ouvriers qui sont chargés de défaire les tas et de casser le coke en morceaux de la grandeur nécessaire pour un haut-fourneau.

On n'emploie aucune précaution pour préserver la houille enflammée d'une action trop vive du vent, qui est souvent assez forte à l'établissement du Janon (situé entre deux petites collines), comme on a grand soin de le faire dans la carbonisation du bois. Il est probable cependant qu'il y aurait quelque avantage à le faire, quoique la houille, brûlant moins facilement, demande moins d'attention.

Souvent, avant d'éteindre un tas de coke, et

pendant qu'il est encore en plein feu, mais sans flamme, on fait arriver de l'eau dans sa partie inférieure, et on l'introduit, autant que possible, dans le centre. Le feu, d'abord ralenti, reprend bientôt avec une nouvelle force, et il se dégage alors le plus souvent une odeur d'ail très prononcée, que l'on sent fortement lorsqu'on se met sous le vent. On ne peut se rendre raison de ce phénomène, qu'en supposant qu'il y ait des phosphates dans la houille, qui, réduits à l'état de phosphures, produisent de l'hydrogène phosphoré par la décomposition de l'eau, ou bien que les pyrites de la houille renferment des arséniures qui dégagent de l'hydrogène arsénié.

La houille perd 50 p. 100 dans cette opération; mais le coke que l'on obtient paraît de très bonne qualité; la forme de chou-fleur qu'il prend en est un indice. Sa couleur est gris d'acier, métallique : il ne présente pas à sa surface trop de boursouflures; les morceaux sont assez gros pour qu'on soit obligé de les casser avant de les jeter dans le fourneau; cela tient à ce que la houille cassante est en général de très bonne qualité, quoique menue; elle renferme cependant des parties sulfureuses, ce qu'on aperçoit facilement, après la carbonisation, aux taches noires qui se trouvent aux endroits qui étaient imprégnés de pyrites.

La carbonisation d'un tas, tel que ceux que j'ai décrits, est plus ou moins longue, selon le temps et le vent, qui est très inégal dans la vallée : elle dure ordinairement de sept à huit jours, quelquefois elle en exige dix à douze, rarement moins de six.

Cinq ouvriers sont employés à défaire les tas et à casser le coke ; ils reçoivent chacun 2 fr. 50 c. ; ils se servent de pelles et de crochets, et ils sont souvent obligés de s'éloigner, incommodés par la grande chaleur : ils n'ont pas, comme les autres, de travail déterminé; leur ouvrage est réglé d'après les besoins du haut-fourneau. Quatre ouvriers, en outre, transportent le coke au hangar. Dépenses.

Le haut-fourneau auquel le coke devait servir donnait, en 1825, 5000 kilogrammes de fonte, et la consommation en coke était de 2 parties et demie à 3 pour une de fonte. Il fallait donc par jour 25 à 30 tonnes de houille menue, le déchet étant de la moitié : la houille coûte, moyennement, 35 c. les 100 kilogrammes ou le benne. A cette dépense, on doit ajouter la dépense provenant des morceaux moyens employés pour allumer les tas, qui est assez considérable, puisqu'il en faut 2 bennes pour 75 de houille menue dans les tas coniques, et 4 dans les tas prismatiques, seul désavantage qu'ont ces derniers; la benne revient à 60 c.

Enfin, il faut encore compter la dépense journalière en main-d'œuvre, qui est de 77 fr. 50 c. ; car on a

14 ouvriers pour la formation des tas...	28 fr.	50 c.
6 ouvriers pour la carbonisation.......	15	
5 ouvriers pour défaire les tas........	12	50
4 ouvriers occupés au transport... ...	6	
	62 fr.	

En réunissant ces diverses sommes, on voit que la tonne de coke ou les 100 kilogrammes reviennent, approximativement, à 11 fr. 87 c.

NOUVEAUX PROCÉDÉS.

Carbonisation en plein air.

Ce procédé consiste à former des tas dans lesquels on ménage des conduits d'air au moyen de pieux sur lesquels la houille est damée. Il a été décrit en 1826 par M. l'ingénieur Delaplanche (*Annales des Mines ;* première série, tome 13, page 505).

Fosses et dimension des tas.

On a complétement renoncé aux tas coniques parce qu'ils donnaient lieu à une carbonisation trop inégale et parce qu'ils exigeaient plus de main-d'œuvre et un terrain plus étendu que les tas allongés. Ceux-ci ont reçu une plus grande largeur. Elle a été pendant quelque temps de 15 pieds dans divers chantiers : on a même essayé de la porter à 24 pieds, dans le but d'économiser la main-d'œuvre et le terrain, mais on a reconnu que d'aussi grandes largeurs donnent lieu à une carbonisation trop inégale, le centre d'où part le feu étant cuit avant les parties extérieures, et à un trop grand déchet. La largeur qui paraît le mieux convenir à la plupart des houilles de Saint-Etienne est de 7 à 8 pieds.

Les ouvreaux coniques ménagés dans l'intérieur des tas sont plus multipliés qu'autrefois, les centres de ceux d'un même étage étant distans seulement d'environ un pied. Ces ouvreaux ont 4 à 5 pouces de diamètre, excepté les cheminées maîtresses placées à 2 ou 3 pieds d'intervalle, ayant 7 à 8 pouces de diamètre et dans lesquelles on jette quelques morceaux de houille embrasée pour allumer le tas. On a soin de damer la houille seulement dans le voisinage des trous afin de rendre le coke moins lourd.

Durée de l'operation.

La durée de l'opération dépend de la nature de la houille et surtout de l'état de l'atmosphère. Le tas brûle d'abord à cheminées-maîtresses découvertes pendant un jour. Après qu'elles sont bouchées, la combustion continue par les ouvreaux horizontaux et par les cheminées ordinaires, terme moyen, pendant 3 à 4 jours, alors on recouvre le tas de cendre et l'on étouffe au moins pendant trois jours et mieux pendant 8 à 10 jours si la fabrication n'est pas pressée; la carbonisation dure donc de 7 à 15 jours.

Pour former les tas on est obligé de mouiller la houille. On avait remarqué depuis long-temps qu'en arrosant le coke lors de la démolition des tas, il s'en dégageait une odeur annonçant la décomposition des pyrites par l'eau. On diminuait aussi le déchet et l'on avait surtout pour but de diminuer la chaleur à laquelle les ouvriers sont exposés ; mais cette aspersion faite le plus souvent en trop grande quantité par les ouvriers et sur des cokes déjà refroidis, imprégnait davantage le coke de la cendre restée à sa surface, elle le rendait plus friable et plus noir et y introduisait de l'humidité. On ne trouvait pas dans la pratique des usines que la désulfuration fut assez notablement augmentée pour compenser ces inconvéniens. Par suite et à la demande des consommateurs on a renoncé presque partout à arroser le coke, si ce n'est lorsqu'on est très pressé de l'expédier. On préfère l'étouffer plus long-temps, de manière à ce qu'il soit presque froid quand on démolit le tas.

En temps ordinaires les houilles rendent ainsi 48 à 50 pour 100 de coke. Quand il fait du vent on n'obtient souvent que 45 et même moins.

La main-d'œuvre est en général donnée à l'entreprise à 15 centimes les cent kilogrammes de coke ou à 20 centimes en fournissant les banches et les outils, la houille étant d'ailleurs à pied d'œuvre et l'eau à une petite distance.

Carbonisation dans les fours.

Les fours employés dans ce pays sont de deux espèces désignées sous les noms de fours *anglais* et de fours *français*.

Les fours anglais (fig. 6, Pl. XIX) ont deux portes par lesquelles ont lieu l'enfournement et le défournement. Les fours français (fig. 7) ont seulement une porte par laquelle on ne fait que retirer le coke. L'enfournement a lieu par l'ouverture de la voûte. A cet effet on les adosse à une terrasse qui permet de décharger les voitures au-dessus des fours.

Comparaison des fours anglais et français.

Les fours français diffèrent encore des autres en ce que dans ceux-ci l'air ne s'introduit que par des yeux ménagés dans les deux portes, tandis que dans les premiers c'est principalement par une petite galerie *a, b, c, d, e,* qui débouche à l'extrémité et aux deux côtés de la sole; rien n'empêcherait, d'ailleurs d'avoir dans les fours anglais des galeries parallèles débouchant de même sur la sole, ce qui rendrait la carbonisation plus égale.

Les deux portes des fours anglais présentant plus de facilité pour le défournement permettent de leur donner une forme plus allongée, en sorte qu'ils carbonisent en général deux fois plus de houille que les fours français. Cependant l'avantage d'enfourner très facilement ces derniers fait qu'ils sont en général préférés.

Dimensions des fours.

Voici les principales dimensions d'environ 180 fours des deux espèces dans les fabriques les plus considérables du pays.

ESPECES de fours.	NOMS fabriques.	SOLE. Longueur.	SOLE. Largeur.	HAUTEUR de la voûte.	DIAMÈTRE de la cheminée.
Fours anglais (à sole rectangulaire, dont les angles sont arrondis).	1. Grande-Croix..	17pi	8pi	4pi	18po
	2. Le Canal	14	9	3 1/2	14
		Diamètre.			
Fours français (à sole ronde).	3. Terre-Noire..	7pi		3	12
	4. Labérardière. .	7		3	7 1/2
	5. Mions........	7 1/2		3	9
	6. Saint-Genets..	8		3	12
	7. Côte-Thiolière	8 1/4		3 1/4	12
	8. Terre-Noire...	8 1/2		3	14

On voit que la hauteur de la voûte est assez généralement de trois pieds. Elle est plus grande, comme à la Grande-Croix, quand les fours contiennent beaucoup de houille ou quand celle-ci est très chaude, pour ne pas concentrer autant la chaleur et pour ne pas attaquer la voûte. Dans les fours ronds, la voûte sphérique repose sur deux pieds-droits qui prennent la moitié de la hauteur totale de la voûte. Les galeries *a, b, c, d, e* ont généralement 4 pouces de côté et les ouvreaux 1 pouce de largeur sur 10 pouces de hauteur. Ces ouvreaux finissent par se remplir de cendre. Un moyen simple de les ramoner consiste à y jeter de l'eau quand on vient de défourner. Les cendres sont entraînées par la vapeur (1). La sole est inclinée de 1 pouce par toise vers les portes. Les dimensions de celle-ci sont à peu près les mêmes dans les différens fours.

La construction des deux espèces de fours a lieu à peu près de la même manière. On choisit un terrain très sec, la moindre humidité ayant l'influence la plus fâcheuse sur la carbonisation. Il faut aussi, autant que possible, les placer dans un endroit abrité du vent. On les accole ensemble pour diminuer l'espace et la masse de maçonnerie et pour concentrer la chaleur. Construction des fours.

Les fourneaux se construisent ordinairement en maçonnerie ordinaire de moellons jusqu'au niveau de la sole. Celle-ci est formée d'une rangée de briques posées de champ et à sec sur la maçonnerie inférieure par l'intermédiaire d'une couche d'un pouce et demi de sable ou de cendres. Ces briques, ainsi que celles qui forment les pieds-droits de la voûte sont ordinairement d'une qualité un peu supérieure à celle des briques

---

(1) Ce moyen peut être employé aussi pour nettoyer les galeries des chaudières à vapeur, à l'aide d'un petit tuyau muni d'un robinet, et qui aboutit du dôme de la chaudière à l'entrée des galeries. Il pourrait servir en même temps à activer le tirage pendant quelques instans, si cela devenait nécessaire.

communes. On les tire de Sorbiers près Saint-Etienne ou du Mouillon près Rive-de-Gier. Elles coûtent 3 fr. le cent; mais à la rigueur on pourrait se contenter des briques communes du prix de 2 fr. 50 cent. Quant à celles de la voûte elles sont presque toujours en briques réfractaires de qualité moyenne, connues à Lyon sous le nom de briques de Bourgogne et coûtant 18 francs le cent. Dans quelques fabriques on a cherché à éviter cette dépense. A Saint-Genest dans les fours n° 6 du tableau précédent construits tout récemment, on n'a fait en briques réfractaires que les deux cinquièmes de la voûte. Les fours de la Grande-Croix et du Canal (n°s 1 et 2) ont été construits entièrement en briques de Rive-de-Gier, mais ils ont été rapidement dégradés et la plupart même sont tombés. Toute la voûte est hérissée de stalactites et le centre, présentant une ellipse de 2^m sur $1^m,30$, est entièrement tombé. A la Grande-Croix ces fours viennent d'être refaits en mettant des briques réfractaires au centre de la voûte sur $2^m,20$ de diamètre; mais il paraît préférable de construire la voûte entièrement en briques réfractaires, et encore dans ce cas est-on obligé de réparer les cheminées au moins tous les ans.

Les briques de la sole sont de forme ordinaire de 8 pouces sur 4 et sur 2. Celles des pieds-droits et surtout celles de la voûte doivent être moulées en coins sur des modèles particuliers pour qu'elles se joignent bien en prenant les courbures diverses auxquelles elles appartiennent. Elles ont en général 6 ½ à 8 pouces de longueur. Ordinairement on ne met à la voûte qu'une rangée de briques recouvertes de moellons et de terre. Il convient de revêtir ces moellons d'un carrelage en pente pour l'écoulement de la pluie. La cheminée est habituellement formée d'une grande brique creuse moulée exprès. Souvent aussi les paremens des portes sont en briques réfractaires à cause de leur plus grande durée. Le mortier employé pour les pieds-droits et la voûte est fait avec de l'argile grasse réfractaire mélangée de 3 à 4 fois son volume de briques pilées.

Les voûtes cylindriques des fours anglais sont exécutées avec un cintre, mais on n'en emploie pas pour les voûtes rondes; on est guidé, comme dans les hauts-fourneaux, par une méridienne en bois clouée à un madrier vertical établi sur un pivot au centre du four. Il faut seulement un petit cintre pour la porte sur laquelle la voûte principale doit porter, à moins qu'on n'emploie pour garantir les parois de la porte un châssis en fonte qui permet alors d'élever sans cintre cette partie du four. A défaut de ce châssis, on relie souvent chaque côté de la porte par un ferrement vertical maintenu par des clous rivés à l'intérieur du massif. Dans tous les cas le devant de la sole est formé d'une pierre de taille recouverte ordinairement d'une forte plaque de fonte.

Les portes se ferment de différentes manières : on voit dans les anciens fours de Terre-Noire des portes en fonte dont le châssis fait corps avec la plaque de sole, mais ces portes coûtent trop cher. Habituellement on se sert de châssis en fer garnis de briques. Quelquefois aussi quand la cuite est plus longue, on ferme la porte par un galandage en briques et en argile.

Prix de construction.

A Saint-Etienne, la façon d'un four français se paie 60 à 70 fr., son prix total est d'environ 500 fr., en faisant la voûte et les pieds-droits en briques réfractaires, et de 400 fr., en faisant les pieds-droits en briques communes. On pourrait même, si l'on ne faisait que les deux cinquièmes de la voûte en briques réfractaires, et si l'on n'employait ni sole en fonte, ni châssis en fer, comme à Saint-Genest, réduire ce prix à 250 f.

Voici le devis des derniers fours de Terre-Noire (n° 8) de 8 pieds $\frac{1}{2}$ de diamètre (fig. 7, Pl. XIX), construits avec beaucoup d'économie ; par M. Merle :

Main-d'œuvre........................	55 fr. » c.
Briques blanches, 900, pour la voûte, à 9 fr. 50 c., et 50 pour la porte et la cheminée, à 12 fr. le cent.	91 50
A reporter......	146 fr. 50 c.

Report......	146 fr.	50 c.
Briques de Sorbiers, 800 pour les pieds-droits, à 3 fr.	24	»
Briques communes, 1500, à 2 fr. 25 c.	32	75
Une plaque en fonte, 80 kilogrammes, à 30 fr. les 100 kilogrammes...........	24	»
Un châssis en fonte, formant l'armature de la porte, 80 kilogrammes à 36 c........	28	80
Une porte, châssis en fer et support des crochets............................	12	»
Pierres brutes.........................	36	»
Chaux, 5 bennes, à 1 fr. 20 c.	6	»
Sables et frais divers....................	9	95
Total......	320	»

Ce prix de 320 fr. est en-dessous du prix habituel, parce que les briques réfractaires ont été faites très économiquement, dans les ateliers mêmes de M. Merle. En supposant que ces briques eussent été achetées à Lyon, et en mettant le prix de façon au taux habituel des entrepreneurs, le devis de ces fours s'élèverait, comme je l'ai dit, à environ 400 fr.

La façon des fours anglais, les plus grands, coûte 80 à 100 fr.; leur prix est de 6 à 700 fr. quand la voûte est entièrement en briques réfractaires.

La carbonisation se fait de la même manière dans les deux espèces de fours. Au commencement d'une campagne, on allume un feu de grosse houille dans le four, et l'on compte à peu près pour rien le coke qui en provient. Une seconde Opération.

opération faite de la même manière est encore imparfaite ; mais les suivantes, faites avec du menu sont bonnes, le four étant alors suffisamment échauffé. Si l'on voulait commencer en ne brûlant presque que du menu, il faudrait 5 à 6 opérations avant d'avoir de bon coke. A mesure que l'opération marche, on diminue de plus en plus les entrées de l'air, et l'on juge que la carbonisation est achevée lorsque la fumée ayant disparu, la flamme se raccourcit et devient claire, puis légèrement bleuâtre ; on peut alors défourner immédiatement, si la fabrication est pressée, ou sinon, on laisse auparavant étouffer le coke pendant quelques heures, en fermant complétement toutes les ouvertures, y compris la cheminée; toutefois, cet étouffement ne doit pas être trop prolongé, pour que la chaleur de la sole puisse embrâser la houille de l'opération suivante. Ordinairement cet étouffement dure 12 heures, sans que le fourneau se refroidisse trop. Quand on n'étouffe pas, on est assez souvent obligé, avec des houilles très chaudes, telles que celles de la Coche, de l'Étang, de Reveux, de la Grande-Croix, etc., de laisser refroidir la sole pendant plus d'une heure avant de charger, pour ne pas surprendre la houille trop brusquement pendant la charge. A Rive de Gier, pour perdre moins de temps, on ménage dans les fours anglais des galeries *f*, *g* (fig. 6 et 6 *bis*) qu'on ouvre seulement pour rafraîchir les maçonneries voisines de la sole. On sait qu'au contraire, avec diverses houilles du midi de la France, on est obligé de réchauffer la sole avec du bois ou avec du gros charbon, avant de recharger le four.

Durée de l'opération.

La durée de l'opération, dans le plus grand nombre des fours, n'est que de 24 heures, et alors on défourne sans étouffer. Mais il est reconnu qu'on obtient de meilleur coke en prolongeant davantage l'opération; aussi à Mions et à la Grande-Croix, on la fait durer deux jours, y compris l'étouffement qui est d'environ 12 heures; elle dure même trois jours à la Bérardière. On obtient ainsi un coke carbonisé plus également, plus léger, et brûlant plus aisément, ce qui, avec la propriété de ne contenir que très peu de cendres, convient surtout aux fonderies d'acier.

Il faut remarquer, d'ailleurs, qu'on obtient ces résultats sans diminuer très notablement la production annuelle des fourneaux, ce qui, d'ailleurs serait assez peu important, leur prix étant peu élevé; car, en faisant durer l'opération deux jours, au lieu d'un, on peut augmenter les charges d'au moins moitié.

Quantité de houille chargée.

Les quantités de houille que l'on charge ainsi dans les divers fourneaux, et avec diverses allures, sont les suivantes: les fourneaux sont ceux cités dans le tableau ci-dessus.

N° 1. Grande-Croix, traitent...	3000 kil.	en 24 heures
Idem, ...	4500	 48
N° 2. Le Canal.	2640	 24

N° 3.	Terre-Noire	1130	24
N° 4.	Labérardière	1800	72
N° 5.	Mions	1725	48
N° 6.	Saint-Genets	1300	24
N° 7.	Côte-Thiolière	1440	24
	Idem,	1920	48
N° 8.	Terre-Noire	1613	24

Au reste, les charges dépendent aussi de la nature des houilles qui se carbonisent plus ou moins vite. On peut, sous ce rapport, adopter les limites suivantes : pour fours anglais d'environ 17 pieds sur 8, 2700 à 3000 kilog. ; pour fours ronds de 8 pieds $\frac{1}{2}$, 1300 à 1500, le tout en 24 heures ; et augmenter les charges de moitié pour 48 heures ; les fours ronds de 8 pieds $\frac{1}{2}$, et l'allure de 48 heures, à grandes charges, paraissent le système préférable ; une durée plus longue présente peu d'avantage, à moins que le coke ne soit destiné à la fonte de l'acier, par exemple ; elle ne convient d'ailleurs qu'aux houilles très chaudes, citées précédemment.

Enfournement et défournement.

La houille est enfournée à la pelle et avec des rables, qui l'étendent de manière à ce que la surface supérieure des tas dépasse le bord supérieur des ouvreaux. Le défournement est fait avec des crochets. Il est bon de les soutenir sur une barre de fer *ik* (fig. 7 *bis*, Pl. XIX) suspendue sur des crochets *lm* (fig. 7) devant les portes du four, au moment du défournement. Ces deux opérations exigent, par four, le travail de deux hommes, pendant 1 à

2 ½ heures, suivant la charge et le genre de four, non compris le travail des manœuvres qui approchent la houille, ou qui transportent le coke dans les brouettes de fer, où il tombe à sa sortie du four. On n'a pas encore employé le mode de défournement usité au Creusot et à Firmy, pour retirer tout le coke à la fois, au moyen d'un grand rable en fer, manœuvré par un manége. Ce procédé s'applique seulement aux fours anglais. Leurs portes ont les dimensions de la section transversale du four (fig. 10), et sont manœuvrées par des crics, comme les vannes d'écluses. Avant d'enfourner, on place sur l'axe de la sole une barre de fer *cd* coudée à son extrémité (fig. 9); quand le coke est fait, on introduit dans le four, par la porte postérieure, un cadre en fer que l'on accroche par des clavettes en *a*, *b*, *b'* à la barre déjà posée, ainsi qu'à deux autres barres que l'on introduit alors dans le four, au-dessus du lit de coke; toutes ces barres sont réunies par des chaînes à un cable passant sur une poulie correspondant à chaque four, et ce cable est tiré par un manége à tambour. La sole étant inclinée de $0^{m}15$, le cadre en fer pousse toute la fournée devant lui, comme le ferait un râteau. Ce procédé donne une économie d'environ un tiers sur la main-d'œuvre, lorsqu'on a un assez grand nombre de fours pour occuper un cheval de cette manière, le défournement se faisant plus vite, les fours se refroidissent moins. C'est un avantage très grand

pour des houilles telles que celles de Firmy, que la chaleur de la sole a beaucoup de peine à embraser, tandis que pour les houilles de Saint-Étienne, cela n'a pas lieu. Les figures 8, 10 et 11 représentent les fours de ce genre établis au Creusot, ainsi que le rable et les portes en fer. 30 fours chargés chacun de 1600 kilog. de houille, rendent 53 p. cent, et la main-d'œuvre revient à $0^f,11$ le quintal métrique, y compris les outils et les réparations.

Dans les premiers temps, on arrosait le coke à sa sortie des fours, mais presque partout on y a renoncé par les raisons indiquées plus haut pour la carbonisation en plein air, excepté lorsqu'on est pressé de l'expédier. Dans quelques fabriques, on trouve qu'en mouillant un peu la houille en l'enfournant, on obtient un coke en plus gros morceaux.

Les frais de main-d'œuvre sont payés aux entrepreneurs, terme moyen, 0 fr. 15c. par 100 kilog. y compris l'entretien des outils et des fours qui absorbent le tiers de cette somme.

Rendement en coke.

Le rendement en coke est variable suivant la nature des houilles, et aussi suivant qu'on opère à de plus ou moins grandes charges. Avec des houilles tendres de première qualité, telles que celles de Mions, de Reveux, de Grangette, etc., on obtient 60 à 64 p. 100 de coke à grandes charges. Avec des houilles dures, moins collantes que les premières, on obtient seulement 55 à 58; avec des houilles contenant plus de cendres on va à 66; mais pour la moyenne des houilles grasses de Saint-Étienne et de Rive-de-Gier on ne doit compter que sur 60 à 62.

Il y a d'ailleurs entre les divers cokes une très grande différence, soit sous le rapport des cendres qu'ils contiennent et qui varient de 3 à 16 p. 100, soit relativement à la chaleur qu'ils développent, en sorte que le prix des cokes est ordinairement de 1 fr. à 1 fr. 80 c., suivant qu'ils sont de seconde ou de première qualité, différence de prix qui devient d'ailleurs beaucoup moins sensible pour les exportations. Nature du coke.

COMPARAISON DES DEUX MODES DE FABRICATION.

La méthode en plein air donne un déchet d'au moins moitié, tandis que dans l'autre il n'est que d'environ deux cinquièmes; il faut ajouter à cette différence, les pertes qu'on éprouve dans la carbonisation à l'air par suite de pluies ou de coups de vent, qui quelquefois font perdre des tas tout entiers (1).

La conduite de la carbonisation en plein air Déchet.

(1) On a cherché, à Alais, à diminuer ces déchets par une méthode mixte, qui consiste à carboniser la houille sur des aires rectangulaires entourées de murs percés d'ouvreaux, qui servent à pratiquer à la manière ordinaire des trous coniques dans la houille, et à graduer

demande beaucoup de soins pour empêcher que les trous ne s'engorgent, ou que la masse ne s'affaisse et pour remplacer lors de l'étouffement, les cendres qui seraient entraînées par le vent. On est aussi obligé de se procurer de l'eau; par suite, la main-d'œuvre, y compris l'entretien du matériel, y est plus chère d'environ un tiers. Cette différence n'est d'ailleurs pas compensée dans une fabrication suivie par les frais de construction des fours.

Qualité du coke.

Le coke fabriqué en plein air est cuit beaucoup moins également, est plus lourd, plus friable et brûle moins facilement que l'autre; il a cependant été long-temps préféré à celui des fours pour la plupart des usages comme étant mieux désoufré, à cause de la plus grande surface que la houille présente à l'air dans les tas. Il paraît toutefois, que cette différence entre les qualités de soufre des cokes obtenus par les deux méthodes est très peu considérable, et comme le coke des fours est presque toujours meilleur sous les autres rapports, il est généralement préféré, maintenant même pour les usages où la présence du soufre présente le plus d'inconvéniens. Ainsi la

---

l'action de l'air en fermant ces ouvreaux à volonté. La partie antérieure du four est fermée par un faux mur monté à chaque opération, et sert au défournement du coke. C'est surtout dans des fours de ce genre, que la méthode de défournement du Creusot serait avantageuse.

grande carbonisation en tas de Terre-Noire créée la première dans ce pays en 1823, pour alimenter les deux hauts-fourneaux, a été entièrement remplacée par quarante fours; il en est de même pour les trois fonderies à la Wilkinson de Saint-Étienne, et même pour les fineries de la forge de Janon, quoique la densité du coke fait en tas, soit avantageuse dans ces derniers fourneaux. Les usines à fer de la Nièvre qui sont alimentées par les mines de Saint-Étienne, et qui autrefois inséraient dans leurs marchés que le coke serait fait en tas, demandent maintenant le coke des fours et cet état de choses dure, à ma connaissance, depuis plusieurs années. Je citerai enfin à cet égard, l'expérience de M. Hutter, de Rive-de-Gier. On sait que cet habile manufacturier, dont la mort récente est une si grande perte pour l'art de la verrerie, est parvenu à remplacer le bois par le coke dans ses fours à sole tournante pour l'étendage des vitres et il faut que le coke soit bien désoufré pour ne pas gâter le verre; or, M. Hutter m'a affirmé qu'il ne mettait pas la moindre différence sous ce rapport entre les cokes faits en tas qu'il employait d'abord et ceux des fours par lesquels ils les avait remplacés. Ces dépositions si concluantes en faveur du coke des fours étant contraires aux idées théoriques admises assez généralement, j'ai cherché à constater directement les qualités de soufre contenues dans les deux espèces de coke. La plupart des anciennes meules étant actuellement remplacées par des fours, je n'ai pu multiplier cette comparaison autant que je l'aurais voulu; il fallait en effet, opérer sur des cokes provenant de la même houille, et j'ai été obligé, pour m'en procurer, de faire dans un des fours de la Bérardière, une cuite avec de la houille du puits des Genets de la Ricamarie, la seule traitée en plein air dans le voisinage de Saint-Étienne, et contenant d'ailleurs au moins autant de soufre que la moyenne des houilles de ce pays. M. Locard, préparateur de chimie à l'École des mineurs, ayant eu l'obligeance de rechercher le soufre dans cette houille et dans les deux cokes qu'elle a fournis, n'a trouvé entre eux sous ce rapport, que des différences insignifiantes. Les deux cokes, après deux analyses pour chacun d'eux, ont donné à peu près 0,58 p. 100 de soufre, et la houille 0,78 p. 100. Il faut remarquer au reste, que dans les fours, une moitié du soufre de la pyrite se dégage par la seule action de la chaleur au moins aussi facilement qu'en plein air; et quant au grillage du proto-sulfure, il est fort possible que l'augmentation de déchet de la carbonisation en tas, compense l'inégalité qui existe sous le rapport du grillage dans les deux méthodes.

Supériorité de la fabrication dans les fours, sur celle en plein air.

Par suite des considérations précédentes, les fours ont remplacé sur la plupart des chantiers, la fabrication en plein air; elle n'existe plus aujourd'hui qu'à Frontignat; à la Ritamarie et à Roche-la-Molière; encore celle de Frontignat va être remplacée prochainement par des fours. La méthode en plein air continuera cependant à être employée parce que n'exigeant qu'un matériel très facile à transporter, elle se prête mieux à l'industrie des ouvriers marchands de coke qui se placent temporairement sur les diverses mines dont les menus ne trouvent pas d'écoulement suffisant.

On peut évaluer à environ 50,000 tonnes la quantité de coke fabriqué annuellement dans l'arrondissement de Saint-Étienne, dont 33,000 fait dans les fours et 17,000 en plein air.

FIN DU PREMIER VOLUME.

TABLE DES MATIÈRES

CONTENUES

DANS LE PREMIER VOLUME.

FABRICATION DE LA FONTE.

DES FONDERIES D'ANGLETERRE.

DESCRIPTION DES PROCÉDÉS DE CARBONISATION DE LA HOUILLE,

EMPLOYÉS PRÈS DE SAINT-ÉTIENNE, A L'ÉTABLISSEMENT DU JANON,

FIN DE LA TABLE.

Errata.

Page 10, ligne 18, *lisez* 6. *a* et 6. *b*
76, 23, *lisez* d'ingénieux embarcadères
121, 16, 100 ans seulement, *lisez* 400 ans seulement
198, 24, *lisez* 4,20 centimes
2 7, dernière ligne, *lisez* cc' et cc''
264, 17, *m*, *lisez* M
Id., 19, *n*, *lisez* N
Id., 20, *z*, *lisez* Z
Id., *Id.*, *xy*, *lisez* XY
265, 23, K, *lisez* *k*
363, 8, 1,96, *lisez* 1,86
304, 8, nord-est, *lisez* nord-ouest
315, dernière ligne, soc en fonte, *lisez* socle en fonte
337, 12, fig. 7, *lisez* fig. 8 et 9, Pl. VII
358, 3, Pl. XI, *lisez* Pl. IX
Id., 3 en remontant, Pl. XI, *lisez* Pl. IX
361, 3, Pl. XI, *lisez* Pl. VII
364, 13, *cg*, *lisez* *eg*
Id., 19, $h, f'.g'.$, *lisez* h', f', g'
393, 2, *v*, *lisez* V
402, 4. Deux, *lisez* De
410, 2, $c'c$ etc., *lisez* c, c, c. etc.
436, 16, qu'on n'a changé, *lisez* qu'on a changé
440, 1re colonne, 6e ligne, air cheud, *lisez* air chaud
446, 6, antrachite, *lisez* anthracite
456, 19, quantité d'eau, *lisez* quantité d'air
466, 10, est envoyée, *lisez* est envoyé
520, 10, un toc (pièce, etc.), *lisez* un toc, fig. 2 *bis* (pièce
524, 8, fig. 5, *lisez* fig. 5 et 7
542, 3 en remontant, *pP*, *lisez* $p'P$

BIBLIOTHEQUE ROYALE

www.ingramcontent.com/pod-product-compliance
Lightning Source LLC
Chambersburg PA
CBHW060845220326
41599CB00017B/2392